高职高专省级“十一五”规划教材

计算机组装与维护

主　编　丁亚明

副主编　钱　锋　房雁平

编　委　（按姓氏笔画排序）

丁亚明　房雁平　周自斌

段剑伟　梁　锐　钱　锋

章晓智

合肥工业大学出版社

图书在版编目(CIP)数据
计算机组装与维护/丁亚明主编.—合肥:合肥工业大学出版社,2007.2
ISBN 978-7-81093-535-7

Ⅰ.计…　Ⅱ.丁…　Ⅲ.①电子计算机—组装②电子计算机—维修　③Ⅳ.TP30

中国版本图书馆CIP数据核字(2007)第013067号

计算机组装与维护

主编　丁亚明　　责任编辑　陆向军

出　版	合肥工业大学出版社	版　次	2007年2月第1版
地　址	合肥市屯溪路193号	印　次	2010年7月第2次印刷
邮　编	230009	开　本	787毫米×1092毫米　1/16
电　话	总编室:0551-2903038	印　张	18.5
	发行部:0551-2903198	字　数	445千字
网　址	www.hfutpress.com.cn	发　行	全国新华书店
E-mail	press@hfutpress.com.cn	印　刷	安徽江淮印务有限责任公司

ISBN 978-7-81093-535-7　　定价:26.00元

前　言

随着计算机的普及与应用，计算机的选购与组装、维护与维修等知识与技能被越来越多的用户所需求。《计算机组装与维护》是计算机类专业的重要课程，通过本课程的学习，使学生掌握计算机组装与维护的基本知识和基本方法，熟悉计算机硬件组成，掌握各个部件的功能、结构和类型，掌握常见软、硬件故障的诊断、测试和维修方法等，以培养学生计算机系统检测与维护的基本能力。

本书结合高职学生的特点，以硬件工程师岗位技能要求为编写依据，全面系统地介绍了计算机的硬件基础知识和计算机的组装技术。另外，还介绍了计算机日常使用过程中所需要的维护及维修的相关知识。全书共分 16 章，第 1 章介绍了计算机系统的基础知识；第 2 章至第 10 章介绍了组装计算机所需各配件的相关概念、工作原理、分类及特点，更为详细地介绍了各配件的性能特点及选购；第 11 章至第 14 章详细介绍了计算机硬件的组装及注意事项，BIOS 与 CMOS 的概念、设置与密码清除，硬盘分区、格式化的概念及方法，操作系统、驱动程序及应用软件的安装；第 15 章介绍了计算机的日常使用环境要求、注册表维护、硬盘备份、计算机病毒防治等维护知识；第 16 章介绍了计算机故障的概念、诊断方法及常见故障的排除方法。

本书内容丰富全面，结构清晰，语言通俗易懂，并提供了大量的图片，方便读者在阅读时理解和掌握。本书的特点是：

(1)采用“问题(任务)驱动”的编写方式。在每一节(或章)首先给出任务(如无案例则内容为教学基本要求)，然后按知识、技能和能力要求，循序渐进、由浅入深地写出正文，最后又提出新的任务，以便导入下一节内容，起到本节与下一节之间的衔接作用。

(2)每个章节目标明确，组装维护内容与步骤清晰明了，描述简捷，图文并茂，紧密联系实际。

(3)编写时结合快速发展的计算机及应用新内容、新技术，具有针对性、简捷性、操作性、适应性和实用性。

(4)引入案例教学和启发式教学方法。为了满足课堂教学和教师备课的需要，教材配有电子课件；每章都配有习题，帮助读者对所学内容进行总结和消化。

本书是安徽省高职高专计算机类专业的教材，也适合作为成人高等学校、中等专业学校、各类职业学校的专业教材，可作为硬件工程师岗位技能培训教材，也可作为计算机 DIY 爱好者、装机人员、计算机维修人员等的参考用书。

本书由安徽水利水电职业技术学院丁亚明任主编，安徽水利水电职业技术学院钱锋、安徽电气工程职业技术学院房雁平任副主编；第 1 章至第 3 章由房雁平编写，第 4 章至第 7 章由安徽工业经济职业技术学院段剑伟编写，第 8 章至第 10 章由钱锋编写，第 11 章至第 13 章由淮南职业技术学院章晓智编写，第 14 章由安徽新华学院梁锐编写，第 15 章至第 16 章由安徽经济管理学院周自斌编写；全书最后由丁亚明统稿。本书的编写出版，得到了合肥工业大学出版社和安徽省高职高专院校的领导和老师们的大力支持，在此一并表示真诚的感谢。

由于编写时间仓促，编者水平有限，不足之处在所难免，欢迎广大读者和同行批评指正。

编　者

2007 年 2 月

目　录

第 1 章　计算机的基础知识

21 世纪是信息时代，计算机自然就成为人们日常进行信息交互时最有力的手段之一。目前，无论是计算机的硬件、软件，还是计算机网络，各方面都在不断地推陈出新。随着计算机应用的普及，其在人们工作和生活中已起着不可替代的重要作用。因此，如何配置好自己的计算机使其发挥更高的性能，如何做好计算机的日常维护工作，当发生故障时如何进行维护与维修，就显得十分重要。

本章主要介绍计算机的基础知识，包括计算机的发展、主要性能参数、分类、系统组成、配置和选购常识等内容。通过学习，读者可以对计算机有一个初步的认识，并初步了解计算机各部分的组成，还可以知道计算机可以分为那些类型，知道目前最常见的计算机类型及其相关的配置情况等，为今后的组装与维护打下坚实基础。

1.1　计算机系统概述

任务 1：计算机的认识

【任务的提出】

计算机作为科学技术发展的产物，已经走过了半个多世纪的历程。在这半个多世纪中，计算机技术飞速发展，新一代的计算机产品不断出现，尤其是微型计算机 PC（个人计算机的简称，英文全称为 Personal Computer）的发展日新月异。对计算机基础知识的掌握和对计算机文化的了解是为了更好地使用计算机。

本任务主要包括以下内容：

（1）了解计算机的发展；

（2）认识计算机各组成器件；

（3）熟知计算机的主要性能参数，为选购和组装计算机做准备。

1.1.1　计算机的发展

世界上第一台计算机 ENIAC（电子数字积分器和计算器的简称，Electronic Numerical Integrator And Calculator）由美国宾夕法尼亚大学于 1946 年研制成功并投入使用。这台计算机是一个庞然大物，共用了 18000 多个电子管、1500 多个继电器，耗电 150 千瓦，重达 30 吨，占地面积约 170 平方米。与现在的计算机相比，ENIAC 的性能并不算高，但在计算机发展史上却是一个重要的里程碑。

随着科技的不断进步，计算机的发展日新月异。一般来说，计算机的发展经历了以下四个时代。

1. 电子管计算机时代

这个时代是从 1946 年开始，其主要特点是用电子管作为计算机的基本器件。因此，存在着体积大、耗电多、价格高、速度慢的缺点，其运算速度一般为每秒几千次或上万次。虽然性能不高，但却形成了计算机的基本结构——冯·诺依曼体系结构，为今后计算机的发展奠定了基础。

2. 晶体管计算机时代

这个时代是从1958年开始，其主要特点是用晶体管取代了电子管。该时代的计算机体积缩小、成本降低、耗电减少，性能也明显提高，其运算速度可达每秒十几万次甚至更高，计算机的应用范围也在不断扩大。

3. 集成电路计算机时代

20世纪60年代初期采用中、小规模集成电路作为计算机的基本器件，随着集成电路技术的发展，计算机的体积进一步缩小，耗电更少，成本继续降低，运算速度等性能进一步提高。在这个时期中还提出了系列机的概念，较好地解决了硬件要求不断更新、软件要求相对稳定的矛盾，受到广大计算机用户的欢迎。

4. 大规模、超大规模集成电路计算机时代

从20世纪70年代开始的大规模集成电路计算机时代是最重要的一个时代。由于采用了大规模、超大规模集成电路作为计算机的基本器件，计算机的性能得到了大幅度的提高。作为第四代计算机典型代表的计算机(PC)应运而生，微处理器的字长从4位、8位、16位、32位到64位不断向前迅速发展。

目前，计算机正朝着智能化的方向发展，计算机将会具有智能的知识信息处理系统，它不仅能够识别自然语言、图形和图像，而且还能积累知识、总结经验，具有再学习的能力。

1.1.2 计算机的主要性能参数

通常使用计算机PC(本书中的计算机一词，如无特别声明，均指个人计算机PC)的人都只是掌握软件的使用，对于计算机的硬件了解得并不多。其实，计算机的硬件系统主要由主机、显示器、键盘、鼠标等设备组成。具有多媒体功能的计算机一般配有声卡、音箱、话筒、游戏操纵杆等。除此之外，计算机还可以外接打印机、扫描仪、数码相机等外围设备。

在组装计算机之前，有必要了解一下计算机的主要性能指标即硬件指标。这样，便于我们装机时目标明确，制定合理的配件选购策略。

1. 主频

主频是指CPU(中央处理器的简称，Central Processing Unit)的时钟频率。计算机的内部电路都是以时钟脉冲作为同步信号触发各功能电路来协调统一工作的，CPU也不例外。主频在一定意义上来说体现了计算机的整体运行速度。

2. 存储容量

计算机的存储容量主要包括计算机的内部存储器(简称内存)容量和外部存储器(简称外存)容量。内存容量通常是指计算机本身配备了多大的内存，具体表现在内存的字节数上，内存越大，处理信息的能力就越强。外存容量一般通指硬盘的存储容量，它是指计算机本身配备了多大的硬盘。目前，计算机的主流硬盘配置一般在80GB以上。事实上，120GB以上的硬盘产品也已经步入到普及产品的行列中来了。

3. 多媒体性能

多媒体性能主要指计算机的视频和音频加速性能。具体表现在显卡的2D、3D加速性能和声卡的音频加速性能上。好的显卡能够带来视觉上的巨大享受，给人们的视觉以满足，

给游戏发烧友以快乐。同样,好的声卡能够带来听觉上的巨大享受,能够给音乐和游戏发烧友带来巨大的愉悦。

4. 安全性能

计算机的安全性能指的是计算机的自我保护能力。具体表现在:计算机主板的病毒防护能力、计算机硬盘的数据安全性、电源的过电压过电流防护等。因此,在使用计算机时,不仅要给大家带来高效率的工作和生活,同时使用起来也要安全和可靠,否则会造成不可弥补的损失。

1.1.3　计算机系统

计算机系统是由硬件系统和软件系统组成的。硬件主要由主机和外围设备组成。主机中安装的主要部件,如:CPU、内存、I/O(Input/Output:输入/输出)接口电路、外围设备等。内存包括随机存储器 RAM(Random Access Memory)和只读存储器 ROM(Read Only Memory);外围设备主要是输入设备(如:显示器、键盘、扫描仪等)、输出设备(如:鼠标器、打印机、绘图仪等等)和电源,其中主机、显示器、键盘、鼠标器是最基本的配置,其他的可根据需要来配置,电源是提供能源的动力设备。图 1-1 所示为一台多媒体计算机的实物图,下面对其各个组成部分分别加以介绍。

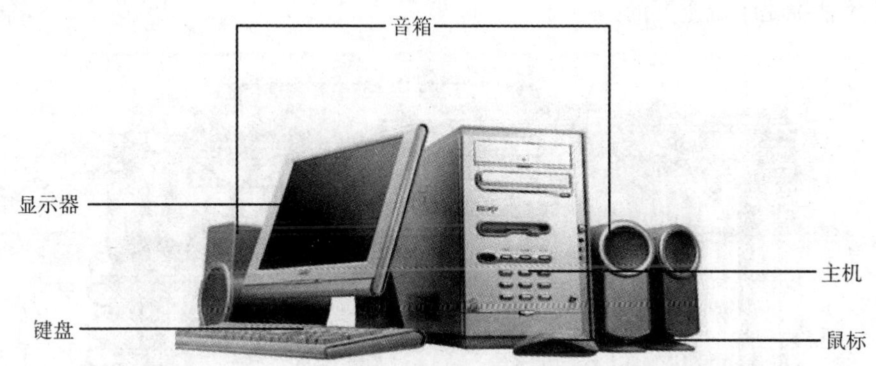

图 1-1　一台多媒体计算机的实物图

1. 主机

对计算机而言,主机应当包括主板和插在主板上的 CPU、内存。但在实际中人们常把主机箱及其内部的所有零部件统称为主机,本书也采用这一广义上的概念。主机是计算机的主要部分,计算机的核心部件都安装在主机箱内。其中除了主板和插在主板上的 CPU、内存条外,还包括:插在主板扩展槽上的显卡、声卡、网卡等各种接口适配器,软、硬盘驱动器,光盘驱动器,电源等。

(1)主机箱

主机箱又称机箱,有立式和卧式两种。卧式机箱可放在显示器的下面,占用面积较小,当前只有在“老式”的机器中才能看到它的身影。而立式机箱内部空间较大、散热方便、有利于扩充设备,因而目前普遍采用立式机箱。图 1-2 所示的是两款立式机箱。

图 1-2　两款立式机箱外观

(2)主板

主板又称主机板、母板、系统板等,如图 1-3 所示。主板上主要集中了计算机的主要电路系统,并具有多个扩展插槽。CPU、内存条、各种接口适配器等都安装在主板上或插在扩展槽中与主板相连接。随着各器件的标准和实现功能的不同,主板的结构、档次型号最为繁多,如,同为 865 芯片的就有 865、865E、865PE、865GV、865GE、865GL 的主板等。另外随着 CPU 及其支持芯片组的不断更新,主板也属于更新最快的部件之一。因此,了解主板的性能及使用情况是十分重要的。

图 1-3　一款 Pentiun Ⅳ 主板的外观

(3)CPU

CPU 通常又称为微处理器。它是一块超大规模集成电路芯片,是计算机的大脑,是计算机进行信息处理和控制的部件。因而 CPU 的品质直接决定了计算机系统的档次。CPU 一次可同时处理二进制数据的位数称为字长,它是 CPU 的一个重要的技术指标。早期的 IBM PC/XT、IBM PC/AT 和 286 机都是 16 位机,而 386、486、Pentium、Pentium Ⅱ、Pentium Ⅲ、Pentium Ⅳ CPU 则是 32 位微处理器，近两年新推出了 Intel 公司的 Pentium Ⅳ 64 位微处理器和 AMD 公司的 64 位微处理器。图 1－4 所示为 Intel 公司的 Pentium Ⅳ和 AMD 公司生产的 AMD Athlon XP 3500＋CPU，两者均为 64 位的处理器。

图 1－4　两款主流 CPU 的外观

(4)内存条

内存一般是以内存条的形式存在，是决定计算机运行性能的关键部件之一。为提高系统的整体性能，内存的容量越来越大，存取速度越来越快，内存条的种类也越来越多。目前常见的内存条的容量为 128MB、256MB、512MB 等。种类有 SDRAM、Rambus、DDR SDRAM、DDR Ⅱ DRAM，工作频率为 400MHz、533MHz、800MHz 等。图 1－5 所示为一款 256MB 的 DDR 内存条。

图 1－5　256 MB DDR 内存条外观

(5)外存

外存是由各种类型的大容量存储设备构成，用于存放暂时不执行的程序和数据。如磁带、软盘、硬盘、光盘存储器等，它们一般都安装在主机箱内。

① 软盘驱动器

软盘驱动器简称软驱，是一台可以对软盘进行读写操作的 I/O 设备。将软盘插入软驱后，即可由软驱中的磁头对软盘进行读写。因软盘具有容量小、存取速度慢、易损坏等特点，伴随大容量移动存储设备(如优盘、MP3、MP4 等)的不断发展，软驱和软盘已渐渐退出历史舞台。

② 硬盘驱动器

硬盘驱动器简称硬盘，也称硬磁盘机，如图 1－6 所示。硬盘是目前计算机中最重要的外存储设备之一，软件的安装、程序的运行、信息的保存都离不开硬盘。与软驱相比，硬盘的存储容量要大得多，存取速度也要快得多。目前生产的硬盘容量一般都在 40GB 以上，最大可达 600GB～700GB。常见的硬盘根据其接口可分为 IDE、SCSI、USB 和 SATA 硬盘，这几种硬盘必须分别插入各自的接口插座上。随着 SATA 技术的不断成熟和 SATA Ⅱ技术标准的应用，早期的 IDE 接口已经明显趋向于淘汰。

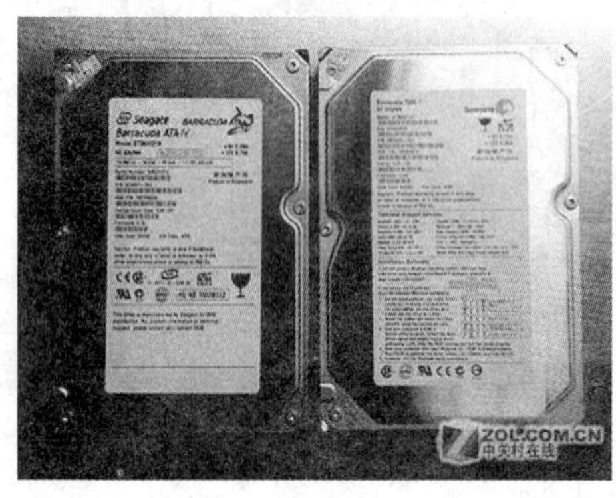

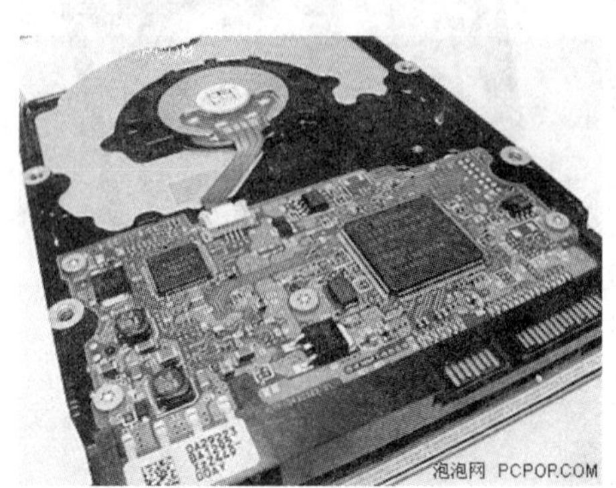

图 1-6　硬盘外观

③ 光盘驱动器

光盘驱动器简称为光驱，即 CD－ROM(Compact Disk Read Only Memory)驱动器。将载有信息的光盘插放入光驱中，即可读取光盘中的信息。利用光驱可以方便地安装各种软件、阅读声图并茂的电子图书、观看 CD、VCD 或 DVD 影碟等，光驱已成为多媒体计算机的标准配置。目前，光驱的读取速度已超过 50 倍速，刻录速度最大已经达到 48X。

(6)显卡

显卡是图形显卡或图形显示适配器的简称，俗称显卡。它是 CPU 和显示器之间的接口电路即视频控制电路。目前，显卡已具有了图形图像加速、硬解压、模拟输出和数字高清输出等功能。

(7)声卡

声卡即声音卡，又称音效卡，是多媒体计算机的基本配件之一。声卡是实现声波和数字信号相互转换的硬件电路，它将来自话筒、磁带、光盘或软硬盘中的声音信号加以转换，然后通过耳机、扬声器、录音机等声响设备将声音信号输出，还可通过 MIDI(音乐设备数字接口)使乐器演奏出优美的乐曲。

(8)电源

电源是安装在主机箱中向主机中各部件提供能源的装置。PC 机原先采用 AT 型电源，现在均采用 ATX 型电源。ATX 电源是在 AT 电源的基础上发展起来的，工作原理与 AT 电源基本相同，其区别主要在于 ATX 电源与主板有一根连线，可实现软电源控制和自动关机功能。当计算机处于休眠或挂起状态时，能够以非常小的电流为主板上的监视器件供电，一旦有信号进入计算机时(如按一个键、单击鼠标或 Modem 拨入)，计算机立即进入工作状态。传统电源只提供 5V、12V 电压，而 ATX 电源还能提供 3.3V 电压，可减少电源能量的消耗。由于实现了软件操作控制电源，可分别控制风扇、显示器和硬盘的供电。

2. 外围设备

(1)显示器

显示器是计算机和用户交互的关键图文界面，是计算机重要的输出设备。随着多媒体计算机的普及，显示器的地位越来越重要。其质量的好坏将直接影响工作效率和娱乐效果。分辨率(Resolution)是显示器的重要指标之一，分辨率定义了显示画面解析度，通常用一个乘积来表示，它表明了水平方向上的像素点数(水平分辨率)与垂直方向上的像素点数(垂直分辨率)，如640×480，800×600，1 024×768等。每种显示器均有多种供选择的分辨率模式，能达到较高分辨率的显示器性能较好。

(2)键盘

键盘(Keyboard)是计算机重要的字符输入设备。它由一组按阵列方式排列的按键开关组成，每按一个键就接通一次相应的开关电路，于是把该键的代码通过接口电路送入微处理器中进行处理并送到显示设备中。目前计算机常采用104键(即Win 95键盘)、107键(即Win 98键盘)和多媒体键盘等。我们目前所看到的键盘大部分是有线键盘，它是通过一根电缆与主机相连，电缆头上配有一个6PIN接头，可插入主机板上的一个PS/2接口的圆形插座。有的键盘也使用USB接口。

(3)鼠标器

鼠标器(Mouse)即鼠标，和键盘相比，用鼠标移动光标进行定位要方便得多，尤其是在Windows图形界面下的应用程序，大多数功能都可通过鼠标操作来完成。因此，鼠标已成为计算机中不可缺少的输入设备。

(4)音箱

音箱是用于输出声音的输出设备，它与声卡相连。音箱是多媒体计算机所必备的外设之一，目前多采用有源木质音箱。有源音箱是指音箱需要单独外接电源以增大输出功率，或在音箱与声卡间加入一个“功放”，以改善性能和效果。

以上是从视觉上简单地介绍了计算机系统的硬件。只有硬件而没有配置任何软件的计算机称为裸机。一台裸机是不能做任何事情的，只有为计算机配置好各种软件，它才能为我们做各项工作。从使用计算机的角度，可以将计算机的软件分为系统软件、应用软件两大类。

系统软件处于硬件和应用软件之间，它是用户及其应用软件与硬件的接口。系统软件包括用来管理机器的操作系统、各种语言处理程序、标准子程序库等。应用软件是指人们利用计算机及其各种系统软件来编制的解决用户各种实际问题的程序。通用的应用软件一般由厂家编制，非通用的应用软件一般由用户自己编制。目前，通用的应用软件种类繁多，如办公软件包Office 2003、计算机辅助设计软件AutoCAD、图书馆管理系统软件等。

【新的任务】

通过本节的学习，初步了解了计算机的发展概况，掌握了计算机的主要性能指标，熟悉了计算机系统的基本构成。现在新的任务是：学习并掌握计算机的配置及选购方法。

1.2 计算机的配置与选购

任务2:计算机的配置与选购方法

【任务的提出】

通过上一节的学习,认识了组成计算机的各主要配件,下一步我们要讨论的内容是如何将这些配件有机地组合起来,使其发挥较好的性能价格比。

本任务主要包括以下内容:

(1)了解计算机的分类;

(2)掌握计算机配件的选购常识;

(3)熟悉获取、查找相关配件的价格和技术参数的途径和方法。

1.2.1 计算机的类型

计算机的分类方式多种多样,如可以依据功能、速度、容量等将计算机进行分类。目前,比较常见的分类方式有:

按体积、性能和价格来进行分类,可分为巨型机、大型机、中型机、小型机和微型机五类。微型机具有体积小、重量轻、价格低廉、可靠性高、结构灵活等优点,其应用已深入人们工作、生活中的各个领域。通常我们所用所说的计算机一般是指微型机,在以后的介绍中若没有特别说明的话,计算机就是指微型机。

按处理信号的类型分,可分为电子模拟计算机和电子数字计算机。

按生产厂商来分,可分为品牌机和组装机。著名的品牌机厂商主要有:IBM、DELL、HP、联想、方正、清华同方等。

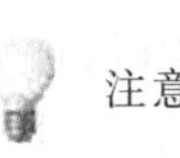 注意	品牌机是指机器中的部分配件是厂商自己生产,另一部分如主板、内存是向主板和内存的生产厂家定制,再装配出来的。它们具有良好的售后服务,并且注册有相应的商标。组装机是由用户自己或经销商将CPU、主板、内存、硬盘、显卡等器件组装起来的机器,无合法的注册专用商标、无软件成本,因此具有价格比品牌机便宜,配置自由、升级性能好等特点。

按结构形式分,计算机可分为个人台式计算机(又称桌面机或PC机)和便携式计算机(又称笔记本电脑)。

1.2.2 微机的配置与选购

1. 配件选购常识

首先,购买计算机切忌着急,这种着急的心理会使人头脑发热,不去仔细思考而容易上当受骗。购买时要注意最好在要购买产品的代理公司购买,如果是地区或省市级总代理就更好了。这样既可以使产品质量和售后服务有保障,还可以拿到同类产品中的较低价格。由于不同的公司有不同的进货渠道,所以,即使有的公司不是某产品在该地区的总代理,它也能以低价(和代理公司的价格差不多)进到货。

其次，在购买时应当货比三家，找出价格便宜、技术过硬、售后方便且信誉较高的商家，切不可一味要求价格低。因为商家是绝对不会做亏本生意的，在某些配件上会以次充好，来满足自己的利润。

最后，就是要结账开收据。只要你不主动索要发票，公司一般是绝对不会给你开发票的。无论如何，都要让商家写清楚所产品的型号及其他技术细节，例如：希捷的一款 40GB 的硬盘就要写上硬盘的型号 Seagate Barracuda ATA 40GB 和转速如 7200 转/分钟等技术参数，然后还要写上价格和购买日期以及质保年限和方式等，以作保修凭证。此外，还要要求商家在硬件上贴标签，因为基本上都是凭标签享受保修服务的。

2. 推荐配置

按自己的需求来配置一台计算机，既省钱，又满足了学习、工作、娱乐的需求。切不可盲目攀比，因为计算机的配件发展太快了，不要一味追求"新"和"时髦"。应该遵循够用就好的原则。

如选购机箱时，要注意内部结构合理化，便于安装，还要注意美观，颜色与其他配件相配。而电源关系到整个计算机的稳定运行，其输出功率不应小于 280W，有的处理器还要求使用 300W～350W 的电源，SATA 还要求电源有相应的 SATA 电源接口，应根据需要选择。根据实际情况，即个人用途和经济情况确定计算机的档次。总之，配置计算机的原则是够用就行，省钱最好。

表 1-1 和表 1-2 共给出了 4 个配置方案，它们代表当前的主流行配置，不过这些配置会随着硬件的不断更新而变化。

表 1-1 计算机配置一

入门配置		一般配置	
配件	产品型号	配件	产品型号
CPU	AMD 闪龙 3000＋AM2/64 位	CPU	AMD AM2 闪龙 2800＋(盒)
内存	金邦 DDR400 512M	内存	金邦 白金条 512M DDRⅡ667
硬盘	希捷酷鱼 80G PATA	硬盘	希捷 7200.9SATA 160GB(5 年保)
主板	映泰 T6100－AM	主板	映泰 TForce6100－AM2
显卡	整合	显卡	整合
光驱	Philips 16X DVD	光驱	先锋 DVD－123E(银色)
机箱	世纪之星 D580	机箱	百盛 38 度冷静王 L101(黑＋白)
音箱	漫步者 321T 北美版	音箱	漫步者 R301T 北美版
键鼠	罗技光电高手套件	键鼠	罗技 光电高手视频套装
显示器	LG L1750SQ 8 毫秒	显示器	LG L1751U
总价	3985 元	总价	4387 元

表 1－2　计算机配置二

家用多媒体配置		超豪华配置配	
配　件	产品型号	配　件	产品型号
CPU	P4805 双核	CPU	Intel Core 2 Duo E6600 2.40GHz
内　存	金邦 DDRⅡ 1G	内　存	海盗船 WIN2X2048－8500(双条套装)
硬　盘	希捷酷鱼 160G SATA	硬　盘	希捷 酷鱼 7200.7 300G 8M X 2 块
主　板	微星 945PL	主　板	华硕 P5WDG2－WS
显　卡	ATi X800 256MB	显　卡	华硕 EAX1900XTX/2DHTV/512M X 2 块
光　驱	Philips 16XDVD	光　驱	明基 EW100G(蓝光机)
机　箱	世纪之星 风云 2＋鑫谷电源	机　箱	酷冷至尊影音先锋 260 ＋ 多彩极冻王 IceBuce－550 电源
音　箱	漫步者 102T	音　箱	创新 I－Trigue L3800
键　鼠	BENQ 光电套件	键　鼠	微软无线桌面套装指纹版
显示器	AOC 193FW 8 毫秒	显示器	三星 400P
		声　卡	创新 SB X－Fi Elite Pro
		散热器	酷冷至尊 水冷天尊 RL－HUC－E8U2
总　价	6200 元	总　价	62845 元

3. 获取信息的途径和方法

对于初次接触组装计算机的人们来说，如何获取相关的价格和技术参数；当计算机出现故障时如何找到技术支持会感到较困难，好像无从下手。其实无论是组装或维护计算机，我们都可以通过以下几种方式获取技术支持和帮助。

(1)找有关书籍和技术资料。通过技术资料获取有关信息；

(2)请技术人员帮助。可以通过我们周围的技术人员来帮助我们获取有关信息和帮助；

(3)通过免费电话获取帮助。针对品牌机在出现问题时，可以使用该品牌提供的免费电话以及他们提供的所在地的技术维修部获得支持和帮助；

(4)通过网络获取帮助。可以通过搜索引擎或直接登录到一些计算机相关的论坛和报价网站查看有关器件的测评信息和文章或查看即报价以及相关的技术支持，这方面比较全面的有中关村报价网(www.zgcbj.com)、太平洋电脑网(www.pconline.com)、哈维 IT 硬件网(www.hwit.net)等。

【新的任务】

通过本章的学习，了解了计算机的发展和分类，掌握了计算机的主要性能指标及计算机的系统组成，熟悉了计算机的配置和选购方法。下一章的任务是：学习并掌握计算机中 CPU 的基础知识。

习题一

一、填空题

1. 计算机系统的内部硬件最少由五个单元结构组成，即(　　　)、(　　　)、(　　　)、(　　　)和输出设备。

2. 如果按体积、性能和价格来进行分类，计算机可以分为(　　　)、(　　　)、(　　　)、(　　　)和(　　　)等不同种类。

二、选择题

1. 第一代计算机的典型代表是(　　　)。

A. ENIAC　B. UNIVAC　C. IBM360　D. EDVAC

2. 现代计算机的鼻祖ENIAC的运算速度为(　　　)次/秒十进制加法运算。

A. 2000　B. 4000　C. 5000　D. 6000

3. 第二代计算机采用的元器件是(　　　)。

A. 真空管　B. 电子管　C. 晶体管　D. 印刷电路

4. 摩尔定律主要说明(　　　)之间的关系。

A. 电源和CPU　B. 内存和外存容量
C. 声卡和显卡　D. CPU速度和存储器容量

5. (　　　)的出现使制造面向个人用户的计算机成为可能。

A. 晶体管　B. 集成电路　C. 4004微处理器　D. 8008微处理器

6. 由(　　　)设计的8080处理器代表了第四代计算机的发展。

A. IBM　B. DELL　C. INTEL　D. AMD

7. 下列特殊形式的计算机系统哪个不属于工控机范围(　　　)?

A. 智能仪表　B. 单片机　C. 大型机　D. 可编程控制器

8. 下列属于内部存储器的是(　　　)。

A. 硬盘　B. 光驱　C. 软驱　D. 内存

9. 外部存储器区别于内部存储器的最大特点是(　　　)。

A. 容量大　B. 速度快　C. 易携带　D. 价格低廉

10. (　　　)不属于个人计算机。

A. 联想1+1　B. SonyV505　C. Sun服务器　D. 联想PC服务器

11. 负责计算机内部之间的各种算术运算和逻辑运算的功能，主要是由(　　　)来实现的。

A. CPU　B. 主板　C. 内存　D. 显卡

12. 下面设备中，属于输出设备的是(　　　)。

A. 键盘　B. 鼠标　C. 扫描仪　D. 打印机

三、判断题

1. 计算机系统由硬件系统和软件系统两大部分组成。　(　　　)

2. 从结构形式来分，计算机可以分个人台式计算机(又称PC机)和便携式计算机(又称笔记本电脑)。而我们经常使用的计算机一般都是指便携式计算机而言。　(　　　)

3. 存储单元也就是计算机存储数据的地方。“内存”、CPU 的“缓存”、硬盘、软盘、光盘都为存储单元。（　　）

四、简答题

1. 简述计算机硬件和计算机软件的相互依存关系。

2. 目前常见的大型应用软件有很多，试说出几种。

3. 试说出比较著名的几款品牌机名称。

五、实训与操作题

1. 到当地的电子市场去浏览一下，看看各种配件，了解最新的硬件价格及性能。

2. 打开一台计算机的机箱，查看计算机的内部硬件组成。

第 2 章　中央处理器 CPU

前面介绍了计算机的基础知识，让大家了解了计算机的发展、主要性能指标、基本构成及选购技巧，从本章开始我们将学习计算机中常用配件的相关知识及选购。

本章主要介绍 CPU 的基础知识，包括：CPU 的结构、原理，CPU 中使用的新技术、指令集，CPU 的性能参数及选购，CPU 的发展概况，CPU 的散热系统及风扇的选购。通过本章的学习，读者可以了解 CPU 及其散热器的各项重要的技术参数；了解选购 CPU 及其散热器时的注意事项，并根据需要选购一款合适的 CPU 和 CPU 散热器。

2.1　CPU 概述

任务 1：CPU 的结构及原理

【任务的提出】

CPU 又称微处理器，是计算机中最重要的一个组成部分。如果把计算机比作一个人，那么 CPU 就是他的大脑。不管什么样的 CPU，其内部结构归纳起来可以分为控制单元、逻辑单元和存储单元三大部分，这三个部分相互协调，便可以进行分析、判断、运算并控制计算机各部件协调工作。

本任务主要包括以下内容：

(1)了解 CPU 的基本工作原理；

(2)熟悉 CPU 的基本构成。

2.1.1　CPU 的结构及原理

CPU 的工作原理就像一个工厂的产品加工过程：进入工厂的原料（指令和数据），经过物资分配部门（控制单元）的调度分配，被送往生产线（逻辑运算单元），生产出成品（处理后的数据）后，再存储在仓库（存储单元）中，最后等着拿到市场上去卖（交给应用程序使用）。在这个过程中，从控制单元 CPU 就开始了正式的工作，中间的过程是通过逻辑运算单元进行运算处理，交到存储单元后就代表一次（一条指令执行）工作的结束。

CPU 负责处理数据和执行程序的部件如下：

算术逻辑单元 ALU(Arithmetic Logic Unit)：是运算器的核心。它是以全加器为基础，辅之以移位寄存器及相应控制逻辑组合而成的电路，在控制信号的作用下可完成加、减、乘、除四则运算和各种逻辑运算。就像刚才提到的，这里就相当于工厂中的生产线，负责运算数据。

寄存器组 RS(Register Set 或 Registers)：实质上是 CPU 中暂时存放数据的地方，里面保存着等待处理的数据或已经处理过的数据，CPU 访问寄存器所用的时间要比访问内存的时间短。采用寄存器组，可以减少 CPU 访问内存的次数，从而提高 CPU 的工作速度。但因为受到芯片面积和集成度的限制，寄存器组的容量不可能很大。寄存器组可分为专用寄存器和通用寄存器。专用寄存器的作用是固定的，而通用寄存器的用途广泛并可由程序员规定其用途。寄存器的数目因 CPU 而异。

控制单元(Control Unit):正如工厂的物流分配部门,控制单元是整个 CPU 的指挥控制中心,由指令寄存器 IR(Instruction Register)、指令译码器 ID(Instruction Decoder)和操作控制器 OC(Operation Controller)三个部件组成,对协调整个电脑使之有序工作极为重要。它根据用户预先编制好的程序,依次从存储器中取出各条指令,放在指令寄存器中,通过指令译码(分析)确定应该进行什么操作,然后通过操作控制器 OC,按确定的时序,向相应的部件发出微操作控制信号。操作控制器 OC 中主要包括节拍脉冲发生器、控制矩阵、时钟脉冲发生器复位电路和启停电路等控制逻辑。

总线(Bus)是在计算机的各部件之间传输信息的公共通路,包括传输数据(信息)信号的逻辑电路、管理信息传输协议的逻辑线路和物理连线。就像工厂中各部位之间的联系渠道一样,是各种公共信号线的集合,用于作为电脑中所有各组成部件之间传输信息共同使用的"公路"。直接和 CPU 相连的总线可称为局部总线。按照总线上传送信息类型的不同,可将总线分为:数据总线 DB(Data Bus)、地址总线 AB(Address Bus)、控制总线 CB(Control Bus)。简单地说,数据总线用来传输数据信息;地址总线用于传送 CPU 发出的地址信息;控制总线用来传送控制信号、时序信号和状态信息等。

【新的任务】

通过本节的学习,初步了解了 CPU 的基本结构和基本原理。现在新的任务是:学习并掌握与 CPU 相关的新技术和指令集。

任务 2:CPU 的新技术与指令集

【任务的提出】

CPU 依靠指令来计算和控制系统,每款 CPU 在设计时都规定了一系列与其硬件电路相配合的指令系统。指令的强弱也是 CPU 的重要指标,指令集是提高微处理器效率的最有效工具之一。与前几代产品相比,Pentium 采用了多项先进技术,其中最重要的是 CISC 和 RISC 相结合的技术、超标量流水线技术、分支预测技术和超线程技术等。本任务主要包括以下内容:

(1)熟知 CPU 中使用的新技术;

(2)熟知 CPU 中使用的指令集;

(3)了解 CPU 的封装技术。

2.1.2 CPU 中的新技术和指令集

1. CISC 技术和 RISC 技术

复杂指令集计算机 CISC(Complex Instruction Set Computer)技术和简化指令集计算机 RISC(Reduced Instruction Set Computer)技术是基于不同理论和构思的两种不同的 CPU 设计技术,CISC 技术的产生和应用均早于 RISC 技术。

采用 CISC 技术的 CPU 特点有:

(1)指令系统中包含很多指令,既有常用指令,也有用得较少的复杂指令,后者对应较复杂的功能,但指令码相当长,这使微处理器的译码部件工作加重,速度减慢;

(2)访问内存时采用多种寻址方式;

(3)采用微程序机制,微程序机制使微处理器控制 ROM 中存放了众多微程序。

采用 RISC 技术的 CPU 特点有:

(1)指令系统中只含有简单而常用的指令,指令的长度较短,并且每条指令的长度相同。

(2)采用流水线机制来执行指令。按照这种机制,在指令 1 经过取指后进入译码阶段时,指令 2 便进入取指阶段;而在指令 1 进入执行阶段、指令 2 进入译码阶段时,指令 3 进入取指阶段……所以,流水线机制是一种指令级并行处理方式,可以在同样的时间段中比非流水线机制下执行更多的指令,大大提高了指令的执行速度。

(3)大多数指令利用内部寄存器来执行,一般只需要一个时钟周期。这不但提高了指令执行速度,而且减少了对内存的访问,从而使对内存的管理简化。

Intel 公司在 Pentium 之前的 CPU 均属于 CISC 体系,从 Pentium 开始,将 CISC 和 RISC 结合,大多数指令是简化指令,但仍然保留了一部分复杂指令,而这部分指令是采用硬件来实现的,通过取两者之长,CPU 可实现更高的性能。

2. 超标量流水线技术

超标量流水线是 Pentium 中最重要的创新技术。所谓超标量,就是一个处理器中有多条指令流水线。在 Pentium 中,采用 U 和 V 两条流水线,每条流水线均含有独立的 ALU 地址生成电路和连接数据 Cache 的接口,它们可通过各自的接口对 Cache 存取数据,这种结构的 Cache 称为 Cache 双端接口。双端接口使 Pentium 具有更高的速度。超标量流水线机制使得 Pentium 能够对应一个时钟周期执行两条整数运算指令,这样,比相同频率的前一代 CPU 实际速度提高一倍。

不过,采用超标量流水线机制是有前提条件的,一是要求所有的指令基本上都是简化指令,二是 V 流水线总是能够接受 U 流水线的下一条指令。可见,超标量流水线技术是和 RISC 技术密不可分的。

3. 分支预测技术

在程序设计中,分支转移指令用得非常多。通常分支转移指令在执行前,不能确定转移是否发生。而指令预取缓冲器是顺序取指令的,如果产生转移,那么指令预取缓冲器中取得的后续指令全部白取,从而造成流水线断流,损失流水线效能。为此,希望在转移指令执行前,能够预测转移是否发生,从而确定此后执行哪段程序。

4. 超线程技术

超线程技术(Hyper Threading Technology),简称 HT 技术,超线程技术通过采用特殊的硬件指令,可以把两个逻辑内核模拟成两个物理芯片,在单处理器中实现线程级的并行计算,同时在相应的软硬件支持下大幅度地提高机器效率,而实现在单处理器上模拟双处理器的性能。其实,从实质上说,超线程是一种可以将 CPU 内部暂时闲置处理资源充分“调动”起来的技术。

要实现超线程技术,需要 CPU、主板芯片组、主板 BIOS、操作系统和应用软件的支持。

5. 迅驰技术

迅驰是一种“移动计算技术”,常用于笔记本电脑。它具有“集成的无线局域网连接能力,突破性的移动计算性能,延长的电池使用时间,更轻、更薄的外形设计”。其关键在于“移动”,尤其是对无线技术的全面支持,以及平衡了性能和功耗、体积的矛盾,使真正的移动成为现实。而作为一种技术,迅驰并不是单纯的代表 CPU,它包括了笔记本电脑专用处理器

Pentium—M、855/915 芯片组系列和 Intel PRO/Wireless 2100 无线网络连接。所以，迅驰的实质是一整套无线接入的移动技术平台。

6. 双核处理器

双核处理器即是基于单个半导体的一个处理器上拥有两个一样功能的处理器核心。换句话说，将两个物理处理器核整合到一个核芯中。双核微处理器技术的引入是提高处理器性能的有效方法。因为处理器实际性能是处理器在每个时钟周期内所能处理器指令数的总量，因此增加一个内核，理论上处理器每个时钟周期内可执行的单元数将增加一倍。

“双核”的概念最早是由 IBM、HP、Sun 等支持 RISC 架构的高端服务器厂商提出的，不过由于 RISC 架构的服务器价格高、应用面窄，没有引起广泛的注意。最近逐渐热起来的“双核”概念，主要是指基于 X86 开放架构的双核技术。在这方面，起领导地位的厂商主要有 AMD 和 Intel 两家。其中，两家的思路又有不同。AMD 从一开始设计时就考虑到了对多核心的支持，所有组件都直接连接到 CPU，消除系统架构方面的挑战和瓶颈；两个处理器核心直接连接到同一个内核上，核心之间以芯片速度通信，进一步降低了处理器之间的延迟。而 Intel 采用多个核心共享前端总线的方式。专家认为，AMD 的架构更容易实现双核以至多核，Intel 的架构会遇到多个内核争用总线资源的瓶颈问题。

7. MMX 指令集

MMX(Multi Media Extension，多媒体扩展指令集)指令集是 Intel 公司于 1996 年推出的一项多媒体(在音像、图形和通信应用方面)增强技术。MMX 指令集中包括有 57 条多媒体指令，通过这些指令可以一次处理多个数据，在处理结果超过实际处理能力时也能进行正常处理，把处理多媒体的能力提高了 60%左右。但 3D 运算多为浮点运算，而 MMX 指令集对 CPU 的浮点运算能力没有作用，因此 MMX 指令集在制作 3D 上没有实际意义。

此后在“铜矿”Pentium Ⅲ处理器中还出现了 MMX2 技术，将来还可能会有三代、四代 MMX 技术，只是名称有所不同，但意义是一样的。

8. SSE 指令集

SSE(Streaming Simd Extensions，单指令多数据流扩展指令集的缩写)是 Intel 公司在 Pentium Ⅲ处理器中率先推出的。SSE 指令集包括了 70 条指令，其中包含提高 3D 图形运算效率的 50 条 SIMD(单指令多数据技术)浮点运算指令、12 条 MMX 整数运算增强指令、8 条优化内存中连续数据块传输指令。理论上这些指令对目前流行的图像处理、浮点处理、3D 运算、视频处理、音频处理等诸多多媒体应用起到全面强化的作用。SSE 指令与 3DNow! 指令互不兼容，但 SSE 包含了 3DNow! 技术的绝大部分功能，只是实现的方法不同。

有资料表明，SSE 指令在运行没有被优化过的应用软件时，并没有太大的作用。

9. SSE2 指令集

Intel 为了应对 AMD 的 3DNow! 指令集，又在 SSE 的基础上开发了 SSE2。SSE2 指令就是增强 SSE 指令集的扩展，它在原来 SSE 指令集的基础上增加了一些指令，包括 144 条 128 位全新 SIMD 浮点管理指令，使得其 P4 处理器性能有大幅度提高。SSE2 涉及了在多重的数据目标上立刻执行单个的指令(SIMD 简称单指令多数据流指令)。最重要的是 SSE2 能处理 128 位和两倍精密浮点运算。处理更精确浮点数的能力使 SSE2 成为加速多媒体程序、3D 处理工程以及工作站类型任务的基础配置，但重要的是软件是否能适当地优化利用它。

10. SSE3 指令集

SSE3 指令是目前规模最小的指令集，只有 13 条指令。它共划分为五个应用层，分别为数据传输命令、数据处理命令、特殊处理命令、优化命令、超线程性能增强，其中超线程性能增强是一种全新的指令集，它可以提升处理器的超线程处理能力，大大简化了超线程的数据处理过程，使处理器能够更加快速地进行并行数据处理。

11. 3DNow！指令集

AMD 的 3DNow！指令跟 SSE 的本质差不多，一次可对 2 个 32 位浮点数进行运算。AMD 公司提出的 3DNow！指令集出现在 SSE 指令集之前，并被 AMD 广泛应用于其 K6－2、K6－3 以及 Athlon(K7)处理器上。3DNow！指令集技术其实就是 21 条机器码的扩展指令集。它在原来指令集的基础上新增了 24 条指令(其中的 12 条指令用于支持语音识别和视频信号的处理，7 条指令用于改进 Internet 及其他形式数据流的数据传输速度，5 条指令用于数字信号处理)以提高音频和通信等方面的性能。

要想发挥扩展 CPU 指令集的性能，必须有软件的支持才行。如 Prescott P4 具有最新的 SSE3 指令集，但是由于还没有什么软件支持，所以还是无法体现出性能的提升。目前，Intel 的 Pentium 4 支持 MMX、SSE、SSE2、SSE3 指令集和 Hyperthreading Technology。AMD 的 Athlon XP 则支持 MMX、3DNOW！与 SSE 指令集，Athlon 64 则是目前支持指令集最多的 CPU，可支持 MMX、3DNOW！、SSE、SSE2 与 X86－64 等指令集，这些指令集可以通过一些测试软件查看得知，如图 2－1 所示，是使用软件 EVEREST 2.01.369 Bate 版查看到的 CPU 指令集，也还可使用其他测试工具软件如 HWINFO32 等进行查看。

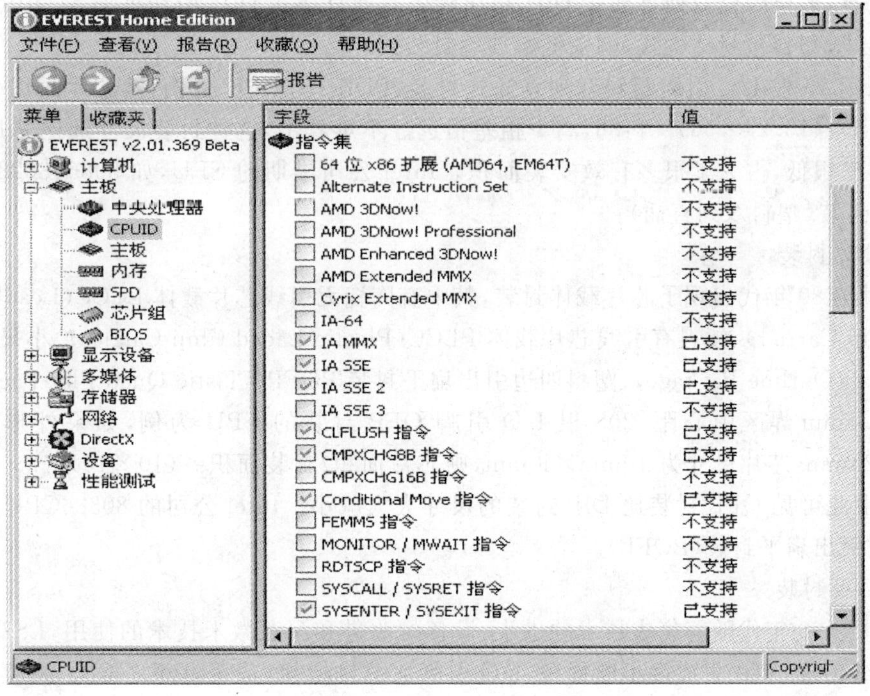

图 2－1　使用 EVEREST 查看到的 CPU 指令集

注意　MMX技术侧重于整数运算，而3DNow！指令集主要针对三维建模、坐标变换和效果渲染等三维应用场合。在软件的配合下，可以大幅度提高3D处理性能。

2.1.3　CPU的封装技术简介

所谓封装是指安装半导体集成电路芯片用的外壳，它不仅起着安放、固定、密封、保护芯片和增强导热性能的作用，而且还是沟通芯片内部世界与外部电路的桥梁。芯片上的接点用导线连接到封装外壳的引脚上，这些引脚又通过印刷电路板上的导线与其他器件建立连接。因此，封装对CPU和其他LSI(Large Scale Integration)集成电路都起着重要的作用，新一代CPU的出现常常伴随着新的封装形式的使用。

芯片的封装技术已经历了好几代的变迁，从DIP、QFP、PGA、BGA到CSP再到MCM，技术指标一代比一代完善，如芯片面积与封装面积之比越来越接近于1，适用于频率越来越高、耐温性能越来越好、引脚数增多、引脚间距减小、重量减小、可靠性要求更高等方面的新型芯片。

注意　衡量一个芯片封装技术先进与否的重要指标是芯片面积与封装面积之比，这个比值越接近1越好。

1. DIP封装

20世纪70年代流行的是DIP封装(Dual In - line Package，双列直插封装)。DIP封装结构形式有：多层陶瓷双列直插式DIP，单层陶瓷双列直插式DIP，引线框架式DIP(含玻璃陶瓷封接式，塑料包封结构式，陶瓷低熔玻璃封装式)等。

以采用40根I/O引脚塑料双列直插式封装(PDIP)的CPU为例，其芯片面积/封装面积=(3×3)/(15.24×50)=1:86，离1相差很远。不难看出，这种封装尺寸远比芯片大，说明封装效率很低，占去了很多有效安装面积。Intel公司早期的CPU，如8086、80286，都采用PDIP封装(塑料双列直插)。

2. 载体封装

20世纪80年代出现了芯片载体封装，其中有陶瓷无引线芯片载体LCCC(Leadless Ceramic Chip Carrier)、塑料有引线芯片载体PLCC(Plastic Laded Chip Carrier)、小尺寸封装SOP(Small Outline Package)、塑料四边引出扁平封装PQFP(Plastic Quad Flat Package)。

以0.5mm焊区中心距、208根I/O引脚QFP封装的CPU为例，如果外形尺寸为28mm×28mm，芯片尺寸为10mm×10mm，则芯片面积/封装面积=(10×10)/(28×28)=1∶7.8，由此可见QFP封装比DIP封装的尺寸大大减小。Intel公司的80386CPU就采用塑料四边引出扁平封装(PQFP)。

3. BGA封装

20世纪90年代随着集成技术的进步、设备的改进和深亚微米技术的使用，LSI、VLSI、ULSI相继出现，芯片集成度不断提高，I/O引脚数急剧增加，功耗也随之增大，对集成电路封装的要求也更加严格。为满足发展的需要，在原有封装方式的基础上，又增添了新的方式：球栅阵列封装，简称BGA(Ball Grid Array Package)。BGA一出现便成为CPU、南北桥等VLSI芯片的最佳选择。

Intel 公司对集成度很高(单芯片里达 300 万只以上晶体管)、功耗很大的 CPU 芯片,如 Pentium、Pentium Pro、Pentium Ⅱ采用陶瓷针栅阵列封装(CPGA)和陶瓷球栅阵列封装(CBGA),并在外壳上安装微型排风扇散热,从而使 CPU 能稳定可靠地工作。

4. 面向未来的封装技术

BGA 封装比 QFP 先进,更比 PGA 好,但它的芯片面积/封装面积的比值仍很低。

Tessera 公司在 BGA 基础上做了改进,研制出另一种称为 μBGA 的封装技术,按 0.5mm 焊区中心距,芯片面积/封装面积的比为 1∶4,比 BGA 前进了一大步。

1994 年 9 月,日本三菱电气研制出一种芯片面积/封装面积=1∶1.1 的封装结构,其封装外形尺寸只比裸芯片大一点点。也就是说,单个 IC 芯片有多大,封装尺寸就有多大,从而诞生了一种新的封装形式,命名为芯片尺寸封装,简称 CSP(Chip Size Package 或 Chip Scale Package)。CSP 封装具有以下特点:

(1)满足了 LSI 芯片引出脚不断增加的需要;

(2)解决了 IC 裸芯片不能进行交流参数测试和老化筛选的问题;

(3)封装面积缩小到 BGA 的 1/4 甚至 1/10,延迟时间大大缩小。

曾有人想,当单芯片一时还达不到多种芯片的集成度时,能否将高集成度、高性能、高可靠的 CSP 芯片(用 LSI 或 IC)和专用集成电路芯片(ASIC)在高密度多层互联基板上用表面安装技术(SMT)组装成为多种多样电子组件、子系统或系统。由这种想法产生出多芯片组件 MCM(Multi Chip Model)。它将对现代化的计算机、自动化、通讯业等领域产生重大影响。MCM 的特点有:

(1)封装延迟时间缩小,易于实现组件高速化;

(2)缩小整机/组件封装尺寸和重量,一般体积减小 1/4,重量减轻 1/3;

(3)可靠性大大提高。

随着 LSI 设计技术和工艺的进步及深亚微米技术和微细化缩小芯片尺寸等技术的使用,人们又产生了将多个 LSI 芯片组装在一个精密多层布线的外壳内形成 MCM 产品的想法。进一步又产生另一种想法是把多种芯片的电路集成在一个大圆片上,从而导致了封装由单个小芯片级转向硅圆片级(wafer level)封装的变革,由此引出系统级芯片 SOC(System On Chip)和电脑级芯片 PCOC(PC On Chip)。

相信随着 CPU 和其他 ULSI 电路的不断进步,集成电路的封装形式也将有相应的发展,而封装形式的进步又将促成芯片技术向前发展。

综上所述,当前的 CPU 如果从它的物理结构和外观上划分可将其分为内核、基板、填充物、封装和接口 5 个部分,如图 2-2 所示。

(1)内核。是由单晶硅做成的芯片,位于 CPU 的中央,通过指令的执行完成对存储器、输入/输出接口等电路的数据的处理和读写工作。

(2)基板。是承载 CPU 内核用的电路板,它负责内核与外界的通信,并决定这颗芯片的时钟频率。在它上面有电容、电阻和决定 CPU 时钟频率的电路。早期的 CPU 基板采用陶瓷制造,现在的 P4、PD、Athlon 等都采用有机物制造,可提供更好的电气和散热性能。

(3)填充物。CPU 内核和 CPU 基板之间往往还有填充物。它的作用是缓解来自散热器的压力以及固定芯片和电路基板的。

(4)封装。设计制作好的 CPU 芯片通过严格的测试,合格后送封装厂切割、划分成用于单个CPU的规模并置入到封装中。良好的封装设计有助于CPU芯片散热并很好地让CPU与主板连接。

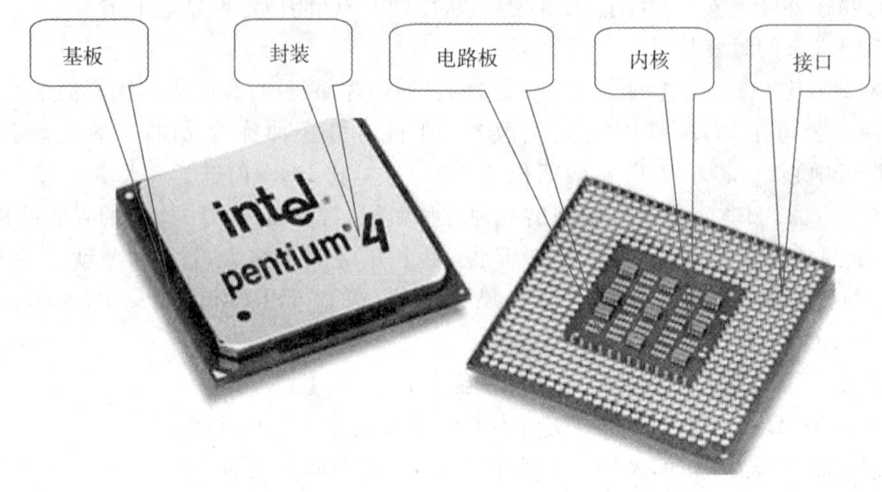

图2-2　CPU外观的组成逻辑示意框图

(5)CPU的接口。CPU也是通过接口与主板相连的。CPU的接口有针脚式、引脚式、卡式和触点式等几种形式。目前CPU的接口大多采用针脚式接口,如Intel Pentium 4的Socket 478。触点式连接是Intel新一代处理器的接口,它取代了Socket 478而成为Intel平台的主流CPU接口,如Socket 775。

注意	Socket 775接口的CPU只能连接在具备Socket 775插槽的主板上,Socket 939接口的CPU只能连接在具备Socket 939插座的主板上。

【新的任务】

通过本节的学习,初步掌握了CPU中使用的新技术和相关指令集,了解了CPU的封装形式。现在新的任务是:学习并掌握决定CPU性能好坏的主要技术参数。

2.2　CPU的性能指标

任务3:CPU的性能指标

【任务的提出】

CPU的性能大致上反映出了它所配置计算机的性能,因此CPU的性能指标十分重要。本任务主要内容是掌握CPU的性能指标。

1. 位、字节和字长

二进制系统中,每个0或1就是一个位(bit),位是表示电子信号的最小单位。一个字节(Byte)是由8个位组成的,可代表一个字母(A~Z)、数字(0~9)或符号等,是数据存储的基本单位。字长表示CPU一次可处理的二进制位数,它是衡量计算机性能的重要指标,字长越大表示计算机处理数据的能力越强。

2. 主频、外频和倍频

主频也叫做 CPU 的时钟频率，表示 CPU 内部数字脉冲信号振荡的速度，是 CPU 内核的实际工作频率。主频越高，在相同的时间里，CPU 所能完成的指令数也就越多，其运算速度也就越快。以前的 CPU 主频一般以 MHz 为单位，通常所说的 Pentium Ⅱ 400，就是指该 CPU 的主频为 400MHz。而现在的 CPU 主频很高，一般都是以 GHz 为单位，比如 P4 3.06GHz 指的主频就是 3.06GHz。

CPU 主频的高低与 CPU 的外频和倍频有关，其计算公式为：主频＝外频×倍频。

外频是指 CPU 总线频率，或称系统频率，是 CPU 与主板之间同步运行的速度。目前，绝大部分计算机系统的外频是指内存与主板之间同步运行的速度，CPU 的外频直接影响内存的访问速度，外频速度高，CPU 就可以同时接收更多的来自外围设备的数据，从而使整个系统的速度进一步提高。

倍频是 CPU 的运行频率与整个系统外频之间的倍数。在此之前，CPU 和其周边设备采用相同的频率工作。随着芯片技术的不断发展，CPU 的频率越来越快，而 CPU 的周边设备受技术限制，能够承受的工作频率有限，这就阻碍了 CPU 的主频提高。在这种情况下，产生了 CPU 与周边设备使用不同工作频率的方案，即 CPU 的实际工作频率称为主频，周边设备的工作频率为外频，总线也以这个频率工作，所以称为总线频率。两者之间的倍数即为倍频，早期为 2～3 倍，现在通常为 10 多倍。

3. FSB 前端总线

又称前端总线频率或前端总线速度。前端总线是 AMD 在推出 K7 CPU 时提出的概念，一直以来很多人都误认为这个名词不过是外频的一个别称。实际上，平时所说的外频是指 CPU 与主板的连接速度(实际上是指 CPU 和内存之间的传输速度)，这个概念是建立在数字脉冲信号振荡速度的基础之上，而前端总线速度指的是数据传输的速度。就处理器速度而言，前端总线速度比外频更具代表性。所以，前端总线速度也可以看作是总线的带宽。

注意

例如 100 MHz 外频特指数字脉冲信号在每秒钟振荡 1000 万次，而 100 MHz 前端总线速度则指的是每秒钟 CPU 可接收的数据传输量是 100MHz×64bit÷8bit/Byte＝800MB。

4. 缓存 Cache

缓存又称为高速缓存，是位于 CPU 与内存之间的规模较小但速度很快的存储器，因它在高速 CPU 与慢速内存之间起缓冲作用。缓存一般由 SRAM 组成，速率与 CPU 相当。

CPU 的缓存通常又分为两种，即 L1 Cache(一级缓存)和 L2 Cache(二级缓存)。

L1 高速缓存，也就是我们经常说的一级高速缓存，通常集成在 CPU 内部，可大大提高 CPU 的运行效率。高速缓冲存储器均由静态随机存取存储器 SRAM 组成，结构较复杂，具有速度快、集成度相对较低、价格高、功耗大等特点。因此，在 CPU 芯片面积不能太大的情况下，L1 高速缓存的容量不可能做得太大。采用回写(Write Back)结构的高速缓存，对读和写操作均可提供缓存。而采用写通(Write Through)结构的高速缓存，仅对读操作有效。在 486 以上的计算机中基本采用了回写式高速缓存。

L2 高速缓存，一般指 CPU 外部的高速缓存(也有集成在 CPU 内部的)。Pentium Pro 处理器的 L2 Cache 和 CPU 运行在相同频率下，但成本昂贵。所以为降低成本，Intel 公司生产了一种 L2 缓存相对较小、外频较低的处理器称为赛扬处理器。

5. 工作电压

工作电压指的是 CPU 正常工作所需的电压。早期 CPU(386、486)由于工艺落后,它们的工作电压一般为 5V。随着 CPU 的制造工艺与主频的提高,CPU 的工作电压有逐步下降的趋势,到 Pentium CPU 时,电压已降到 3.5V/3.3V/2.8V,而现在的 CPU 工作电压普遍在 1.3V～2V 之间。低电压能解决耗电过大和发热过高的问题,这对于当前能耗惊人、散热困难的 CPU 显得尤其重要。

6. 制造工艺

早期的 CPU 大多采用 0.5μm 的制作工艺,Pentium CPU 的制造工艺是 0.35μm,Pentium Ⅱ和赛扬可以达到 0.25μm,在 1999 年底,Intel 公司推出了采用 0.18μm 制造工艺的 Pentium Ⅲ处理器,即 Coppermine(铜矿)处理器。Intel 宣称是第一个将 0.13μm 工艺应用到微处理器的生产商。很明显,Intel 只有靠 0.13μm 工艺来减少晶体管的数量和处理器本身的体积才能有效降低成本。而在 2004 年 6 月,Intel 推出的 Socket LGA 775 架构的 CPU 已经采用了 0.09μm 的制造工艺。更精细的工艺使得原有晶体管电路更大限度地缩小了,能耗越来越低,CPU 也就更省电,这样就可以极大地提高 CPU 的集成度和工作频率。

7. 协处理器(又叫数学协处理器)

协处理器也有几种,如输入/输出协处理器和数学协处理器等。数学协处理器主要的功能就是负责浮点运算,在 486 以前的 CPU 里面,由于没有内置协处理器,因此浮点运算性能相当落后,如果要提高它的浮点运算能力还需要另外购买数字协处理器。在 486 以后的 CPU 一般都内置了协处理器,而且协处理器的功能已不再局限于增强浮点运算。现在 CPU 的浮点单元(协处理器)往往可以对多媒体指令进行优化,比如 Intel 的 MMX 技术。

8. 扩展指令集

为了提高计算机处理多媒体信息的处理能力,CPU 厂商对 X86 指令集进行了扩展,从而出现了一些专门的处理器扩展指令集,其中最著名的有 Intel 的 MMX、SSE 和 AMD 的 3DNOW!。这些指令集可对图像处理、浮点运算、3D 运算、视频处理、音频处理等多媒体应用起到全面强化作用。

【新的任务】

通过本节的学习,初步掌握了可判断 CPU 性能高低的主要技术参数。现在新的任务是:学习并了解 CPU 的发展概况,熟悉主流 CPU 的性能及特点。

2.3 CPU 的发展及主流产品

任务 4:CPU 的发展及主流 CPU

【任务的提出】

在微处理器的发展史中,主要有 Intel、AMD、Cyrix、VIA 等公司推出的 CPU 产品,品种有几百种之多,其中尤以 Intel、AMD 公司的产品最具代表性。本任务主要包括以下内容:

(1)了解 Intel 系列和 AMD 系列 CPU 的发展;

(2)掌握主流 CPU 的性能及特点。

2.3.1 Intel CPU 的发展概况

1. Intel 4004

1971 年 11 月 15 日，Intel 公司推出了世界上第一款微处理器(4004 CPU)，如图 2-3 所示，这是第一个可用于微型计算机的 4 位微处理器，采用 10 μm 工艺制造，16 针 DIP 封装，芯片核心尺寸为 3mm×4mm，共集成有 2300 个晶体管，工作频率为 108kHz，每秒运算能力为 6 万次。

2. Intel 8008

1972 年，Intel 推出第一款 8 位的 CPU 8008，如图 2-4 所示，它大约有 3500 个晶体管，以 10 μm 工艺制造，内存空间为 16KB，工作频率为 200kHz。

图 2-3　Intel 4004

图 2-4　Intel 8008

3. Intel 8080

Intel 于 1974 年推出了 8080，该 CPU 由 6000 个晶体管组成，采用 6 μm 工艺，工作频率为 2MHz，内存空间为 64KB，作为代替电子逻辑电路的器件被用于各种应用电路和设备中。

4. Intel 8086

8086 CPU 是 1978 年推出的 16 位 CPU，由约 29000 个晶体管所组成，采用 3μm 工艺。8086 的数据总线与寄存器宽度皆为 16 位，最大内存空间 1MB，工作频率为 4.77MHz，图 2-5 为 8086 CPU。

5. 80186/80188/80286

随后，Intel 公司又相继发布了 80186 性能更胜一筹的 16 位微处理器，1982 年 80286 隆重登场，如图 2-6 所示，这是计算机发展史上重要的里程碑。80286 最主要的特征是它完全兼容以前推出微处理器所用的程序，正是它的诞生预示着真正个人电脑时代的到来。经过数年的销售，80286 微处理器个人电脑超过了 1500 万台。

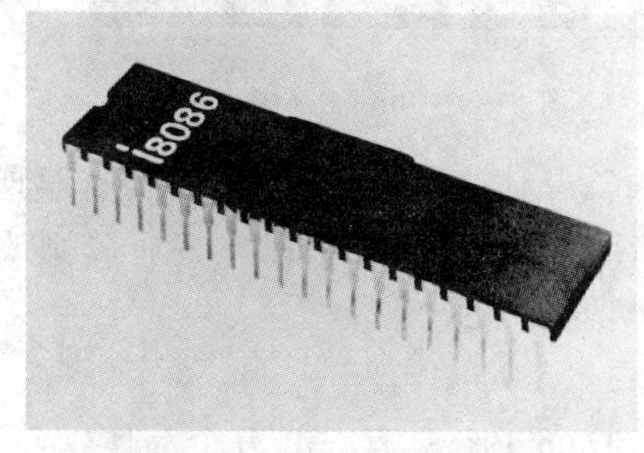

图 2-5　Intel 8086

图 2-6　Intel 80286

6. 80386

1985 年诞生的 80386 CPU（简称 386）采用的是 2 μm工艺，它由约 275000 个晶体管组成，内部寄存器、外部数据与内存总线宽度全部扩展为 32 位，支持最大内存 4GB，工作频率从 16MHz 开始，可外接 64—128KB 高速缓冲寄存器 Cache。图 2-7 为 80386 CPU。

图 2-7　Intel 80386

1989 年，Intel 以最新的 1μm 工艺开发出更细小的 386 芯片，后来取名为 386SX，而原先的 386 则改名称为 386DX。

7. 80486

80386 及以前的个人电脑，均以命令方式进行人机对话，这从一定程度上限制了个人电脑的普及，聪明的人们开始把命令模式向图形界面操作模式转变，由于图形操作界面需要的微处理器运算速度更快，处理能力更强。Intel 公司于 1989 年发布的 80486 被广泛应用于个人电脑。较之 80386，80486 由 120 万个晶体管组成，开始以 1μm 工艺制造，随后的 DX2 系列进步到 0.8μm，支持的最大内存为 4GB。486 的指令系统与 8086/8088/286/386 兼容，芯片内部包含 8KB Cache 和浮点运算单元 FPU。图 2-8 为 80486 DX CPU。

8. Pentium（奔腾）

在 486 推出 4 年后的 1993 年 3 月，以 310 万个晶体管组成的 Pentium CPU 正式发布。第一代 Pentium 产品工作频率为 60MHz 和 66MHz，支持 60MHz 和 66MHz 的前端总线，以 0.8μm 工艺制作，核心电压为 5V，大多采用 Socket 5 安装方式。图 2-9 为 Pentium CPU。

图 2-8　Intel 80486DX

图 2-9　Intel Pentium

一年后 Intel 推出了改良的产品，内部代号是 P54C，晶体管数量激增为 330 万。早期的 Pentium 75～120 使用 0.6μm 的半导体制造工艺，后期 120MHz 频率以上的奔腾则改用 0.35μm 工艺，供电电压均降低为 3.3V，采用 Socket 7 安装方式。

9. Pentium Pro（高能奔腾）

1995 年，Pentium Pro（高能奔腾）CPU 面市，Pentium Pro 具有 550 万个晶体管，采用 0.35μm 工艺技术，工作频率为 150MHz～200MHz，带有三条独立管线，地址总线拓宽到 36

位，支持 64GB 内存寻址。图 2 - 10 为 Pentium Pro。

图 2 - 10　Pentium Pro

10. Pentium MMX(多能奔腾)

Intel 在 1996 年推出了 Pentium 系列的改进版本，内部代号 P55C，也就是平常所说的 Pentium MMX CPU。Pentium MMX 在原 Pentium 的基础上进行了重大的改进，增加了片内 16KB 数据缓存和 16KB 指令缓存、4 路写缓存以及从 Pentium Pro、Cyrix 而来的分支预测单元和返回堆栈技术，特别是新增加了 57 条 MMX 多媒体指令。

11. Pentium Ⅱ

1997 年，Intel 公司又发布了 Pentium Ⅱ处理器，集成度达到了惊人的 750 万个晶体管，主频更高达 450MHz，性能更高，功能更强。同时 Pentium Ⅱ还一改过去的封装形式，采用 SEC(单边接触的封装方式)，插座接口自然也由原来的 Socket 7 改成了 Slot 1。如图 2 - 11 所示。

图 2 - 11　Pentium Ⅱ

12. Pentium Ⅲ

1999 年，Pentium Ⅲ CPU(即 PⅢ，奔腾Ⅲ)作为 Intel 的旗舰产品重拳出击。这款微 CPU 包含 2800 万个晶体管，并且采用了 0.25μm 工艺技术。Pentium Ⅲ依然沿用了 P6 的系统架构,极大地提高了计算机在处理高级图形、三维动画、视频、音频等方面的性能。

13. Coppermine 128K(Celeron Ⅱ)

Coppermine 128K CPU 是对 Celeron 家族产品的扩展,它采用了 Coppermine CPU 的内核,但将 Coppermine 的二级缓存减小到 128KB,这意味着此款 CeleronCPU 的性能可能逼近于 Pentium Ⅲ的性能,因为他们使用了相同的内核。另外这也是第一款提供对 SSE 支持的赛扬 CPU,图 2-12 为 Celeron Ⅱ CPU。

图 2-12　Celeron Ⅱ

14. Pentium 4

2000 年 11 月 21 日,Intel 在全球同步发布了最新一代的 CPU—Pentium 4。Pentium 4 CPU 原始代号为 Willamette,采用 0.18 μm 铝导线工艺,配合低温半导体介质(Low- Kdiclcctric)技术制成,是一颗具有超级深层次管线化架构的 CPU,它是当时 Intel 公司技术最先进、功能最强大的 CPU。它基于 Intel 的 NetBurst 微架构,强大的性能足以应付各种应用领域,这些应用领域包括网络广播、网络视频流、图片处理、视频剪辑、语音、3D、CSD、游戏、多媒体、多任务环境等。

Pentium 4 CPU 最主要的特点就是抛弃了 Intel 沿用了多年的传统架构,采用了新的 Intel NetBurst CPU 结构,Pentium 4 的 NetBurst 体系结构具有不少明显的优点:20 段的超级流水线、高效的乱序执行功能、2 倍速的 ALU、新型的片上缓存、SSE2 指令扩展集和 400MHz 的前端总线等。图 2-13 所示是 Pentium 4 CPU 的核心外观结构及 478 只引脚。

图 2-13　Pentium 4 CPU 的核心外观结构及 478 只引脚

2.3.2　AMD CPU 的发展概况

1. K5

K5 是 AMD 的一款 CPU,它是 AMD 为了与 Intel 的 Pentium CPU 竞争而推出的产品,支持 Socket 5 架构。图 2-14 为 AMD K5 CPU。

AMD 的 PR 速率(PR－rating)在 75MHz～166MHz 之间，而系统总线频率则在 55MHz～66MHz 之间。此款 CPU 具有 24KB 的一级缓存(8KB 用于数据，16KB 用于指令)，而它的二级缓存则位于主板上，并与系统的总线频率同步工作。

2. K6

AMD 在 1997 年的 4 月份开始推出 K6 CPU，这是在 Intel 推出 Pentium Ⅱ的前一个月发布的。此 CPU 采用 0.35 μm 的制造工艺(在后来推出的 233MHz K6 CPU 中采用了 0.25 μm 的制造工艺)，K6 CPU 如图 2－15 所示。此款 CPU 的工作频率为 166MHz。

图 2－14　AMD K5

图 2－15　AMD K6

3. K6—2

AMD K6－2 是 K6 CPU 的下一代产品，于 1998 年 4 月份推出，如图 2－16 所示。它对前代产品主要的改进就在于支持新的指令集——3DNow! 及 100MHz 的 FSB(前端总线速度)。

K6—2 最初推出时的时钟频率为 266MHz，后来增加到了 475MHz。AMD K6－2 CPU 带有 64KB 的一级缓存(32KB 用于存放指令，32KB 用于存放数据)，它的二级缓存位于主板上，容量可为 512KB～2MB 之间，速度与系统总线频率同步。

图 2－16　AMD K6—2

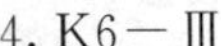

4. K6—Ⅲ

AMD K6—Ⅲ是 AMD 推出的第一款将二级缓存整合到 CPU 芯片中的产品，采用 Socket 7 架构。图 2－17 为 K6—Ⅲ CPU。此款 CPU 是于 1999 年 2 月份推出的，最早推出的有 400MHz 及 450MHz 两种版本。K6—Ⅲ带有 64KB 的一级缓存(其中 32KB 用于指令，32KB 用于数据)，位于 CPU 内的 256KB 二级缓存与 CPU 的时钟频率同步。另外，在主板上还有与系统总线频率同步的三级缓存，其容量大小在 512KB～2MB 之间。

5. K6—Ⅲ＋

AMD K6—Ⅲ＋是 AMD 在 K6—Ⅲ后推出的加强性产品。它采用 0.18μm 的制造工艺，并带有 256KB 的二级缓存，如图 2－18 所示。

图 2-17 AMD K6—Ⅲ

图 2-18 AMD K6—Ⅲ+

6. K7(Athlon)

AMD K7(Athlon)相对 AMD 以前的产品来说可算是革命性的进步,它不是直接拷贝 Intel 的第六代 CPU 结构,而是借鉴了 DEC 公司的 Alpha CPU 结构。K7 所采用的新系统总线称为 Alpha EV6 总线,理论上允许主板支持 2 颗 CPU。它的系统总线初始频率为 200MHz,现在已经达到 400MHz。

K7 CPU 采用 Slot A 架构。AMD 将此新型 CPU 命名为 Athlon,时钟频率为 500MHz~1.2GHz 之间。采用 x86 架构的 K7 CPU 使用了先进的一级缓存,其大小为 128KB(64KB 用于指令,64KB 用于数据);512KB 的二级缓存,其速度为 CPU 时钟频率的一半或 2/5。它的 MMX 指令集是对 K6—Ⅲ 3DNow! 指令集的扩展。图 2-19 为 K7 CPU。

图 2-19 AMD K7

7. 雷鸟(Thunderbird)

在 AMD 方面,在 2000 年中发布了第二个核心为 Thunderbird 的 Athlon,采用这个核心的 Athlon 有以下的改进:

(1) 制造工艺改进为 0.18μm。

(2) 安装界面改为了 Socket A,这是一种类似于 Socket 370,但针脚数为 462 的安装接口。

(3) 二级缓存改为 256KB,但速度和 CPU 同步,与 Coppermine 核心的 Pentium Ⅲ一样。Thunderbird 核心的 Athlon 不但在性能上要稍微领先于 Pentium Ⅲ,而且其最高的主频也一直比 Pentium Ⅲ高，1GHz 频率的里程碑就是由这款 CPU 首先达到的。

8. Athlon XP

2001 年 10 月，AMD 推出了面向桌面系统的 Athlon XP CPU，巩固了在台式机 CPU 上的领先地位。AMD Athlon XP CPU 采用 Palomino 核心，集成 3750 万只晶体管，0.18μm 铜导线工艺技术，采用稳定的 Socket A 架构，并可支持 DDR 内存。目前最新的 AMD Athlon XP CPU 已经采用 Barton 核心，集成 5430 万只晶体管，集成 512KB 二级缓存，并应用最先进的 0.13μm 铜导线工艺技术，性能有了进一步的提升。

9. 毒龙(Duron)

在低端 CPU 方面，AMD 推出了 Duron CPU，如图 2-20 所示，它的基本架构和 Athlon 一样，只是二级缓存只有 64KB。Duron 从发布开始，就远远抛离同样主攻低端市场的 Celeron，而且价格更低廉，一时间 Duron 成为低价 DIY 兼容机的第一选择。但 Duron 也有它致命的弱点，首先是继承了 Athlon 发热量大的特点，其次是它的核心非常脆弱，在安装 CPU 散热器时，很容易损坏。因此尽管在兼容机市场很受欢迎，但始终打不进利润最高的品牌机市场。

图 2-20　AMD Duron

事实上，CPU 的生产制造商还有很多。只不过它们在 PC 和笔记本上的应用没有以上两个厂家广泛，有兴趣的朋友请参阅相关材料。

2.3.3　主流 CPU 简介

2006 年，标志着 Intel 划时代的双核处理器的推出，双核慢慢地替代单核处理器而成为市场主流。目前，Intel 推出的台式机双核微处理器有 Pentium D、Core Duo 和 Pentium EE (Pentium Extreme Edition)等类型。

1. Pentium D 和 Pentium EE

Pentium D 和 Pentium EE 分别面向主流市场和高端市场，其每个核心采用独立式缓存设计，在处理器内部两个核心之间是互相隔绝的，通过处理器外部(主板北桥芯片)的仲裁器负责两个核心之间的任务分配以及缓存数据的同步等协调工作。两个核心共享前端总线，并依靠前端总线在两个核心之间传输缓存同步数据。从架构上来看，这种类型是基于独立缓存的“松散型”双核心处理器耦合方案，其优点是技术简单，只需要将两个相同的处理器内核封装在同一块基板上即可；缺点是数据延迟问题比较严重，性能并不尽如人意。另外，Pentium D 和 Pentium EE 的最大区别就是 Pentium EE 支持超线程技术而 Pentium D 则不支持，Pentium EE 在打开超线程技术之后会被操作系统识别为四个逻辑处理器。

Pentium D 和 Pentium EE 目前具有以下产品：

(1)Pentium D 8X0 系列

目前有 820(2.8GHz)、830(3.0GHz)和 840(3.2GHz)三款产品，都基于 Smithfield 核心，实际上就是将两个 Pentium 4 处理器所采用的 Prescott 核心封装在一起。这三款产品都采用 800MHz FSB、90nm 制造工艺、每核心 1MB 二级缓存、全部采用 Socket 775 接口、都支持硬件防病毒技术 EDB 和 64 位技术 EM64T，除了 Pentium D 820 之外都支持节能省电技术 EIST。

(2)Pentium D 8X5 系列

目前只有 805(2.66GHz)一款产品，同样基于 90nm 制造工艺的 Smithfield 核心，只不过前端总线 FSB 降低到 533MHz，采用 Socket 775 接口、每核心 1MB 二级缓存、支持硬件防病毒技术 EDB 和 64 位技术 EM64T，但不支持节能省电技术 EIST。

(3)Pentium EE 8XX 系列

目前只有 840(3.2GHz)一款产品，同样基于 90nm 制造工艺的 Smithfield 核心，采用 800MHz FSB、每核心 1MB 二级缓存、Socket 775 接口、支持硬件防病毒技术 EDB、64 位技术 EM64T 和节能省电技术 EIST。

(4)Pentium D 9X0 系列

目前有 920(2.8GHz)、930(3.0GHz)、940(3.2GHz)和 950(3.4GHz)四款产品，都基于 65nm 制造工艺的 Presler 核心，实际上就是将两个 Pentium 4 处理器所采用的 Cedar Mill 核心封装在一起。采用 800MHz FSB、每核心 2MB 二级缓存、Socket 775 接口、支持硬件防病毒技术 EDB、64 位技术 EM64T、节能省电技术 EIST 以及虚拟化技术 Intel VT。

(5)Pentium EE 9XX 系列

目前有 955(3.46GHz)和 965(3.73GHz)两款产品，同样基于 65nm 制造工艺的 Presler 核心，前端总线频率 FSB 提升到 1066MHz，每核心 2MB 二级缓存、Socket 775 接口、支持硬件防病毒技术 EDB、64 位技术 EM64T 以及虚拟化技术 Intel VT，但不支持节能省电技术 EIST。

(6)Pentium D 9X5 系列

按照 Intel 的产品路线图，即将推出 Pentium D 915(2.8GHz)和 925(3.0GHz)，同样基于 65nm 制造工艺的 Presler 核心，与 Pentium D 9X0 系列相比，除了都不支持虚拟化技术 Intel VT 以及 Pentium D 915 不支持节能省电技术 EIST 之外，其他的技术特性和参数都完全相同。

按照 Intel 的规划，从 2006 年第三季度开始，Pentium D 和 Pentium EE 将逐渐被基于 Core 架构代号 Conroe 的双核心处理器所取代。

注意 无论是 Pentium D 还是 Pentium EE，由于都必须依赖主板北桥芯片来负责两个核心之间的协调工作，因此必须要特定的主板芯片组才能支持，目前有 Intel 的 945P、945G、945PL、945GZ、955X、975X 以及其他芯片组厂商的双核心芯片组。

2. P4 775 酷睿 2

Intel 初期发布 Core 处理器包含 E6000 系列和 E4000 系列，E6000 系列处理器外频为 266MHz，前端总线频率为 1066MHz，拥有 2MB～4MB 二级缓存，面向高性能市场；而 E4000 系列外频相对低一些，为 200MHz，前端总线 800MHz，定位低于 E6000 系列，发布时间为 2007 年第一季度。按照 Intel 的计划，Conroe 处理器将在 2007 年第二季度占据桌面市场一半的份额。除普通版 Conroe 之外，Intel 还将发布 Conroe XE 处理器取代现有的旗舰产品 Pentium XE。

Intel酷睿2处理器的英文名称是"Core 2 Duo",包括桌面和移动版本。针对桌面领域的Core 2 Duo处理器代号为Conroe,而相应的移动版处理器代号为Merom,它们都采用Intel新一代Core架构。而极致版Pentium XE 965的代替者,新一代Extreme Edition高端桌面处理器将被命名为Core 2 Extreme。2006年6月27日,Intel已经发布了首款Core架构服务器端处理器Xeon 5100(Woodcrest)。至此,Core架构处理器已经全部现身。

Intel酷睿2处理器(Conroe和Merom)采用65nm工艺技术,共享式二级缓存。酷睿2双核处理器的五大特性是:

(1)宽位动态执行。和拓宽马路可疏通车流的道理一样,Intel的这项创新技术使CPU的每一个内核可同时处理更多的指令,增大数据流量,提升数据处理能力。

(2)智能控制功率。为降低系统功耗、优化电源使用,使产品能效比更高。采用了独特的功率门控技术,可以通过精细的逻辑控制机制独立开关各运算单元,智能地打开当前需要运行的子系统,而保持其他部分处于休眠状态,从而大幅降低处理器的功耗及发热。

(3)共享二级缓存。如果每一个内核都有独立的二级缓存,那便可能造成资源的浪费和数据的延迟。酷睿2双核使两个核心共享一个二级缓存,大幅提升了二级缓存的数据命中率,减少了数据延迟,改进处理器的功效,提升了产品性能和能效比。

(4)智能内存访问。缩短内存延迟、优化内存数据访问也可以提升系统性能。Intel智能内存访问技术可以预载入和读取数据,并保证运算结果不会出错。

(5)增强数字媒体。酷睿2双核处理器为超逼真游戏和高级数字媒体制作应用提供非凡的性能,并将带给消费者非同一般的数字体验。

3. 赛扬D 775

新的赛扬D和老核心的赛扬处理器相比,赛扬D尽管同样不支持超线程技术,不过FSB提高到了533MHz,L2缓存也增加到256KB。尽管"256KB"仍然保持在同核心P4处理器的四分之一,不过已经是老版赛扬的2倍。

赛扬D的性能相比赛扬4的性能来说是提高了几个台阶的幅度。更大的二级缓存、更高的前端总线使得默认频率下的赛扬D的处理器的性能表现得到了极大的提升,将来随着支持SSE3的软件程序的持续开发,赛扬D处理器将会得到更多的好处。

4. AM2闪龙/速龙

2006年是相当有趣的一年,Intel"统一"了微处理器架构,Core核心确立霸主地位,而AMD的"K8架构"也早已经统一了桌面、移动和服务器的AMD处理器。AMD在2006年5月发布AM2接口的Athlon64 FX、Athlon64 X2、Athlon64和Sempron处理器,可以说AMD倾巢而出。AMD在这几年里,把DDR Ⅰ的内在潜力发挥得淋漓尽致,内建的DDR Ⅰ内存控制器,使AMD旗下的处理器在有效的内存带宽中,获得更低的内存延时,效能得到进一步的提升,所以老迈的DDR Ⅰ内存至今仍然全球热卖。不过,随着技术不断革新,AMD也不得不在2006年,为其新一代的处理器加入DDR Ⅱ内存的支持,于是940针的Socket AM2平台应运而生。

AM2统一接口以后,原来Socket 754和Socket 939的升级鸿沟被打破,无论对主板厂商或者是用户都是好消息。不过对于中高端用户来说,AM2接口的Athlon 64系列(包括FX、X2和单核心版本)带来的只是更多唏嘘。AM2只是统一了接口,AM2接口的Athlon 64系列除了Virtualzation Technology(虚拟多操作系统运行)以外,微处理器架构几乎原封不动，此外加入热门 DDR Ⅱ内存的支持并未能带来显著的性能提升。AM2 接口的 Sempron 闪龙处理器更加值得期待，原先 Socket 754 接口的 2500+和 2800+在 2005 年取得辉煌的成就，无论是性能功耗还是价格都取得良好的平衡。新一代 Manila 核心 Sempron 闪龙处理器采用 AM2 接口，除继承了前代 Sempron 处理器的优点以外，还支持双通道 DDR Ⅱ 667 内存。

 注意	Intel 的 Pentium D 和 Pentium EE 与 AMD 的双核心处理器 Athlon 64 X2 和 Athlon 64 FX 系列相比，都是独立式二级缓存，除了协调单元前者在 CPU 外部（依赖于主板），而后者在 CPU 内部（不依赖于主板）之外，本质上并无重大区别。

【新的任务】

通过本节的学习，初步了解了 CPU 的发展概况，掌握了主流 CPU 的性能特点。现在新的任务是：学习并了解 CPU 的散热系统及其选购注意事项。

2.4 CPU 与风扇的选购

任务 5：CPU 与风扇的选购

【任务的提出】

CPU 的性能在一定程度上决定了计算机的性能，因此，选购一款合适的 CPU 及风扇是一个重要环节。本任务主要包括以下内容：

(1)掌握选购 CPU 的基本方法；

(2)了解 CPU 散热系统；

(3)掌握 CPU 风扇的选购方法。

2.4.1 CPU 的选购

市场上 CPU 的型号种类繁多，低端的有赛扬Ⅳ、赛扬 D 和 Athlon XP、闪龙等；高端的有 Pentium 4 和高频的 Athlon XP、Athlon 64 等。确定要购买哪一系列 CPU（需要与主板兼容）后，可以登录到一些与计算机相关的论坛和报价网站查看有关器件的测评信息和文章或查看即时报价，这方面比较全面的有中关村报价网（www.zgcbj.com）、太平洋电脑网（www.pconline.com）、哈维 IT 硬件网（www.hwit.net）等。

1. 性价比

选择什么样的 CPU，价格更是比较关键的因素。在性能上，同档次的 Intel 处理器整体来说可能比 AMD 的处理器要有优势，在价格方面，AMD 的处理器绝对占优。如果崇尚性价比，AMD 较适合，不过稳定性方面略微逊色于 Intel，如果崇尚稳定，还是选择 Intel。

2. 应用场合

在浮点运算能力来看，AMD 处理器的浮点运算能力比 Intel 的处理器要好一些。浮点运算能力强，对于游戏应用、三维处理应用方面比较有优势。另外，多媒体指令方面，Intel 开发了 SSE 指令集，到现在已经发展到 SSE3 了，而 AMD 也开发了相应的、跟 SSE 兼容的增强 3D NOW！指令集。相比之下，Intel 的处理器比 AMD 的在多媒体指令方面稍胜一筹，因此在多媒体软件及平面处理软件中，相比同档次 AMD 处理器，Intel 的 CPU 显得更有优势。

3. 不要赶时髦

大家都知道，计算机的更新换代很快。所以，在选购时能满足目前的需求和未来 1～2 年的需求即可。千万不要有一步到位的心理，更不要盲目地追随潮流。并不是 CPU 的主频高计算机就快，所以最简单的方法就是花最少的钱买够用的计算机。

4. 散装与盒装

散装和盒装 CPU 并没有本质的区别，在质量上是一样的。从理论上说，盒装和散装产品在性能、稳定性以及可超频潜力方面不存在任何差距，主要差别在质保时间的长短以及是否带有散热器。一般而言，盒装 CPU 的保修期要长一些（通常为三年），而且附带有一只质量较好的散热风扇，而散装 CPU 一般的质保时间是一年，不带散热器。

2.4.2　CPU 的散热系统

随着 CPU 主频的提升，CPU 的发热量也越来越大，例如 Pentium 4 2.0GHz CPU 功耗为 75.3W。CPU 散热不利将导致系统不稳定，甚至 CPU 过热烧毁。解决 CPU 的发热和散热问题从来没有像今天这样迫切。解决这个问题的办法并不是很难，除了提高 CPU 本身的温度监控能力，做到智能调节功耗，防止烧毁和提高制造工艺降低发热量以外，CPU 的风扇和散热片可以说是目前最简单、最方便、最常用的 CPU 降温方法，因此选购一款好的 CPU 散热器是十分必要的。

1. CPU 风扇的分类

目前，最常规的 CPU 散热解决方案是风扇加散热片的组合方式。解决 CPU 散热的方法很多，下面对 CPU 的散热器进行简要介绍。

(1)按照工作原理来分

一般来说，CPU 散热器根据工作原理不同可以分为：风冷式、水冷式、半导体制冷和液态氮制冷四种。其中，水冷式比较危险，一旦设备漏水，后果不堪设想。半导体制冷功耗大，如果使用不当，会适得其反，而且冷、热温差形成的凝露，会造成设备短路。液态氮制冷是发烧友的专利，成本最高，效果最好，国外的发烧友通常用它来配合自己的系统，创造一个又一个 CPU 主频极限，但是在我国市场买不到成品。

虽然制冷、散热技术在不断改进，但具备制造成本低、安装简单和安全性高等特色的风冷散热设备依然是现今和以后几年的主流 CPU 风扇。

(2)按照散热器的电源线芯来分

一般来说，CPU 用散热器根据电源线芯的不同可以分为：两芯、三芯和四芯三种。两芯最早计算机内的风扇大多是两芯的，一红一黑，其中红色的是＋12V 电压，黑色的为地线。目前 CPU 风扇大多为三芯，它在原来基础上加入了一条蓝线（或者是白线），目的是侦测风扇的转速。CPU 温度高的时候，风扇转的就快一点，相反转的就慢一点。四芯 LGA 775 CPU 散热器采用四芯设计，加入 1 条黄线，通过增加的第四条线缆随时监控处理器的温度和风扇的转速。在外观上，新的 LGA 775 CPU 散热器和老的 mPGA 478 CPU 有些相近，只是体积要明显大出许多。一般情况下 mPGA 478 CPU 搭配的风扇都是 60mm 的，而 Intel 的这款散热器风扇尺寸达到了 80mm，在同等转速的条件下，可以产生更大的风压和排风量，如图 2－21 所示。

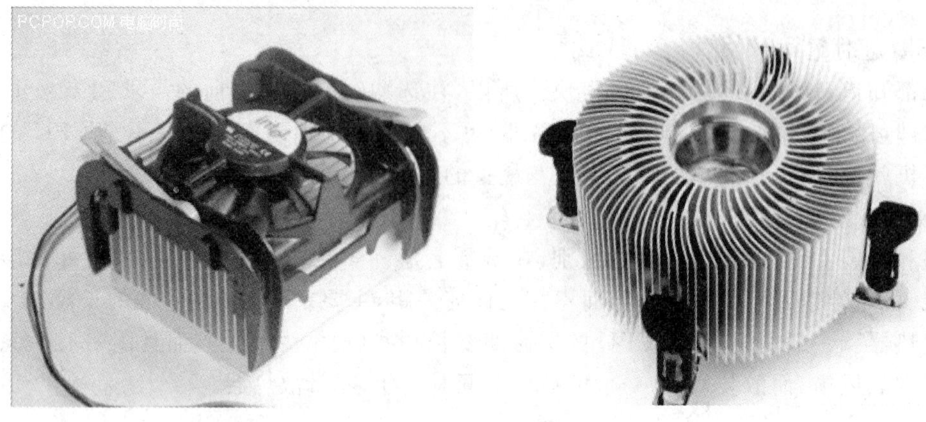

图 2－21　两款 CPU 风扇

2. 风扇的性能参数

由于风冷设备核心技术含金量不高，产品外观易于模仿，市场上出现了大量假冒和劣质的风扇产品，给用户的选购带来了不便。同时，散热器和 CPU、内存、硬盘不同，不能用工作频率、容量大小等人们熟知的性能参数判断质量，要想买到一款适合自己的风扇，必须具备一定的选购常识。

(1)风扇功率

风扇功率是影响风扇散热效果的一个很重要的条件。一般情况下，功率越大，风扇的风力越强劲(前提是风扇扇叶设计相同)，散热的效果也越好。

目前市场上出售的都是直流 12V 的风扇，功率从 0. x 到 5. x W 不等(风扇的功率＝12v×电流)，选择多大功率的风扇完全由 CPU 发热量来决定。理论上是功率略大一点儿好一些，但也不能片面地追求高功率，风扇结构设计的合理性更加重要。

同时，由于风扇标签上的参数商家可以任意更改，所以不能作为评判风扇功率的唯一证据，购买时只能作个参考。在选择风扇功率的大小时，应该以够用为原则。

(2)风扇转速

风扇的转速与功率是密不可分的，转速的大小直接影响到风扇功率的大小。通常在一定的范围内，风扇的转速越高，它向 CPU 输送的风量就越大，CPU 获得的冷却效果就会越好。但如果转速过高，风扇在高速运转过程中可能会产生很大的噪声，还可能会缩短风扇寿命。

风扇在转动的同时，本身也会产生热量，时间越长产生的热量也就越大，磨损也会加剧。因此，在选择风扇的转速时，应该根据 CPU 的发热量决定，最好选择转速在 3500r/min～5200r/min 之间的风扇。

(3)风扇口径

该性能参数对风扇的出风量也有直接的影响。在允许的范围内，风扇口径越大出风量也就越大，风力作用面也就越大。通常在主机箱预留位置上安装 8cm×8cm 的轴流风扇。选择的风扇口径一定要与自己的机箱结构相协调，保证风扇不影响计算机其他设备的正常工作，以及机箱中有足够的自由空间来方便拆卸其他配件。

(4)散热片材质

CPU 散热器中的散热片的最大作用是扩展 CPU 表面积，从而提高 CPU 的热量散发速度。CPU 的热量通过与散热片接触传递出来，再经风扇带来的冷空气带走热量，因此散热片的热传递能力直接影响整体的散热效果。

目前，广泛采用的是价格低廉、散热效果不错、生产容易的铝合金散热片。为了提高散热器的整体散热效果，中、高档的散热器在与 CPU 散热核心接触的地方采用铜介质，而其他部分采用铝合金。如图 2-22 所示。

图 2-22　CPU 散热器中的散热片

(5)散热片的形状

既然散热片是为了扩大 CPU 的表面积，那么如何使表面积最大化，就是在材质被决定之后最重要的设计重点了。

普通的散热片是压铸成的，常见的形状只是多了几个叶片的“韭”字形，这种散热片的散热效果是最为普通的。较高档的散热片则使用铝模经过车床车削而成，车削后的形状呈多个齿状柱体。在同样体积的情况下，如果散热片拥有数目越多的鳍片或齿状柱体，那么其表面积肯定也越大。甚至有的采用在一块金属基板上密密麻麻地排列着很薄的散热鳍片的设计，以此来最大化地拓展散热片的表面积。另外，好的散热片也不会忽视底部的金属板基厚度。通常必须保证一定的厚度，才能使热传导的效率更高。

(6)风扇噪声

衡量风扇质量高低的另一个外在表现是噪声大小，噪声将极大影响用户的心情。通常功率越大，转速也就越快，此时噪声也越大，风扇本身的设计也决定了噪声的大小。

(7)风扇排风量

风扇排风量是一个比较综合的指标。如果一个风扇的转速可以达到 5000r/min，但其扇叶如果是扁平的，就不会形成任何气流，所以关系散热风扇的排风量，扇叶的角度是决定性因素。测试风扇排风量的方法很容易，只要将手放在散热片附近感受一下吹出的风的强度即可。通常质量好的风扇，即使在离它较远的位置，也仍然可以感到气流。

2.4.3 CPU 散热器的选购

当CPU选型后，应选择合适的CPU散热器类型，然后再选择不同的款式，通常风冷式是大众化的选择。在散热器的选购上，不同的人在选购时是不一样的。但选购的原则是相同的。主要有以下几个方面：

(1)如果购买盒装CPU则可以使用CPU附带的散热器；

(2)不同的CPU应配置不同的散热器；

(3)根据整机中内环境综合考虑不同散热器的配置；

(4)若选择风冷式散热，则应根据风扇和散热器的综合性能参数选择。

【新的任务】

通过本章的学习，掌握了CPU的性能指标及相关技术，了解了CPU的发展概况，熟悉了主流CPU的性能特点及选购，了解了CPU风扇系统及选购。下一章的任务是：学习并掌握主板的基础知识。

习题二

一、填空题

1. 按照CPU的生产厂商来分，目前主流CPU有(　　)和(　　)两大类型。

2. CPU主频与外频和倍频有关，其计算公式为(　　)。

3. 缓存又称为高速缓存，是指可以进行高速数据交换的存储器。CPU的缓存分为(　　)和(　　)两种。

4. 3DNow! 指令集是(　　)公司提出的，并被广泛应用于(　　)处理器上。

5. CPU散热器根据工作原理不同可以分为：(　　)、(　　)、半导体制冷和液态氮制冷四种。

二、判断题

1. 在选购CPU的时候，一定要注意与主板对应，否则是无法使用的。　(　　)

2. MMX即Multi Media Extension，是多媒体扩展指令集的缩写，其指令集中包括有57条多媒体指令。　(　　)

3. Socket 775的Pentium4 CPU背面没有针脚，它的针脚全部转移到CPU插座上了，这样可以避免安装时弄断CPU针脚的麻烦。　(　　)

4. 世界上首颗微处理器4004的性能与UNIVAC相当。　(　　)

5. Pentium是Intel第一款采用超标量结构的处理器。　(　　)

6. 迅驰技术并不是单纯代表CPU，它包括了笔记本计算机专用处理器Pentium－M，Intel PRO/Wireless 2100 Network Connection和855芯片组系列，所以迅驰的实质是一整套无线接入的移动技术平台。　(　　)

7. Intel 80486是Intel公司CPU产品的专利名称。　(　　)

8. Coppermine采用全新的核心设计，内置512KB与CPU主频同步运行的二级缓存，并率先采用0.18微米的工艺。　(　　)

9. 寄存器是用于存放指令、指令地址、操作数及运算结果等数据的存储区。　(　　)

10. 超线程技术是利用特殊的硬件指令，把两个逻辑内核模拟成两个物理芯片，让单个处理器都能使用线程级并行计算，从而兼容多线程操作系统和软件，提高处理器的性能。（　　）

11. 3DNow！技术是AMD公司在1998年推出的处理器多媒体指令集，可以大幅提高处理器三维图像处理及多媒体应用的浮点运算效能。3DNow！技术还是首项专为x86架构开发的技术。（　　）

12. 如果超标量流水线的步（级）数越多，则其完成一条指令的时间就越短。（　　）

13. 增加高速缓存的容量，可以提高CPU的工作效率。（　　）

三、选择题

1. 当CPU的外频为100MHz时，PCI的外频为（　　）。
   A. 33MHz　B. 66 MHz　C. 100 MHz　D. 133 MHz
2. 2004年6月，Intel推出了全新的Socket LGA775架构的CPU，该架构的CPU采用了（　　）核心的制造技术。
   A. Northwood　B. Prescot　C. Willamette　D. Tualatin
3. AMD公司推出的Barton内核的Athlon XP 3200+制造工艺是（　　）。
   A. 0.25μm　B. 0.18μm　C. 0.13μm　D. 0.09μm
4. 8088处理器是（　　）处理器的改进型号。
   A. 8086　B. 80286　C. 8080　D. 80386
5. 从386到现在的Pentium 4，Intel在其处理器设计中使用的指令系统一直是（　　）架构。
   A. IA32　B. IA64　C. SSE　D. 3DNOW
6. Pentium 4处理器最主要的特点就是抛弃了Intel沿用了多年的P6结构，采用了新的（　　）结构。
   A. NetBurst　B. HUB　C. Slot　D. Socket
7. 32位CPU的第一代产品是Intel的（　　）。
   A. 80286　B. 80287　C. 80386　D. 80387
8. Intel在Pentium处理器的设计中首次运用了（　　）个独立的高级缓存。
   A. 1　B. 2　C. 3　D. 4
9. 在Pentium Pro CPU中Intel首次将（　　）整合到CPU上。
   A. 二级缓存　B. 控制器　C. 运算器　D. 协处理器
10. Pentium MMX相比于上一代产品新增加了（　　）条MMX多媒体指令。
    A. 55　B. 56　C. 57　D. 58
11. Pentium MMX处理器的核心电压为（　　）V。
    A. 2.0　B. 2.2　C. 2.8　D. 3.0
12. 现在市场上常见的PentiumⅢ处理器核心的封装方式是（　　）。
    A. PGA 370　B. PPGA 370　C. FCPGA 370　D. Socket 370
13. Pentium4使用了（　　）段的超级流水线技术，这使得它比同时期的AMD Athlon处理器更容易提升运行频率。
    A. 5　B. 10　C. 15　D. 20

14. 主频为 600MHz，外频为 133MHz，采用的是 0.18 微米工艺的 PⅢ处理器命名为(　　)。

A. PⅢ600B　　B. PⅢ600E　　C. PⅢ600EB　　D. PⅢ600

15. 影响散热速度的最重要因素是(　　)。

A. 热源物体表面的面积　　B. 空气流动速度

C. 工作环境　　D. 热源物体与外界的温差

16. 迅驰技术包括(　　)。

A. Pentium－M 处理器(代号 Banias)

B. 855 芯片组系列

C. Intel PRO/Wireless 2100 无线网络连接

D. Wi—Fi 认证

17. Intel P4 CPU 工作电压是(　　)V。

A. 5　　B. 3.3　　C. 1.7　　D. 1.5

18. 超标量流水线技术是(　　)公司首先使用。

A. Intel　　B. AMD　　C. 全美达

D. VIA　　E. ARM

四、简答题

1. 什么是双核处理器？什么是超线程技术？

2. CPU 的性能指标有哪些？

3. 如何选购 CPU？

4. Intel 生产过哪些赛扬处理器？

5. CPU 风扇的性能指标有哪些？

五、实训与操作

1. 打开你的机器，仔细观察后，按规定的步骤小心拆下机器中的 CPU，然后说出该主板上的 CPU 插槽是目前两大阵营中的哪一种？

2. 使用所列出的任意两款测试软件，如 CPUZ、SiSoftware Sandra、HwiNFO、Futuremark PCMark 等，查看 CPU 实际参数。

第3章 主 板

上一章讨论了CPU的基础知识，了解了CPU的性能参数、发展概况及选购。本章将介绍计算机系统的中心——系统主板。

本章将介绍主板的基础知识，主要内容包括：主板的分类、基本组成及性能指标，主板芯片组，主流主板及选购等。通过本章的学习，要求掌握主板的基本构成、性能指标及主板选购，了解主板的类型及典型芯片组。

3.1 主板概述

任务1:主板的认识

【任务的提出】

主板是计算机主机内的重要部件，CPU、内外存储器、显卡和键盘等输入/输出设备都是通过主板连接并工作的。因此，可以把主板看作是输入/输出接口电路。一旦选择了一款CPU产品，那么，相应的就已经选择了相应的主板，反之亦然。为了能够对主板有更加全面的了解，下面就来详细介绍主板的基本知识。

本任务主要包括以下内容：

(1)了解主板的分类；

(2)掌握主板的基本组成；

(3)主板的性能指标。

3.1.1 主板的分类

主板的性能是影响整个计算机系统性能的因素之一，主板的类型和档次决定着整个计算机系统的类型和档次。主板的分类方法多种多样，常见的有：

1. 按CPU的插槽类型来分

按CPU的插槽类型来分，主要可分为Intel主板和AMD主板。而Intel主板又可分为Pentium 4的Socket 478主板和Socket 755主板等；AMD主板又可分为Socket A主板、Socket 754主板、Socket 939主板和Socket 940主板等。不同插槽类型的主板互不兼容。

2. 按照芯片组分类

在主板的芯片组中，集成了对CPU、Cache、内存、I/O和总线等设备的控制。Intel出产的主流芯片组，常见的包括：i845、i865、i875、i915和i945等。VIA出产的主流芯片组是KT600、K8T800、PT600、P4X600、PT800和P4X800等。SiS系列的芯片组和AMD系列的芯片组产品等，它们从支持Pentium 4到AMD系列CPU应有尽有。另外，nVIDIA公司也推出了如nForce 3、nForce 3 Ultra、nForce 3 Ultra MCP和nForce 4等系列芯片组产品。

3. 按主板结构分类

主板按其结构可分为AT主板、Baby AT主板、ATX主板、一体化(A11 In One)主板和

NLX(New Low Profile Extension)主板等类型。

AT 主板包括标准 AT 和 Baby AT 种类型,它们都配合使用 AT 电源。AT 电源是通过两条形状相似的排线与主板相连,根据线的颜色决定安装位置。AT 主板上连接外设的接口只有键盘口、串口和并口,部分 AT 主板也支持 USB 接口。除键盘口外,都通过连线附加在机箱的后面板上。

Baby AT 主板,也就是袖珍尺寸的主板,比 AT 主板小,因而得名。很多原装机的一体化主板都采用此结构。

ATX 规范是由 Intel 公司提出的,它更合理地考虑了主板上的 CPU、内存及各种长短卡的位置,改变了原 AT 架构中的外设接口,配合新型的 ATX 机箱与电源。在 CPU 周围没有其他板卡,CPU 风扇可以同时吹到主板散热较大的芯片上,改善了 CPU 和主板芯片组的通风情况,达到加强散热的目的。同时合理的布局为安装、扩展硬件提供了方便。

ATX 主板是目前的主流,各大厂商都有多种型号的 ATX 架构的主板。选择主流产品的最大好处就是它的兼容性更好,可选择硬件的余地更大。ATX 主板的优势有以下几点:

(1)散热系统更加合理。将原来 CPU、电源的风扇合二为一,ATX 电源风扇可以给机箱提供更加良好的散热条件。

(2)输入、输出信号接口集成在一起直接从主板上引出,简单的外形构造提高了系统的整体稳定性和可维护性,如串口、并口、鼠标接口等。这些接口在 AT 型主板上是依靠定制的线缆连接到机箱的后面板上,大量的线缆导致计算机内部结构复杂,视线混乱,布局不合理。

(3)主板上元器件排列位置更趋合理,使安装更为方便。当板卡过长时,不会触及其他元件;外设线和硬盘线变短,更靠近硬盘,这样,其他硬件与主板通信性能就会提高。

另外,ATX 主板也有 Micro ATX 和 Mini ATX,它们同 ATX 规范只是在尺寸上略有差别,安装过程是完全一样的。

一体化(All in One)主板集成了声卡、显卡、调制解调器等设备,不需要安装各种插卡,具有高集成度和节省空间的优点,但也存在着维修不便和升级困难的缺点,多采用在原装品牌机中。一体化也是计算机发展的一个方向。

NLX 主板。所谓 NLX(New Low Profile Extension)结构,是 Intel 提出的一种新型主板架构。其最大的特点在于其 ADD－IN 卡,它位于主板的右边缘,通过一个带定位隔板的长插槽与主板连接。ADD－IN 卡上有 PCI 和 ISA 的扩展插槽,以及软驱、硬盘接口,为整个主板供电的电源插座也在 ADD－IN 卡的前端。现在 NLX 主板仅用于原装机、品牌机上,在零售市场上几乎见不到。

3.1.2　主板的基本组成

从外观上看,主板是一块矩形的印刷电路板,在电路板上分布着各种电阻、电容、电感、芯片、插槽等元器件,包括 BIOS 芯片、I/O 控制芯片、CPU 插座、各种扩充插槽、面板控制开关接口、键盘和鼠标接口、直流电源的供电插座等。有的集成主板上还集成了音效芯片、显示芯片和网卡芯片等,如图 3－1 所示。可见,主板的主要部件有:

1. 印刷电路板

主板所用的 PCB(Printed Circuit Board,印刷电路板) 是由几层树脂材料粘合在一起的，内部采用铜箔走线。一般的PCB分有4层，最上和最下的两层是信号层，中间两层是接地层和电源层。将接地和电源层放在中间，这样便可容易地对信号线做出修正。有的主板其线路板可达到6层，这是由于信号线必须相距足够远的距离，以防止电磁干扰。6层板可能有3个或4个信号层、一个接地层以及一个或两个电源层，以提供足够的电力。

为使系统正常工作，信号迹线的布局与长度是至关重要的因素，它的设计宗旨是尽量避免由于其他迹线的干扰，造成信号失真，要求在相邻的两条迹线之间，留出足够大的间距。有些迹线必须限制它的最大长度，以确保信号的最小衰减等。

图3-1　主板外观

2. CPU插槽

CPU插槽是CPU与主板的接口，CPU通过CPU插槽安装在主板上。在386之前，CPU都是焊在主板上，不好拆卸。从486开始，开始采用插槽来安装CPU。采用CPU插槽的好处是使一款主板可和多款CPU配套。

CPU插槽类型各异，从架构上来说大体上有两种，即Socket系列和Slot系列。

(1)Socket系列

Socket系列是由Intel发布的，是当今最流行和应用最广泛的CPU插槽。Socket系列采用ZIF(零插拔力)插槽，插槽上有一根拉杆，在安装和更换CPU时只要将拉杆向上拉出，即可插入或拔出CPU芯片。常见的Socket插槽及可使用的CPU类型有：Socket 1(486CPU)、Socket 7(Pentium、Pentium MMX；AMD K5、K6、K6－2、K6－3)、Socket 370(Pentium Ⅲ、Celeron系列)、Socket 478(Pentium 4、P4Celeron系列)、Socket A(Socket 462，CPU类型有AMD Duron、Thunderbird、Athlon、Athlon XP系列)等，目前，流行的CPU插槽类型还有Socket 775、Socket 754、Socket 939和Socket 940等。

(2)Slot 系列

Slot 1 是 Intel 公司在 Pentium Ⅱ时代推出的与 Socket 系列完全不同的 CPU 插槽，它是一个狭长的具有 242 个管脚的插槽，看起来很像主板上的扩展槽，使用时也可以像扩展槽一样直接插拔。AMD 公司也推出过类似的 Slot A 插槽，主要用来支持 Athlon 7CPU，现在这种插槽类型已淘汰。

若 CPU 插槽根据 CPU 厂商来分，主要分为 Intel 和 AMD 两大类。

目前，Intel 专用的 CPU 插槽类型主要有 Socket 478 和 Socket 775，其中 Socket 478 插槽类型可用于 Intel Pentium 4 上，它是目前最常用的 CPU 插槽。Intel 的新一代 CPU 插槽类型为 Socket 775(Prescott 处理器)，该类主板采用 i915/i925 芯片组，采用 DDR Ⅱ技术的内存规格和采用全新的 PCI Express 接口技术(即 PCI－E×16 接口的显卡技术)，PCI Express 是 PC 史上又一个重要的技术变革。Socket 478 和 Socket 775 的插座外观，如图 3－2 所示。图 3－3 所示，左图为 Pentium D Socket 775 插座外观。

图 3－2　两款主板上的 CPU 插座外观 Socket 478 和 Socket 775 的插座

AMD 的 CPU 插槽类型主要有 Socket 462、Socket 754、Socket 939 和 Socket 940 这几种，目前用得比较多的还是 Socket 462 插槽，而此后的发展方向应该是 Socket 939 的插槽类型。如图 3－3 所示，右边为两款主板上的 CPU 插座外观 AMD Socket 754 和 AMD Socket 939 的插座。

Pentium D Socket 775 插座

AMD Socket 754 插座

AMD Socket 939 插槽

图 3－3

3. 内存插槽

内存插槽的作用是用来把内存条固定在主板上。其可分为SIMM、DIMM和RIMM三种类型,不同插槽的线数各不相同,支持的内存也不同。SIMM内存插槽有30线和72线两种,支持早期的EDO内存和FPM内存,采用这种插槽的内存必须两根一组成对使用;DIMM插槽有168线和184线两种,分别支持SDRAM和DDR SDRAM内存;RIMM插槽是RDRAM的专用接口,其引线有184线,在主板上的RIMM插槽不能为空,如果内存不够时需加装Rambus终结器。

现在,PC机中还使用的内存插槽主要有5种类型:

(1)EDO内存插槽用来安装EDO内存,有72只引脚,为内存条提供5V的工作电压。常见于Intel Pentium MMX以前的机型,现在已经很少见了。如图3-4所示。

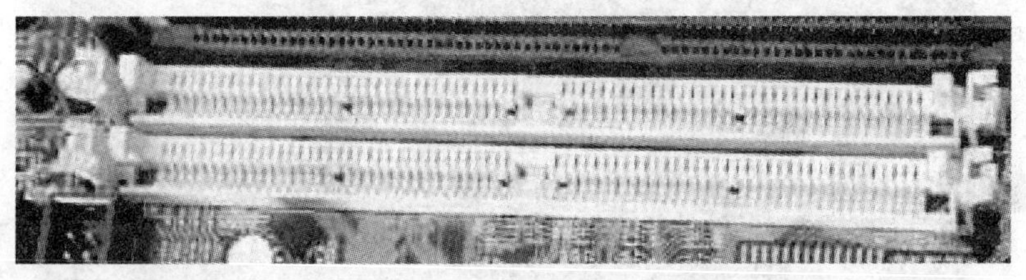

图3-4 72线EDO内存插槽

(2)SDRAM内存插槽用来安装SDRAM(Synchronous Dynamic Random Access Memory,同步动态随机存储器)内存,有168只引脚,为内存条提供3.3V的工作电压。插槽中有两个隔断,这是一种防反插的设计,可以保证内存条不致插反。如图3-5所示。

图3-5 168线SDRAM内存插槽

(3)RAMBUS内存插槽用来安装RAMBUS内存,有184只引脚,为内存条提供1.8V的工作电压,其中有一个隔断。

(4)DDR内存插槽用来安装DDR RAM内存,有184只引脚,为内存条提供2.5V的工作电压,其中有一个隔断。如图3-6所示。

(5)DDR Ⅱ内存插槽用来安装DDR Ⅱ RAM内存,与DDR不兼容,有240只引脚,提供1.8V的工作电压。和DDR相同的是内存槽中间有一个隔断,但比DDR插槽偏向中间的位置大概2mm～3mm。如图3-7所示。

图 3-6 184 线 DDR 内存插槽

图 3-7 240 线 DDR Ⅱ内存插槽

4. 扩展槽

(1)AGP 插槽

AGP 插槽的颜色一般是褐色的，显卡就插接在上面。有些主板出于芯片设计原因是没有 AGP 插槽的。AGP 插槽按照标准设定为 132 根针脚。由于各种 AGP 标准的工作电压不同，不同标准的 AGP 插槽中有相应的隔断，用来防止显卡插错。

①AGP 1X 插槽。AGP 1X 的带宽是 266MB/s，还没有正式投入市场就已经落后于当时图形芯片的实际需求了，所以见不到符合此规范的产品。

②AGP 2X 插槽。这是最先应用在实际主板产品上的规格。AGP 2X 为显卡和主板之间的数据传输提供 533MB/s 的带宽，比起之前 PCI 总线提供给显卡的 133MB/s 的带宽有了极大的提高。从此在 PC 机上进行大型的 3D 图形操作成为可能。

③AGP 4X 插槽。随着显卡处理能力的飞速提高，对 AGP 总线传输速率的要求日益增长。AGP 4X 为显卡和主板之间的数据传输提供 1.06GB/s 的带宽，是 AGP 2X 的 2 倍。如图 3-8 所示。

图 3-8 AGP4X 插槽外观

④AGP 8X 插槽。其总线提供了高达 2.1GB 的带宽，供显卡与主板之间传递信息，尤其针对 3D 模型、贴图、阴影、绘图命令以及图像信息流等，所提供的传输带宽更是常规 AGP 4X 的两倍。

表 3-1 为各种 AGP 规范的比较表

AGP 标准	AGP 1.0	AGP 1.0	AGP 2.0	AGP 3.0
AGP 版本	AGP 1X	AGP 2X	AGP 4X	AGP 8X
诞生时期	1996 年 7 月	1996 年 7 月	1998 年 5 月	2002 年 9 月
工作频率	66Mhz	66Mhz	66Mhz	66Mhz
传输带宽	266MB/s	533MB/s	1066MB/s	2133MB/s
总线频率	66Mhz	133Mhz	266Mhz	533Mhz
工作电压	3.3V	3.3V	1.5V	0.8V
数据传输位宽	32bit	32bit	32bit	32bit
触发信号频率	66Mhz	66Mhz	133Mhz	266Mhz

⑤AGP PRO 插槽。随着 AGP 规范的快速发展，越来越多的专业绘图芯片厂商推出了自己对应于 AGP 规范的产品。这些专业绘图芯片性能超强，但同时耗电量大得惊人。为了给这些显卡提供充足的电力供应，对应于从 AGP 4X 之后每一代的普通 AGP 插槽，都有 AGP PRO 的版本。AGP PRO 插槽在数据针脚上没有任何改动，仅仅是增加了额外的供电针脚。

(2)PCI 插槽

PCI 插槽的颜色一般是白色的，用来插接声卡、网卡、解压卡等各种功能扩展卡。PCI 有 32 位和 64 位两种。

①PCI 32 插槽。其工作标准频率为 33.3MHz，数据传输率为 133MB/s，总引脚数 124 条(包含电源、地、保留引脚等)，目前常用的是 32 位 PCI，如图 3-9 所示。

图 3-9 PCI 32 插槽外观

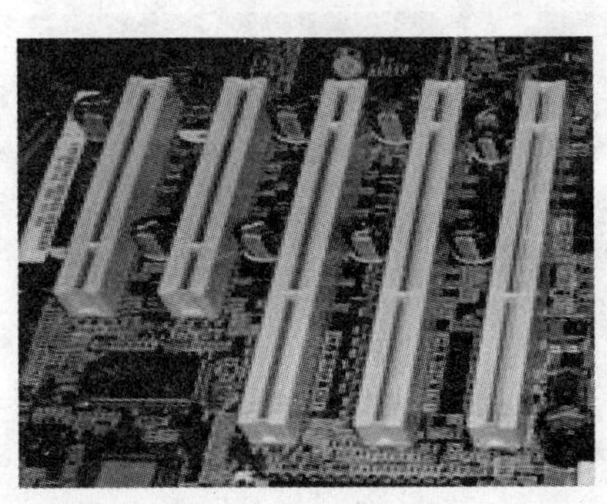

图 3-10 PCI 64 插槽外观

②PCI 64 插槽。其工作标准频率为 66MHz，总引脚数 188 条(包含电源、地、保留引脚等)。如图 3-10 所示，图中右侧为 PCI 64 插槽。

随着 Intel 915/925 芯片组的出现，为我们带来了全新的 PCI－Express 插槽，这种插槽支持三种电压，分别为＋3.3V、3.3Vaux 和＋12V。PCI－Express 插槽具有 X1、X2、X4、X8、X12、X16 和 X32 七种多通道连接模式，其中 X1 单向传输带宽就可以达到 250MB/s，双向传输带宽是 500MB/s；PCI－Express X16 插槽单向传输带宽就可达 4GB/s。多通道连接模式不同，插槽的总引脚数也不相同，如图 3-11 所示。

图 3-11　PCI—Express X16 插槽外观

(3)ISA 插槽

ISA 插槽用来安装早期的声卡、网卡、SCSI 卡等，颜色一般为黑色，工作频率在 8.33MHz，数据传输率为 8.33MB/s，目前，该插槽在 PC 机中已基本淘汰。

5. IDE 接口

IDE 接口是用来连接硬盘、光驱、记录机等存储设备，它通过一条 40 线扁平电缆与 IDE 设备连接。IDE 接口有 40 根针脚，每根针脚都有特定的作用。为防止插反，IDE 接口上有一个缺口，相应的 IDE 信号线上有一个凸起，如图 3-12 所示。

由主板芯片组南桥所控制的 IDE 接口通常是成对出现的，有主从之分，主接口标记为 IDE0，一般为蓝色或黑色。从接口标记为 IDE 1，一般为黑色。在有些集成有 IDE RAID 控制芯片的主板上可以见到更多的 IDE 接口，这些接口一般为红色或黄色。连接在这些接口上的硬盘可以组成 RAID 系统。

6. 串行 ATA 接口

由于串行 ATA 接口具有简洁、高速的特点，串行 ATA(简称 SATA)硬盘被认为是现有硬盘的替代者。串行 ATA 接口总共只有 7 根针脚，信号线和连接方法都比以前简便了很多，如图 3-13 所示。它支持热插拔功能。其标准数据传输率为 150 MB/s，新一代 SATA Ⅱ标准的数据传输率为 300 MB/s，其后的 SATA Ⅲ 标准的数据传输率将达到 600MB/s。需要特别声明的是某些主板对 SATA 的热插拔功能是不支持的。

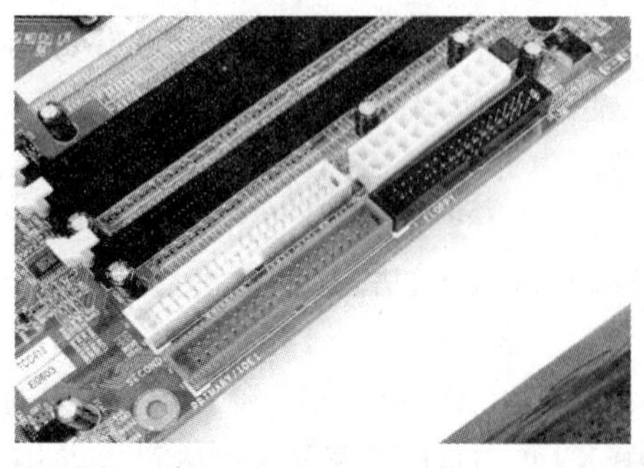

图 3-12　IDE 接口

图 3-13　串行 ATA 接口

7. 软盘驱动器接口

紧靠 IDE 接口的长条形接口是软驱接口。它比 IDE 接口稍短,由于利用软驱接口的设备较少,此种接口只有一个。软驱接口有 34 根针脚,也有防止插反的结构,它通过一根扁平的 34 线数据线与软驱相连。如图 3-14 所示。

图 3-14 软驱接口

8. 主板芯片组

主板芯片组是主板的核心部件,起到协调和控制数据在 CPU、内存和各种应用板卡之间流通的作用。

9. BIOS 芯片

BIOS(Basic Input Output System,基本输入输出系统)芯片是主板上一个很重要的芯片,因为 BIOS 包含一组例行程序,由它们来完成系统与外设之间的输入输出工作。除此之外,它还有内部的诊断程序和一些实用程序,比如每次启动计算机时,都要调用 BIOS 的自检程序,检查主要部件以确保它们工作正常。如图 3-15 所示。

图 3-15 Phoenix BIOS 芯片

BIOS 在早期的主板上被称为 ROM BIOS,它是被烧录在 EPROM 里,要通过特殊的设备才能进行修改,想升级就要更换新的 ROM。现在常见的主板大多采用闪存芯片(Flash ROM),可使用软件进行 Flash ROM 升级。

BIOS 主要对硬件进行管理，是开机后首先并自动调入内存执行的程序。由它对硬件进行检测并初始化系统，然后启动磁盘上的系统程序最终完成系统的启动。另外，BIOS 还配合操作系统和应用软件对硬件进行各种操作。

10. 电源接口

主机电源通过它与主板相连，为主板的工作提供动力。电源接口通常位于 CPU 插座或内存插槽附近。

(1)AT 电源接口。一般是白色不透明的，可以看到外露的 12 只引脚，如图 3－16 所示。目前，只有在老式机上才能看到它的身影。

(2)ATX 电源接口。一般是白色半透明的长方形，共有 20 只引脚，但不暴露在外面。如图 3－17 所示。

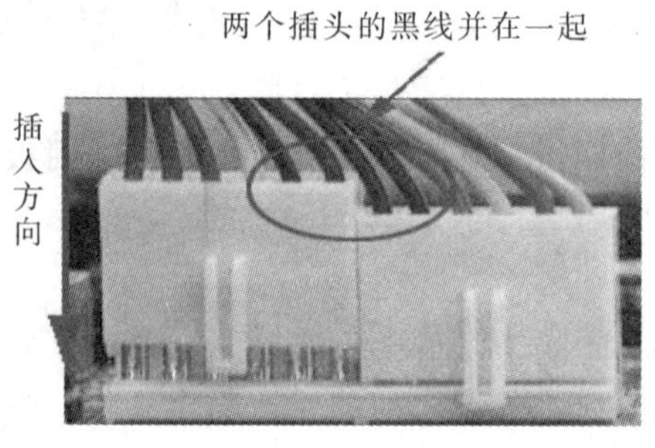

图 3－16　AT 电源接口

图 3－17　ATX 电源接口

(3)四针方形的电源接口。配套于 Intel Pentium 4 CPU 的主板上，还经常能够看到四针方形的电源接口，其目的是为高功耗的 CPU 提供电力支持，如图 3－18 所示。

为配套 Intel Pentium 4CPU 和 Intel 9XX 芯片组，对主板上的电源端口进行了改进，共有 24 只引脚，比普通的 ATX 电源增加了 4 只引脚，其目的是为了给 CPU 和主板上新的插槽提供充足的电力支持，如图 3－19 所示。

图 3－18　四针方形电源接口

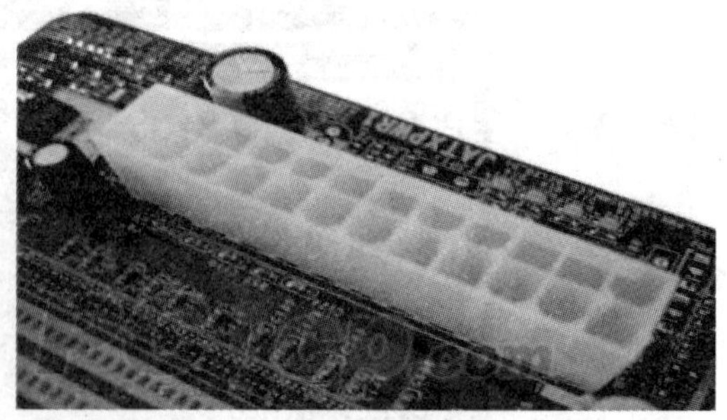

图 3－19　24 只引脚的电源接口

11. 各种前面板接口

机箱前面板的按钮和状态灯与此相连，控制主机的开关并反映配件的状态。另外，新式的机箱上有前置 USB 接口和前置音频接口，主板上也有相应的针脚。

12. 各种背板接口

当各种配件装入机箱之后，主机的扩展功能就需要通过背板接口实现了。背板接口上有 PS/2 接口、USB 接口、串行通讯接口、并行通讯接口、MIDI 接口、音频信号接口等各类扩展接口，如图 3－20 所示。

图 3－20 主板上各种背板的接口

(1)PS/2 接口。PS/2 标准是一种由 IBM 公司开发的接口标准，用于鼠标或键盘与计算机的互联。PS/2 接口提供一个 6 针的圆形接口。绝大多数的 PC 都配备有两个 PS/2 接口以便串行口可以被其他设备(例如调制解调器)所利用。

(2)串行通讯接口(串口)。这是用于连接串行通讯设备的接口，串行通讯在一个传输周期中每次只能传输 1 bit 的数据。大多数 PC 机上的串行通讯接口遵守 RS－232C 或 RS－422 标准。符合这一通讯标准的计算机外部设备(例如 modem，鼠标等)都可以连接在这个接口上与计算机进行通讯。

(3)并行通讯接口(并口)。大多数的 PC 机主板上集成有一个并口和至少一个串口。并行通讯接口用于连接像打印机这样的外部设备。并行通讯在一个传输周期中每次能传输一个字节(byte)的数据。在 PC 机上，并口使用一个 25 针的接头(型号为 DB－25)来连接像打印机、计算机这类需要较高的传输带宽的设备。并口也经常被称为 Centronics 接口，因为 Centronics 公司制定了计算机和打印机之间并行通讯的初始标准，而现在常用的新型并行通讯标准是由 Epson 公司制定的。

两种新型的并行通讯标准分别被称为 EPP(Enhanced Parallel Port，增强型并行接口)和 ECP(Extended Capabilities Port，扩展功能接口)，它们使用和 Centronics 兼容的接口，提供对双向数据传输的支持和十倍于 Centronics 接口的速度。

(4)USB 接口和 IEEE1394 插座。USB 接口也叫通用串行总线，它是一种通用接口，采用 4 股铜芯线缆连接 USB 设备，单根线缆最长为 5m，可通过级联连接 127 个设备。USB1.1 规范传输速率为 12Mbps，USB2.0 规范传输速率为 480Mbps。

IEEE1394 插座是用来连接声音、图像和视频多媒体产品、高速打印机和扫描仪产品、硬盘等存储设备、数码摄像机、显示器和影音录放设备等。采用 6 股铜芯线缆连接 IEEE1394 接口的设备，单根线缆最长为 4.5m，最大可进行 15 级级联，连接最大距离为 72m，支持热插拔。其标准数据传输速率分 3 种：100Mbps、200 Mbps、400 Mbps，IEEE1394 商业联盟计划将它提高到 800 Mbps、1G bps 和 1.6 Gbps。

13. AMR、CNR、ACR 插槽

目前很多主板上都集成声卡、显示功能、网络与通信功能等。为了和主板上这些新的功能相适应，部分主板还可存在一些其他种类的扩展槽，如 AMR、CNR 和 ACR 插槽。

(1)AMR 插槽。AMR 规范是 1998 年 Intel 公司开发的一套开放工业标准，目的是将数字信号与模拟信号的转换电路做在一块电路板上。AMR 规范将声卡和 Modem 适配器集成在主板上，同时又把数字信号与模拟信号隔离开来，避免相互干扰，这样可降低成本。颜色通常为棕色，如图 3－21 所示。

图 3－21　AMR 插槽

(2)CNR(Communication Network Riser，简称通信网络插卡)插槽。它是 AMR 的升级产品。CNR 标准的应用范围非常广泛，不仅可以连接专用的 CNR Modem，还增加了对 10/100MB 局域网功能的支持，以及提供了对 AC'97 兼容的 AC－Link、SMBus 接口的支持。CNR 插槽一般为棕色，比 AMR 略短。

(3)ACR 插槽。其外形酷似一个倒转的 PCI 插槽。它是有 AMD、VIA 和 ALI 等支持的 AMR 替代产品，在支持网络和声卡的基础上还增加了有线电视数据传输的功能。其前部完全和 AMR 接口兼容，所以支持 AMR 接口的各种设备和扩展卡。如图 3－22 所示。

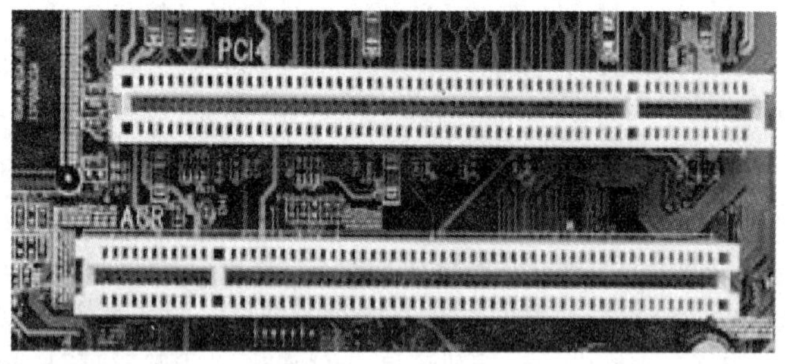

图 3－22　ACR 插槽

注意

CNR 从外观来看，比 AMR 稍长一些。因两者的针脚数不同，所以不兼容。ACR 接口支持 AMR 接口的设备。大多数主板上已经看不到 CNR 和 AMR 接口了。

14. 供电模块

供电模块位于 CPU 插座的左侧或上侧，它为主板及其上插接的各种板卡提供稳定的电力支持。供电模块的设计直接影响微型计算机主机系统运行的稳定性，如图 3－23 所示。

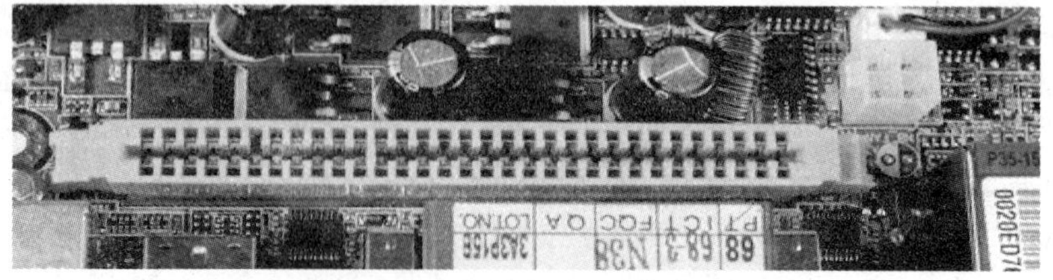

图 3－23　主板供电模块

3.1.3 主板的性能指标

主板的功能正在不断丰富和完善之中，主板的制造商为我们提供了各种可想像得到的功能和技术支持，常见的技术性能有：

1. 系统智能监控

主板的系统监控包括系统温度监控、系统电压监控、风扇转速监控、系统资源监控，还包括 CPU 自动降速和 BIOS 病毒防护等。

主板上的系统监控通常是通过带热敏电阻的温度探头和一些监控芯片来实现的，但也有不少主板控制芯片组中也集成有系统监控功能。另外，许多厂商还推出了与自己主板配套的监控软件，如磐英的 USDM、华硕的 PC Probe、微星的 PC Alert 等。

2. APM 与 ACPI

APM（高级电源管理）是 Intel 和 Microsoft 共同开发的一种应用接口，它允许开发者在 BIOS 加入电源管理。APM 在硬件和操作系统之间定义了一种隔离层，使开发者无须面对复杂的硬件。

ACPI（高级配置与电源接口）是由 Compaq、Intel、Microsoft 和 Toshiba 等公司联合制定的。该规范为 PC 提供了更为灵活的电源管理方式，使之能够轻易地实现主板设备配置和电源管理功能。

3. STR 技术

STR（休眠到内存）又称瞬间开机技术，是把数据和系统运行状态信息保存到主机内存中，开机后不通过复杂的系统检测，直接从内存中读取相应数据，直接使系统进入休眠前的状态，从而大大加快开机速度，通常只需几秒到几十秒。

4. PnP 技术

PnP（即插即用，Plug and Play）是 1993 年由 Compaq、Intel、Microsoft 和 Phoenix 等联合推出的，是指用户不必干预计算机的各个外围设备对系统资源的分配，而将这一繁杂的工作交给系统，由系统自身去解决底层硬件资源，包括 IRQ、I/O 端口地址、DMA 和内存空间等的分配问题。对用户而言，只要将设备“插上”就能使用。

【新的任务】

通过本节的学习，初步了解主板的分类，掌握了主板的基本组成，熟悉了主板中使用的相关技术。现在新的任务是：学习并了解主板芯片组的作用及主流芯片组，掌握主板的选购方法。

3.2 主板芯片组及主板的选购

任务 2：主板芯片组及主板的选购

【任务的提出】

主板芯片组是主板的中枢，决定着主板的性能与功能，一块主板能支持何种处理器、内存，以至接口是否集成显卡或声卡等，全都是由芯片组决定。

本任务主要包括以下内容：

(1)掌握主板芯片组的组成及功能;

(2)了解主流芯片组及性能;

(3)掌握主流主板及选购。

3.2.1 主板芯片组

主板芯片组(Chipset,简称芯片组)是主板的灵魂和核心,芯片组几乎决定了主板的功能,它联系 CPU 和其他周边设备的运作。图 3-24 所示为主板芯片组。

图 3-24 主板芯片组

芯片组与主板的关系就像 CPU 与整机一样,它提供主板上的核心逻辑。可以说,芯片组就是主板的大脑。芯片组一般是由北桥芯片与南桥芯片所组成。北桥芯片控制的是系统总线、L2 Cache、AGP 总线、内存以及 PCI 总线,决定着支持内存的类型及最大容量,是否支持 AGP 高速图形接口及 ECC 数据纠错等。南桥芯片则负责对 USB、IDE、ACPI(高级能源管理)和大部分 I/O 设备的控制和支持。

注意

CMOS 芯片是一块可读可写的专用存储器芯片,系统设置或配置信息存储在 CMOS RAM 中,CMOS 叫做互补金属氧化物半导体存储器,属于内部存储器的一种。

为了让主板芯片的架构更加明确,Intel 在开发 i8XX 芯片的时候,超越过去的优秀的"南桥"、"北桥"架构,提出比较正式的主板芯片结构 IHA(Intel Hub Architecture),又称为 HUB 结构。在这种架构中,两块芯片不是通过 PCI 总线进行连接,而是利用能提供两倍于 PCI 总线带宽的专用总线。这样,每种设备包括 PCI 总线都可以与 CPU 直接通信。显卡、显示缓存、声卡、硬盘、内存和 USB 设备等都有自己的通道,整个系统呈放射性的网状结构,在这张"网"的中心就是 i8XX 芯片组。Intel 自 i810 以后的芯片组采用的都是这种架构。

由于 HUB 结构的优越性,其他厂商如 AMD、SIS、VIA 等也纷纷在自己的芯片组结构中采用了类似的技术,只不过叫法不同,所提供的总线带宽不同罢了。

3.2.2 主流芯片组介绍

目前基于 Intel 和 AMD 两家 CPU 厂商的主板,几乎都是由 Intel、VIA、SiS、nVIDIA、Ali 和 ATI 等厂商生产的芯片组,下面简单介绍一下比较常见的几家厂商的芯片。

1. Intel

目前，在Intel处理器的平台中，基于Intel芯片的主板常见的有i845、i845、i865、i875这几个系列的产品，如图3-25所示。而新一代的芯片组i915和i925支持LGA 775的处理器，支持PCI Express x16图形总线，支持1066MHz FSB，其带宽和双通道DDR Ⅱ 533内存的带宽相同。除此之外，i925芯片组支持ECC，搭配ICH6R南桥芯片，内建Intel千兆以太网，以及支持Serial ATA和RAID功能。

i915兼容双通道DDR I/ DDR Ⅱ内存。搭配的ICH6R南桥支援4条PCI Express xl，8个USB 2.0，支持HD Audio单效，4个SATA串行接口，6个PCI等。而高端的i925，tACit的规格基本上与i915产品相同，它没有集成图形芯片，且不支持DDR内存。但加入了Wi·Fi技术，这预示着无线局域网技术即将大规模使用。

2. VIA

VIA(威盛)是一家老资格的控制芯片组生产厂商。它主要开发支持AMD CPU的芯片组，如图3-26所示。主要推出的有KT266、KT333、KT400、KT600、K8T800等芯片组，KT系列芯片在AMD平台市场上占有70%左右的份额。而在支持Intel CPU方面，也推出有PT600、P4X600、PT800、P4X800等芯片组。它使用的南桥芯片，支持很多新技术，厂商将会得到更多自主选择南桥芯片的机会。

图3-25 Intel主板芯片组

图3-26 VIA主板芯片组

3. SiS

SiS(矽统科技)也是一家相当有实力的厂商，并且一贯以提供整合型主板芯片组而著名。SiS在整各芯片研发上花费了大量的精力，第一款整合图形芯片组正是诞生在SiS。随着SiS的不断创新，在2003年里，SiS开发了Hyper Streaming架构的芯片组，该芯片组提供最有效率的资源分配，大大提高了整体性能。

4. nVIDIA

说到nVIDIA公司，很多人可能都会想到显卡，它是目前最大的PC显卡芯片厂商。从2001年开始，它积极进军主板芯片市场，因为没有得到Intel的授权，所以只提供AMD CPU的芯片组。nVIDIA推出的芯片组主要有针对于AMD的Socket 462和Socket 754平台nForce 2和nForce 3等。

此后，nVIDIA公司还发布了nForce 3 Ultra芯片组，该芯片组继承了nForce 3 250Gb

的 Gigabit Lan 千兆网卡、通过 CSA 认证的硬件防火墙、Serial ATA 150 接口和 Ultra ATA 133 的混合式 RAID 磁盘阵列等功能。nForce 3 Ultra 与 nForce 3 250Gb 的区别在于 nForce 3 Ultra MCP 对 Socket 939 的 Athlon 64 处理器以及 1 GHz 的 HyperTransport 总线提供支持。

nForce 3 Ultra MCP 提供了千兆以太网络接口，比传统的 PCI 接口的以太网多 200% 以上的带宽，而 CPU 的使用率却降低了 20%。nForce3 的 MCP 提供了特有的硬件防火墙解决方案，使个人计算机免遭任何黑客、蠕虫的攻击，并可以进行远程管理。在磁盘管理方面，nForce 3 Ultra MCP 支持更高级的存储器功能，包括多硬盘的 RAID 阵列，它还提供四组 SATA、两组 PATA 接口的支持，最多支持 8 个硬盘。

此外，nVIDIA 还提出了 AutoTiming（自动调整工作频率）的概念，并应用在 nForce 3 MCP 芯片组中，该新特性可以自动将 CPU 的时钟频率调节到最佳的工作状态，从而使系统性能得到进一步的提升。

3.2.3 主板的主流产品

1. Intel D975XBX 主板

该主板为 ATX 主板，生产厂商为 Intel，主芯片组为 Intel 975X+ICH7R；适用 CPU 种类为奔腾 4/Pentium 4 EE/Pent，CPU 插槽为 LGA 775，FSB 为 1066MHz；可支持内存类型为 DDRⅡ；集成 7.1 声道音频；集成 100/1000M 网卡芯片；扩展槽有：3 条 PCI－E 16X，2 个 PCI 插槽；接口有：一个 IDE 插槽，一个 FDD 接软驱，SATA 接口 4 个，USB 接口 8 个，PS/2 鼠标与 PS/2 键盘接口各 1 个，1 个并口，1 个串口，IEEE1394 接口及音频接口。其他功能有：支持超线程技术，电源插口一个 8 针，一个 24 针电源接口，供电模式 5 相供电。

2. 华硕 P5W DH Deluxe 主板

华硕 P5W DH Deluxe 为 ATX 主板，生产厂商为 MSI（微星），主芯片组为 Intel 975X+ICH7R；适用 CPU 种类为奔腾 4/赛扬/Core 2 Duo，CPU 插槽为 LGA 775，FSB 为 1066MHz；可支持内存类型为 DDRⅡ，支持双通道 DDR2 800/ 667/ 533；集成 8.1 声道声卡；板载双千兆网卡；扩展插槽有：2 条 PCI－E 16X，3 个 PCI 插槽，2 条 PCI－E 1X，两个 IDE 插槽，一个 FDD 接软驱，SATA 接口 4 个（1 个 Ultra DMA 100/66/33、3 个 SATA 3.0Gb/s 接口）I/O 接口有：8 个 USB 接口，PS/2 鼠标和 PS/2 键盘接口各一个；其他内部插口：板载 IEEE1394 接口；外接端口：音频接口；其他参数：支持超线程技术，一个 4 针、一个 24 针电源接口，供电模式采用 8 相供电回路设计。

3. 微星 975X Platinum 主板

微星 975X Platinum 为 ATX 主板，生产厂商为 MSI（微星），主芯片组为 Intel 975X+ICH7R；适用 CPU 种类为奔腾 4/P 4EE/Pentium D/ Pentium XE 及 Celeron D 处理器，CPU 插槽为 LGA 775，FSB 为 1066MHz；可支持内存类型为 DDRⅡ，支持双通道 DDR2 400/533/667 内存；集成 7.1 声道音频芯片；板载千兆网卡；扩展插槽：显卡插槽为 2 条 PCI－E 16X，2 条 PCI 插槽，2 条 PCI－E 1X ；两个 IDE 插槽，一个 FDD 接软驱，5 个 SATA 接口；I/O 接口：PS/2 鼠标与 PS/2 键盘接口各 1 个；其他内部插口：支持 3 个 IEEE1394 接口，传输速率达 400Mbps；外接端口：音频接口；其他参数：支持超线程技术，电源插口一个 8 针和一个 24 针电源接口，供电模式为 4 相供电回路设计。

3.2.4 主板的选购

无论选择什么样的主板，都要精挑细选。选购主板时，首先考虑与 CPU 的匹配问题，一定要选购支持所购买 CPU 的主板；其次要考虑性能、价格、质量、售后服务等。

1. 主板的档次

主板的档次通常与所用的芯片组有关，其芯片组性能越好，其档次就越高。一般按价格可将主板分为三个档次：

(1)高档主板

一般使用 2200μF 电容、双线圈稳压器等，做工上精细有加，不过这一档次的主板价格也最高，几乎全部定在 800 元～1200 元(Intel 芯片组)或 700 元～1000 元(威盛、SiS 等兼容芯片组)。另外，高档次主板的产品新技术增值费不超过 25%，也就是说，这种主板的辅助功能不是很强。

(2)中档主板

中档主板的一个重要特征就是对主板的供电系统进行了大幅的增强设计。由于这一档次的主板面向的对象主要是计算机爱好者，因此在主板的超频设计上，厂商绝对会不遗余力的。不过，新技术的集成是需要代价的，因此这一档次的主板增值费用大都超过了 35%，感觉似乎有点不值。而且，为了控制主板的成本，这些主板生产商在选料时不可能使用最好的配料，如蓝色的电容、4 条 DIMM，每条 PCI 旁边的滤波电容，取而代之的则是 3 条的 DIMM，这些主板价格多在 500 元～800 元。

(3)低档次主板

一般处于 500 元以下的主板，就算是低档次的了。这类主板的质量一般还算稳定，是升级和学生组装计算机的首选。

2. 选购主板的注意事项

通常主板的品质主要是由芯片组、主板设计布局以及主板的做工和用料等方面决定的。因此，在选购时应注意如下几个方面：

(1)观察外表，掂其分量

观察主板外表可以按照以下原则：

①看主板的厚度，相互比较，厚者为宜。选择电路板为多层次的主板。把主板拿起，隔主板对着光源看，若能观察到另一面的布线元件，则说明该主板为双层板，否则，就是四层板或多层板。

②布线是否合理流畅，也将影响整块主板的电气性能，这主要靠第一眼的感觉，当然这种感觉是建立在对一般主板布线相当了解的基础之上的。

③仔细观察主板各芯片的生产日期和型号、品牌标识。一般来说，芯片的生产日期不宜超过三个月，否则将影响主板的整体性能。虽说硬件产品很少有过期一说，不过还是小心一点好。芯片上的标识要清晰可辨，无划痕等明显印迹。

(2)主板电池

电池是为保持 CMOS 数据和时钟的运转而设的。“掉电”就是指电池没电了，不能保持 CMOS 的数据，关机后时钟也不走了。选购时，观察主板电池是否生锈、漏液。生锈或漏液，则有可能腐蚀整块主板而导致主板报废。

(3)摇跳线

仔细观察各组跳线是否虚焊。开机后,轻微摇动跳线,检查计算机是否出错,若有出错信息,则说明跳线松动,性能不稳定,此主板不应在选购之列。

(4)软件测速

利用SPEED系列或其他测速软件对主板进行全面的检测,不同主板间的比较会给你一个准确的结论。

最后,针对整合型主板在选购时应重点注意以下几个方面:一是主板的芯片组,二是主板的扩展部分,三是主板的显存,四是主板的做工等。

【新的任务】

通过本章的学习,了解了主板的分类,掌握了主板的基本组成及性能参数,熟悉了主流芯片组及主板的性能特点及选购。下一章的任务是:学习并掌握内存的基础知识。

习题三

一、选择题

1. 主板所用的PCB是由几层树脂材料粘合在一起的,内部采用(　　)箔走线。

A. 铜　　B. 铝　　C. 银　　D. 重金属

2. 586时代的Socket 7插座有(　　)个孔。

A. 242　　B. 321　　C. 370　　D. 387

3. 最早应用Socket370架构的是PPGA封装的(　　)。

A. AMD K6　　B. Intel PII　　C. Intel Celeron　　D. Intel Xeon

4. DDR内存槽有(　　)只引脚。

A. 72　　B. 168　　C. 184　　D. 192

5. DDR内存槽的供电电压为(　　)V。

A. 1. 8　　B. 2. 5　　C. 3. 3　　D. 5

6. RAMBUS内存槽有(　　)只引脚。

A. 72　　B. 168　　C. 184　　D. 192

7. IDE端口的针数为(　　)。

A. 34　　B. 40　　C. 60　　D. 68

8. FLOPPY端口的针数为(　　)。

A. 34　　B. 40　　C. 60　　D. 68

9. 主板主要的总线有(　　)。

A. FSB　　B. PCI－X　　C. AGP　　D. PCI　　E. AD

10. PCI具有的功能是(　　)。

A. PnP　　B. 150MHz

C. 最大传输200MB/s　　D. 寻址容量4G

11. PCI总线连接的设备有(　　)。

A. 硬盘(HD)　　B. 显卡　　C. 内存　　D. CPU

12. AGP总线在(　　)之间提供了一条直接通道。

A. 内存和 CPU　B. CPU 和内存　C. CPU 和显卡　D. 内存和显卡

13. PS/2 接口为(　　)针母插。

A. 4　B. 5　C. 6　D. 7

14. 北桥芯片负责对(　　)进行控制。

A. PCI 总线　B. 系统总线　C. I/O 设备　D. AGP 总线

15. 下列设备不是由传统的北桥芯片控制的是(　　)。

A. 内存控制器　B. ISA　C. PCI 总线　D. AGP 设备

16. Intel 875P 芯片组还具有(　　)技术。

A. 性能加速　B. 内存校验　C. 图形加速　D. 增加带宽

17. Intel 915 芯片组支持的 CPU 接口有(　　)。

A. Socket A 和 Socket 478　B. Socket A 和 Socket 423

C. Socket A 和 Socket T　D. Socket 478 和 Socket T

18. 为了给 Intel915/925 芯片组支持的 PCI Express 接口提供电源,厂商对主板的电源接口进行了改变,不在是标准的 ATX 电源,它采用(　　)针的电源接口。

A. 20　B. 21　C. 23　D. 24

二、判断题

1. ATX 标准是对 AT 主板标准的改进。(　　)

2. 在 CPU 与外设一定的情况下,总线速度是制约计算机整体性能的最大因素。(　　)

3. AGP 的设计目的是提高视频带宽,以用来替代 PCI 总线。(　　)

4. AGP 使用了 32 位数据总线和双时钟技术。(　　)

5. 总线的带宽指的是总线上可传送的数据量。(　　)

三、简答题

1. 你所知道的 Intel 芯片组有哪几种? 其中哪一种最有印象?

2. 主板的芯片组常见的有哪几个厂商的牌子和类型? 分别简要举例。

3. 主板上的 CPU 接口主要有哪几种? 试列出来。

4. 试述主板的基本组成。

四、实训与操作

打开你的主机,仔细观察后,说出你的主机主板是哪个厂家的产品,并说出该主板上的各种类型的接口和它们的作用。然后指出该款主板支持何种 CPU,最大支持多少内存,是否支持双通道内存技术,是否具有双 BIOS。

第4章　内　存

在上一章学习了主板的基础知识，知道了主板的基本组成及相关性能指标，也了解了主流的芯片组及主流主板的选购技巧。本章我们将学习计算机的“仓库”——内存，内存是存储器的一种。存储器是计算机的重要组成部分，存储器按其用途可分为主存储器（Main Memory，简称主存）和辅助存储器（Auxiliary Memory，简称辅存），主存储器又称内存储器（简称内存），辅助存储器又称外存储器（简称外存）。

本章将介绍一些内存的基本常识，如内存的分类、内存的性能指标、内存条的种类和内存条的性能指标，最后介绍如何选购内存。

通过本章学习，读者可以了解内存的作用、性能指标等，可以辨别内存条，并根据需要进行选购。

4.1　内存概述

任务1：内存的认识

【任务的提出】

内存在电脑中的作用是举足轻重的，在很多电脑玩家看来，内存是除CPU外能表明电脑是否够档次的另一标准。系统内存的容量对于一台电脑的性能有着很大的影响。下面我们就来认识一下内存。

本任务主要包括以下内容：

（1）了解内存的分类；

（2）掌握内存的性能指标。

4.1.1　内存的分类

严格来说，内存是一个广义的概念，它泛指电脑系统中，存放数据与指令的半导体存储单元，包括RAM（Random Access Memory，随机存取存储器）和ROM（Read Only Memory，只读存储器）以及CPU内的存储单元，人们习惯将RAM直接称为内存，而对后两者，则直接称ROM和高速缓冲存储器Cache。

1．按内存的工作原理分类

按内存的工作原理可将内存分为只读存储器ROM（Read Only Memory）和随机存储器RAM（Random Access Memory）。

（1）只读存储器ROM

只读存储器ROM是计算机厂商用特殊的装置把内容写在芯片中，只能读取，不能随意改变的一种存储器，如BIOS（基本输入输出系统）。ROM中的内容不会因为掉电而丢失。ROM又分为一次写ROM和可改写ROM——EPROM（Erasable Programmable ROM）。ROM中的信息只能被读出，而不能被操作者修改或删除，故一般用于存放固定的程序，如监控程序、汇编程序等。EPROM和一般的ROM不同点在于EPROM可以用特殊的装置擦除和重写它的内容,如主板上的 BIOS,586 机的 BIOS 芯片容量为 1MB,Pentium Ⅲ机的 BIOS容量为 4MB。

① EPROM。EPROM 芯片上有一个透明窗口,用特殊的装置向芯片写完毕后,用不透明的标签贴住。如果要擦除 EPROM 中的内容,揭掉标签,用紫外线照射 EPROM 的窗口,EPROM 中的内容就会丢失。

② 闪速存储器 Flash Memory。早先的 BIOS 都是写在 ROM 中,当要升级或修改 BIOS 时,须重新购买芯片。Intel 开发的闪速存储器,可以将 BIOS 存储在其中,需要时可以利用软件来自动升级和修改 BIOS,所以较为方便。

使用闪速存储器的主要特点是在不加电的情况下能长期保存存储的信息。就其本质而言,Flash Memory 属于 EEPROM(Electrically Erasable Programmable ROM,电擦除可编程只读存储器)类型。它既有 ROM 的特点,又有很高的存取速度,而且易于擦除和重写,功耗很小。目前其集成度已达 4MB,价格也有所下降。由于 Flash Memory 的独特优点,586 以上微机的主板上采用 Flash ROM BIOS,使得 BIOS 升级非常方便。

Flash Memory 可用作固态大容量存储器。目前普遍使用的大容量存储器仍为硬盘。硬盘虽有容量大和价格低的优点,但它是机电设备,有机械磨损,可靠性及耐用性相对较差,抗冲击、抗振动能力弱,功耗也大。因此,人们一直在研究取代硬盘的介质。由于 Flash Memory 集成度不断提高,价格逐步降低,使其在便携机上取代小容量硬盘已成为可能。

(2)随机存储器 RAM

RAM 就是平常所说的内存,系统运行时,将所需的指令和数据从外部存储器调入内存中,CPU 再从内存中读取指令或数据进行运算,并将运算结果存入内存中。RAM 的存储单元根据具体需要可以读出,也可以写入或改写。RAM 只能用于暂时存放程序和数据,一旦关闭电源或发生断电,其中的数据就会丢失。根据其制造原理不同,现在的 RAM 多为 MOS 型半导体电路,它分为静态和动态两种。

① 静态 RAM(SRAM)。SRAM(Static RAM)的一个存储单元的基本结构是一个双稳态电路,由于读、写的转换由写电路控制,所以只要写电路不工作,电路有电,开关就保持现状,不需要刷新,因此 SRAM 又叫静态 RAM。由于这里的开关实际上是由晶体管代替,而晶体管的转换时间一般都小于 20 纳秒(ns),所以 SRAM 的读写速度很快,一般比 DRAM 快出 2～3 倍。微机的外部高速缓存 (External Cache)就是 SRAM。但是,这种开关电路需要的元件较多,在实际生产时一个存储单元需要 4 个晶体管和 2 个电阻组成,这样一方面降低了 SRAM 的集成度,另一方面也增加了生产成本。

② 动态 RAM(DRAM)。DRAM(Dynamic RAM)就是通常所说的内存,它是针对静态 RAM (SRAM)来说的。SRAM 中存储的数据,只要不断电就不会丢失,也不需要进行刷新。而 DRAM 中存储的数据是需要不断地进行刷新的。因为一个 DRAM 单元由一个晶体管和一个小电容组成。

晶体管通过小电容的电压来保持断开、接通的状态,当小电容有电时,晶体管接通表示“1”;当小电容没电时,晶体管断开表示“0”。但是充电后的小电容上的电荷很快就会丢失,所以需要不断地进行“刷新”。

所谓刷新,就是给 DRAM 的存储单元充电。在存储单元刷新的过程中,程序不能访问它们,在本次访问后,下次访问前,存储单元又必须进行刷新。

所谓的内存具有多少纳秒，就是指它的刷新时间。由于电容的充、放电需要时间，所以DRAM的读写时间远远慢于SRAM，其平均读写时间在60ns～120ns。但由于它结构简单，所用的晶体管数仅是SRAM的1/4，实际生产时集成度很高，成本也大大低于SRAM，所以DRAM的价格也低于SRAM，适合作大容量存储器。因此主内存通常采用动态RAM，而Cache则使用SRAM。

另外，内存还应用于显卡、声卡及CMOS等设备中，用于充当设备缓存或保存固定的程序及数据。

由于RAM具有两种状态，当RAM处理信息时，它实际上处理的就是这些位，一个位只有两种状态，即“0”或“1”。许多这样的位就可存储若干位数，这就是所谓的二进制。当CPU处理数据时，它将部分数据存储到RAM中以供稍后的时间里使用，如果需要完成这项动作，则处理器会发出一个“写”信号到CPU中，通过系统总线，到达RAM单元。这些RAM单元就按特殊地址编排这些信息数据并存储到“栅格”中。当CPU需要读取RAM中的数据，则会向RAM发出请求信号，这些信号中包含地址信息，以确定数据在数以万计的栅格中的位置。

系统总线是CPU与内存之间传递数据的通道。如果处理器工作于500MHz，那么在CPU内处理数据的频率就是500MHz；如果需要将数据从CPU传送到外设中（如硬盘等）时，数据就必须经过系统总线。

由于受系统总线带宽的限制（目前系统总线的带宽一般来说都比CPU的时钟频率慢），因此当数据经过系统总线后，其速度就会被限制在系统总线所能处理的最大速度中。至于DRAM方面，如果DRAM能足够快，能跟上系统总线的速度，就不会拖延系统的处理速度，随之，系统的性能也就得到了相对性地提高。

2. 按内存的外观分类

用户可以随意改变容量的内存只有主存储器，也就是DRAM。DRAM可以插在主板的内存插槽上，目前有两种形式的DRAM。

(1)双列直插封装内存芯片

双列直插封装内存芯片DIP(Double Inline Package)内存芯片一般每排都有若干只引脚。一般一片芯片有64KB,256KB或1 024KB,1 024×4KB等不同容量。

因为DIP芯片容量小，需要数量便相应增大，占了主板很大的空间，不便于内存的扩充，并且拆装也不方便。DIP芯片一般用于286以下的微机，现在的386,486及Pentium等微机上只有在显卡上才能见到它们。

(2)内存条

为了节省主板空间和增强配置的灵活性，现在的主板多采用内存条结构。条形存储器是把一些存储器芯片、电容、电阻等元件焊在一小条印制电路板上组装起来合称一个内存模组(RAM Module)，也就是俗称的内存条。所谓内存条线数即引脚数，按引脚数不同可把内存条分为30线的内存条、72线的内存条(SIMM，即Single Inline Memory Module)、168、184线的内存条(DIMM，即Double Inline Memory Modules)和RDRAM内存条。其中有些内存条设有奇偶校验位，是否有奇偶校验位由芯片的位数决定，如为9位，则有一位奇偶校验位，8位的芯片没有奇偶校验位。

30线内存条用在386微机上，常见容量有256KB,1MB和4MB,30线内存条提供8位有效数据位。72线内存条用在486,586微机上,常见容量有4MB,8MB,16MB和32MB,提供32位的有效数据位。168线内存用在Pentium以上级别的微机上,常见容量有16MB,32MB,64MB和128 MB,提供64位有效数据位。目前,184线和240线的DDR的内存条为主流产品,30线和72线的内存条已不再生产,Rambus将成为新一代内存条的主流。

4.1.2 内存的单位和性能指标

1. 内存的单位

存储器是具有"记忆"功能的设备,它用具有两种稳定状态的物理器件来表示二进制数码"0"和"1",这种器件称为记忆元件或记忆单元。记忆元件可以是磁芯、半导体触发器、CMOS电路或电容器等。位(bit)是二进制数的最基本单位,也是存储器存储信息的最小单位,8位二进制数称为一个字节(Byte),可以由一个字节或若干个字节组成一个字(Word),字长等于运算器的位数。若干个记忆单元组成一个存储单元,大量的存储单元的集合组成一个存储体(Memory Bank)。为了区分存储体内的存储单元,必须将它们逐一进行编号,称为地址。地址与存储单元之间一一对应,且是存储单元的唯一标志。应注意存储单元的地址和它里面存放的内容完全是两回事。

(1)位/比特(bit)。位(bit,常用b表示)是二进制数的最基本单位,也是存储器存储信息的最小单位。如十进制中的180在计算机中就是用10110110来表示,10110110中的一个0或一个1就是一个比特。在现代的内存中,一个比特对应着一个晶体管。

(2)字节(Byte)。8位二进制数称为一个字节,常用B表示。内存容量即指具有多少字节,字节是微机中最常用的单位。一个字节等于8个比特,即1B=8b。

存储器可以容纳的二进制信息量称为存储容量。在微机中,凡是涉及数据量的多少时用的单位都是字节,内存也不例外。不过在数量级方面与普通的计算方法有所不同,1 024字节为1KB,而不是通常的1 000为1K,1 024KB为1MB,更高数量级用1GB=1 024MB表示。目前而言,一般微机的内存大小都以"MB"(有时也省略B)作为基本的计数单位。

(3)内存的单位换算。现在微机的内存容量都很大,一般都以千字节、百万字节、十亿字节或更大的单位来表示。常用的内存单位及其换算如下:

千字节(KB,Kilo Byte):1KB=1 024B

百万字节(MB,Mega Byte):1MB=1 024KB

十亿字节(GB,Giga Byte):1GB=1 024MB

兆兆字节(TB,Tera Byte):1TB=1 024GB

其中TB单位非常大,一般只有在大型计算机中才能用到。各个单位的关系如下:

1TB=1 024GB=1 024×1 024MB=1 024×1 024×1 024KB=1 024×1 024×1 024×1 024B

2. 内存的性能指标

(1)存取周期。内存的速度用存取周期来表示。存储器的两个基本操作为读出与写入,是指将信息在存储单元与存储寄存器(MDR)之间进行读写。存储器从接收读出命令到被读出信息稳定在MDR的输出端为止的时间间隔,称为取数时间TA;两次独立的存取操作之间所需的最短时间称为存储周期TMC,单位为ns,这个时间越短,速度就越快,也就标志着内存的性能越高。半导体存储器的存取周期一般为100ns~600ns。

(2)数据宽度和带宽。内存的数据宽度是指内存同时传输数据的位数,以位为单位,内存带宽指内存的数据传输速率。

(3)内存的"线"数。所谓的内存条是多少"线",就是指内存条与主板插接时有多少个接触点,这些接触点就是"金手指",有30线、72线、168线、184线和240线。30线内存条的数据宽度为8bit;72线内存条的数据宽度为32bit;168线内存条的数据宽度为64bit。

一般主板的存储器安装插座分为几个组(Bank),每个组中有2~4个存储器安装插座,可安装2~4个存储器条。286和386SX及486SLC类CPU只有16位数据线,因此,使用30线的内存条时,由于每条可以提供8位有效数据,所以系统主板的存储器条安装数据量通常为2的倍数。386DX和486DX微处理器有32位数据线,一次要存取32位数据,用30线内存条时,需要安装4的倍数:如果主板上安装的是72线的内存条插座,由于72线的内存条一次就可以提供32位有效数据,所以只安装一条就能正常工作。

对于Pentium类CPU,其数据线为64位,要一次能存取64位数据,一般必须按2的倍数安装72线内存条;如果主板上有168线的内存条插座,由于168线的内存条一次就可以提供64位有效数据,所以只安装一条也能正常工作。

30线和72线内存条采用单列内存模块SIMM(Single Inline Memory Modules),168线内存条采用双线内存模块DIMM(Double Inline Memory Modules)。

(4)容量。每个时期内存条的容量都分为多种规格,比如早期的30线内存条有256KB、1MB、4MB等容量,后来72线的EDO内存有4MB、8MB、16MB等容量,目前流行的168线SDRAM内存常见的内存容量有32MB、64MB、128MB。

(5)内存的电压。早期的FPM内存和EDO内存均使用5V电压,SDRAM内存一般使用3.3V电压。

(6)SPD。SPD(Serial Presence Detect)是1个8针的EEPROM芯片(见图4-1),容量为256B,里面主要保存了该内存条的相关资料:如容量、芯片的厂商、内存模组的厂商、工作速度、是否具备ECC校验等。SPD的内容一般由内存模组制造商写入。支持SPD的主板在启动时自动检测SPD中的资料,并以此设定内存的工作参数,使之以最佳状态工作,更好地确保系统的稳定。

图4-1 内存条上的SPD芯片

(7)CL。CL指CAS Latency,CAS为等待时间。意思是CAS信号需要经过多少个时钟周期之后才能读写数据。这是在一定频率下衡量支持不同规范的内存的重要标志之一。目前PC100SDRAM的CL有2和3,也就是说其读取数据的等待时间可以是2个或3个时钟周期,标准应为2,但为了稳定,降为3也是可以接受的。在同频率下CL为2的内存较

CL 为 3 的快。

(8)系统时钟循环周期 Tclk。System clock cycle time 代表 SDRAM 能运行的最大频率,数值越小越快。PC－100 规范要求在 CAS＝3 时 Tclk 必须不大于 10ns,在这种情况下 Tclk 又可称为 Min. Cycle Time for Highest CAS Latency,即在最大 CL 时的最小周期时间,此时可以将 Tclk 理解为 SDRAM 的工作速度。

内存时钟周期 TCK 由外频决定,可简单定义为 TCK＝1/f,f 为工作时的外频,例如,系统在 100 MHz 外频工作时 TCK＝10ns。

(9)存取时间 TAC－Access time from CLK,即存取时间。数值越大数据输出的时间越长。又称为 Max. Clock to data out for highest CAL Latency,即在最大 CL 时的最大数据输出时钟,PC－100 规范要求在 CL＝3 时 TAC 不能大于 6ns。

注意

参照以上的性能指标,必须综合考虑,而不能仅从芯片上所刻的－6,－7,－8 或－10 来判断内存条的速度,它们仅仅代表一个符号,并不能说明－6 的内存条比－7 的内存条快。

【新的任务】

通过本节的学习,初步了解内存的分类,掌握了内存的性能指标。现在新的任务是:学习并了解内存条的相关知识。

4.2 内存条的基本知识

任务 2:内存条的认识

【任务的提出】

我们平常所说的内存条其实就是 RAM,主要作用是存放各种输入、输出数据和中间计算结果,以及与外部存储器交换信息时做缓冲之用。本节我们将学习内存条的基础知识。

本任务主要包括以下内容:

(1)了解内存条的组成;

(2)熟悉内存条的种类;

(3)掌握内存条的性能指标。

4.2.1 内存条的基本组成

内存经过 EDO、SDRAM、DDR 的发展,现在已经进入 DDRⅡ 的时代。下面以主流的 DDRⅡ 内存为例介绍内存的物理结构。其硬件结构如图 4－2 所示。

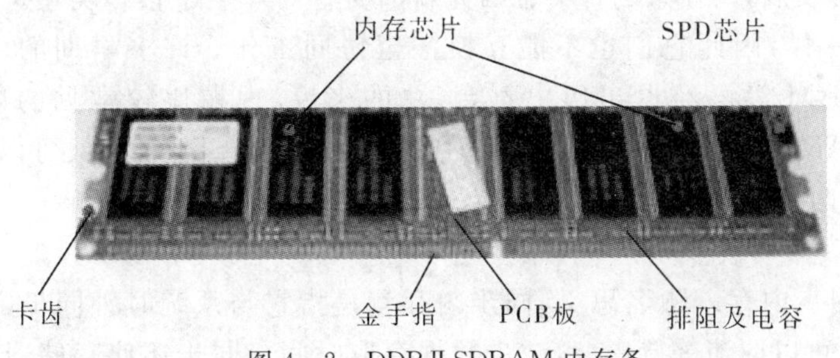

图 4－2 DDRⅡ SDRAM 内存条

1. PCB 板

内存条的 PCB 板多数是绿色的。如今的电路板设计都很精密，所以都采用多层设计，例如 4 层或 6 层等，所以 PCB 板实际上是分层的，其内部也有金属的布线。理论上 6 层 PCB 板比 4 层 PCB 板的电气性能好，性能也较稳定，所以名牌内存多采用 6 层 PCB 板制造。因为 PCB 板制造严密，所以从肉眼上较难分辨 PCB 板是 4 层或 6 层的，只能借助一些印在 PCB 板上的符号或标识来断定。

2. 金手指

这一个个黄色的接触点是内存与主板内存槽接触的部分，数据是靠它们来传输的，通常称为金手指。金手指是铜质导线，使用时间一长就可能有氧化的现象，会影响内存的正常工作，易发生无法开机的故障，所以可以隔一年左右时间用橡皮擦清理一下金手指上的氧化物。

3. 内存芯片

内存芯片（通常称为内存颗粒）是内存的灵魂所在，内存的性能、速度、容量都是由内存芯片决定的。如今市场上有许多种类的内存，但内存颗粒的型号并不多，常见的有 HY、~KINGMAX、WINBOND、Kingston、TOSHIBA、SEC、MT 和 Apacer 等。不同厂商的内存颗粒在速度、性能上也有很多不同。

4. 内存芯片空位

在内存条上可能常看到这样的空位，这是因为采用封装模式预留了一片内存芯片为其他采用这种封装模式的内存条使用。图 4－2 所示的内存条就是使用 9 片装 PCB，预留 ECC 校验模块位置。

5. 内存固定卡缺口

内存插到主板上后，主板上的内存插槽会有两个夹子牢固地扣住内存，这个缺口便是用来固定内存用的。

6. 内存脚缺口

内存脚上的缺口一是用来防止内存插反的（只有一侧有），二是用来区分不同的内存。

7. SPD 芯片

SPD 芯片中记录了厂商名称、单片容量、芯片类型、工作速度和生产日期等内容，还可能有电压、容量系数和一些厂商的特殊标识在里面。芯片标志是观察内存条性能参数的重要依据。

4.2.2 内存条的种类

经过长时间的发展，内存条的种类也因为新旧交替而产生了很多类型。不同类型内存条的工作方式不一样，因此它们也不能互换甚至协同工作。许多早期的内存，如 FPM-DRAM、EDO DRAM 等已经退出历史舞台，总的来说，现在比较常见的内存可以分为 SDRAM 和 RDRAM 两大类。根据技术细节及性能的不同，SDRAM 又可以分为 SDRAM 和 DDR SDRAM 两种，下面分别介绍。

1. SDRAM

SDRAM 即同步内存。顾名思义，同步内存就是指它与系统时钟同步，系统时钟控制 CPU 和 SDRAM，可以取消等待周期，减少数据存取时间。同步还使存储器控制知道在哪一个时钟脉冲周期使数据请求得到响应，因此，数据可在脉冲周期开始传输，而 EDO RAM 每隔 2 个时钟脉冲周期才开始传输，FPM RAM 每隔 3 个时钟脉冲周期才开始传输。SDRAM 也采用多体(Bank)存储器结构和突发模式，能传输一整块而不是一段数据。图 4-3 所示为 168 线的 SDRAM 内存条。

图 4-3 168 线的 SDRAM 内存条

SDRAM 从 586 时代就开始使用，以前的 PC—66、PC—100、PC—133、PC—150、PC—166 和 PC—180 等内存都是第 1 代的 SDRAM。技术总在进步，这一代的 SDRAM 内存已经不能满足电脑整体性能提升的需求，此类内存虽然在市场上仍然有售，但主要是供旧机器扩充内存之用。

2. DDR SDRAM

DDR(Double Data Rate，双倍数据速率)SDRAM 是由 VIA、IBM、AMD 等几家公司联合制定开发的内存规范。目前无论使用 AMD 还是 Intel 的 CPU 都有为之构建的主板平台流。DDRSDRAM 是 SDRAM 的更新换代产品，采用 2.5V 工作电压，它允许在时钟脉冲的上升沿和下降沿传输数据，这样不需要提高时钟的频率就能加倍提高 SDRAM 的速度，并具有比 SDRAM 多一倍的传输速率和内存带宽，例如 DDR 266 与 PC 133 SDRAM 相比，工作频率同样是 133MHz，但内存带宽达到了 2.12GB/s，比 PCI33SDRAM 高一倍。图 4-4 所示是 184 线 DDR 内存。

图 4-4 184 线的 DDRSDRAM 内存条

3. DDRⅡ SDRAM

DDRⅡ(Double DataRate Ⅱ)SDRAM 是由 JEDEC(电子设备工程联合委员会)开发的新生代内存技术标准。它与上一代 DDR 内存技术标准最大的不同就是，虽然采用在时钟的上升/下降延同时进行数据传输的基本方式，但 DDRⅡ内存却拥有两倍于上一代 DDR 内存预读取的能力(即 4 位数据读预取)。换句话说，DDRⅡ内存每个时钟能够以 4 倍外部总线的速度读/写数据，并且能够以内部控制总线 4 倍的速度运行。

此外，由于 DDRⅡ标准规定所有 DDRⅡ内存均采用 FBGA 封装形式，而不同于目前广泛应用的 TSOP/TSOP—Ⅱ封装形式。FBGA 封装提供了更为良好的电气性能与散热性，为 DDRⅡ内存的稳定工作与未来频率的发展提供了坚实的基础。回想起 DDR 的发展历程，从第一代应用到个人电脑的 DDR200 经过 DDR266、DDR 333 到今天的双通道 DDR400 技术，第一代 DDR 的发展也走到了技术的极限，已经很难通过常规办法提高内存的工作速度。随着 Intel 最新处理器技术的发展，前端总线对内存带宽的要求越来越高，拥有更高更稳定运行频率的 DDR Ⅱ 内存将是大势所趋。图 4－5 所示为目前主流的 240 线 DDR Ⅱ 内存条。

图 4－5　240 线的 DDR Ⅱ SDRAM 内存条

4. RDRAM

RDRAM 是由 Intel 最早提出并应用在 PC 平台上的。它最主要的工作原理是依靠高时钟频率来简化每个时钟周期的数据量。由于有超高的频率（通常为 300MHz 和 400MHz），和行地址与列地址寻址总线为各自分离的独立总线，因而最大传输率达到 3.2 GB/s。其命名也由此而来，一般被称为 PC600、PC800 和 PC1066 等。

目前的 RDRAM 的带宽仅为 16 位，而这也抵消掉一部分高频率运作所带来的优势。但是因为 RDRAM 将多个内存块进行串行运行，从而有效地叠加内存带宽。不过，RDRAM 与 SDRAM 的带宽没有直接可比性，因为 RDRAM 的技术在连续执行多模块任务方面有着先天优势，它能更有效地把带宽集中管理起来。

 注意	新一代的 32 位 RDRAM 内存也已经崭露头角，即 RIMM ×××× 系列内存。RIMM ×××× 是 32 位 RDRAM 内存的一个标示方式，后边的 ×××× 表示内存的带宽，目前已有 RIMM 3200、RIMM 4200 和 RIMM 4800 共 3 种。

4.2.3　内存条的性能指标

评价一款内存条的好坏，主要依靠它的性能参数来反映，内存条的性能参数主要有：

1. 主频

内存主频和 CPU 主频一样，习惯上被用来表示内存的速度，它代表着该内存所能达到的最高工作频率。内存主频是以 MHz（兆赫）为单位来计量的。内存主频越高在一定程度上代表着内存所能达到的速度越快。内存主频决定着该内存最高能在多高的频率下正常工作。

2. 存取时间

存取时间代表读取数据所延迟的时间。以前人们有个误区，认为它和系统时钟频率有着某种联系，其实两者在本质上是有显著区别的，可以说完全是两回事。例如，SDRAM 同样是 PC133 的内存，市面上有“－7”和“－6”的，它们的存取时间分别为 7ns 和 6ns，但它们的时钟频率均为 133MHz。存取时间和时钟频率不一样，越小则越优。在 DDR 内存上也一样，在选购时一定要注意。

3. CL 设置

在实际工作时，无论什么类型的内存，在数据被传输之前，传送方必须花费一定时间去等待传输请求的响应,即传输前传输双方必须进行必要的通信,而这样就会造成传输的一定延迟时间。CL 设置一定程度上反映出该内存在 CPU 接到读取内存数据的指令后,到正式开始读取数据所需的等待时间。不难看出同频率的内存,CL 设置低的更具有速度优势。目前各内存颗粒厂商除了从提高内存时钟频率来提高 DDR 的性能之外,已经考虑通过更进一步地降低 CAS 延迟时间来提高内存性能。不同类型内存的典型 CL 值并不相同,例如目前典型 DDR 的 CL 值为 2.5 或者 2,而大部分 DDRⅡ533 的延迟参数都是 4 或者 5,少量高端 DDRⅡ的 CL 值可以达到 3。

4. ECC 校验

ECC(Error Checking and Correcting)称为错误自动校验与更正,是一种数据校验的技术,可以校验数据是否正确。它用来标识内存是否具有自动纠错功能。内存要具有校验与修复功能,就必须记录更多的信息,因此这类内存除了负责数据的记录之外,还要更多的内存来存储核对与更正所需的信息。所以,具有 ECC 校验功能的内存条上的颗粒(内存芯片)数比一般的要多出一颗,为奇数。目前的 ECC 存储器一般只能纠正一位二进制数的错误。

5. 内存电压

内存正常工作所需要的电压值,不同类型的内存电压也不同,但各自均有自己的规格,超出其规格,容易造成内存损坏。SDRAM 内存一般工作电压在 3.3V 左右,上下浮动额度不超过 0.3V;DDRSDRAM 内存一般工作电压在 2.5V 左右,上下浮动额度不超过 0.2V;而 DDRⅡSDRAM 内存的工作电压一般在 1.8V 左右。具体到每种品牌、每种型号的内存,则要看厂家了,但都会遵循 SDRAM 内存 3.3V、DDRSDRAM 内存 2.5V、DDRⅡSDRAM 内存 1.8V 的基本要求,在允许的范围内浮动。

6. 单面与双面

单面内存与双面内存的区别在于单面内存的内存芯片都在同一面上,而双面内存的内存芯片分布在两面。而单 Bank 与双 Bank 的区别就不同了。Bank 从物理上理解为北桥芯片到内存的通道,通常每个通道为 64 位。

【新的任务】

通过本节的学习,初步了解内存条的基本组成,掌握了内存条的主要种类及性能参数。现在新的任务是:学习并掌握内存条的主流产品及选购。

4.3 内存条的主流产品及选购

任务 3:内存条的主流产品及选购

【任务的提出】

计算机技术总是在不断的进步,内存产品也同样在不断更新换代。如何选择适合自己计算机的内存,是本节所要讨论的内容。

本任务主要包括以下内容:

(1)内存条的颗粒品牌;

(2)内存条的主流产品;

(3)内存条的选购。

4.3.1 内存条的颗粒品牌

内存品牌一般分为模块品牌和颗粒品牌。目前，能够生产内存颗粒的只有 HY、NEC、Samsung、美光等，或是台湾的华邦、力晶等几家大型的企业，市面上的内存条采用的内存颗粒主要有 HY、Samsung、Micron(美光)，或是台湾的 Winbond(华邦)。从目前的情况来看，由于生产工艺相近，这几家厂商生产内存颗粒的品质都差不多。

4.3.2 内存条的主流产品

常见的内存有以下这些：HY(Hyundai 现代电子)，GM(LG－Semicon)，HYB(Siemens 西门子)，MSM(Hitsubishi)，KM 或 M(Samsung 三星)，MB(Fujitsu)，MCM(Motorola)，MT(Micron)，TC 或 TD(Toshiba 东芝)，HM(Hitachi 日立)，uPD(NEC)，TI(德州仪器)，BM(IBM)，MX(Mitsubishi 三凌)。品牌内存在做工、质量、售后服务方面都比较有保障。下面对一些常见的品牌内存做简单介绍，让用户在购买内存时参考。

1. 现代(HYUNDAI)

现代(HYUNDAI)是韩国最大的内存芯片和内存生产厂商之一。HYUNDAI 原厂内存是 HYUNDAI 公司使用自己的颗粒生产的内存。与使用普通的“现代”内存不同，原厂现代内存条的内存颗粒字迹清晰，电阻焊接整齐，使用 6 层 PCB 板，走线整洁，电路板的板基又宽又厚，和三星的原装条有几分相似。如果你细心观察，还发现 PCB 板边印有小排精细的英文“HYUNDAI KOERA”字样。HYUNDAI 原厂内存条做工优良，性能出色，而且兼容性好。而目前市面上的现代内存，主要是一些厂商用了现代内存颗粒贴装而成的普通内存条。

2. 金士顿(Kingston)

金士顿(Kingston)科技是全球最大的内存制造商，产品不只包括内存，还有台式电脑、笔记本电脑、服务器、工作站、激光印刷机、数码影像设备和掌上电脑等。Kingston 内存是 DIY 爱好者最常用的内存，是高性价比、易超频的代名词。

3. 三星(Samsung)

三星是目前全球最大的内存颗粒供应商之一，目前越来越多的品牌内存都采用三星颗粒。三星品牌的内存条有两种，一种是三星原厂生产的普通内存条，在产品的表面贴有三星原厂生产的标识及内存的规格；另一种是“三星金条”，此类内存条从颗粒到底板，到最后加工为成品，完全由三星原厂包办，产品的稳定性与兼容性都得到进一步的保证，在内存条表面贴有“金条”的金色防伪标识。

4. 胜创科技(King Max)

胜创科技自身不生产内存芯片，依靠其他厂商生产的内存芯片来生产内存，但是胜创所制造的内存在性能上往往胜过其他内存厂商。

4.3.3 内存条的选购

同 SDRAM、RDRAM 相比，DDR SDRAM 在价格和技术上具有明显的优势。目前，DDR SDRAM 基本上占据了内存市场的主流地位。因此，本节仅介绍如何选购一款适用的 DDR SDRAM。

1. 内存选购的原则

在购买一款 DDR SDRAM 内存之前，很多读者往往会提出“我要买多大的内存才够用”、“哪种内存速度最快”、“应该买哪种内存”之类的问题。对这些问题，不同的人往往会给出不同的答案，有的人推荐速度最快的内存，有的人则列举不同类型的内存让你自己来选择，很难说有人能够将自己系统的性能达到最优化，并且保持精明的消费观念。

生产内存模块的厂商也有不少，比较熟悉的有现代、胜创、金士顿、三星、Mushkin、金邦、Xtreme DDR 和 Crucial 等厂商。这些厂商用一些数值来标称内存产品的速率，但速率仅代表其产品可以运作的工作频率，必须同时考虑到还有别的因素制约着内存速率。例如，如果使用的是一款明确支持 DDR 2533 内存规范的主板，那么买 DDR 2533 就可以了，买 DDR 2667 内存也不能使内存系统运行得更快。而如果主板支持更高的内存，而用户使用的是较低规格的内存，只有超频系统才能达到更高的频率。然而想要超频内存，就必须提高系统的外频，让 AGP/PCI、CPU 和 DIMM 的运行频率也提高。但要知道超频得冒着损坏电脑部件的风险，也可能导致系统的稳定性和状态的不佳。

如果准备采用双通道内存技术，则必须购买偶数条内存(如 2 条或 4 条)，奇数条内存无法实现双通道；而且这些内存条的技术指标最好完全相同。

系统中内存的数量等于插在主板内存插槽上所有内存条容量的总和，内存容量的上限一般由主板芯片组和内存插槽决定。不同主板芯片组支持的容量不同，多余的部分无法识别。目前多数芯片组可以支持到 2GB 以上的内存，主流的支持到 4GB，更高的可以到 16GB。此外主板内存插槽的数量也会对内存容量造成限制，比如使用 128MB 一条的内存，主板由两个内存插槽，最高可以使用 256MB 内存。因此在选择内存时要考虑主板内存插槽数量，并且可能需要考虑将来有升级的余地。

购买多条内存时，最好选择同样 CL 设置的内存，因为不同速度的内存混插在系统内，系统会以较慢的速度来运行，也就是当 CL2.5 和 CL2 的内存同时插在主机内，系统会自动让两条内存都工作在 CL2.5 状态，造成资源浪费。

2. 判断优劣

在选购内存条时，可以按照以下三种方法判断内存条的质量优劣。

(1)看品牌

和其他产品一样，内存芯片也有品牌的区别，不同品牌的芯片质量自然也是不同的。

(2)看内存颗粒

每一条内存都是由内存颗粒叠加而成的，因此内存颗粒的好坏决定了内存条的主要性能，这一点有点类似于 CPU 核心对 CPU、主板芯片组对主板的重要性。

(3)看 PCB 板

PCB 对内存性能也有很大的影响。决定 PCB 好坏有几个因素。首先是板材，一般来说，如果内存条使用四层板，这样内存条在工作过程中由于信号干扰所产生的杂波就会很大，有时会产生不稳定的现象。而使用六层板设计的内存条相应的干扰就会小得多。当然，并不是所有的东西都是我们的肉眼能观察到的，比如内部布线等只能通过试用才能发觉其好坏，但我们还是能看出一些端倪：比如好的内存条表面有比较强的金属光洁度，色泽也比较均匀，部件焊接也比较整齐划一，没有错位；金手指部分比较光亮，没有发白或者发黑的现象。

【新的任务】

通过本章的学习，了解了内存的分类及相关性能参数，掌握了内存条的基本组成、种类及性能指标，熟悉了主流内存条的品牌及内存条的选购。现在新的任务是：学习并掌握显卡和显示器的基础知识。

习题四

一、填空题

1. 内存是计算机系统存放(　　)与(　　)的半导体存储器单元，通常分为(　　)、和(　　)。我们常说的内存指的是其中的(　　)。

2. 根据技术细节及性能的不同，SDRAM 又可以分为(　　)、(　　)和(　　)三种。

3. 内存的单位用(　　)来表示。

4. SDRAM 内存条与主板的接口线数为(　　)线，DDR SDRAM 内存条与主板的接口线数为(　　)。

5. 内存条上标有"－6"、"－7"、"－8"等字样，表示的是存取速度，用 ns(纳秒)，该数值越小，说明内存速度(　　)。

二、选择题

1. 内存厂商代号 HY 表示的是(　　)。

A. 日立　　B. 东芝　　C. 三星　　D. 现代电子

2. 168 线内存条的数据宽度是(　　)Bit。

A. 8　　B. 16　　C. 32　　D. 64

三、问答题

1. 内存的性能指标是什么？

2. DDRⅡ内存和 DDR 内存最大的区别是什么？

3. 内存的主要技术指标有哪些？

4. 如何选购内存？

5. 内存条上的 SPD 芯片起什么作用？

6. 内存条的性能指标是什么？

第 5 章　显示系统

在上一章学习了内存及内存条的基础知识，知道了内存和内存条的分类、组成及相关性能参数，了解了主流内存条的品牌及内存条的选购。本章将学习计算机的显示系统——显卡和显示器。本章主要介绍显卡的结构、原理、分类及选购；显示器的分类、技术性能及显示器的品牌与选购。

通过本章学习，可以了解显卡的基本构成以及工作原理，也可以了解显卡的分类和接口技术。主要是认识目前的主流显卡是什么，如何进行选购等。还可以了解显示器的相关知识，特别是可以了解到目前主流——液晶显示器的相关知识，并能单独选购一款性价比不错的显示器。

5.1　显　卡

任务 1：显卡的认识

【任务的提出】

显卡虽然谈不上是计算机发展的重要标志，但也是计算机中不可缺少的重要配件。现在的显卡多数都有了二维和三维图形处理和加速功能，它的性能优劣直接影响着图像的输出效果、显示速度以及用户的工作效率，因此显卡在电脑系统中的地位越来越重要。下面我们就来认识一下显卡。

本任务主要包括以下内容：

(1)了解显卡的结构及工作原理；

(2)掌握显卡的性能指标；

(3)熟悉主流显卡的性能特点；

(4)掌握显卡的选购。

5.1.1　显卡的基本工作原理

第一台计算机是采用纸带打点的方法来显示计算机的工作情况。随着电脑的不断发展，多媒体技术不断改进，那些由“0”和“1”组成的枯燥数字信息被转换成了丰富多彩的图文展现在显示屏幕上，这一切应该说都归功于显卡。

现在的显卡大多为图形加速卡，通常所说的加速性能，是指其芯片集能够提供图形函数计算能力，这个芯片集通常也称为加速引擎或图形处理器。芯片集可以通过它们的数据传输宽度来划分，目前多为 64 位或 128 位，而早期的显卡芯片为 32 位或 16 位。拥有更大的带宽可以使芯片在一个时钟周期内处理更多的信息，带来更高的解析度和色深。

图形加速卡拥有自己的图形函数加速器和显存，用来执行图形加速任务，可以大大减少 CPU 所必须处理图形函数的时间。例如要画一个圆，如果让 CPU 去运算，它就要计算需要多少个像素来实现、用什么颜色等。如果图形加速卡芯片存储有画圆函数，CPU 只需要发出让显卡画圆的指令，剩下的工作就由加速卡来进行，这样 CPU 即可执行其他的任务，由此可以大大提高计算机的整体性能。

5.1.2　显卡的基本组成

首先，我们详细地查看一款显卡的基本结构，如图 5－1 所示。显卡上的主要部件包括：显示芯片、RAMDAC、显示内存、BIOS、VGA 插座、特性连接器等等。有的显卡上还有可连接彩电的 TV 端子或 S 端子。较新的显卡上有的还在主芯片上用导热性能很好的硅胶粘上一个散热风扇或散热片。

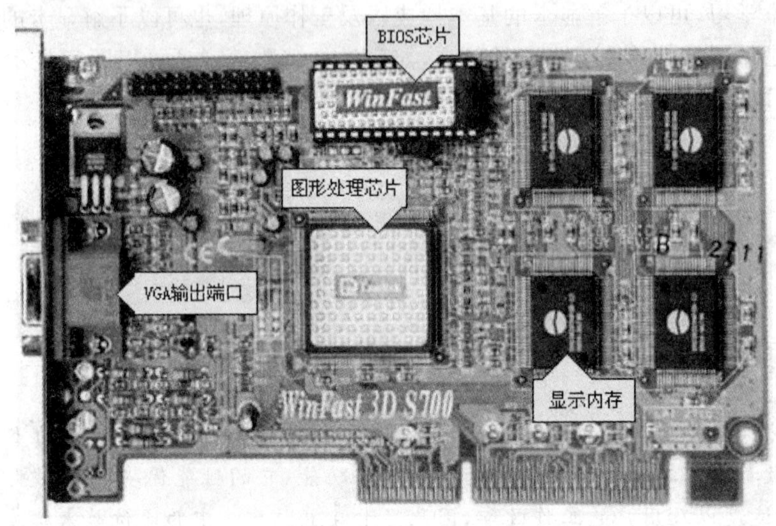

图 5－1　显卡的基本结构

1. 显卡总线结构

显卡要插在主板上才能与主板相互交换数据。与主板连接的接口主要有 ISA、EISA、VESA、PCI、AGP 等几种。

ISA 和 EISA 总线带宽窄、速度慢，VESA 总线扩展能力差，这三种总线已经被市场淘汰。现在常见的是 PCI 和 AGP 接口。ISA 显卡在旧货市场还可以见其踪影，因为它可以在主板 BIOS 刷新时作为一种安全配件；PCI 显卡在教学机或家用中档机中可见；AGP 显卡是现在最流行的显卡，技术从 AGPlX 发展到了 AGP 8X。

 注意	AGP 技术分 AGP lX 和 AGP 2X 和 AGP 4X，其中 4X 的最大理论数据传输率达 1056MB/s。区分 AGP 接口和 PCI 接口很容易，前者的引线上下宽度错开，后者的引线上下一般齐。

PCI 接口是这样一种总线接口，以 1/2 或 1/3 的系统总线频率工作(通常为 33MHz)，如果要在处理图像数据的同时处理其他数据，那么流经 PCI 总线的全部数据就必须分别地进行处理，这样势必存在数据滞留现象。

AGP 接口是为了解决在数据量大时，PCI 总线就显得很紧张问题而设计的，它是一种专用显示接口，具有独占总线的特性，只有图像数据才能通过 AGP 接口。

2. 显示芯片

显示芯片是显卡的心脏，决定该卡的档次和大部分性能，同时也是2D显卡和3D显卡区分的依据。2D显示芯片在处理3D图像和特效时主要依赖CPU的处理能力，被称为“软加速”。如果将三维图像和特效处理功能集中在显示芯片内，也即所谓“硬件加速”功能，就构成了3D显示芯片。如图5－2所示的是一些显示芯片的外观。

图5－2　显示芯片的外观

3. RAMDAC

RAMDAC即是“数模转换器”，它的作用是将显存中的数字信号转换为能够用于显示的模拟信号。RAMDAC的转换速率也以MHz为单位，它决定刷新频率的高低（与显示器的“带宽”意义相近），即决定了在足够显存（全称为显示内存）条件下，显卡最高支持的分辨率和刷新率。如果要在1 024×768的分辨率下达到85Hz的分辨率，则RAMDAC的速率至少是1 024×768×85×1.334（折算系数）÷106＝90MHz。

4. 显存

显存也被称为帧缓存，它实际上是用来存储要处理的图形的数据信息。显示内存用来暂存显示芯片要处理的图形数据，显示内存越大，显卡图形处理速度就越快，在屏幕上出现的像素就越多，图像就更加清晰。如果显示内存的类型不同，其性能也就不同。

我们知道在屏幕上所显示出的每一个像素，都由4至32位数据来控制它的颜色和亮度，加速芯片和CPU对这些数据进行控制，RAMDAC读入这些数据并把它们输出到显示器。如果3D加速卡有一颗很好的芯片，但是板载显存却无法将处理过的数据即时传送，那么就无法得到满意的显示效果。

5. 显卡BIOS

又称“VGA BIOS”，主要存放显示芯片与驱动程序之间的控制程序，另外还存放有显卡型号、规格、生产厂家、出厂时间等信息。打开计算机时，通过显示BIOS内一段控制程序，将这些信息反馈到屏幕上。早期显示BIOS是固化在ROM中的，不可以修改，而现在则采用了大容量的“Flash－BIOS”，可以通过专用的程序进行改写升级。

6. VGA插座

VGA插座，也就是与显示器数据连接的接口，它是一个15孔的插座，外形像大写的“D”。与声卡上的MIDI连接器不同的是，VGA插座的插孔分3排设置，每排5个孔，MIDI

连接器有 9 个孔,2 排设置,比前者长一点,扁一点。VGA 插座是显卡的输出接口,与显示器的 D 形插头相连,用于模拟信号的输出。

7. 显卡输出端口

显卡有带 TV 输出的显卡和标准 VGA 显卡两种接口,图 5-3 中所示的是一款带 TV 输出的显卡。

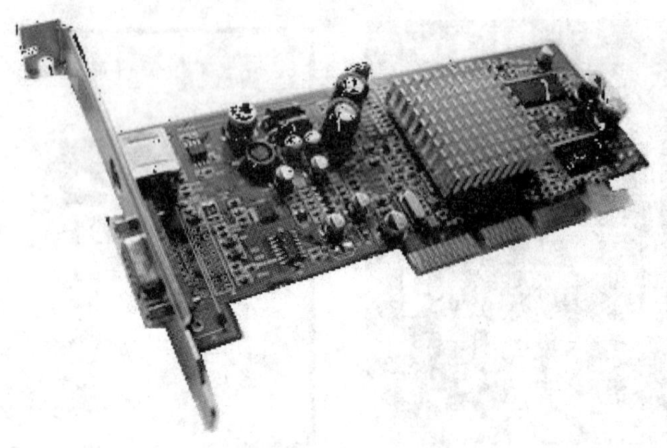

图 5-3 带 TV 输出的显卡

5.1.3 显卡的性能指标

显卡主要的三项性能指标是:分辨率、色深和刷新频率。而在显卡领域,其主导市场大致可分为三类:即普通家庭用户,游戏发烧友和商业用户。下面就来介绍一下显卡的主要性能指标。

1. 显存大小

显示内存与系统内存的功能一样的,只是显存是用来暂时存储显示芯片处理的数据,系统内存是用来暂时存储中央处理器所处理的数据。在屏幕上看到的图像数据都是存放在显示内存里的。显卡达到的分辨率越高,屏幕上显示的像素点就越多,所需的显存也越多。

比如,分辨率为 640×480 时,屏幕上就有 307 200 个像素点。色深为 8 位时每个像素点就可以表达 256(2^8)中颜色的变化。由于电脑采用二进制位,要存储的信息就需要 2457600(307200×8)个二进制位。这就至少需要 300KB 显存容量。

2. 显示分辨率

指显卡能在显示器上描绘点数的最大数量,通常以“横向点数×纵向点数”表示,例如“1 024×768”,这是图形工作者最注重的性能。

3. 色深

色深是指在某一分辨率下,每一个像点可以有多少种色彩来描述,它的单位是“bit”(位)。具体地说,8 位的色深是将所有颜色分为 256(2^8)种,那么,每一个像点就可以取这 256 种颜色中的一种来描述,当把所有颜色简单地分成 256 种实在太少了点。因此,人们就定义了一个“增强色”的概念来描述色深,它是指 16 位($2^{16}=65535$ 色),即通常所说的“64K 色”。当色深为 24 位时,称之为真彩,此时可显示 2^{24}(16777216)颜色。色深位数越高,所能同屏显示的颜色就越多,相应的屏幕所能显示的图像质量就越好。

4. 刷新频率

刷新频率是指图像在屏幕上更新的速度，也即屏幕上的图像每秒钟出现的次数，它的单位是赫兹(Hz)。一般人眼不容易察觉 75 Hz 以上刷新频率带来的闪烁感，因此最好能将显卡刷新频率调到 75 Hz 以上。但并不是所有的显卡都能达到 75 Hz 以上的刷新频率，而且显示器也有关系。一些低端显卡在高分辨率下只能设置为 60Hz。

如果要在1 024×768 分辨率下达到 16 位色深，显存必须存储1 024×768×16＝12 582 912bit 的信息，所以显存至少是 12 582 912÷8÷1 024÷1 024＝1.5MB。由于显存的大小一般是 1MB、2MB、4MB、8MB……的整数倍，因此，必须要有 2MB 显存才能实现上述要求。

注意　上述算法是仅对于 2D 而言的，3D 卡的显存分配较复杂，算法也很复杂，有兴趣的读者可以参看相关文献。

5.1.4 显卡的分类

计算机发展中最有创新意义和挑战意义的产品就是图形产品。图形产品现已得到大规模应用，下面介绍一下当前图形产品的分类情况。

1. 按图形产品分类

图形产品的三大分类：一种是纯二维(2D)产品，另一类是纯三维(3D)产品，第三类是二维＋三维(2D＋3D)产品。

每个厂商都有不同档次的芯片，不能只看商标，还要结合型号来判断，可简单地分：

(1) 2D：8900、9000、9440、9685 等。

(2) 3D 一代：S3 的 Virge 系列、Trident 的 9750、9850 等。

(3)3D 二代：Matrox 的 G100、3Dlabs 的 Permedia2、3Dfx 的 VoodooⅠ(3D 子卡)、nVidia 的 Rival28 及 Rival28ZX、SiS 的 SIS6326、ATI 的 RagePro、Intel 的 i740、S3 的 Trio－3D。

(4)3D 三代：Matrox 的 G200、3Dfx 的 VoodooⅡ(3D 子卡)和 VoodooBanshee、nVidia 的 RivaTNT、ATI 的 Ragel28、Intel 的 i740Plus、S3 的 Savage－3D 等。

(5)3D 四代：有 3Dfx 的 Voodoo Ⅲ、nVidia 的 RivaTNT2、S3 的 Savage4、GF400 等。

2. 按总线接口分类

前面已经说过，主板连接的接口主要有 ISA、EISA、VESA、PCI、AGP 等几种。这里介绍常用的 ISA、PCI、AGP 这三种，现在市面上都是清一色的 AGP 显卡。

5.1.5 主流显卡芯片

目前的高档显卡一般有下面的几个特点：采用 GeForce2 GTS/Pro 及 GeForce3 GPU、名厂生产、采用品质优良的显存、超群的稳定性和超频性能。

1. nVidia 家族

nVidia 的 Riva TNT 无疑是第三代 3D 图形加速卡中最具轰动效应的芯片了。自从 Voodoo 开始盛行以来，nVidia 的 Riva 产品就一直扮演着相当抢眼的角色。

由于 Riva TNT 和主流 API 不能兼容，而且缺少游戏开发商为之提供优化的游戏。因此这种芯片是昙花一现，并未在业界造成什么影响。但此后 nVidia 卧薪尝胆，终于推出了 Rival28。虽然 Rival28 存在一些缺点，但极佳的速度确实在业界造成了巨大的轰动。

此后推出的 TNT2 是第一个正式采用 AGP4X 架构 3D 加速卡，AGP4X 的插座与 AGP 2X 有些微小的差异。不过这对 TNT2 并无影响，因为它的 AGP 4X 形式可以在 AGP2X 的插座上使用。只不过传送的速率只有 AGP 2X 的 528MB/s 频宽而已。在综合以上几项功能后可以看出来 TNT2 的规格相当具有前瞻性。为全面适应市场需求，nVidia 推出了一系列 TNT2。

(1)TNT2 Ultra

TNT2 Ultra 是 TNT2 大家庭中最好的，nVidia 给 TNT2 Ultra 制定的核心频率为 150 MHz，而它的显存频率高达 183MHz。TNT2 芯片上市时，nVidia 制定的标准 MCLK(显存频率)仅为 110MHz，Ultra 是它的 1.67 倍，可以想像到由此带来的性能提高幅度。当然如此之高的频率会使成本大大提高，只要是使用 TNT2 Ultra 的显卡一般都会配置 32 兆显存，而且为了配合 183MHz 的高频，必须使用 5ns 左右的 SDRAM，此种 SDRAM 生产技术仅被 IBM、三星等公司掌握，价格十分昂贵。

TNT2 Ultra 也是一款敢于向专业级 3D 加速芯片提出挑战的产品，ELSA 为它开发了全新的 OpenGL ICD，它把 3DLabs 的 VXl、Perm－edia3 作为竞争对手，“Ultra”可称得上是一个多面手。

(2)正规 TNT2

TNT2 不只比 TNT2 Ultra 少了一个 Ultra，其核心频率和显存频率都有所下降，分别是 125MHz 和 150MHz，不过 nVidia 推荐使用的显存是 167MHz 的 SDRAM，为将来的发展留有余地。TNT2 芯片仍然采用 496 针 PBGA 封装，核心电压比 TNT2 Ultra 的 2.85 V 低 0.25V，发热量有所降低，但加一个风扇仍是必不可少的降温措施。TNT2 的耗电量比 TNT2 Ultra 降低了 3W，对 AGP 插槽的电源功率要求大为减轻，对于 TNT2 Ultra 来说，一定要买一张高档主板来与之配合，而 TNT2 只要有普通的主板就够了。

既然 TNT2 与 TNT2 Ultra 的生产规格如此相似，nVidia 很可能会将 Ultra 芯片中的不良品当作 TNT2 来卖，因此发烧友拿到的一些 TNT2 可以超频当 TNT2 Ultra 用。

(3)TNT2 Model 64

nVidia 为了降低生产成本，提高设备通用性，生产了与前一代芯片 TNT 针脚完全兼容的 320 针 TNT2 Model 64，虽然其内核仍然沿用了一些 TNT2 的技术，例如其核心频率和显存频率仍保持在 125 MHz 和 150MHz，不过它的显存通道只有 64 位，性能必定会有所降低，nVidia 肯定将其定位在中低档层次产品上，因为它推荐使用 7ns(143MHz)和 6ns(167MHz)两种显存。nVidia 原来将 TNT2 分为 TNT2 Ultra、TNT2 Plus 和 TNT2 Pro 三种型号，Model 64 就充当了原来 Pro 的角色，现在大批生产 TNT 显卡的厂家可以在第一时间内转产 Model 64，因此它可能会成为家族中产量最多的产品。

(4)Geforce256

nVidia Geforce256 集成了 T&L 加速功能的 Geforce256 是如今 nVidia 推广的重点。

作为 nVidia 的最新产品，GeForce256 的性能在 TNT2 的基础上大幅提高了。单纯看其像素填充速度和三角形生成率就比后者快了两倍多。显存也从最多 32 MB 提高到了最多 128MB。同样，以前的 AGP 4X 接口、32 位真彩渲染等特色功能也得到继续保持。此外,Geforce256 最大的特点是,它是被作为一个图形处理单元(GPU)来设计的,GPU 是一个单芯片处理器。它有完整的转换、光照、三角形设置和渲染引擎(分别为:Transform、Lighting、Setup、RenderinS)等四种 3D 处理引擎,每秒可以产生最少 10M 个多边形,如同不少游戏机的图像协处理器一样。内置了 GPU 的显卡在工作时,一些以前必须由 CPU 来完成的图形运算工作现在可以由 GeForce256 GPU 芯片独立完成,从而有效地减轻了 CPU 的浮点运算负担,减少了对 CPU 的依赖性。在图形特性方面,Geforce 256 也拥有强大的技术性能,除了支持各种 3D 特效外,还可支持诸如 HDTV(High Resolution TV,高清晰度数码电视)动作补偿、回放缩放等功能。

(5)GeForce2 GTS

nVidia 的声势越来越大,市场充斥着 TNT 家族的产品,nVidia 以 6 个月左右的时间推出新产品,其研发能力正不断提升和完善,最近又宣布推出第二代 GeForce 256 产品——GeForce2 GTS。

nVidia 把 NVl5 命名为 GeForce2 GTS,这是要向世人宣布其拥有 10 亿以上的像素填充率。我们知道 GeForce 256 可以在单一时钟周期里处理 4 个像素,由于默认工作频率为 120MHz,所以能提供 4.8 亿/秒的像素填充率。而 GeForce2GTS 虽然同样在单一时钟周期内处理 4 个像素,但采用了 200MHz 的默认工作频率,因此能提供 8 亿/秒的像素填充率。但是由于单个时钟内每个像素能处理两个纹理贴图(nVidia 将该渲染流水线称为“Hyper Texel Pipeline”),所以总共可以处理 8 个 T 像素(Texel Pixel),GeForce2 GTS 总共能提供 16 亿/秒的 T 像素填充速度。

GeForce2 GTS 是芯片的名称,GTS 是 Giga Textel sharder 的缩写,这意味着 nVidia 也进入了 10 亿像素填充的世界。

(6)GeForce2 MX

GeForce2 MX 是 nVidia 发布的 GeForce 家族最新产品,GeForce2 MX 的开发代号是 NVll 图形芯片。现在 nVidia 将其正式命名为 GeForce 2Mx,其实它也是 GeForce2 GTS 的精简版本,下面就向大家介绍 GeForce2 MX。

GeForce2 MX 技术规格主要有:

① 基于 GeForce2 GTS 图形核心;

② 0.18μm 工艺制造;

③ 双像素处理流水线;

④ 每条像素流水线可在单时钟周期内完成两个纹理像素贴图处理;

⑤ 2 000 万/秒三角形顶点生成率(实际为 667 万/秒三角形生成率);

⑥ 175MHz 核心运行频率;

⑦ 350M/s 像素填充率和 700M/s 纹理像素填充率;

⑧ 4W 耗电量,GeFefce256 为 16W,GeForce2 GTS 为 9W;

⑨ 166MHz 显存运行频率;

⑩ 支持 AGPlX/2X/4X 接口。

性能方面,nVidia 把 GeForee2 MX 设计成 GeForce2 GTS 的精简版本,它的各方面性能指标都几乎是 GeForce2 GTS 的一半。

GeForce2 MX 还带有双输出显示(TwinView)功能,这种功能就类似 Matorx 应用在

G400 图形卡下的 Dual Head 双头显示功能，可以在单块芯片上实现双显示输出，在 GeForce2 MX 芯片内部整合两条 TMDS 通道，可以支持两个数字平板显示屏输出。

(7)GeForce4 MX

作为 nVidia Gefroce4 MX 系列中的主推产品，GF4 MX440 拥有很强劲的性能：光速显存构架Ⅱ技术（LMA Ⅱ）大大节省了显存带宽，能使突发显存带宽提高 300%；Accuview AA(英文全称为 Accuview Anti－Aliasing)是 nVidia 最新的全屏反锯齿技术，是 GeForce3 的 2 倍：nview 显示技术在硬件上已经将 DVI/CRT 双头显示以及 TV－PUT 视频输出等功能都集成到了显示芯片内部；视频处理引擎（VPE)拥有完整顿 MPEG－2 解码器、图像 alpha 混合处理器，提供了业界最高级的视频回放质量。GeForee4 MX 与 GeForce2 MX 相比，无论在功能还是性能方面，都有了质的飞跃，而价格上一直继承着低价传统。也正因为 GeForce4 MX 价格低廉，所以有理由相信，GeForce4 MX 系列显卡一定会在电脑爱好者中流行起来。

GeForce4 MX 技术新特性主要有：

① nview 技术。以前的 GeForce2 MX 也能实现双显示输出，但都是依靠额外的附加芯片来完成的，可现在 GeForce4 MX 已经将 DVI/CRT 双头显示以及 TVOUT 视频输出等功能都集成进了显示芯片内部，所以要实现这类功能都很容易，而且成本很低。几乎所有 GeForce4 MX 显卡都会将视频输出作为标准配置，而稍高档的型号就会具备 DVI/CRT 双显示输出功能了。

这项技术包括硬件和软件两方面，硬件部分在 GeForce4MX 芯片中增加如下功能：双 350MHzRAMDAC，可直接支持双屏显示，而无需其他辅助硬件；双 CRT 流水线，支持两路独立的显示或视频信号；集成视频处理引擎（VPE，VideoProcessingEngine)，可输出高质量的 DVD 影像或视频；双 LVDS 传送器，用于驱动高分辨率的 LCD 液晶显示器；TMSD 传送器，驱动平板显示。

② Accuview 反锯齿。Accuview 反锯齿技术是 nVidia 为实现更真实的 3D 效果而在 GeForce4 Ti 和 GeForce4 MX 系列中采用的一项新技术。大家知道，由于取样不足，在现今各种 3D 游戏及 3D 动画的图像中会出现较明显的锯齿，这种带阶梯锯齿的直线、边缘及不甚理想的纹理均会带来糟糕的 3D 图像效果。而加大取样率会大幅增大硬件负荷，使帧速大大下降，明显降低游戏的可娱性。这也是目前已有的抗锯齿技术存在的通病——无法在提供高画质的同时满足高帧数的要求。为解决这一问题，nVidia 在 GeForce4 图形芯片的强劲性能做保证的前提下，使用 Accuview 反锯齿技术解决这一难题。这种技术可在较高的速度下提供高品质画面，让用户在任何情况下都能将带抗锯齿效果的高分辨率场景作为其默认的显示模式。

③ 完全硬件 MPEG－2 解码。GeForce4 MX 具备全硬件的 MPEG－2 视频解码能力，它除了动态补偿功能外，和 nVidia 以前的产品相比，还具备了 IDCT 运算支持，可以大幅降低进行 MPEG－2 视频解码时的 CPU 占用率。

2. 3dfx 家族

3D 图形加速芯片起始于 3Dfx 的 Voodoo 芯片，Voodoo1 和 3Dfx 公司占据 3D 图形领域的宝座超过了一年，让当时图形领域的大腕 S3 公司和 Matrox 公司大跌眼镜。在第二轮的竞赛中，3Dfx 公司继续领先推出 Voodoo 2。它的设计思想与 Voodoo 1 相同，为普通的

2D卡提供一个通过串联电缆连接的附加3D卡，并且性能更优于Voodoo 1卡。Voodoo 2使用了两个并行的纹理单元和更多的显存，使用者还可以通过SLI模式将两块Voodoo2卡并行使用，提供当时3D领域最好的性能。在那些硬件加速的游戏迷中很流行，使得Voodoo 2获得了另一个成功。

后面推出的Voodoo 3系列尽管达到AGP 4X和每秒填充1000万个三角形、5亿像素的惊人性能，然而在OEM市场上缺少一些关键特性，并不一定能技压群雄。它采用Banshee的2D部分，重新设计了其3D部分。以下是Voodoo 3的一些不尽如人意的地方：

① 不支持32位的真彩色渲染输出，虽然在Voodoo系列开始，Voodoo显卡一直就只能用16位的3D图像渲染输出了，但由于这次的Voodoo 3是第三代显卡，其他的TNT、TNT2、(3400、G200等显卡早就支持32位的3D图像渲染输出了。

② 纹理贴图太小了，目前还是只支持256×256像素。更高分辨率的纹理贴图能使图像画质得到进一步的提升，S3的S3TC纹理压缩就是一个很好的例子，Savage 4在Unreal中的表现相当出众，支持更大的纹理或采用纹理压缩技术是未来显示芯片发展的方向。

③ 不支持AGP纹理调用技术，3dfx首次采用AGP总线技术的显卡是Banshee，实际上，此AGP非彼AGP技术(指TNT等显卡)，3dfx的AGP技术只不过是使用了AGP的宽频带作用，也就是充当高频率的PCI产品，而不支持AGP的纹理调用技术。

④ 显存偏少，Voodoo 3板载16MB显存。然而现在越来越多的游戏采用更大、更复杂的纹理来提升画面质量，Voodoo 3的16MB显存显然是不够的，再加上本身不支持AGP的纹理调用功能，因此Voodoo 3在迅速发展的游戏领域内将很快被市场淘汰。

3. ATI家族

ATI是一家位于加拿大的图形卡生产厂商。以前，ATI生产的显卡主要是提供给IBM、康柏等PC机厂商做OEM产品，其显卡销售量居世界首位。

Rage l28 Fury采用的是Rage l28 GL芯片。其制作工艺精湛，卡上用料讲究，是典型的欧美名厂的产品。卡上采用4块8MB的SECSDRAM显存速度为8ns。这块卡不提供AGP4X接口。DVD回放是这块卡的强项。在使用ATI自行开发的DVD软件时，效果非常好，可以和硬解压相媲美。这块卡还带有视频输出功能，可以将DVD输出到电视上欣赏。这款卡的OpenGL性能很好，在Quake3中画面精美仅次于G400。

Rage Fury MAXX集成了两个Rage l28 Pro芯片，每一块可以使用到32MB显存，每一个芯片的核心频率都是125 MHz，并且每一个时钟周期可以处理两个像素。ATI产品的优势在于3D游戏的画质和DVD回放时的硬件补偿，这两项恰恰都是nVidia等产品所欠缺的。另外目前制约显卡速度的重要因素是显存带宽。RADEON的显存带宽为128bit/s且采用DDR。

4. Matrox家族

与ATI的策略相反，Matrox公司从不将图形芯片卖给其他的显卡厂商，而是自己设计生产图形芯片与显卡。由于Matrox对品质控制非常严格，使得它的图形卡以高昂的价格和卓越的品质享誉全球。G450采用了0.18μm的制造工艺，性能保持在G400同一条水平线上，但其价格比G400更便宜。

5. 承启公司新品介绍

承启公司推出一款采用当今炙手可热支持AGP8X显示芯片的Xabra 400显卡，如图

5-4所示。

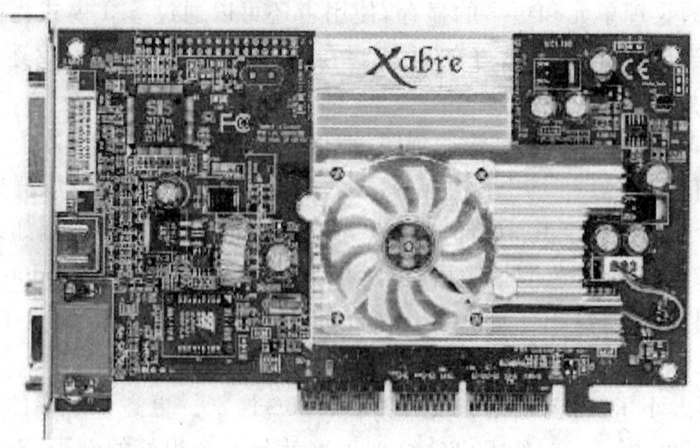

图 5-4 支持 AGPSX 显示芯片的 Xabra 400 显卡

下面我们来看看承启 A-S440 显卡的规格：

① 6 层 PCB 设计；

② 64/128MB128 位高速 DDR 显存；

③ 内核工作频率 250MHz；

④ 显存工作频率 250MHz；

⑤ TV-OUT 视频输出端子；

⑥ DVI 数字视频输出端子。

另外，考虑到视频带宽的提升，所带来的硬件支持问题，承启科技同步推出了采用 VIA KT400 芯片组的 7VJS 主板。玩家可以借助 AGP 8X 的支持，驰骋在虚拟 3D 世界中。

5.1.6 显卡选购

选购显卡时，显存是显卡成本的一个重要环节，也是决定速度和频率的重要因素。

首先，显存的质量和品牌很重要。作为高速显存，从 3ns 到 6ns 其实是一样的，同一条流水线出来，品质好的就打成 3ns，差的打成 6ns。显存的品牌很重要，比较好的是三星、现代等，它们的 6ns 的超频能力要比某些品牌的 5ns 好很多。

其次，就是要看显卡的选料。

(1)PCB 板。看到显卡的时候，第一眼当然就要看 PCB(电路板)，区分 PCB 的好坏，首先从颜色上就能够看出来，墨绿色的是比较好的，那些质量不佳的显卡往往使用的是那种绿得很不自然的或者颜色怪异的 PCB(技嘉和 ELSA 除外)，这些很可能都是廉价的淘汰型 PCB。同时 PCB 还分为 4 层板和 6 层板，6 层板会有更好的电气性以及抗电磁的能力，同时更方便显卡的布线。

(2)金手指插槽。显卡的金手指位置也很重要，一个质量差的显卡，金手指容易脱落，好的金手指部分颜色呈金色发暗，侧面看具有一定厚度，而且边缘进行了打磨或者切割，不会对 APG 插槽造成损伤，插在 AGP 槽上，应该可以让显卡拉起整个主板来，这样的金手指才能够保证显卡更长的寿命。

(3)电容的使用。钽电容(也经常称为贴片电容)是电容中最好的，它大多会出现在同样使用最好PCB的欧美以及台湾地区的高品质显卡上。一方面最大程度地保证了显卡工作的稳定性，具有最好的耐高温能力，显卡各方面品质都会很好；另一方面，使得显卡的布局更加规范和合理。但使用它的显卡往往都比较贵。铝电容比钽电容低一个档次，但是也很不错，许多大规模的OEM厂商喜欢使用，成本相对低一些，但也能够提供很好的品质；电解电容则是最差的电容，稳定性和其他方面都相对很差，成本只有钽电容的1/10左右；最明显的就是，使用滤波电容的显卡，在高分辨率的大屏幕1 280～1 024以上的高分辨率下画面很明显地出现模糊等现象，同时也很难保证显卡以更高的频率稳定工作。

最后，显存性能及售后服务也很重要。显存主要包括其工作频率及容量两方面。显存的工作频率越高就意味着可提供更大的数据带宽，从而获得更好的性能。对一般用户来说，容量为64MB、128MB的显存已完全够用了，而对那些专业运行大型3D软件的用户来说，大容量显存就显得特别重要了。除此之外，选购时还要考虑与显示器搭配问题、是否带DVI(数字视频输入接口)和风扇等。

【新的任务】

通过本节的学习，初步了解显卡的基本组成，掌握了显卡的性能参数，熟悉了显卡的主流产品及选购。现在新的任务是：学习并掌握显示器的种类、性能及选购。

5.2 显示器

任务2：显示器的基础知识

【任务的提出】

显示效果的好坏，不仅取决于显卡，还要看显示器的性能。一台合适的显示器，不仅可提高显示效果和工作效率，另外对人体健康也有很大影响。下面我们就来认识一下显示器。

本任务主要包括以下内容：

(1)了解显示器的分类；

(2)掌握显示器的性能指标；

(3)掌握显示器的主流产品及选购。

5.2.1 显示器分类

到目前为止显示器的概念还没有统一的说法，但对其认识却大都相同，顾名思义它应该是将一定的电子文件通过特定的传输设备显示到屏幕上再反射到人眼的一种显示工具。从广义上讲，街头随处可见的大屏幕，电视机的荧光屏、手机、快译通等的显示屏都算是显示器的范畴，一般指与电脑主机相连的显示设备。

目前，市面上常见的显示器，主要有阴极射线管(CRT)显示器(如图5-5所示)和液晶显示器(LCD)(如图5-6所示)，还有新出现的等离子体(PDP)显示器等等。一般的台式电脑都选择彩色CRT显示器，CRT显示器仍将在今后一段时间里占据市场主体。

图 5-5 CRT 显示器

图 5-6 LCD 显示器

1. 按显像管分类

CRT 显示器的种类按照显像管类型大致可以分为球面、平面直角、柱面、纯平面等。

(1)球面屏幕

球面屏幕可以说是目前技术应用最成熟、使用范围最广泛的显像管。但这种显像管的缺点也很明显，就是随着观察角度的改变，球面屏幕上的图像会发生歪斜，而且非常容易引起外部光线的反射，降低对比度。但这种显像管的优势就在于价格便宜。不过由于受到平面显示器的冲击，现在采用这种屏幕的显示器已经很少了。

(2)柱面屏幕

SONY 公司的 Trinitron(特丽珑)显像管是目前典型的柱面屏幕显像管，这类显像管的特点是从水平方向看呈曲线状，而在垂直方向则为平面。它采用了条形荫罩板和带状荧屏技术，透光性好、亮度高、色彩鲜明，适合对色彩表现要求高的场合，如平面设计。但该种显像管的缺点是条栅状光栅抗冲击性能较差，不适合严格的工业场合使用。

另外一种可以与 Trinitron 相提并论的柱面显示技术就三菱(Mitsubishi)公司的 Diamondtron(钻石珑)。Diamondtron 显像管是采用高稠密间隙格栅(AG)以及新型三枪三束电子枪结构，可以获得与 Trinitron 相近的显示效果，三菱公司采用了 4 倍动态聚焦电子枪，通过 4 组透镜对电子束进行矫正，动态光束控制电路使屏幕四周的聚焦准确清晰。并且，三菱还针对地磁场采取了高技术的措施，抑制了画面色彩不均匀和失真的现象。

(3)平面直角屏幕(FST)

平面直角屏幕(FST)显像管由于采用了扩张型技术，使传统的球面管在水平和垂直方向向外扩张，也就是常说的平面直角显像管。相对于球面显像管来说，这种显像管比传统的球面显像管看上去要平坦很多，同时在防止光线的反射和眩光方面也有了不少改进，加上比较低廉的价格，使其在 15″以上的显示器中得到了广泛的应用。

(4)纯平面屏幕(IFT)

从 1998 年开始，许多公司都陆续推出了真正意义上的平面显示器，这种显像管在水平和垂直两个方向上真正做到了平面。因为越平的屏幕，人眼观看屏幕的聚焦范围就越大，图像看起来也就更逼真和舒服。但由于这种显像管的成本比较高，所以采用这种显像管的显示器在价格上比同尺寸的其他显示器高一些。

2. 按显示管分类

分为传统的显示器，也就是采用电子枪产生图像的 CRT(Cathode Ray Tube，阴极显示管)显示器和液晶显示器 LCD(Liquid Crystal Display)。

3. 按显示色彩分类

分为单色显示器和彩色显示器；单色显示器已经成为历史。

4. 按显示屏幕大小分类

以英寸为单位(1 英寸＝25.4mm)，通常有 14 寸、15 寸、17 寸和 20 寸，或者更大。

在 VGA 显示器出现之前，曾有过 CGA、EGA 等类型的显示器，它们采用数字系统，显示的颜色种类很有限，分辨率也较低。

现在普遍使用 SVGA 显示器，采用模拟系统，分辨率和显示的颜色种类大大提高。

5.2.2　CRT 显示器的技术指标

1. CRT 显示器性能指标

作为显示设备来讲，我们总是向往更大、更清晰、色彩更鲜艳的显示效果。在影响健康的三要素中，最重要的无疑是显示器了，因为您的眼睛直接看着它。

下面我们先来看看 CRT 显示器的主要性能指标。

(1)显像管尺寸

显像管尺寸是指显像管对角线的长度，以英寸为单位，1 英寸等于 25.4mm。显像管的尺寸决定了显示器的尺寸，也代表着不同的价格水平，前两年由于 15″的平面直角显示器技术日趋完善，成为性能价格比最高的显示器，现在已经是 17″纯平显示器的天下。15″显示器屏幕大小与一张 A4 打印纸大小非常接近。

(2)屏幕可视区域

平常说的 17 寸、15 寸是指显像管的尺寸，而实际可视区域(显示器有效显示范围)还到不了这个尺寸。14 寸的显示器可视范围往往只有 12 寸，15 寸显示器的可视范围在 13.8 寸左右。17 寸显示器的可视区域大多在 15.5～16 寸之间。一般来讲，可视区域尺寸更有实际意义。

(3)分辨率

分辨率是定义显示器画面解析度的标准，由每帧画面的像素数决定，以水平显示的像素个数×水平扫描线数表示。如1 024×768 指每帧图像由水平1 024个像素，垂直 768 条扫描线组成。任何图像和字符都是由横竖两个方向上的点组成，每个方向上的点越多，显示的图像精度就越高，同样分辨率的图像所占的屏幕空间就越小。由于人眼距显示器的距离很近，所以对分辨率的要求就比较高。当然，显示器所支持的分辨率越高就越好，但由于日常使用中所做的事情不同，如游戏和文字编辑，对分辨率大小的要求可能不尽相同，游戏中使用 1 024×768 的分辨率可获得更好的视野，文字编辑中使用 800×600 使字能够大些，而在购买时，我们可以要求 15″的显示器能够达到1 280×1 024这一分辨率来观察它的效果，因为在更高分辨率下更容易看出显示效果的差别。

(4)点距

点距是指相邻两个同颜色的磷光粉像素间的距离(由于显像管的显像原理产生了变化，所以对点距的定义也不尽相同)。点距越小，显示图形越清晰、细腻，分辨率和图像质量也就越高。屏幕越大，点距对视觉效果影响也越大。

因为目前市场上的显像管有荫罩式和荫栅式两种类型，所以在谈到这个问题时也要将其分为点距和栅距两概念。

① 点距是指荫罩式显示器荧光屏上两个相邻的相同颜色荧光点之间的对角线距离。

② 栅距则是指荫栅式显示器平行的光栅之间的距离，在显示屏幕大小一定的前提下，点距越小则屏幕上的像素排列越紧密，图像也就更加清晰细腻。目前，大屏幕显示器一般采用 0.27mm、0.26mm、0.25mm 及 0.24mm 的栅距。

(5)逐行显示

早先的显示器采用的是隔行(Interlace)显示，而现在都已采用逐行显示。逐行显示是顺序显示每一行，在相同的刷新频率下，隔行显示的图像会比逐行显示闪烁和抖动得更为厉害。

(6)刷新频率

刷新频率即屏幕刷新的速度，即每秒钟屏幕刷新的次数。刷新频率越低，图像闪烁和抖动的就越厉害，眼睛疲劳得就越快。采用 70Hz 以上的刷新频率时才能基本消除闪烁感。显示器所支持的最高刷新频率能够代表显示器的技术水平，但是刷新频率这一指标是和分辨率结合在一起的，如一台显示器在1 024×768 的分辨率下可能达到 150Hz，而在1 280×1 024分辨率下只能支持 100Hz 的刷新频率，多数显示器的参数说明中并未具体提到不同分辨率下的最高刷新频率。但是，所提供的最高刷新频率越高，显示器就越好。在新的显示器无闪烁标准下，刷新频率必须达到 85Hz，才能减少显示器对眼睛的伤害，这一点对用户非常重要，无法达到 85Hz 的分辨率是没有意义的。

(7)带宽

带宽决定着一台显示器可以传送信号的能力，就是指电路工作的频率范围。显示器工作频率范围在电路设计时就已确定了，主要由高频放大部分元件的特性决定，但高频电路的设计相对困难，成本升高且会产生辐射。高频处理能力越好，带宽能处理的频率越高，显示器显示控制能力越强，显示效果越好。而每种分辨率都对应着一个最小可接受的带宽。但如果带宽小于该分辨率的可接受数值，显示出来的图像会因损失和失真而模糊不清。带宽(工作频率)和分辨率、刷新频率之间大致有如下关系：工作频率＝水平像素(行数)×垂直像素(列数)×刷新频率×1.4。带宽是显示器非常重要的一个综合性能参数，能够决定显示器性能的好坏。例如 LG 推出的两款 17 英寸未来窗显示器，二者的主要区别就是带宽相差近一半，这样分辨率和刷新频率等指标都有差别。

(8)行频和场频

行频指水平扫描频率(Horizontal Scan Frequency)，表示显像管 1 秒钟内扫描水平线的次数，单位是 kHz，一般在 50～90 左右；场频指垂直扫描速度(Vertical Scan Rate)，也就是刷新频率，单位是 Hz，一般在 60～100 左右。这两者都是越高越快越好。

(9)数控调节

显示器的调节方式已从模拟控制转为数控调节。数码式调节与模拟式调节相比，对图像的控制更加精确，操作更加简便，界面也友好得多。另外可以让用户存储多个应用程序的屏幕参数也是十分体贴用户的设计。因此它已经取代了模拟式调节而成为调节方式的主流。数码式调节按调节界面分主要有 3 种：普通数码式、屏幕菜单式和飞梭单键式。各有特色，用户可根据自己的喜好来选择。

（10）认证

在选购显示器时，消费者对辐射、节能、环保、画面品质等方面的要求越来越高，产品是否具有某种认证标志成为人们考虑的重要因素之一。权威机构对电子产品或电器的安全性、电磁辐射、环保和节能等指标的检测。常见的认证有UL（安全性）、FCC（电磁干扰）、TCO－95/99（低辐射）、TUV/EMC（电磁兼容）和Energy Star（能源之星）等。电器所通过的认证通常在其铭牌上都会有标示。一般电脑用户对显示器的安全认证不够重视，给了一些厂家以可乘之机。图5－7是TCO95和TCO99的认证标志。

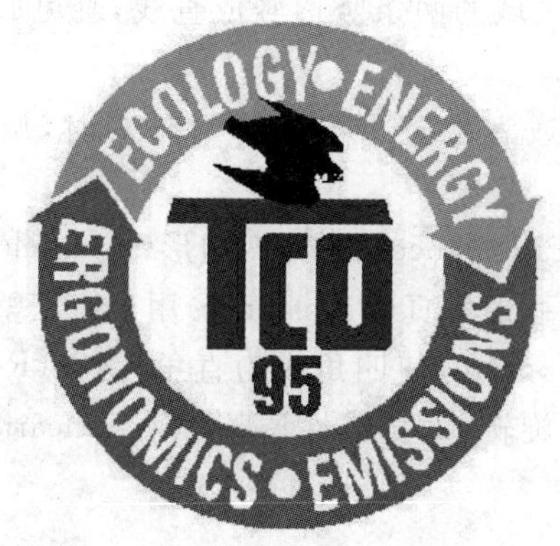

图5－7　TCO认证标志

目前，显示器市场上比较权威的认证标志是TCO系列认证标志。TCO代表"瑞典专业职业联盟"，他们制定的认证标准被广泛地应用在显示器等计算机外部设备上。TCO比早期的MPR标准更为严格，涉及的范围也更广，包括环境保护、生物工程和能源消耗等多个方面。

TCO92致力于降低电磁辐射、自动电源关闭、耗电量、防火及用电安全。通过TCO92的显示器必须提供耗电量、并能使用户清楚了解如何使用有关的省电功能，此外还必须符合欧洲防火及用电安全标准。

TCO95公布于1995年，规定范围相当广泛，包括环境保护、电磁辐射、能量消耗、人体工程学（符合ISO9241标准）、方便使用、防火和电力特性的相关规定。目前获得TCO95认证的显示器已有1 000多种型号。但是在TCO系列标志中，对显示器提出的要求最高的是TCO99，它要求让用户感到最大程度的舒适度，同时尽可能保护环境。

TCO99是TCO系列最高级别的认证，TCO99涉及环境、人体生态学、废物的回收利用、电磁辐射、节能以及安全等多个领域。

2. 显示器调节属性

所有的显示器都可以进行调节来满足不同使用者对效果的需要。如今市场上绝大多数显示器都采用了数字调节方式，使得显示器的可调性大大超过模拟调节方式，主要优点有：

① 调整时对可调范围数字化，容易控制；

② 具备了许多模拟调节所不具备的调节功能，可调参数多；

③ 可以记忆几套不同的设置，例如在800×600和1 024×768两种分辨率下，采用各自的设置来使效果达到最好。但是要想达到理想的显示效果，调节过程较模拟调节要复杂许

多,但是可以在第一次调整好后就可以一直使用了。

下面就介绍一下显示器需要调节的属性:

① 亮度(Brightness)和对比度(Contrast)。这两项属性的调节简单却频繁,在不同环境光线下,可能需要经常调节。

② 水平和垂直位置。进行水平方向和竖直方向的调节,使显示区域接近屏幕中央。

③ 水平和垂直尺寸。对显示区域水平和竖直方向的长度进行调节,以中央为对称轴向两边伸缩,在平面直角显示其中,可以调节将显示区域扩充到整个屏幕。

④ 枕形失真(Pincushion)。该项调节使可视区域的两条竖边竖成直线,避免形成向内或向外的失真。

⑤ 梯形(Trapezoid)。当屏幕出现上窄下宽或者上宽下窄的梯形外观时,调节上下等宽。

⑥ 几何调整(Geometry)。主要有弓形失真(Pinbalance)、平行四边形(Parallelogram)、旋转(Rotation)和垂直线性调整(V－Linearity)。弓形失真(Pinbalance)用于修正整个画面向左或向右弯曲的失真现象;平行四边形(Parallelogram)使四角成为直角;旋转(Rotation)屏幕显示画面角度不正,如左高右低,则可以调整旋转;垂直线性调整(V－Linearity)用于调整屏幕像素显示的纵向均匀度。

⑦ 色温调节。

⑧ 图像模糊。

⑨ 消磁。

3. 纯平显像管技术的分类

目前,市面上流行的主要纯平显像管分日、韩、欧美三大派系。韩系的纯平显像管技术则依然主要掌握在三星、LG 等老牌厂商手中,三星的 IFT 丹娜显像管 Dynanat 和 LG 基于完全平面技术的显像管 Flatron 都是面向主流市场的高档显像管。日系纯平显像管主要以高端的 SONY 特丽珑、三菱钻石珑最为流行,NEC、Panasonic、Hitachi 和 Toshiba 等厂家也都有自己的纯平显像管。至于欧美品牌的显像管,基本上还游离于市场主流之外,但是 Philips 等厂商都有自己的显像管技术。

(1)三星丹娜

三星 IFT 丹娜(Dynaflat)以其出色性能和相对低廉的价格,向有"平易近人"的感觉。所谓 IFT(1nfinite Flat Tube)是真正平面显像管的意思。

三星公司在其部分高瑞显像管中采用了名为 SAF 的动态电子枪,配合压缩荫罩减少了显示影像的抖动,实现了 0.20mm 的水平点距。另外,三星 Dyna Flat 显像管使用了 SMART 新型涂层。该涂层采用了一种特有的"超级磷光涂层"技术,在荧光屏的表面涂敷超细颜料,只让纯色光线通过,从而在不影响亮度的前提下,提高了图像对比度,改善了画质。

丹娜管同样也有缺陷,由于它的内曲结构造成了从不同的角度看时画面稍有变形的现象。除 SAMSUNG 自己外,目前采用丹娜管的纯平显示器品牌主要还有 EMC 等品牌。

(2)LG"完全平面"

与三星丹娜显像管不同,LG"未来窗"系列显示器采用的显像管在管内、外部都做成了完全的平面。基于完全平面的 LG 显像管采用了创新的拉伸式沟状荫罩,使点距达到目前最高的 0.24mm。"沟状荫罩"金属板呈沟状小孔布局,罩孔较大,罩板极薄,使得采用这种显像管的平面显示器所显示的图像精确，亮度、对比度和色纯度较高，而且沟状荫罩的沟结构进一步提高了显示器的分辨率，缩小了显示器的点距，亮度对比度和色饱和度比传统的圆孔式荫罩的效果也有所改善。拉伸式荫罩减少了荫罩内部热变形所引起的偏色，超薄的荫罩板减少了错位电子束的数量，同时大大减少了由于光散射造成的色纯度下降，其显示色彩变得更加绚丽多彩。但是，由于拉伸式沟状荫罩在透光度方面尚有欠缺，“未来窗”显像管的色彩表现力等性能略逊于FD特丽珑和钻石珑等高端显像管。另外，LG在屏幕的内外表面部涂有防反射涂层，以防止光的二次反射。并且LG采用了黑底屏技术，减少背板的亮度，对比度有所提高。

(3)SONY纯平特丽珑

SONY的FD特丽珑(FD Trinitron)采用的是荫栅式技术，超细微的0.24mmAG栅距(21寸为0.22mm)，点距比普通显示器要小得多。光栅技术通过把平行的垂直铁线阵形装在一个框里，消除了纵向的点距，使得电子通透率高、亮度高、色彩丰富饱满、失真现象少，已经成为FD特丽珑最受关注的技术优势之一。但是，FD特丽珑的最大缺点也在于此。由于只在垂直方向固定铁线而水平方向没有，为了避免画面变形，需要保留两根水平的阻尼线固定栅距位置，因此在屏幕上会发现两根细细的暗线。

另外，在电子枪方面，FD特丽珑采用了MALSY(多重散光聚焦系统)、EFEAL(可扩展扫描椭圆孔镜头)和L—SAGIC(低电压光圈阴极管)等技术。

MALS增加了DQL(动态四极镜)的数目，以改善电子枪的会聚效果。它还能自动调节光点的大小，把屏幕角落的光点由椭圆变成圆形并放大，令光点准确投射到屏幕上的各个位置。这类DFL(动态聚焦)可以避免电子束射击磷光粉时，因距离误差而产生的聚焦不准，对于解决边角的色彩模糊问题有特效。但是价格太昂贵。

(4)三菱钻石珑

同SONY的FD特丽珑一样，三菱的钻石珑(Diamondtron)也采用荫栅式显像管。不过，索尼FD特丽珑显像管采用垂直栅条加单枪三束电子枪结构，而三菱采用的是垂直栅条加新型的三枪三束电子枪结构，三菱把这种结构称为钻石珑(Diamondtron)。三菱把它的垂直栅条结构称做高稠密间隙格栅(AG)。由于采用了这种栅状荫罩，消除了垂直部分的阻挡，增加了电子流通量，同时纵方向的透光度得到了提高，因此明亮度和颜色饱和度比其他显像管要好。此外，这种垂直栅条结构的栅状荫罩的碍光率较小，长时间使用不会膨胀或变形，避免发生颜色突变或亮度降低的情况，另外，钻石珑采用新型的三枪三束电子枪结构，配以NX－DBF四倍动态会聚电子枪，通过4组电子透镜对电子束进行矫正。钻石珑的动态光束控制电路，使屏幕四周的聚焦准确清晰，克服了边角与中心聚焦不一致的缺陷，而新型的MSB偏转线圈则改善了结构的紧凑性，减小了显示器的厚度。目前市场有相当多的中高端纯平显示器采用三菱钻石珑，比如EMC、Philips等。

5.2.3　液晶显示器的技术指标

自从1968年，世界上第一台液晶平面显示器在美国RCA公司诞生以来，在众多厂商的大力开发推动下快速地发展，可是由于其高昂的价格使得LCD与大众消费之间蒙上了一层神秘的面纱，被冠以贵族化产品的称号。时至今日，价格的降低，液晶显示器产品也走进了平常百姓家。

1. 液晶显示器的简介与优点

液晶显示器(Liquid Crystal Display)利用了液晶这一物态所具备的独特物理性质。可以把液晶理解为一种介于固态和液态之间的,具有规则性分子排列的有机化合物。如果把它加热,会呈现透明状的液体状态,把它冷却则会出现结晶颗粒的混浊固体状态。物理学上称之为液晶(Liquid Crystal)。液晶已被应用到电子表、计算器等小型电子产品中,相信大家都比较熟悉,液晶显示器相比之下只是结构上更复杂。

CRT 显示器历经多年的发展已经越来越成熟了,显示质量越来越好,大屏幕也正成为主流。但 CRT 固有的物理结构限制了它向更广的显示领域发展,不可避免地也使显示器的体积加大,功耗增加。此外,CRT 显示器带来的电磁辐射,也是它的弱点之一。很多因素最终会限制 CRT 进一步发展,人们已经提前开始寻找新的显示媒体,液晶显示器应运而生。1971 年,成型的液晶显示器出现了,尽管仍然是单色的、十分简单的显示工具,但仍在某些领域得到了推广应用。到了 20 世纪 80 年代初,已开始被应用到计算机产品上。如今,液晶显示器的技术日渐成熟,它的应用已从笔记本电脑转移到台式机上,成为新的热点。

液晶显示器的原理是利用液晶的物理特性,通电时导通,排列变得有秩序,使光线容易通过;不通电时排列混乱,阻止光线通过。通过和不通过的组合就可以在屏幕上显示出图像来。由于 LCD 本身的工作原理,也就决定了液晶显示具有厚度薄、适于大规模集成电路直接驱动、易于实现全彩色显示的特点,目前已经被广泛地应用在便携式电脑、数码摄(录)像机、PDA 移动通信工具等众多领域。

与传统的显示技术相比,液晶显示器(LCD)具有下面的优越性:

(1)辐射小、环保、节能

LCD 显示器不使用电子枪轰击方式成像,因此它完全没有辐射危害,对人体安全;同时 LCD 显示器不闪烁、颜色失真近乎于零;而且 LCD 显示器还有着工作电压低、功耗小、重量轻、体积小等等优点,而这些优点都是 CRT 显示器所无法实现的。

(2)产品结构与体积

一般而言,LCD 显示器的深度(不论尺寸)多控制在 20cm 以内。而 CRT 显示器的尺寸越大,体积越大。传统显示器由于使用 CRT,必须通过电子枪发射电子束到屏幕,因而显像管的管颈不能做得很短,当屏幕增加时也必然增大整个显示器的体积。

TFT 液晶显示器通过显示屏上的电极控制液晶分子状态来达到显示目的,即使屏幕加大,它的体积也不会成正比的增加,而且在重量上比相同显示面积的传统显示器要轻得多。同时 TFT 液晶显示器由于功耗只在于电极和驱动 IC 上,因而耗电量比传统显示器小得多。

(3)辐射和电磁波干扰

传统显示器由于采用电子枪发射电子束,在打到屏幕上会产生辐射源,尽管现有产品在技术上已有了很大提高,把辐射损害不断降低,但仍然是无法根治的。

在这一点上,TFT 液晶显示器具有先天的优势,它根本没有辐射可言。至于电磁波的干扰,TFT 液晶显示器只有来自驱动电路的少量电磁波,只要将外壳严格密封即可排除电磁波外泄。而传统显示器为了更好地散热,将外壳钻上了散热孔,虽然达到了散热效果,但是却不可避免地受到了电磁波干扰。

(4)平面直角和分辨率

传统显示器一直在使用球面管,尽管现有技术和发展逐渐在向平面直角的产品过渡,但发展仍不尽如人意。而TFT液晶显示器一开始就使用纯平面的玻璃板，其平面直角的显示效果比传统显示器看起来好得多。在分辨率上，TFT液晶显示器理论上可提供更高的分辨率，但实际显示效果却差得多。但传统显示器在显卡的支持下，可以达到更好的显示效果。

(5)显示品质

传统显示器的显示屏幕采用荧光粉，通过电子束打击荧光粉而显示图像，因而显示的明亮度比液晶的透光式显示更为明亮，在可视角度上也比TFT液晶显示器要好得多。而在显示反应速度上，传统显示器由于技术上的优势，反应速度很好。同样，TFT液晶显示器因其特有的显示特性，反应速度也很不错。

2. 液晶显示器的分类

(1)按应用范围分类

就使用范围分，液晶显示器分为两种：

① 笔记本电脑中的液晶显示器。Notebook LCD是目前我国最为常见的液晶显示器产品，它与笔记本电脑的其他部分连为一体，以轻便和小巧给其使用者带来了很多方便，如图5-8所示。

② 桌面计算机(Desktop)液晶显示器。Desktop LCD是CRT传统显示器的替代产品，如图5-9所示是一款桌上型液晶显示器。

图5-8　笔记本电脑中的液晶显示器

图5-9　桌上型液晶显示器

(2)按物理结构分类

液晶按照分子结构排列的不同分为三种：类似粘土状的Smectic液晶、类似细火柴棒的Nematic液晶和类似胆固醇状的Cholestic液晶。这三种液晶的物理特性都不尽相同，用于液晶显示器的是第二类的Nematic液晶，采用此类液晶制造的液晶显示器也就称为LCD(Liquid Crystal Display)。

常见的液晶显示器按物理结构还可分为TN－LCD(扭曲向列LCD)、STN－LCD(超扭曲向列LCD)、DSTN－LCD(双层超扭曲向列LCD)和TFT－LCD(薄膜晶体管LCD)四种。

其中TN－LCD、STN－LCD和DSTN－LCD三种基本的显示原理都相同，只是液晶分子的扭曲角度不同而已。STN－LCD的液晶分子扭曲角度为180°甚至270°。而TFT－

LCD 则采用与 TN 系列 LCD 截然不同的显示方式。

TFT－LCD 是现在最为常用的类型。TFT 是指液晶显示器上的每一液晶像素点都由集成在其后的薄膜晶体管来驱动。TFT 液晶显示器具有屏幕反应速度快，对比度好、亮度高，可视角度大，色彩丰富等特点，比其他三种类型更具优势。同时还克服了 DSTN 液晶显示器固有的一些弱点，确实可以算是当前液晶显示器的主流设备。

3. 液晶显示器的性能参数

液晶显示器的性能参数主要有以下几个：

(1)可视角度

LCD 的可视角度左右对称，而上下则不一定对称。一般情况是上下角度小于或等于左右角度。不过可以肯定的是：可视角愈大愈好。若可视角为左右 80°，表示在始于屏幕法线 80°的位置时可以清晰地看见屏幕图像。但由于人的视力范围不同，需以对比度为准。

(2)亮度

TFT 液晶显示器的可接受亮度为 150 cd/m^2 以上，目前国内能见到的 TFT 液晶显示器亮度基本在 200 cd/m^2 左右。液晶显示器的亮度略低，会觉得发暗；而稍亮一些，就会好很多。

(3)响应时间

响应时间反应了液晶显示器各像素点对输入信号反应的速度，此值愈小愈好。响应时间越小，运动画面才不会使用户有尾影拖拽的感觉。

(4)显示色素

几乎所有 15 英寸 LCD 都只能显示高彩(256K)，因此许多厂商使用了所谓的 FRC (Frame Rate Control，帧速率控制)技术以仿真的方式来表现出全彩的画面。当然，此全彩画面还必须依赖显卡的显存，并非是显卡可支持 16×16 色全彩，才能使 LCD 显示出全彩。

注意　除此之外，对比度、点距、分辨率、坏像素、可视面积等也是液晶显示器的主要性能指标。

5.2.4　显示器主流产品及选购

显示器的品牌很多，著名的品牌有三星、美格、SONY、LG 等，他们不但质量高、品质好、售后服务也有保证。而且他们都有全系列尺寸和类型的显示器以适合不同类型的用户。另外，他们都在积极开发自己的液晶显示器，以便在新一轮的显示器革命中立于不败之地。

1. CRT 显示器产品

(1)三星(SAMSUNG)显示器

说起显示器的厂商，最具知名度的应属三星公司。作为世界上显示器垂直制造能力最强的厂家，SAMSUNG 能生产包括显像管、显示器控制电路芯片、玻璃外壳等显示器制造所需的各种配件，而借助强大的宣传攻势、良好的品牌形象、卓越的性能特色和合理的市场定位，成为世界显示器市场的产、销冠军。在国内市场上，SAMSUNG 产品价格确实适应中国消费者的需要，于是成为不少消费者的首选品牌。

SAMSUNG 拥有全系列尺寸和类型的显示器产品。根据市场需求，其显示器分为家用和小型办公用(SOHO)、商业办公用(Business)、专业用(Professional),即S、B、P三类。其中的400B、500S、500B、500P、700S、700B、700P、1000S、1000P已为大家所熟识了,而三星公司最近又推出了新系列的显示器:410B、510S、510B、610B、710S、900P,加上最新的液晶TFT平板显示器:320TFT、400TFT、520TFT,进一步丰富了产品种类,提升了性能。新产品全部支持USB接口,兼容Mac苹果机,能防眩光、抗静电,可偏转90°,提供了数字控制及自动存储、位置、尺寸、枕形失真、梯形失真、恢复、手动消磁、对比度、亮度等控制调节功能,还支持即插即用、EPA/NUTEK、VESA DPMS等电源管理调节,支持多种安全性和低辐射标准,其中15英寸以上显示器均支持TCO95标准,而510S、510B和710S三款显示器更支持严格的TCO99标准,辐射几乎为零。

特别介绍一下三星710S,它是较低端的17英寸显示器产品,除了采用超清晰涂层,17英寸、可视面积15.7英寸之外,其他诸如分辨率、带宽、水平扫描频率、刷新频率、辐射标准等与510B并无差别,与以前的700S相比,新增了对USB接口的支持,带宽由80MHz增大到110MHz,在性格比方面,是一个很好的选择。

(2)LG显示器

LG的17寸从低档到高档有771、78D、790Si三种。LG771是其中的入门产品,可视范围为15.9英寸,点距0.28mm,带宽110。采用双倍动态聚焦,最大分辨率为1280×1024,在1024×768下可提供85Hz的刷新频率。控制功能包括亮度、对比度、水平/垂直尺寸和位置、枕形失真、梯形、图像倾斜、平行、图像模糊、视频输入水平、色温调节、RGB控制、5种语言模式。工厂预设了12种显示模式,用户可以自定义23种。LG771通过了MPR-Ⅱ标准,还有TCO95认证可选。正常工作的功耗为110W,待机时的功耗为5W。

下面介绍另一款LG 773N的17寸显示器,其主要性能规格:

尺寸:17英寸

点距:0.27英寸

最大分辨率:1280×1024@60Hz

行频:30kHz～70kHz(自动跟踪)

场频:50kHz～160Hz(自动跟踪)

带宽:110MHz

低辐射认证:MPR-Ⅱ

聚焦:动态

涂层:ARASAG涂层,K2磷涂层

电源:AC 110V～220V、50V～60V, 2.0A

功耗:105W(正常)/5W(关闭)、15W(待机和挂起)

规格:(宽*厚*高,mm)净尺寸(含T/S):400*430*400

重量净重:15.5kg;毛重:18.5kg

MTBF 15 000小时

(3)美格(MAG)显示器

作为世界三大显示器巨头之一的美格公司,其产品无论是性能还是效果都是高人一筹,在近几年的权威电脑杂志的显示器测试报告中,美格总是在前三名之列。美格产品的特点是用料精良、美观大方、价格适中。其产品可分高、中两档。高档产品是美格的液晶显示器,一般采用SONY的特丽珑或者三菱的钻石珑柱面显像管，这类显示器的特点是效果极佳，但价格相对较贵。美格还有中档产品，它们采用日立或东芝的显像管，效果相对于其高档产品有一定的差距，与Philips、Samsung等同类产品基本在一个价格档次上。

(4)明基显示器

明基992P是市场上规格较高的19寸显示器，它的带宽和分辨率将它和市面上的一些低档19寸明显地做了一个区分，而明基也将用大众能够接受的价格把真正专业级的高端显示器推入主流市场，使更多人感受到大屏显示器的乐趣。

市面上出现的一般19寸高端显示器价格不菲，低端的又因为带宽不够只能使用1600Hz×1200Hz×65Hz，此外制造工艺不够专业的19寸，在高分辨率下聚焦会模糊。明基推出了19寸纯平显示器992P，以其支持1920×1440的顶级19寸显示器的形象在市场上取得了巨大轰动，它比过去17寸的1280×1024的可视像素翻了一倍。

这款显示器采用Dynaflat纯平显像管，点距为0.25mm，屏幕可视面积18英寸，能够支持的最高分辨率为1920×1440，在最大分辨率的时候仍然能采用逐行扫描的方式，其水平与垂直扫描频率分别为30kHz～98kHz与50Hz～160Hz，带宽为215MHz。在分辨率为1 024×768时刷新率高达100Hz；在1 280×1 024时也能达到85Hz。极高的分辨率配合高带宽，以及超精细点距和聚焦系统，保证了细腻的字符表现和艳丽的色彩。画面清晰明亮、图像稳定，没有丝毫闪烁的感觉，将会是上网冲浪、游戏玩家的最佳选择。

19寸的画面，215MHz的带宽，1 920×1 440的超高分辨率彻底改变了人们的视觉感受。无论是游戏、娱乐、抑或是工作，所有的细节都将栩栩如生地呈现，明基BenQ992P带给人们的是全新的视觉冲击。

(5)SONY显示器

提起SONY显示器，最先想到的应是它性能杰出的特丽珑Trinitron显像管和全新的纯平特丽珑FD Trinitron显像管。

索尼Trinitron显像管提供顶级的先进技术，带来无与伦比的新世代。索尼最新显示器系列拥有最先进“Digital Multiscan(数码多重扫描技术)”功能表现出最佳的影像素质。Trinitron管实现改良显像管面板弧度少于10mm，不但适合于15″和17″显像管，更可应用于较大的19″及21″显像管之中，15″及17″显像管的显像枪管深度被收窄，而全新的19″显像枪管深度亦调低至传统的17″型号大致同一水平，至于21″显示器体积则是同级之中最纤巧的。垂直栅栏设计显像管，让更多的光线透出来。索尼利用独有的多层式的防反光涂层，这技术不但可避免反光及减低荧幕表面的静电，也能防止显示器释放出来的电磁波外泄，把影响人体健康的可能性减至最低。

随着显示器平面技术的提高，新一代纯平特丽珑FD Trinitron显像管诞生了。它的性能参数是：

① 0.22至0.25mm点距，提供更加精细的图像效果；

② 新改良的tungsten Cathode显像管，使用寿命更长，图像更清晰；

③ 分辨率达1600Hz×1200Hz×60Hz，专业型分辨率最大支持1800Hz×1440Hz×80Hz；

④ 高对比度，纯黑屏幕；

⑤ OSD数码屏幕参数调节，Digital Multiscan信号探测储存技术；

⑥ 水平扫描频率：30kHz ～85kHz，垂直扫描频率：48Hz～120Hz，专业型达到水平

30kHz～121kHz，垂直 38Hz～160Hz；

⑦ 低辐射标准符合 MPRⅡ、TCO95 工业标准，专业型达到 TCO99 标准；

⑧ SONY 的系列显示器采用 Trinitron 或者 FD Trinitron 显像管，拥有超众的品质，对于消费者来说，价格可能是最大的问题。

2. 液晶显示器产品

(1)SAMSUNG SyncMaster 151MP

SAMSUNG SyncMaster 151MP 的功能十分丰富，只要你能想到的它都几乎做到了。这款显示器支持 VGA、复合信号以及 S－Video 三种输入方式，内置扬声器并且能够接收 TV 信号、带有遥控功能，你甚至可以把它当作电视机使用，另外还很有创新地设计了画中画功能，可以电视、PC 同时显示，在用电脑做事的时候同时看电视。性能和显示效果一样出色，但其价格可能会高一点。如图 5－10 所示的是一款 SAMSUNG 液晶显示器。

图 5－10　SAMSUNG SyncMaster 151MP

(2)GREE SWl503N 和 KONKA LCl566M

GREE SWl503N 和 KONKA LCl566M 的设计是无处不让人感到惊奇和赞叹，超薄的机身加上卓越的性能绝对是优秀的产品，而 GREE SWl503N 可以说更是一款精品，不但外表绚丽，性能更是出众，400∶1 的对比度，25ms 的响应时间，在显示效果上也不含糊，色彩鲜艳、亮丽，如果在价格上能有所降低，一定会得到更多用户的认可。

(3)MAYA Pr0151

MAYA Pr0151 采用独特的四灯管技术在液晶背光板四周集成 4 个 CCFL(Cold－Cathode Fluorescent Lamp)冷凝阴极荧光管的设计，背光提供充足、均匀的光源，令其全屏均匀亮度极高，色彩对比度更是超乎一般液晶高达 400∶1，令图像层次感更鲜明、清晰，可视角度由于亮度达到 170°，在图形显示方面有极为突出的表现。

(4)ViewSonic VX500

ViewSonic VX500 液晶显示器由于色彩、饱和度和字体上都表现得十分到位，对比度和亮度也较为适中。它的视角很大，25 ms 的响应时间，无论你使用它来打游戏还是看电影，都完全能够满足你。它具有 DVI 数字输入端口，可以使画面更加漂亮。

3. 纯平显示器购买要诀

选择一个好的商家是购买显示器时很重要的一点。一般来说应该选择当地该种机型的代理商，从他们那拿货比较放心，一是货源有保证，二是不会有返修货，三是有质保。挑选时有必要先看看样机，用测试软件测一测，看看有什么问题，开箱后先按说明书检查一下是否有缺少的配件，然后通电测试。下面就来谈谈如何主观判断一台显示器的质量。

(1)显像管

使用索尼 FD 特丽珑或者三菱 NF 钻石珑显像管的显示器在价格上都要高一些。那么如何判断一台显示器是否采用了这两种高质量显像管呢？有个很简便的方法。在挑选时，你可能会发现采用特丽珑或者钻石珑的显示器在屏幕上的 1/3 和 2/3 处各有两条水平的“暗线”(阻尼线)，而在使用其他显像管的显示器上却不会看到，这是因为特丽珑和钻石珑显像管采用条形荫栅，强度差一些，需要另外的阻尼线来加固，使显示色彩亮丽自然。这也就是特丽珑和钻石珑显像管的重要特征。

(2)聚焦

聚焦能力直接影响到显示器显示画面的清晰度，是显示器的重要性能指标。主观测试显示器的聚焦能力比较普遍的方法是打开一个文本文件，观察字体的清晰度和黑度，观察字体笔画是否细腻，边缘是否锐利。在1 280×1 024及以上的高分辨率下是否还具有良好的字体清晰度，更能突出表现显示器聚焦能力的优劣。

(3)会聚

显像管所发射出来的电子束到达屏幕上只会显示三原色(红色、绿色和蓝色)，而任何色彩只是这三种颜色不同亮度的重合。会聚能力体现了形成亮点的三原色(RGB)电子束打到同一荧光点上的准确度，它影响着一台显示器显示色彩的纯度和显示器的清晰度。主观测试显示器的会聚能力的一般方法是在 DOS 窗口观察闪烁白色字符的边缘是否出现色晕。会聚不良通常也出现在显示器的边角，色晕一般为红色或偏蓝色。观察时要有针对性地注意边角的字符。

(4)色彩均匀性

主观测试显示器的色彩均匀性主要是通过白屏显示。打开一幅整屏的纯白图像，观察屏幕各个位置白色的纯度是否一致，有没有明显的色斑。色彩均匀性差的表现通常是屏幕边角出现偏红或偏青。由于色彩均匀性为 100%，几乎是不可能达到的指标，即使是高质量的显示器也存在轻微的偏色，所以只要程度不很严重就可以了。

(5)高压稳定性

高压稳定性也称为显示器的呼吸效应。其具体的表现是在显示图像尺寸变化的时候，这个屏幕图像尺寸会出现明显的缩放。主观测试显示器高压稳定性通常的方法是交替最大化最小化一个窗口，观察屏幕边角是否会出现明显的缩放现象。只要变化的幅度不超过 0.5mm，都是可以接受的。

(6)平面度

这是纯平显示器的特殊指标，明显的外凸和内凹感都不是真正意义上的纯平。看惯了球面显示器的用户在猛然见到纯平显示器的时候都会觉得屏幕有内凹感，其实这是很正常的。在观察的时候特别要注意观察屏幕的四边是否有向中心弯曲的现象。其实我们只要注意显示器所采用的显像管就可以了。

(7)环保性能

显示器的环保性能直接影响着我们的身体健康，需要格外注意。一台显示器仅仅表示

自己支持TCO标准是不够的。环保性能包括防静电、防辐射干扰和消磁性能等。主观测试显示器的环保性能通常参照以下方法:

① 防静电。可以看看开机的显示器屏幕是否可以吸附住薄纸片。如果显示器可以把你的名片牢牢吸在上面,你还是不要考虑了。

② 消磁性能。可以把显示器工作时向侧面做90°旋转,这时候你就会发现屏幕出现了明显的色彩紊乱,这是由于显示器受地磁改变的影响而出现的偏磁现象。然后通过手动消磁功能看看一次消磁是否可以恢复正常的色彩。

③ 防辐射干扰。工作的时候每当放在显示器旁边的手机来电的时候,显示器的显示画面都会出现紊乱的现象。所以只要使用手机在显示器旁边呼出电话,看看显示器的画面是否有严重的抖动就可以简单地测试这个项目了。

只要按照上述方法,相信一定可以购买一款自己满意的显示器。

【新的任务】

通过本节的学习,初步了解显卡的基本组成,掌握了显卡和显示器的性能参数,了解了显示器的种类,熟悉了显卡和显示器的主流产品及选购。现在新的任务是:学习并掌握外存的基础知识。

习题五

一、填空题

1. 显卡的(　　)是显卡的心脏,它决定该卡的档次和大部分性能,同时也是2D显卡和3D显卡区分的依据。

2. RAMDAC即是"数一模转换器",它的作用是(　　)。RAMDAC的转换速率也以MHz为单位,它决定刷新频率的高低,即决定了在足够显存条件下,显卡最高支持的(　　)。

3. 显存也被称为帧缓存,它实际上是(　　)。在屏幕上所显现出的每一个像素,都由4至32位数据来控制它的,加速芯片和CPU对这些数据进行控制,RAMDAC读入这些数据并把它们输出到显示器。

4. 3D显卡的显存较一般显卡的显存不同之处在于(　　)。

5. 分辨率是指显卡能在显示器上描绘点数的最大数量,通常以(　　)表示。

6. 一般人眼不容易察觉(　　)Hz以上刷新频率带来的闪烁感,因此最好能将显卡刷新频率调到(　　)Hz以上。

7. 刷新频率是指(　　),也即屏幕上的图像每秒钟出现的次数,它的单位是赫兹(Hz)。

8. 按用户类型来分,显卡的级别可以分为(　　)、(　　)和(　　)。

9. 按显像管分类,CRT显示器的种类按照显像管类型大致可以分为(　　)、(　　)、(　　)、(　　)和纯平面等。

10. 市面上常见的显示器,主要有(　　)(CRT)显示器和(　　)(LCD),还有新出现的等离子体(PDP)显示器等。

11. 与Trinitron(特丽珑)显像管相提并论的柱面显示技术是Mitsubishi(三菱)公司的

(　　)。

12. 权威机构对电子产品或电器的(　　)、(　　)、(　　)等指标的检测。

13. 带宽决定着一台显示器可以传送信号的能力，就是指(　　)。

14. 点距越小，显示图形越清晰、细腻，分辨率和图像质量也就越(　　)。屏幕越大，点距对视觉效果影响越(　　)。

15. 目前，显示器市场上比较权威的认证标志是(　　)系列认证标志。

16. 在视觉效果中，TCO99 将标准由 TCO95 的不大于(　　)提高到不大于(　　)。

17. 液晶按照分子结构排列的不同分为三种：类似粘土状的(　　)、类似细火柴棒的 Nematic 液晶、类似胆固醇状的(　　)。

二、选择题

1. 如果显示器在1 024×768 的分辨率下达到 85Hz 的分辨率，那么显卡的 RAMDAC 的速率至少是(　　)MHz。

A. 80　　B. 90　　C. 100　　D. 120

2. 关于显卡的接口总线带宽、速度的说法，下面哪一种是不正确的？(　　)

A. ISA 和 EISA 总线带宽窄、速度慢，VESA 总线扩展能力差。

B. 1SA、EISA 和 VESA 这三种总线已经被市场淘汰。

C. 现在常见的是 PCI 和 AGP 接口。

D. AGP 技术分 AGP 1X 和 AGP 2X 两种。

3. 下面不属于 TCO 认证中重点认证的问题是(　　)。

A. 辐射问题　　B. 环保问题　　C. 屏幕的大小　　D. 视觉效果

4. 显示器自动进入“OFP”模式时所消耗的能源非常小，一般≤(　　)W。

A. 4　　B. 5　　C. 6　　D. 7

5. 在刷新率方面，TCO99 将标准从 TCO95 的大于 75Hz 提高到了大于(　　)Hz。

A. 80　　B. 85　　C. 90　　D. 100

6. 判断一台显示器优劣必须注意的一些问题中，下面的指标不在判断之列的是(　　)。

A. 水波纹　　B. 会聚　　C. 色彩均匀性　　D. 手感

三、判断题

1. 如果 3D 加速卡有一颗很好的芯片，但是板载显存却无法将处理过的数据即时传送，那么就无法得到满意的显示效果。(　　)

2. 显卡的 BIOS 又称“VGA BIOS”，主要存放显示芯片与驱动程序之间的控制程序，另外还存放有显卡型号、规格、生产厂家、出厂时间等信息。(　　)

3. 显卡要插在主板上才能与主板相互交换数据。与主板连接的接口主要有 ISA、EISA、VESA、PCI、AGP 等几种。(　　)

4. 影响图形产品显卡的硬件因素主要有两条：核心加速芯片和显示存储器。(　　)

5. 色深是指在某一分辨率下，每一个像点可以有多少种色彩来描述，它的单位是“MHz”。(　　)

6. 早期的显卡 BIOS 都用掩膜 ROM，用户无法修改升级，而现在显卡 BIOS 都采用 RAM 芯片，可以在特定的条件下重新修改升级。(　　)

7. 色彩均匀性是考虑显示器准确再现图像能力的技术指标。 （ ）

8. 延时是指显示器接收到内部信号后反映在屏幕上的速度。 （ ）

9. 当然由于液晶屏在制造时是从一大块液晶片上切割下来的，所以要完全没有坏点也是几乎不可能的，发现有1、2个坏点也就不算什么问题了。 （ ）

10. 电性能可通过调节亮度及对比度来检查。液晶显示器的发光度和一般的显示器有截然不同的区别。一般的CRT是通过电子束打击荧光屏产生的，而它是内部有一个背光源产生的亮度。 （ ）

11. 检测显示器辐射强弱的一个小方法是：用一支点燃的烟，在离屏幕正面方8cm左右的上方弹烟灰，若飘下的烟灰被屏幕吸引就表示辐射较弱。 （ ）

12. 为什么同是TCO标准，通过TCO99认证的就这么少呢？原因在于TCO99是认证标准的等级体系中级别最低的、很多显示器厂家很少生产这种显示器了。 （ ）

13. SONY公司的Trinitron（特丽珑）显像管是目前典型的柱面屏幕显像管，这类显像管的特点是从水平方向看呈曲线状，而在垂直方向则为平面。 （ ）

四、简答题

1. 什么是RAMDAC？它的作用是什么？

2. 显存与分辨率的计算公式是什么？

3. 显存可以分为哪些类型？

4. nVidia的RivaTNT是第三代3D图形加速卡中最具轰动效应的芯片，请问TNT2可以分为哪几款牌子？

5. 3D图形加速芯片起始于3D9c的Voodoo芯片，但Voodoo主要有哪些缺点？

6. 试计算在1 024×768分辨率下达到32位真彩色色深时，显存的最少容量是多少？

7. 试在你正在使用的电脑中，设置使用色深为16色、256色、增强色16位、增强色32位的不同显示效果。

8. 查看一下你正在使用的计算机的显存是多少？最高分辨率是多少？最高刷新频率和正在使用的刷新频率又是多少？

9. 简述TCO认证体系的标准。

10. 简述显示器的调节属性。

11. 简述液晶显示器的优点和缺点。

12. 简述CRT显示器的优点和缺点。

13. 简述显示器的性能指标。

14. 简述纯平显示器选购中应注意的事项。

15. 如何选购液晶显示器？

16. 在选购二手显示器时，应注意什么问题？

17. CRT显示器会不会被液晶显示器完全取代，理由是什么？

第6章 外部存储器

在上一章学习了显卡和显示器，知道了显卡和显示器的组成、性能、主流产品、选购等基础知识。本章将学习计算机的外部存储器，外部存储器主要有硬盘、软盘和光盘驱动器等。本章主要内容包括：外部存储器的基本概念和基本知识、性能指标和构造；硬盘和其他驱动器的相关技术、工作模式；光盘驱动器的种类、工作原理和CD－R/RW的技术构造等。

通过本章学习，读者可以知道共有哪些外存储器，这些外存储器有什么作用。应该选择什么样的外存储器，以及如何选择外存储器。

6.1 硬盘

任务1：硬盘

【任务的提出】

硬盘是计算机的主要外部存储设备，是计算机的重要组成部分之一。与其他存储设备相比，硬盘具有容量大、速度快、性能可靠和价格便宜等特点。下面我们就来全面认识一下硬盘。

本任务主要包括以下内容：

(1)了解硬盘的结构及工作原理；

(2)掌握硬盘的性能指标；

(3)硬盘的接口类型和传输模式；

(4)熟悉主流硬盘的性能特点；

(5)掌握硬盘的选购。

6.1.1 硬盘的结构

1. 硬盘的外部结构

目前市场上常见的硬盘都为3.5英寸产品。3.5英寸硬盘外形大同小异，在硬盘的顶部贴有产品标签，标签上是一些与硬盘相关的内容，如图6－1所示。

图6－1 硬盘的正面

硬盘的底部则是一块控制电路板。在硬盘的一端有电源接口、硬盘主从状态跳线和数据线接口，如图 6-2 所示。

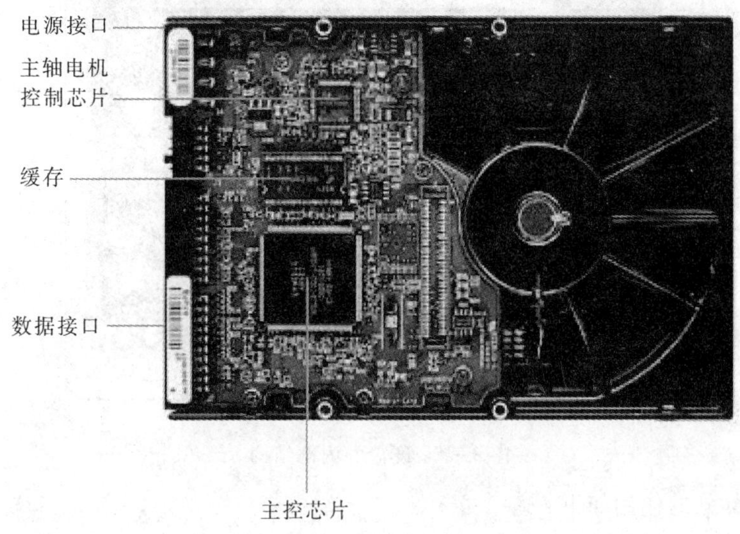

图 6-2 硬盘的底部

(1)接口。包括电源插口和数据线接口两部分，其中电源插口与主机电源相联，为硬盘工作提供电力保证。数据接口则是硬盘数据和主板控制器之间进行传输交换的纽带，根据联接方式的差异，分为 EIDE 接口和 SCSI 接口等。

(2)控制电路板。大多采用贴片式元件焊接，包括主轴调速电路、磁头驱动与伺服定位电路、读写电路、控制与接口电路等。在电路板上还有一块高效的单片机 ROM 芯片，其固化的软件可以进行硬盘的初始化，执行加电和启动主轴电机，加电初始寻道、定位以及故障检测等。在电路板上还安装有容量不等的高速缓存芯片。

(3)顶盖。就是硬盘的面板，标注产品的型号、产地、设置数据等，和底板结合成一个密封的整体，保证硬盘盘片和机构的稳定运行。固定盖板和盘体侧面还设有安装孔，以方便安装。

(4)固定螺孔。在安装时可用螺丝将硬盘固定在硬盘托架上。

(5)产品标签。标签上通常标明硬盘的品牌、产地、型号、产品序列号等。有的还标有跳线说明，告诉用户在连接第 2 块硬盘时如何设置主从状态。

2. 硬盘的内部结构

硬盘内部结构由盘片、马达、固定基板、控制电路、盘头组件等几大部分组成，如图 6-3 所示。盘头组件(Hard Disk Assembly，HDA)是构成硬盘的核心，封装在硬盘的净化腔体内，包括浮动磁头组件、磁头驱动机构、盘片及主轴驱动机构、前置读写控制电路等。

硬盘中的盘片都装在硬盘马达的转轴上，根据硬盘容量不同，转轴上的盘片可能不只一片。硬盘中的盘片互相叠放在一起，中间留有空隙，在每个盘片的存储面上有一个磁头，磁头与盘片之间的距离比头发丝的直径还小，所有的磁头连在一个磁头控制器上，由磁头控制器负责各个磁头的运动。磁头可沿盘片的半径方向运动，加上盘片每分钟几千转的高速旋转，磁头就可以定位在盘片的指定位置上进行数据的读写操作。硬盘作为精密设备，尘埃是其大敌，必须完全密封。

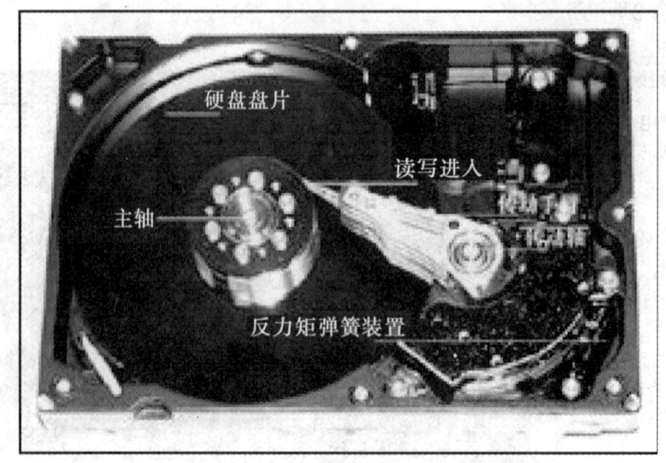

图 6－3　硬盘的内部结构

硬盘中各部分的作用如下：

(1)滑动磁头

磁头是硬盘技术最重要和关键的一环，实际上是集成工艺制成的多个磁头的组合，它采用了非接触式头、盘结构，加电后在高速旋转的磁盘表面飞行，飞高间隙只有 0.1 μm～0.3 μm，可以获得极高的数据传输率。现在转速 5 400rpm 的硬盘飞高都低于 0.3μm，以利于读取较大的高信噪比信号，保证数据传输存储的可靠性。滑动磁头由读写磁头、传动手臂和传动轴三部分组成，如图 6－4 所示。

图 6－4　滑动磁头结构

(2)磁头驱动机构

磁头驱动机构由电磁线圈电机和磁头驱动小车组成，新型大容量硬盘还具有高效的防震动机构。高精度的轻型磁头驱动机构能够对磁头进行正确的驱动和定位，并在很短的时间内精确定位系统指令指定的磁道，保证数据读写的可靠性。

(3)盘片和主轴组件

盘片是硬盘存储数据的载体，现在的盘片大都采用金属薄膜磁盘，这种金属薄膜较之软磁盘的不连续颗粒载体具有更高的记录密度，同时还具有高剩磁和高矫顽力的特点。主轴组件包括主轴部件，如轴瓦和驱动电机等。随着硬盘容量的扩大和速度的提高，主轴电机的速度也在不断提升，有厂商开始采用精密机械工业的液态轴承电机技术。

(4)前置控制电路

前置控制电路控制磁头感应包括信号、主轴电机调速、磁头驱动和伺服定位。由于磁头读取的信号微弱，将放大电路密封在腔体内可减少外来信号的干扰，提高操作指令的准确性。

6.1.2　硬盘的工作原理

硬盘是用来存储数据信息的，这些信息都存储在磁介质上。电脑可以将 0 或 1 的电信号通过磁头在磁介质上转化为磁信息而完成写入的过程，也可以将磁介质上已记录的磁信息通过磁头还原为表示 0 或 1 的电信号而完成读取过程。磁介质均匀地涂在盘片上，硬盘的磁盘一般正反面都用，相应的正反面都有磁头机构。另外，一块硬盘中也往往含有多个盘片。

为了将数据有序地记录在磁盘上，每个盘片的每一个面都“刻”有成百上千的磁道，这些磁道均是以盘片中心为圆心的圆圈，组成一圈一圈的同心圆，间隔极小但互不相连，数据就记录在这些磁道上。最外圈的磁盘一般定义为 0 磁道，往里依次为 1、2、3 等。对于同一个磁道来说，磁头是不动的，由主轴电机带动盘片高速旋转来完成在同一磁道不同位置的数据存取。对于不同的磁道，则由磁头改变径向位置来定位磁道，因此，硬盘中还有一个步进电机来带动磁头改变径向位置。

硬盘驱动器加电正常工作后，利用控制电路中的单机初始化模块进行初始化工作，此时磁头置于盘片中心位置，初始化完成后主轴电机将启动并以高速旋转，装载磁头的机械机构移动，将浮动磁头置于盘片表面的 0 道，处于等待指令的启动状态。当接口电路接收到微机系统传来的指令信号，通过前置放大控制电路，驱动音圈电机发出磁信号，根据感应阻值变化的磁头对盘片数据信息进行正确定位，并将接收后的数据信息解码，通过放大控制电路传输到接口电路，反馈给主机系统完成指令操作。结束硬盘操作的断电状态，在反力矩弹簧的作用下浮动磁头驻留到盘面中心。

6.1.3　硬盘的性能指标

硬盘的性能参数和技术术语很多，如：容量、磁头数、磁头形式、柱面数、扇段、盘片数、转速、缓冲区、S. M. A. R. T 支持、平均寻道时间、最大寻道时间、最大外部数据传输率、CPU 读写占有率、启/停交数、不可恢复数据读错率、功耗、噪声、外形尺寸和净重、电磁干扰、工作温度下限、工作温度上限、温热工作、振动和冲击适应能力等。本节将重点介绍其中最重要的参数。

1. 转速

转速应该是大家最关心的一点，硬盘的主轴马达带动盘片高速旋转，产生浮力使磁头飘浮在盘片上方。要将所要存取数据的扇区带到磁头下方，转速越快，等待时间也就越短。因此转速在很大程度上决定了硬盘的速度。在硬盘容量不断增大的同时，硬盘转速也在不断提高。硬盘转速分为3 000rpm、4 000rpm、5 400rpm、7 200rpm 和10 000rpm，数字越大，速度越快。目前,7 200rpm 的硬盘就该是市场上的主流产品。转速提高无疑是件好事,但同时也带来了温度升高、主轴磨损加大、工作噪音增大等负面影响。

于是,应用在精密机械工业上的液态轴承马达便被引入到硬盘技术中。液态轴承马达使用的是黏膜液油轴承,以油膜代替滚珠,这样可以避免金属面的直接摩擦,将噪声及温度减至最低。同时油膜可有效吸收震动,使抗震能力得到提高,更可减少磨损,提高寿命。

SCSI 硬盘的转速其实已超过了10 000rpm,而日立公司推出的 DK3Ely 硬盘,其转速高达12 000rpm。

2. 容量

作为计算机系统的数据存储器,容量是硬盘最主要的参数。硬盘的容量以 MB 或 GB 为单位,1GB=1 024MB。但硬盘厂商在标称硬盘容量时通常 1GB=1 000MB,因此我们在 BIOS 中或在格式化硬盘时看到的容量会比厂家的标称值要小。需要注意的是,硬盘的容量又有 Unformatted Capacity(未格式化容量)和 Formatted Capacity(格式化容量)之分,两者不可混为一谈。前者是指硬盘物理特性的最大容量,进行格式化后其容量会适当减小,而后者才是实际可以使用的容量。

3. 磁头

硬盘是依靠磁头进行读写工作的。磁记录技术最早产生于 1955 年,并且不断发展以满足人们对存储容量的更高要求。以往大多数硬盘采用一般的薄膜磁头(也称感应式磁头),从本质上讲,这种磁头与磁带录音机的磁头很相似,通过检测存储介质表面磁通量的变化来读取数据。磁头从磁性存储介质上通过时,产生一个微小的信号,随后这个信号被放大、过滤,再转换成数字信号。

现在流行的磁头为磁阻磁头(Magneto－Resistive Head),简称 MR 磁头,它的原理则完全不同。某些金属暴露在磁场中时,它的电阻会发生变化,MR 电阻利用这一原理,在读数时,磁头通过存储介质的磁场,电阻发生变化,就可以通过感应电流电量的改变测出数据。在 MR 磁头基础上,又出现了 MRX(扩展型磁阻磁头),它进行了一些技术改进,但性能提高不大。目前已开始为部分硬盘所采用。

随后 IBM 又开发了 GMR(Giant Magneto－Resistive)巨磁阻磁头。它同 MR 磁头一样,利用特殊材料的电阻值随磁场变化来读取盘片上的数据,但 GMR 磁头的物理原理是电子的量子效应,而 MR 磁头是基于感应材料本身的物理特性。通过使用特殊材料组成多层薄膜结构,GMR 磁头的电阻值对磁场变化的敏感程度比 MR 磁头要大得多(即相同的磁场变化会引起更大的电阻变化,这也是成为巨磁头的原因),这意味着使用这种技术可以制造出密度更高的盘片。目前 IBM 的多种型号硬盘都采用了 GMR 磁头技术,包括有 Ultrastar 系列、Travelstar 系列和 Deskstar 系列的产品,富士通也有多款使用 GMR 磁头的产品。随着硬盘容量的不断增大,GMR 巨磁阻磁头技术应用会越来越广泛,并将逐步取代 MR 磁头技术。

4. 缓存(Cache)

硬盘里 Cache 的作用与主板上 Cache 的差不多,同是起数据缓存作用。它的用途主要是提高硬盘与外部数据的传输速度。它的大小与硬盘速度也有一定关系,当然越大越好。缓存容量的大小不同品牌、不同型号的产品各不相同,早期的硬盘缓存基本都很小,只有几百 KB,已无法满足用户的需求。2MB 和 8MB 缓存是现今主流硬盘所采用,而在服务器或特殊应用领域中还有缓存容量更大的产品，甚至达到了 16MB、64MB 等。

5. 平均寻道时间

平均寻道时间的英文拼写是 Average Seek Time，它是了解硬盘性能至关重要的参数之一。它是指硬盘在接收到系统指令后，磁头从开始移动到数据所在的磁道所花费时间的平均值，它在一定程度上体现硬盘读取数据的能力，是影响硬盘内部数据传输率的重要参数，单位为毫秒(ms)。不同品牌、不同型号的产品其平均寻道时间也不一样，但这个时间越低，则产品越好，现今主流的硬盘产品平均寻道时间都在 9ms 左右。

6. S. M. A. R. T

S. M. A. R. T(Self－Monitoring Analysis & Reporting Technology)即自动检测分析及报告技术。它是从 Compaq 的 IntelliSafe(智能保护)技术和 IBM 的 PFA(Predictive Failure Analysis，错误预报分析)技术发展而来的。该技术可以减少数据丢失，预先报警能让用户掌握硬盘的性能状况。

S. M. A. R. T 技术的工作原理，其实就是一个需要人工参与的闭环控制过程，该闭环控制的期望值就是把硬盘故障带来的损失最小化。它首先实时检测硬盘的各个重要参数信息(关于磁头、磁盘、马达、电路等)，然后把该信息与预先制定的阈值相比较，如果超出了阈值的范围，会自动向用户发出警告，更先进的技术还可以提醒网络管理员的注意，自动降低硬盘的运行速度，把重要数据文件转存到其他安全扇区，甚至把文件备份到其他硬盘或存储设备。但由于各个硬盘厂商硬盘的实际参数并不一样，每个硬盘厂商都有自己的安全保护技术，如 IBM 的 DFT(驱动器性能检测功能)，因此对于硬盘的监测和阈值很难制定一个统一的标准，现在各个厂商独自制定自己的监测参数和阈值。

7. 单碟容量

单碟容量指单张盘片的容量，单盘容量越大，实现大容量硬盘也就越容易，寻找数据所需的时间也相对减少。随着 MR 磁头与 PRML 技术的采用，以及盘片制造工艺上的改进与新型磁盘材料的应用，现在的盘片大都采用金属薄膜磁盘，这种金属薄膜具有更高的记录密度、高剩磁和高矫顽力。

最早的单碟容量 80GB 的硬盘产品是 Maxtor 于 2002 年 10 月发布的 DiamondMax Plus 9，希捷也紧随其后推出了酷鱼 7200.7 系列与 5400.1 系列单碟 80GB 的硬盘。希捷在 2003 年的 9 月发布了单碟容量达 100GB 酷鱼 7200.7 PLus 200GB 硬盘，使得硬盘单碟容量又达到了一个新的高度。但人们对于硬盘存储空间的需求是不满足的，单碟容量的发展是不会就此止步的，更高容量的硬盘产品将在不久之后出现在我们的视野中。

2005 年 9 月，希捷(Seagate)发布了酷鱼 7200.9(Barracuda 7200.9)系列硬盘，单碟容量提高到 160GB，这几乎已经是传统的水平记录技术的技术极限，不对硬盘磁记录技术作出革新，单碟容量基本上已经无法提升。垂直记录技术适时出现，将硬盘的数据密度、容量和可靠性推进到一个全新的水平。传统的水平记录技术让数据位平铺在磁介质上，而垂直记录技术却让数据位竖立在磁介质上，极大地提高了磁记录密度，当然也就提高了单碟容量。另外垂直记录技术还允许磁头在相同时间内扫描更多数据位，故能在不提高转速的情况下，提高硬盘的数据传输率。2006 年 4 月，希捷率先将垂直记录技术运用于桌面硬盘，发布了采用垂直记录技术的酷鱼 7200.10 系列硬盘，最大单碟容量提高到 188GB，这是目前所有硬盘产品中最高的单碟容量。随着垂直记录技术的继续发展和磁记录密度的提高，硬盘的单碟容量还会继续提升。

8. 突发事件保护系统

各大硬盘厂商都在不断地改进硬盘内部结构的设计，致力于研究如何保护硬盘不受意外伤害的技术。通过对硬盘受损情况分析，昆腾发现在运输和安装过程中，冲击载荷对硬盘危害最大。

数据卫士(DATA—lifeguard)是西部数据(Western digital)公司为保护硬盘数据而专门研发的保护性软件，它通过在空闲状态下自动监测、隔离、修复错误数据，有效地防止数据丢失及提高性能。数据卫士有一系列防止错误的性能，它是建立在用来提醒最终用户硬盘可能出错的 S.M.A.R.T 基础上，但又独立于 S.M.A.R.T 技术。数据卫士比 S.M.A.R.T 更进一步，因此它能每天在数据丢失以前，通过扫描、监测、修复潜在的坏扇区，从而达到数据保护的目的。WD Caviar 硬盘上就采用了此项技术。

9. PRML

PRML(Partial Response Maximum Likelihood)技术的基本特点是利用逻辑规则分析磁头读出的一组数据，归纳出一个最接近标准数据的信号。PRML 最初是为数据通信开发的，用来解决通信误码率，如外太空的探测器，远在几百万公里以外，也可以与地球进行通信，正是采用了 PRML 技术，使得信号穿过很长的距离和很强的干扰仍然能保持清晰。这项技术已在通信方面使用了 20 多年，后来被 IBM 公司用于硬盘制造上，获得很大成功。PRML 技术可以提高盘片容量 30%以上，而且加快了数据传输率。

10. 数据传输率

数据传输率分为外部传输率(External Transfer Rate)和内部传输率(Internal Transfer Rate)。外部数据传输率指硬盘的缓存与系统主存之间交换数据的速度，内部数据传输率指硬盘磁头从缓存中读写数据的速度。

在这项指标中常常以 Mb/s 或 Mbps 为单位，这是兆位/秒的意思，如果需要转换成 MB/s(兆字节/秒)，就必须将 Mbps 数据除以 8(字节位数)。例如，WD36400 硬盘给出的最大内部数据传输率为 131Mb/s，但如果按 MB/s 计算就只有 16.37MB/s 了。

Ultra ATA/66 接口的硬盘，由于受硬盘内部数据传输率的影响，硬盘和系统之间可靠的连续数据传输速度实际上达不到 33MB/s，更达不到 66MB/s。因此硬盘的内部数据传输率就成了整个系统瓶颈中的瓶颈。只有硬盘的内部数据传输率提高了，再提高硬盘的接口速度才有实在的意义。

11. 防震技术

SPS 防震保护系统，其设计思路就是分散外来冲击能量，尽量避免硬盘磁头和盘片之间的意外撞击，使硬盘能够承受 1 000g 以上的意外冲击力；Shock Block 防震保护系统，虽然是 Maxtor 公司的专利技术，但其设计思路与防护风格与昆腾公司的 SPS 技术有异曲同工之效，也是为了分散外来的冲击能量，尽量避免磁头和盘片相互撞击，但它能承受的最大冲击力却可以达到 1 500g 甚至更高。

12. 发热量

数据的连续读写使硬盘产生热量，硬盘发热量的大小，对于硬盘使用寿命也会有一定影响。一般电子元件在达到限定温度后就会产生不良的影响，出现不稳定情况。硬盘表面温度表明硬盘工作时产生的热量使硬盘密封壳温度上升，硬盘工作时产生的热量过高将影响磁头的数据读取灵敏度，因此硬盘工作表面温度较低的硬盘有更好的数据读、写稳定性。

13. 超频性能

CPU 超频是当今的热门话题。除 CPU 外，其他设备也是决定能否稳定超频的因素，硬盘就是其中之一。在很多情况下不能超频，往往是由硬盘造成的。66 MHz 外频的 CPU 超到 75MHz、83MHz 或 112MHz、124MHz、133MHz 的外频时，硬盘的数据传输率也会随之上升，硬盘自身承受不了，就有可能出现不正常现象，如不能进入 Windows 等，更严重的还会致使数据丢失、系统被破坏。

6.1.4　硬盘的接口类型和传输模式

硬盘的接口关系到硬盘的工作效率，它跟硬盘控制卡的安装和扩充也有关系，目前硬盘的接口规范有 IDE 和 SCSI 两种，而目前最流行的也就是 IDE 硬盘了，SCSI 硬盘则退守高端计算机市场。早期的接口还有 ST506 和 ESDI 两种接口规格，但是现在都已经被淘汰了。如果按照接口方式分，硬盘又可以分为 IDE 和 SCSI 两种。

1. SCSI 接口硬盘

SCSI(Small Computer System Interface，小型计算机系统接口)是历史资历更深的，它的前身是 1979 年由美国的 Shugart 公司(希捷的前身)制订、并于 1986 年获得 ANSI(美国标准协会)承认的 SASI(Shugart Associates System Interface，施加特联合系统接口)。

SCSI 接口在服务器领域中最为常用。长期以来，SCSI 一直有着极低的 CPU 占用率、可驱动外部设备多(扩充后最多可带 32 个)、在多任务下工作的优势明显、可靠性高、数据传输速度快、定义规范、互换性好等优点。作为一种智能型接口，它并不是只能做硬盘及 CD－ROM 光驱接口使用，它还可以驱动符合 SCSI 标准的其他设备(包括可擦写光盘机、磁带机、扫描器等)。目前主板上基本都不内置 SCSI 接口，而是通过一个 SCSI 接口卡与 SCSI 设备连接。但是由于基于 SCSI 设备较贵，且用户还需多购买一块几百元的 SCSI 卡，所以在硬件发烧友和中高端市场上一直流行着。SCSI 共有六种类型，分别是 SCSI－1、Fast SCSI、Ultra SCSI、Wide Ultra SCSI、Ultra2 SCSI、Wide Ultra2SCSI，其数据带宽分别为 5MB/s、10MB/s、20MB/s、40MB/s、60MB/s、80MB/s。

2. IDE 接口硬盘

IDE(Integrated Drive Electronics，集成设备电路)源于 CDC(Control DATA－ Corporation，数据控制公司)、康柏(COMPAQ)、西部数据(Western Digital，简称 WD)共同开发的磁盘控制接口，并于 1989 年由 ANSI 认可作为 ATA(AT Attachment，AT 附加装置)标准。

现在昆腾、IBM 等已经先后推出了支持 UltraATA－66 的最新产品。Ultra DMA/33(66)这种接口的硬盘，其高速传输必须在主板和操作系统的共同支持下才能实现，而且其中 DMA/66 模式还必须使用特制的 80 芯数据线才能实现。目前支持这种模式的主板还不多(SIS 是其中较早的一个)。

3. SCSI 接口与 IDE 接口的区别

(1)SCSI 很大的一个技术优势在于 SCSI 接口中的设备可以同时使用数据总线进行数据传输，而 IDE 接口中连接在同一条数据线上的设备只能交替占用数据线进行传输。

(2)IDE 只能联接 4 块设备，而 SCSI 接口至少可以联接 7 至 15 台设备。

(3)SCSI 接口控制电路和 SCSI 硬盘、光驱等设备的造价却远远高于 IDE 接口设备。

以硬盘为例,同样容量的 SCSI 硬盘比 IDE 接口的硬盘价格要高出一倍有余。因此市场上的电脑主板中只有极少数集成有 SCSI 接口控制电路。如果需要在普通只有 IDE 接口的主板上使用 SCSI 设备时,除了要购置价格昂贵的 SCSI 硬盘,还必须另外安装一块价格不菲的 SCSI 接口卡,因此只能在网络服务器或专业工作站级中,才会经常使用 SCSI 接口。

4. Ultra DMA

最近使用的硬盘传输模式主要是 Ultra DMA,它也是一种速度更快的传输模式,其主要有 Ultra DMA/33、Ultra DMA/66、Ultra DMA/100 三种。

(1)Ultra DMA/33

Ultra DMA/33 是在 1996 年 6 月被推出的一种新模式。其主要优点是减少了 CPU 工作负担,有利于提高整体系统效率;还有就是突发数据传输率高达 33MB/s,这比 PIOMode 4模式的 16.7 MB/s 理论上快了一倍。正因为如此,Ultra DMA/33 模式得到了包括 Seagate、Maxtor、WD 及 IBM 在内的主要硬盘厂商的大力支持,同时得到了 Compaq、Dell、DEC、Acer 等品牌机厂商的支持。

(2)Ultra DMA/66

Ultra DMA/66 是 Quantum 刚公布的一个新模式,已成为这两年的工业标准。Ultra DMA/33 模式被各硬盘生产厂家普遍采用,并且在市场上广为销售。1999 年初,西部数据和昆腾向市场推出了采用 Ultra DMA/66 的产品,随后其他厂商也纷纷跟进,推出了自己的相应产品,而采用 UltraDMA/66 的产品不仅带宽比 Ultra DMA/33 增加一倍,而且具有良好的向下兼容性,它以重复循环校验 CRC 保护数据,以提高其可靠性,价格仅比采用 Ultra DMA/33 模式的产品贵一点。从技术角度来看,Ultra DMA/66 的硬盘只是在接口电路方面有所变化(但接口依然是 40pin,与原来兼容),而在硬盘的机械部分同 Ultra DMA/33 的产品是一样的。Ultra DMA/66 接口与 Ultra DMA/33 接口相比,只是 Ultra DMA/66 40pin 的接口少一针,且 80pin 的数据线不能插到 Ultra DMA/33 的接口中,而 40pin 的数据线能插到 Ultra DMA/66 的接口中,因为 80pin 数据线上的 40pin 插口中有一口被封住了。

(3)Ultra DMA/100

所谓的 Ultra DMA/100,也即是 ATA/100,它是在原有的 ATA/66 基础上推出的新一代接口类型,这个接口已经得到了英特尔公司和其他一些第一流芯片制造商的支持,目前已成为新一代硬盘的标准接口类型。其最大的特点及好处就是将硬盘的最大外部数据传输率提高到了 100MB/s。

DMA/100 硬盘也是采用 40 针的接口,并且向下兼容,DMA/100 还支持 CRC 错误检测修正技术,这可使用户在享受高速度的同时保障用户数据的安全性及完整性。

目前 DMA/100 硬盘已经成为主流产品,它的价格比 DMA/66 硬盘略贵一些,它们的接口外形完全相同,所用数据线也很相似,用户在购买时需要注意。此外,在使用时还必须注意,DMA/100 硬盘必须配合支持 ATA/100,接口技术的主板才能发挥性能,也就是说如果你将 ATA/100 硬盘安装到只提供对 ATA/66 或 ATA/33 支持的主板上,那么由于 ATA/100 的向下兼容功能,此时的硬盘也只能达到 ATA/66 或 ATA/33 的性能了。所以要想真正发挥 DMA/100 的速度,还必须安装一块支持 ATA/100 的主板。

(4)ATA/133

ATA/133是完全延续原来并行ATA的技术特征,从根本上讲,它与现在广泛采用的ATA/100没有任何区别,只是将硬盘接口带宽拓宽到了133MB/s,更大的带宽意味着系统能支持更高的传输率。ATA/133的接口电缆与ATA/100完全一样,都是40针80芯的硬盘线,它们都支持CRC冗余循环校正,都支持S.M.A.R.T等。由于此种硬盘接口是由迈拓公司独立设立,所以迈拓所谓的Fast Drive其实也就是ATA/133的技术核心。

注意

ATA是广为使用的IDE和EIDE设备的相关标准。ATA标准有PATA(并行ATA)和SATA(串行ATA)两种。PATA硬盘也就是我们常说的IDE、ATA—100硬盘,目前大多数台式存储系统采用的都是称为Ultra ATA/100的并行总线接口,目前主流的并行ATA硬盘仅能支持ATA/100和ATA/133两种数据传输规范,传输速率最高只达到100或133MB/s。

5. SATA(Serial ATA)

SATA只是一种串行链接接口标准,用来控制及传输服务器或存储设备到客户端应用之间的数据和信息。使用SATA(Serial ATA)口的硬盘又叫串口硬盘,是未来PC机硬盘的趋势。2001年,由Intel、APT、Dell、IBM、希捷、迈拓这几大厂商组成的Serial ATA委员会正式确立了Serial ATA 1.0规范,2002年,虽然串行ATA的相关设备还未正式上市,但Serial ATA委员会已抢先确立了Serial ATA 2.0规范。Serial ATA采用串行连接方式,串行ATA总线使用嵌入式时钟信号,具备了更强的纠错能力,与以往相比其最大的区别在于能对传输指令(不仅仅是数据)进行检查,如果发现错误会自动矫正,这在很大程度上提高了数据传输的可靠性。串行接口还具有结构简单、支持热插拔的优点。

相对于并行ATA来说,串口硬盘具有非常多的优势。首先,Serial ATA以连续串行的方式传送数据,一次只会传送1位数据。这样能减少SATA接口的针脚数目,使连接电缆数目变少,效率也会更高。实际上,Serial ATA仅用4支针脚就能完成所有的工作,分别用于连接电缆、连接地线、发送数据和接收数据,同时这样的架构还能降低系统能耗和减小系统复杂性。其次,Serial ATA的起点更高、发展潜力更大,Serial ATA 1.0定义的数据传输率可达150MB/s,这比目前最新的并行ATA(即ATA/133)所能达到133MB/s的最高数据传输率还高,而在Serial ATA 2.0的数据传输率将达到300MB/s,最终SATA将实现600MB/s的最高数据传输率。

6.1.5 主流硬盘

中国市场上的硬盘厂商主要有Maxtor、Seagate、IBM、WD、SAMSUNG和Fujitsu,那么多的硬盘品牌和每个品牌所包括的许多型号,给大家在选购时带来了一些困难。如果要具体地了解硬盘的品牌容量和价格,可以登录网站来查看。下面介绍几种具有代表性的硬盘。

1. 希捷(Seagate)

希捷硬盘是市场占有率最高的硬盘品牌,尤其是在高端市场上优势较为明显。

希捷的产品凭借着较高的数据传输率,较低的CPU占用率和低廉的价格被许多装机商看中。然而希捷硬盘的寻道时间长，稳定性一般，发热较大，声音也较响。不过希捷较新的几款产品在超频能力上大有改观，并都能在 41.6MHz 的 PCI 总线频率下稳定工作。

现在转速 7 200rpm 和传输模式在 Ultra DMA66 以上的产品已成为 IDE 硬盘的主流，希捷硬盘一向以“低价格、高性能”而得到用户的好评。此次为了适应中低端市场发展的需求，希捷公司将 SCSI 技术全面移植到了 IDE 硬盘上来，并在 Barracuda（酷鱼）硬盘的基础上推出了一款新的 Barracuda ATA（新酷鱼）系列硬盘。此系列硬盘为 7 200rpm，采用了第三代 GMR（Gaint Magen Resister，巨磁阻磁头）技术，在磁盘的存储密度上有了一个较大幅度的提高，使得其单碟容量高达 6.8GB；其平均寻道时间只有为 8.6ms，平均潜伏期也低于 4.16ms，这比低档的 SCSI 硬盘还好。同时其支持 UltraATA－66，使得外部传输率提高到了 66MB/s。

酷鱼以其高性能和可靠性为世界信息业作过重大贡献。原酷鱼系列硬盘采用了结合 LVD（低电压差动）技术的新工业标准 Ultra 2 SCSI 接口，使得其在宽型 SCSI 总线上的突发数据传输率高达 80MB/s，相当于每秒传输 55 片软盘的数据。

基于 Ultra ATA 接口的 Barracuda（酷鱼）硬盘，它的俗称表示其抗震能力很强，它表面全被铝质的外壳（Sea Shield）包裹着，内部的元器件得到了很好的保护。这款硬盘的启停和寻道时间都非常短，加上 7 200 转的高转速，性能是比较好的。但它有一个不足之处就是缓存只有 512KB，这和它庞大的容量和高转速很不相称。

另外，希捷的 U8 是 5400 转的低端产品，销售时的外包装有塑料壳。目前 U8 依然以低档、小容量产品为主。

2. 西部数据（Western Digital）

西部数据是全球第一个提供 UltraATA－66 接口的硬盘制造商。新款支持 Ultra ATA－66 接口的产品都拥有单碟 4.3GB 容量、GMR（巨型磁阻式）磁头、数据卫士（DATA－Lifeguard）、CacheFlow6、S. M. A. R. T 等技术。

WD 硬盘的平均寻道时间为 9.5ms。但其盘体设计也比较独特，控制电路板全部采用内向封装，所有元器件全部被封装在盘体内侧，这样对防止电磁干扰、提高工作稳定性会有较大的帮助，但对散热问题提出了较高的要求。

WD 有着很好的稳定性，工作时的噪音极小，功耗也很低，即便是在寻道操作时典型功耗也只有 9.68W，平时（读/写）只有 6.18W，使其保持较低的工作温度。WD 硬盘有着较低的 CPU 占用率，但内部传输率偏低。在 41.6MHz 的 PCI 总线频率下 WD 硬盘同样能稳定工作，符合超频的需要。WD 硬盘主要有三个系列，它们是 Caviar（鱼子酱）、Expert、和 Enterprise（企业）。前两者面向家庭，后者面向企业用户。

企业系列硬盘则更加适合于高端的个人的电脑以及服务器使用。企业系列的型号不是很丰富，质保五年。它的特点是高速缓存容量大、速度快，但很稳定。

注意

西部数据硬盘的型号里用 BB 来表示高速，AB 表示低速，在购买时要注意。另外 WD400AB 是单碟容量为 20GB 的，而 WD600AB 的单碟空量为 30GB，推荐在购买的时候尽可能选择后者，除了用差不多的钱拥有更多的容量，同时性能也有相应提高。

3. 迈拓（Maxtor）

钻石和金钻系列向来具有较高的性能价格比，1999 年初推出的钻石六代（Diamond

Max 4320）和金钻二代（Diamond Max Plus 5120）是市场上常见的两款迈拓硬盘。钻石六代主轴转速为 5 400rpm，内置 256KB 缓存，平均寻道时间为 9.0ms，采用 UltraATA－33 标准的 IDE 接口，最大内部传输率为 22 MB/s。采用迈拓公司的 Max Safe 技术和新型 MR 磁阻磁头，保证高密度大容量磁盘读取、存储数据的稳定和安全。钻石六代的缺点在于 CPU 占用率较高，平均寻道时间长（16.7ms），工作时噪音稍大，不过能顺利地通过 41.6MHz 超频测试。

金钻二代是迈拓 7 200 rpm 的新产品。它配备了双处理器芯片，使得该款硬盘的 CPU 占有率相当低。在金钻一代 7 200 rpm 主轴转速、512 KB 内置缓存、平均寻道时间 9.0 ms 的基础上使用了诸如 Shock Block（迈拓最新的抗震技术）、GMR（巨型磁阻式）磁头、单碟 5.1GB 的碟片等新技术，使其在 IDE 硬盘领域中处于领先地位。由于主轴转速的提高，使得其内部最大传输率达到了 31.2MB/s，大大提升了硬盘的性能。遗憾的是较早推出的只支持 DMA33，而且发热量也相当高，噪音也不小。不过新的钻石六和金钻二硬盘支持 UltraATA－66 接口标准。这种产品型号上标“U”。如果是旧机升级用户，需要 CPU 占有率低的硬盘的话，这是一款比较好的选择。7 200 rpm 的金钻二代有着接近专业 SCSI 硬盘的性能，而相对较低的价格使其在商业和高端应用领域都有不错的市场。

钻石 7 代（DiamonMax6800）支持 Ultra DMAY66 接口。除了配置 2 MB 的 100 MHz SDRAM 作为高速缓存外，Maxtor 更将其 DSP（数字信号处理器）技术发扬光大，在 Diamond Max Plus 6800 中应用了 Dual Wave multi－processor controller（双倍多处理控制器）技术，这样可以使指令速度加快十倍（据 Maxtor 说）。增强的 Shock Block（阻止震动）设计，可以使数据多一层保护屏障。Diamond Max Plus 6800 占用 CPU 资源率比较低，在超频情况下运行稳定，只是噪音稍大，散热量也较大。

Maxtor 收购昆腾这个牌子的硬盘后，从此昆腾的技术便在迈拓上应用了。下面简要介绍一下以前昆腾硬盘技术性能。

昆腾的火球七代和火球八代硬盘使用了 MR 磁头、SPS 冲击保护系统、512KB 缓存、5400rpm 的转速等技术，典型平均寻道时间为 9.5ms。采用了新的 UltraATA－66 传输界面是火球八代最大的卖点。特别火球八代硬盘的数据传输率非常稳定。在平均寻道时间方面，火球八代的成绩可能是 5 400rpm 硬盘中最好的（仅 15.6ms）。然而火球八代硬盘的 CPU 占用率较高（达 11.6％）。火球八代硬盘在发热量、震动和噪音方面都做得不错（长期工作盘体温度仍能保持在 32 度以内），秉承火球硬盘一贯良好的超频性能，火球八代一样能稳定地工作在 41.6MHz 的 PCI 总线频率下，是超频爱好者的首选。

火球系列多支持 Ultra DMA/66 接口，噪音低，在高频下工作非常稳定，但缓存容量也只有 512KB，且散热量较普通火球稍大，因此使用时要保持良好的通风条件。市场上还有的昆腾硬盘是以前的昆腾 9 代、10 代的产品。

4. IBM

IBM 硬盘分为 Deskstar、Ultrastar 和 Travelstar 三个系列。除 Travelstar 是用于笔记本电脑的 2.5 英寸硬盘外，Deskstar 与 Ultrastar 都是 3.5 英寸硬盘，Deskstar 用于台式机，而 Ultrastar 则是用于 SCSI 接口的，多用于服务器或工作站。

说起 IBM 公司恐怕无人不知无人不晓，这位蓝色巨人已经有太多的传奇，当年第一块硬盘就是 IBM 最先制造出来的；IBM 硬盘最先使用了 GMR（巨磁阻磁头）；IBM 硬盘最先把单碟容量提高到 10GB、15GB、20GB……；IBM 硬盘是目前唯一能在盘体内装下 5 张盘片的硬盘；IBM 是唯一把 7 200 转与 5 400 转硬盘盘片分开生产的硬盘厂商……IBM 硬盘的主流产品有 5 400 转、512KB 缓存的 40GV 系列和 7 200 转、2MB 缓存的 75GXP 系列，前者是单碟 20GB 的，后者是单碟 15GB 的，在传输速度方面要比其他品牌略胜一筹，而且价格并不贵。

Deskstar 75GXP 系列硬盘推出后，由于其他品牌产品竞争的压力以及后期出现的一些质量原因，IBM 很快又推出了新的产品——Deskstar 60GXP。这款硬盘采用了新的玻璃材质盘片技术，单碟容量达 20GB，持续数据传输率达 40MB/s。

IBM 硬盘的优势在于技术先进，很多先进的技术往往都是 IBM 硬盘率先采用，其性价比也很好。

6.1.6 硬盘的选购

一般用户在选购电脑时除了关心硬盘的容量、转速等参数外，还要考虑品牌、质保和接口类型等方面，再结合自己的实际需要才能选择好自己真正需要的、适用的硬盘。

1. 关注硬盘的性能指标

一般而言，在选购硬盘时主要看重转速、缓存容量、寻道时间、单碟容量、内部传输率及外部接口这 6 项技术指标。

转速是区别高端产品与低端产品的主要标志，目前主流 IDE 硬盘的转速为7 200r/m，虽说10 000r/m 的 IDE 硬盘也已经出现，但是这项技术暂时还并不成熟，没能在主流市场普及。相对而言，硬盘的寻道时间与内部传输率指标并不怎么透明，我们只能通过一些专业媒体的测评获取信息。

另外值得我们关注的是单碟容量与缓存，目前主流硬盘的单碟容量都已经达到 80GB，而缓存也均为 8MB。

至于外部接口，目前主要分为 ATA100、ATA133 与 Serial ATA 这 3 种。客观而言，ATA100 与 ATA133 没有什么区别。Serial ATA 目前也有两种版本，1.0 版本的理论数据传输率为 150MB/s，2.0 版本(标识为 S－ATAⅡ)的理论数据传输率为 300MB/s，但实际上由于硬盘技术的限制，S－ATA 1.0 和 S－ATAⅡ在数据传输率上的差别并不明显，实测几乎无变化，因此不必太在意。Serial ATA 由于其传输速率高，安装简便，是今后硬盘的发展方向。Serial ATA 的数据线很窄，有利于机箱内部散热，如图 6－5 所示。

图 6－5 Serial ATA 硬盘的接口与数据线

2. 看懂硬盘的型号

硬盘的型号则不胜枚举，令人眼花缭乱。其实，这些型号均有一定的规律，表示一些特定的含义。一般说来，可以从其型号来了解硬盘的性能指标。掌握了这一点，在选购硬盘时，就方便得多。下面以最为常用的 Maxtor(迈拓)和 Seagate(希捷)两种牌子为例来说明这些硬盘型号的意义。

(1)Maxtor(迈拓)

Maxtor 的硬盘型号都是用“×××××A(AP)/D/S×”几位数字和符号共同组成。第一个数字为“7”或“8”，表示“70000”或者“80000”系列，其后 4 个数字“××××”表示以“MB”为单位的容量。“A”或“AP”均表示硬盘接口为 ATA－，“D”为 ULTRA ATA－，“S”为 SCSI，末尾的数字“×”表示数据读写面数，即“×/2”张盘片数。例如水晶一代的 CrystalMAX 72700AP 为 70000 系列，容量为 2 700 MB(2. 7GB)、ATA－接口；钻石一代的 Diamond MAX 82560A4，即 80000 系列，容量为 2 560MB(2. 56GB)、ATA－接口、4 个数据读写面(即 2 张盘片)。而钻石三代的 Diamond MAX 82560D2 则为 80000 系列，容量为 2 560 MB(2. 56 GB)、ULTRAATA－接口、2 个数据读写面(即一张盘片)。

(2)Seagate(希捷)

Seagate 的硬盘型号由“ST×××××A/AG/W/N”这几个数字和字符共同组成，ST 即为 Seagate，ST 后的第一个数字表示某系列，该数字有 1、3、5、9 等，其后的 4 个数字表示容量、单位是“MB”，末尾英文字符则表示其接口标准，其中，A 为 ATA－、AG 为笔记本电脑专用的 ATA－接口硬盘、W 为 ULTRA Wide SCSI，其数据传输率为 40MB/s、N 为 ULTRA Narrow SCSI，其数据传输率为 20MB/s。例如，ST31277A 为 30000 系列、容量为 1 277MB(1. 27GB)、ATA－接口；捷豹(Cheetah)系列的 STl9101N，为 10000 系列、容量为 9 101MB(9. 1GB)、ULTRA Narrow SCSI 接口；Medalist PRO 系列的 ST36450A 为 30000 系列、容量为 6 450MB(6. 45GB)、ATA－接口等。

3. 其他注意事项

硬盘的重要性是不言而喻的，一旦质量出了问题，轻则影响工作、娱乐，重则使你的劳动成果付之东流。为了使读者能够选择一款质量上乘的硬盘，特提出以下几点注意事项。

硬盘的质保是至关重要的一环，因为现在市面上的代理商较多，有新资源、利集(环亚)、蓝亚质保、蓝德等，质保期限也不同。此外千万不要购买水货，因为水货不但没有质保，而且由于进货渠道的关系，极有可能比正规代理的硬盘产品更易损坏。

购买硬盘时最好要求商家开正规发票，并且将产品型号、转速、缓存、保修条件等写清楚，万一硬盘发生问题，发票将是最具有法律效力的保险单。许多代理的保修条款上都注明了发票是质保的凭据。

【新的任务】

通过本节的学习，初步了解硬盘的内外部结构及工作原理，掌握了硬盘的性能参数和传输模式，熟悉了硬盘的主流产品及选购。现在新的任务是：学习并掌握软驱和软盘的基础知识。

6.2 软驱和软盘

任务2:软驱与软盘

【任务的提出】

软盘和软驱是最常用的存储设备之一,具有价格便宜、使用方便等优点。它们曾经是使用最广泛的可移动存储设备。下面就来学习软盘和软驱。

本任务主要包括以下内容:

(1)掌握软盘的外观及使用;

(2)了解软盘的容量类型;

(3)了解软驱的结构及原理;

(4)了解软驱的选购。

6.2.1 软盘

1. 软盘的外观与结构

软盘片是由起保护作用的塑料封套和盘片组成。在软盘读写时,塑料封套被固定在软盘驱动器中,而封套内的盘片在驱动电机的驱动下进行旋转,以便于磁头进行读写操作。3.5英寸软盘的结构和软盘的磁道和扇区示意图如图6-6所示。

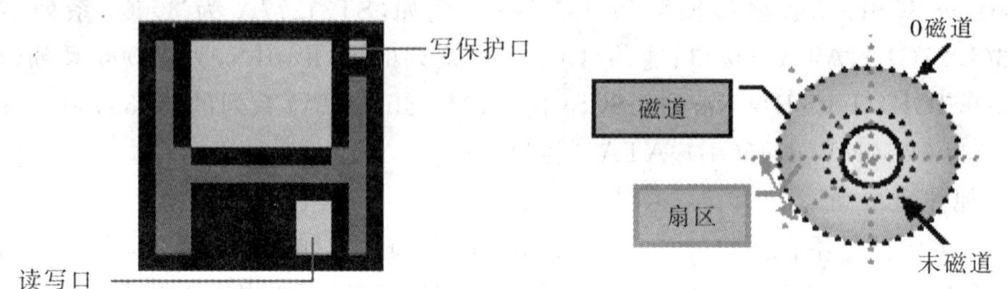

图6-6 3.5英寸软盘的外形、磁盘的磁道和扇区

3.5英寸软盘各部分的名称和作用为:

(1)金属环。起定位作用,它与驱动器主轴精密配合以带动盘片随主轴转动。

(2)盘片。磁盘的核心,记录数据的载体。

(3)快门。当磁盘插入软驱时,快门自动打开,露出读写窗口以便磁头读写。当磁盘从软驱中取出时,在快门弹簧的作用下关闭快门,对盘片起防尘、防触的保护作用。

(4)写保护。当用指甲将保护块拨向下方时,磁盘处于写保护状态,此时只能读出而不能写入,以保护原有数据。使用软盘时要会使用写保护。

软盘的写保护是个非常有用的功能,它既可以防止误写或删除操作,也可以防止病毒的侵害。所以在使用时,最好将一些重要的软盘和数据备份盘置成写保护状态。

2. 软盘的容量类型

软盘驱动器按照尺寸大小可分为5.25英寸大磁盘驱动器和3.5英寸小磁盘驱动器。

5.25英寸磁盘驱动器又可分为360KB低密度磁盘驱动器和1.2MB高密度磁盘驱动器两种。前者使用5.25英寸的2D双面磁盘，容量为360KB；后者既可使用5.25英寸的2D双面360KB磁盘，也可使用2HD，容量为1.2MB的高密度磁盘。

3.5英寸磁盘驱动器又可分为720KB磁盘驱动器和1.44MB磁盘驱动器，前者使用3.5英寸2DD磁盘，容量为720 KB：后者就是我们目前最常见的软盘驱动器，它既可以使用2DD的720KB磁盘，也可以使用容量为1.44MB的2HD高密度磁盘。

软盘在使用前应先要格式化(但目前市场上不少软盘在销售时已做好了格式化，这主要是为方便用户使用)，来划分磁道和扇区的格式。磁道越多表示能保存的容量就越大，存储容量是指它能容纳信息的量(数据字节的总数)。存储容量分为非格式化容量和格式化容量两种。非格式化容量指软盘上所标注的容量。格式化容量计算公式是：软盘格式化容量＝磁面数×磁道数×扇区数×512(B)，比如3.5英寸的软盘容量为：2×80×18×512＝1 474 560B＝1.44MB。软盘插入驱动器时是有正反面的，软盘插错了是插不进的。

6.2.2 软驱

软盘驱动器(Floppy Disk Driver)简称为FDD。它是以软盘片作为记录媒体，软盘驱动器在计算机系统中是一个重要的外部设备，广泛应用于各种微型计算机外存储设备，计算机数据的输入/输出装置。软盘有高密盘和低密盘之分，有5.25in和3.5in两种规格，其容量为1.2MB和1.44MB。低密盘和5.25in盘基本上被淘汰了，现在最常见的是3.5in盘。如此重要的一个设备，很有必要了解它的结构和工作原理。图6-7所示的即为一个标准的3.5英寸软盘驱动器。

图6-7 3.5英寸软盘驱动器

1. 软盘驱动器的结构

软盘驱动器是由盘片状态检测系统、盘片驱动机构、磁头定位系统和数据读写抹系统等组成的。具体而言，它是由磁头、磁头驱动机构、磁头加载机构、盘片、盘片压紧机构、“00”磁道检测、写保护检测、索引信号检测、盘片替换检测及控制电路等组成。

(1) 状态检测系统

状态检测系统包括“00”磁道检测、写保护检测、索引信号检测、盘片替换检测等四个检测装置，它们各自向适配器输送相应的接口信号。

① “00”磁道检测装置。用于检测磁头起始道00的位置，当磁头小车回到00道位置

时,00 磁道检测装置应检测到“00 道”信号(TRACK 00)。00 磁道检测传感器有微动开关和光电传感器两种。光电传感器是由发光二极管和光敏元件组成的耦合体。

② 索引孔检测装置。用于对索引孔进行检测,它的功能是向主机提供“索引”脉冲信号,该信号可用来标志每一个磁道的起始和终止,以便于主机提供各种定时信号。当主轴电机转速为 300r/m,测得索引孔脉冲信号 INDEX 的周期为 200ms,脉冲宽度约 4ms。

③ 写保护检测装置。用于对盘片的写保护状态进行检测,它所提供的信号送往主机控制器,以告诉主机此时盘片是否能写入信息。当盘片处于写保护状态时,输出写保护信号 WRITE PROTECT,告诉主机此时盘片不能写入信息,避免由于操作不当而破坏软盘上的数据,以保证软盘上的信息不会丢失。写保护检测装置传感器也有微动开关和光电传感器两种。

④ 盘片更换检测装置。用于对软盘更换的检测。

(2) 盘片驱动机构

盘片驱动机构的作用是:通过它的一个+12V 的直流伺服电机带动盘片以 300r/m 的恒速旋转。当软盘插入软盘驱动器后,磁头加载电路使磁头与盘面靠近,等待读写命令的到来。

(3) 磁头定位系统

它的基本作用是:当软盘驱动器接到“复位”命令后,软盘机将磁头退回零磁道位置,也叫初始定位;当接到寻道命令后,能迅速、准确地将磁头移动到指定磁道,并且磁头能稳定地位于目标磁道的中心位置上。

磁头定位机构采用四相双拍步进电机,由步进电机带动磁头小车沿磁盘半径方向作径向直线运行。从适配器接口送来的“方向”和“步进”控制脉冲,驱动步进电机使磁头定位到需要寻址的磁道和扇区。

(4) 数据读写抹系统

数据读写抹系统的作用是完成数据的读出、写入和抹去。数据读写抹系统的读写抹磁头作为一个整体安装在一起,上下两个磁头公用一套读写电路。

2. 软盘驱动器的工作原理

主机控制器首先发出选择软盘机信号,启动主轴电机旋转,产生索引信号并初寻后磁头停在“00”磁头上;初寻完成后,软盘机送出“准备好”信号给主机控制器,软盘机等待执行主机控制器发出的各种存取数据的命令。

6.2.3 软驱的选购

计算机最近几年的更新换代速度很快,唯一几十年不变的就是软驱了。不过,最近两年随着闪盘的出现,软驱逐渐有了“下课”的趋势,再加上 CDRW 的普及,软驱的用途越来越少。但在某些特殊场合(如资料上报等),还需要使用软驱。下面我们就来了解一下软驱的选购。

1. 软驱的技术指标

软驱的技术指标和硬盘很相似,主要有主轴电机转速、数据传输率、平均寻道时间、接口方式等,如表 6-1 所示为目前流行软驱的性能参数。

表 6－1　软驱的技术指标

项目名称	说　　明
主轴电机转速	300RPM
数据传输率	500Kbps
平均寻道时间	约 60ms
平均等待时间	约 100ms
平均无故障时间	10 000h
接口方式	采用 34 针专用的软驱接口

2. 品牌

市场上主要产品有：

SONY：常见，价格中等，质量一般。NEC：常见，品质一流，而价格却中等。三星：常见，价格中等。三菱：现在比较少见质量不太好。Epson：现在比较少见，质量也不好。TEAC：老名牌，唯一采用钢带传动的，噪音低，但现在比较少见，性能不错。富士通：比较便宜，质量一般。米苏米：很少看到，便宜。

3. 其他注意事项

软驱在选购时还应注意读盘能力要高、噪音要小、速度要快、价格要低、质量要好等事项。

【新的任务】

通过本节的学习，掌握了软盘的使用及容量类型，了解了软驱的结构及工作原理，熟悉了软驱的选购。现在新的任务是：学习并掌握光盘和光驱的基础知识。

6.3　光盘和光驱

任务 3：光盘和光驱的认识

【任务的提出】

光盘和光驱也是计算机最重要的外部存储设备之一。光盘是多媒体数据的重要载体，因具有容量大、易保存、携带方便等特点，特别适于大数据量信息的存储和交换。光盘存储技术不仅能满足信息化社会海量信息存储的需要，而且能够同时存储声音、文字、图形、图像等多种媒体的信息，从而使传统的信息存储、传输、管理和使用方式发生了根本性的变化。目前一张光盘的容量在 650 MB 左右，其存取速度慢于硬盘。下面就来详细介绍光盘及光驱的基本知识。

本任务主要包括以下内容：

(1)掌握光盘的结构和类型；

(2)了解光驱的结构及工作原理；

(3)掌握光驱的性能指标及选购。

6.3.1　光盘的结构

明亮如镜的光盘是用极薄的铝质或金质薄膜加上聚氯乙烯塑料保护层制作而成的。与软盘和硬盘一样，光盘也能以二进制数据（由“0”和“1”组成的数据模式）的形式存储文件和音乐信息。要在光盘上存储数据，首先必须借助电脑将数据转换成二进制，然后用激光将数据模式灼刻在扁平的、具有反射能力的盘片上。激光在盘片上刻出的小坑代表“1”，空白处代表“0”。如图 6－8 所示。

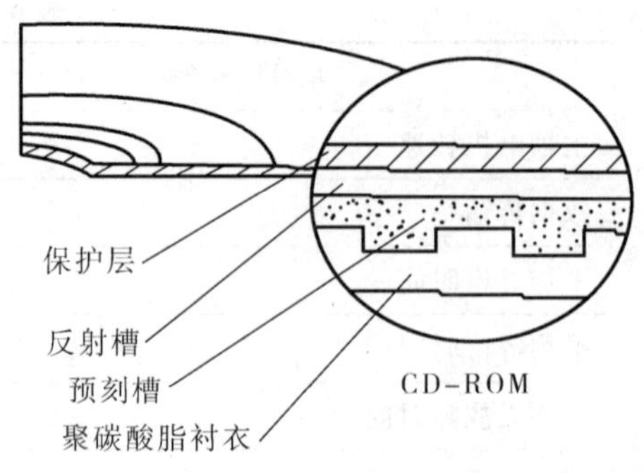

图 6－8　光盘剖面图

光盘的数据存放格式是光盘的中心导入区，显示了数据开始记录的位置。其次是目录表，它记载了文档目录以及结构的信息。光盘的主体数据紧接着目录表区域，由中心向外以螺旋状方式放置。一旦数据记录完毕，光盘压制器就会在其数据圈外加上一个导出区数据轨，结束数据的读写动作。

当要读取数据时，激光读取头会从中心往外移动。首先在目录表区域中找到文档的位置，然后再以正确距离搜寻指定的文档数据。光盘会反光的表面上涵盖了许多凹凸不平的信号点，当激光束打到圆滑凸起的部分时，激光会散开来，以至于不会传回激光读取头，这时光感测器就会记下一个“OFF”的记号。相反的，如果激光打到凹面的地方时，激光会反射回到激光读取头上面，光感测器便会记下一个“ON”信号。光盘驱动器不断地把“ON”、“OFF”信号传给解码电路，由解码电路将信号解释为计算机可识别的“0”、“1”数字信号，这就是光盘驱动器读取数据的过程。

6.3.2　光盘的类型

光盘存储器有三种类型：只读型、一次性写入型和可擦写型。

1. 只读式光盘存储器 CD－ROM

自 1985 年 Philips 和 Sony 公司公布了在光盘上记录计算机数据的黄皮书以来，CD－ROM 驱动器便在计算机领域得到了广泛的应用。CD－ROM 光盘不仅可交叉存储大容量的文字、声音、图形和图像等多种媒体的数字化信息，而且便于快速检索，因此 CD－ROM 驱动器已成为多媒体计算机中的标准配置之一。MPC 标准已经对 CD－ROM 的数据传输速率和所支持的数据格式进行了规定。MPC－3 标准要求 CD－ROM 驱动器的数据传输率为 600KB/s（4 倍速），并支持 CD－ROM、CD－ROMXA、Photo CD、Video CD 和 CD－I 等光盘格式。

2. 一次写光盘存储器 CD－R

信息时代的加速到来使得越来越多的数据需要保存和交换。由于 CD－ROM 是只读式光盘，因此，用户自己无法利用 CD－ROM 对数据进行备份和交换。于是，出现了可刻录光盘机和一次可擦写光盘。

1990 年由 Philips 公司制定的 CD－R 标准（橙皮书），目前已成为工业界广泛认可的标准。CD－R 的另一英文名称是 CD－WO（Write Once），记录在 CD－R 盘上的信息无法被改写，但可以像 CD－ROM 盘片一样，在 CD－ROM 驱动器和 CD－R 驱动器上被反复地读取多次。

CD－R 盘与 CD－ROM 盘相比有许多共同之处，它们的主要差别在于 CD－R 盘上增加了一层有机染料作为记录层,反射层用金属,而不是 CD－ROM 中的铝。当写入激光束聚焦到记录层上时,染料被加热后烧熔,形成一系列代表信息的凹坑。这些凹坑与 CD－ROM 盘上的凹坑类似,但 CD－ROM 盘上的凹坑是用金属压模压出的。

3. 可擦写光盘存储器

可擦写光盘根据其记录原理的不同,有磁光 MO 和相变 PD 两种。

① MO 可擦写光盘存储器

MO 是英文 Magnet－Optical 的缩写,是指利用激光与磁性共同作用的结果记录信息的光磁盘。MO 盘用来存储信息的媒体与软磁盘相似,但其信息记录密度和容量却比软磁盘高得多。这是由于记录时在盘的上面施加磁场,而在盘下面用激光照射。磁场作用于盘面上的区域比较大,而激光通过光学系统聚焦于盘面的光点直径只有 1μm～2μm。在受光区域,激光的光能转化为热能,并使磁性层受热而变得不稳定,即变得易受磁场影响。这样,在直径只有 1μm～2μm 的极小区域内就可记录下一个单位的信息。通常的磁性记录方式存储一个单位的信息时,要占用相当大的区域,因而磁道也相应变宽,盘上记录信息的总量也就很小。

② PCD 可擦写光盘存储器

相变光盘(Phase Change Disk)与 MO 不同,MO 光盘的记录和读出原理是利用磁技术和光技术相结合来记录和读出信息,而相变光盘的记录和读出原理只是用光技术来记录和读出信息。相变光盘利用激光使记录介质在结晶态和非结晶态之间的可逆相变结构来实现信息的记录和擦除。在写操作时,聚焦激光束加热记录介质的目的是改变相变记录介质晶体状态,用结晶状态和非结晶状态来区分"0"和"1";读操作时,利用结晶状态和非结晶状态具有不同反射率这个特性来检测"0"和"1"信号。

与 MO 技术相比,由于相变光盘仅用光学技术来读/写,所以读/写光学头可以做得相对比较简单,存取时间也就可以提高;由于相变光盘的读出方法与 CD－ROM、CD－R 光盘相同,因此,兼容 CD,ROM 和 CD－R 的多功能相变光盘驱动器就变得容易实现,PD、CD－RW 和可擦写 DVD－ RAM 等新一代可擦写光盘存储器均采用了相变技术。

③ 可擦写光盘存储器 CD－RW

虽然 PD 驱动器可以同时实现可擦写光驱与四倍速 CD－ROM 两种功能,但是 PD 光盘不能在 CD－ROM 或 CD－R 驱动器上读出。为了使可擦写相变光盘与 CD－ROM 和 CD－R 兼容,早在 1995 年 4 月,Philips 公司就提出了与 CD－ROM 和 CD－R 兼容的相变型可擦写光盘驱动器 CD－E (CD Erasable)。CD－E 得到了包括 IBM、HP、Mitsubishi、Mitsumi、Panasonic、Sony、3M 以及 Olympus 等公司的支持。1996 年 10 月,Philips、Sony、HP、Mitsubishi 和 Ricoh 五家公司共同宣布了这一新的可擦写 CD 标准,并将 CD－E 更名为 CD－RW(CD－Re Writable)。CD－RW 标准的制定标志着工业界可以开发并向市场提供这种新产品。

4. DVD 光盘

DVD 的英文全名是 Digital Video Disk(即数字视频光盘或数字影盘),它利用 MPEG－2 的压缩技术来储存影像。也有人称 DVD 是 Digital Versatile Disk,是数字多用途的光盘,它集计算机技术、光学记录技术和影视技术等为一体,其目的是满足人们对大存储容量、高性能的存储媒体的需求。DVD 光盘不仅已在音频/视频领域内得到了广泛应用,而且将会带动出版、广播、通信、WWW 等行业的发展。

DVD 碟片的大小与 CD－ROM 相同，由两个厚 0.6mm 的基层粘成，最大的特点之一在于可以单面存储，也可以双面存储，而且每一面还可以存储两层数据。所以，DVD 的碟片分为四种：单面单层（DVD－5），容量为 4.7GB；单面双层（DVD－10），容量为 9.4GB；单面双层（DVD－9），容量为 8.5 GB；双面双层（DVD－18），容量为 17 GB。现在更高的可达 27 GB。

DVD 的规格包括：Book A，也就是 DVD－ROM；Book B，指家用的 DVD－Video；Book C，DVD－Audio（规格尚未统一）；Book D，只能写一次的 DVD－R；Book E，可多次读写的 DVD－RAM。

6.3.3　光驱的结构与工作原理

无论是哪一种光盘驱动器，除技术细节上区别很大以外，外观、内部结构、工作原理都大相径庭。光驱作为一种输入设备，与光盘打交道部分的技术比其电子部分的技术多了许多。本节简要介绍光驱的各个组成部分。

1. 光驱的外观

下面以 ASUS52X 光驱为例，介绍光驱的外观，如图 6－9 所示。

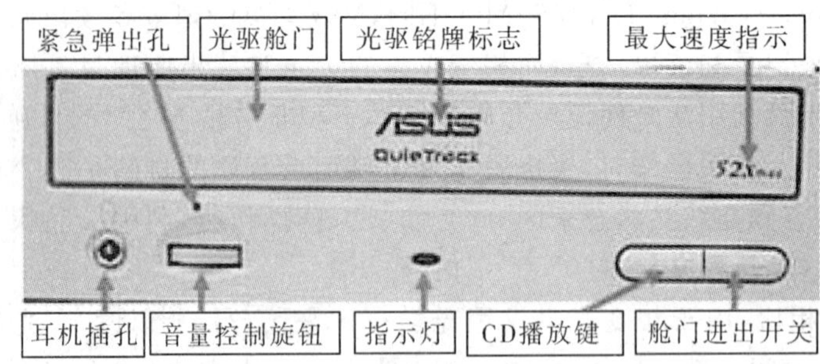

图 6－9　光驱面板

（1）耳机插孔。连接耳机或音箱，可输出 Audio CD 音乐。

（2）音量调节。调整输出的 CD 音乐音量大小。

（3）指示灯。显示光驱的运行状态。

（4）紧急出盒孔。用于断电或其他非正常状态下打开光盘托架。

（5）打开/关闭/停止键。控制光盘进出盒和停止 Audio CD 播放。

（6）播放/跳道键。用于直接使用面板控制播放 Audio CD。

光驱的背面由电源线插座、主从跳线、数据线插座和音频线插座等 4 部分组成，如图 6－10 所示。

图 6－10　光驱的背面接口

(1)数据接口。可分为 IDE 接口、SCSI 接口和 USB 接口等几种,目前常用的是采用 40 针的 IDE 接口。

(2)电源接口。采用的是目前计算机通用的 4 芯 D 型接口。

(3)光驱的跳线。也和硬盘的跳线一样,可以用来设置光驱作为主盘或副盘设置。

(4)音频接口。可以输出 CD 音频,它的功能和面板上的立体声耳机插孔是一样的,但需要一根 4 芯或 3 芯的 CD 音频线连接到声卡上。

2. 光驱的内部结构

下面介绍光驱的内部结构,如图 6-11 所示。

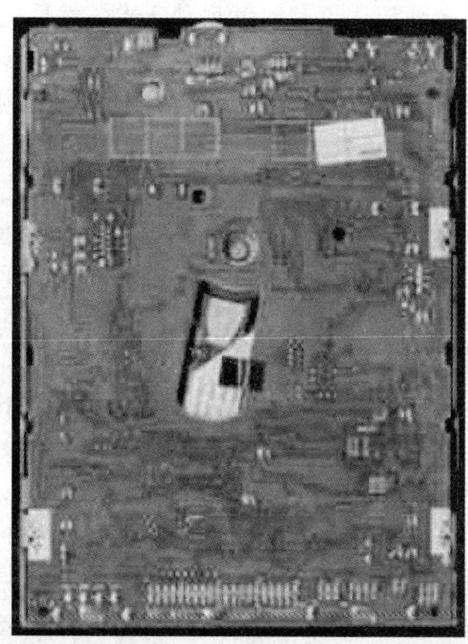
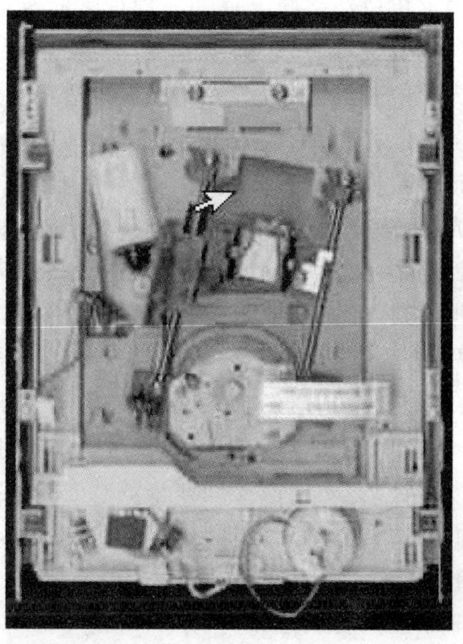

图 6-11　光驱的内部结构图

(1) 底部结构

用十字螺丝刀拧开光驱底板的 4 个固定螺丝,压下连在光驱面板上的固定卡,将底板向上抬起,即可将其拆下,可以看到光驱底部固定着机芯电路板。它包括伺服系统和控制系统等主要的电路组成部分。

(2) 机芯结构

用细铁丝插入面板的紧急出盒孔将光盘托架拉出,压下上盖板两端的固定卡,卸开光驱面板。然后打开上盖板,可以看到整个机芯结构。

① 激光头组件

包括光电管、聚焦透镜等组成部分,配合运行齿轮机构和导轨等机械组成部分。在通电状态下根据系统信号确定、读取光盘数据并通过数据带将数据传输到系统。

② 主轴马达

光盘运行的驱动力,在光盘读取过程的高速运行中提供快速的数据定位功能。

③ 光盘托架

在开启和关闭状态下的光盘承载体。

④ 启动机构

控制光盘托架的进出和主轴马达的启动,加电运行时启动机构将使包括主轴马达和激光头组件的伺服机构处于半加载状态中。

其实光驱的结构远比这里介绍的复杂,对于普通用户,在正常情况下,特别是在产品保修期内,建议不要轻易拆卸光驱。

3. 光驱的工作过程

在无光盘状态下,光驱加电后,激光头组件启动,此时光驱面板指示灯将闪亮,同时激光头组件移动到主轴马达附近,并由内向外顺着导轨步进移动,最后又回到主轴马达附近,激光头的聚焦透镜将向上移动3次搜索光盘,同时主轴马达也顺时针启动3次。然后将激光头组件复位,主轴马达停止运行,面板指示灯熄灭。

光驱中若放入光盘,激光头聚焦透镜重复搜索动作,找到光盘后主轴马达将加速旋转。此时若读取光盘,面板指示灯将不停地闪动,电动机带动激光头组件移动到光盘数据处,聚焦透镜将数据反射到接收光电管,再由数据带传送到系统,电脑就可读取光盘数据。若停止读取光盘,激光头组件和马达仍将处于加载状态中,面板指示灯熄灭。不过,目前高速光驱在设计上都考虑到可以使主轴马达和激光头组件在30秒或几分钟后停止工作,直到重新读取数据,这样能有效地节能,并延长使用时间。

4. 光盘刻录原理

在刻录盘片时,刻录机通过大功率激光照射盘片的染料层,在染料层上形成一个个平面(Land)和凹坑(Pit),光驱在读取这些平面和凹坑时能够将其转换为“0”和“1”。由于这种变化是一次性的,不能恢复到原来的状态,所以只写盘片只能写入一次,不能重复写入。

而可擦写的刻录原理与只写大致相同,只不过盘片上镀的是一层200～500埃(1埃＝10^{-8}m)厚的薄膜,这种薄膜的材质多为银、铟、硒或碲的结晶层,这种结晶层能够呈现出结晶和非结晶两种状态,等同于只写盘片的平面和凹坑。通过激光束的照射,可以在这两种状态之间相互转换,所以可擦写盘片可以重复写入。

6.3.4 光驱的性能指标和技术

1. 速度

这里所说的速度,指的是光盘驱动器的标称速度,也就是我们平时所说的传输速率。光驱的速度一般用多少倍速来表示,如40X、50X等。普通的CD－ROM有一个标称速度,即最大读取速度;DVD－ROM有两个,一个是读取DVD光盘的速度,现在一般都是16X,另一个是读取CD光盘的速度等同于普通光驱的读盘速度;对于刻录机来说,其标称速度有3个,分别为“写、复写和读”,如40X/10X/48X表示此刻录机刻录CD－R的速度为40X,复写CD－R/RW速度为10X,读取普通CD光盘速度为48X;康宝驱动器又增加了一个标称速度,如三星SM－348B的标称速度为48XCD－ROM/16XDVD/48XCD－R/24XCD－R/RW。DVD刻录机则又比康宝多了DVD刻录和复写速度。由于表示比较清楚,用户不难明白其标称速度分别为多少。

注意

注意:“X”即我们通常所称的“倍速”,在读取(写入)CD－ROM时,1X＝150KB/s;而在读取(写入)DVD－ROM时,1X＝1385 KB/s。相对于DVD－ROM驱动器来讲,1倍速就约等于CD－ROM倍速的9倍,由此也可看出DVD在速度上的先天性优势。

2. 寻道时间

寻道时间是光驱中激光头从开始寻找到所需数据花费的时间。寻道时间的值越小越好。如果寻道时间比较长,那么在频繁存取小文件时必然把时间浪费在寻道操作上,即使这时数据传输率比较快,也只能说明找到数据后的传输率比较快,整体性能的提升不会很高。

3. CPU 占用率

这项不用多做说明,当然是越小越好,不过刻录机的 CPU 占用率除了和驱动器有关外,和刻录软件也有很大关系。

4. 数据读取/写入方式

旋转物体有角速度和线速度之分,固定转速的物体,其径向的角速度相同,而线速度却随着半径的变化有所不同。半径越大,线速度越高,光驱的数据读取和写入方式也是如此。根据其方式的不同,按照角速度和线速度划分有以下几种数据读取写入方式。

(1) 恒定线速度(Constant Linear Velocity,CLV)

恒定线速度是指刻录机在运行中,总是以一定的线速度(传输率)来运转,这样在读内圈时,由于半径小,刻录机就要加入马达的功率来提高转速以获得与外圈相同的线速度。其读写扇区固定不变。

该技术是早期光驱的标准技术,一般在 12 倍速以下光驱中使用。目前由于光驱已经达到 40 倍速或者更高,转动速度通常在 7 200 转以上,在如此高的旋转下,读内外圈时经常改变马达转速,会严重影响光驱寿命。所以现在的光驱已经不再采用该技术。

而刻录机则不然,大部分刻录机依然采用 CLV 模式进行工作,主要是因为 CLV 刻录速度稳定,激光可以固定的功率来刻录盘片,能够保证刻录品质。所以目前复写采用 CLV 工作模式的居多。

(2) 恒定角速度(Constant Angular Velocity,CAV)

恒定角速度是指该刻录机在运行时,总是以一定的角速度运行,无论是读外圈时还是读内圈时,马达都以相同的速度旋转。这样在读内圈时就会提高传输率以使内外圈保持一致。其读写扇区外圈一定比内圈大。

采用 CAV 工作模式的光驱,只有在读光盘外圈时才能基本达到其标称速度。

而在刻录机中改变传输率就意味着改变激光功率。所以刻录机基本上不采用该模式进行刻录。

(3) 局部恒定角速度(Partial Constant Angular Velocity,P-CAV)

局部恒定角速度是将上面说到的 CAV 和 CLV 合二为一,理论上是在读内圈时采用 CAV 模式,转速不变读速逐渐提高,在读外圈时读速不变转速逐渐减小。实际上它是在随机读取时,采用 CLV,一旦激光无法正常读取数据时,立即转换成为 CAV。在刻录机中一般采用该技术用于读取。

(4) 区域恒定线速度(ZONE Constant Linear Velocity,ZONE-CLV)

区域恒定线速度 ZONE-CLV 模式是将 CD 的内圈到外圈分成数个区域,在每一个区域以稳定的 CLV 速度进行读写。区段与区段的扇区也不断扩大过渡,也就是说在此区段基础上逐渐提高传输率到下一个区段。区段与区段之间用缓存防欠载技术进行连接。

采用 ZONE-CLV 工作模式的刻录机减短了刻录时间,能够确保刻录品质。因为每一区段都采用 CLV 模式刻录。

5. 缓存容量(Buffer Memory Size)

对于光盘驱动器来说,缓存越大连续读取数据的性能越好,在播放视频时,效果越明显,也能够保证成功的刻录性能。目前,一般 CD－ROM 的缓存为 128 KB,DVD－ROM 的缓存为 512KB,刻录机的缓存普遍为 2MB～4MB,个别为 8MB。

6. 数据传输模式

数据传输模式主要有 PIO 模式和 Ultra DMA 模式。早期大多采用的是 PIO 模式,由于 CPU 资源占用率较大,现在的产品基本上都是 Ultra DMA 模式。可以通过 Windows 的设备管理器将 DMA 模式激活,以提高性能。

7. 容错

光驱的容错性能是大多数用户在购买时关心的一个问题,因为性能的好坏关系到光驱读盘时,对光盘中出现错误的兼容性。厂商们采用了各种手段来提高纠错能力。

(1) 采用可升降激光头。一些劣质光盘的盘片过薄,因而使光驱的读盘能力下降。目前已有一些厂家采用可升降的激光头,它通过测距功能,使激光头与光盘始终保持一定的距离,从而保证对过薄光盘的读盘能力。

(2) 提供变频调速功能。现在多数光驱使用的都是"变频调速电机",从而使光驱具有一定程度的"智能"。当光驱在高速状态下不能读出光盘上的内容时,就会降低转速,直到读出光盘中的信息为止。这个时候,光驱的传输速度一般只有 6 倍速。

(3) 安装金属防尘激光头。目前已有公司研制出了一种防尘能力很强的全金属防尘激光头。它在激光头外装有一个坚固的防尘罩,从而起到良好的防尘作用。

8. 机芯材料

机芯材料有塑料和钢制两种,塑料机芯是目前市场上最常见的,优点是原材料便宜。但是随着光驱速度的不断提高,发热量增大将加快其老化速度,缩短光驱的寿命。另外,采用塑料机芯的光驱标称的倍速与实际倍速不符,存在较大差异。钢制机芯的出现很好地解决了这一问题,在抗高速和抗高温方面表现良好。可以保证光驱在读盘时稳定快速,并有抗老化的特点。

9. 防震和抗噪

用户使用光驱时总是希望光驱工作时速度高而且安静。要使光驱工作时保持安静,关键是解决光盘高速转动时产生的震动。许多光驱厂商对此也很重视,解决震动问题不但能减小噪声,而且还能为纠错和稳定性提供保障。购买时可以优先考虑防震和抗噪性能好的光驱。

6.3.5 光驱的选购

目前市面上的光存储产品 CD－ROM 的速度已不具备向上突破的意义,放眼市场,DVD－ROM 尤其是 16X DVD 产品将会凭借其存储量的优势,成为光存储产品市场的主宰。从长远来讲,DVD 产品也是用户的最佳选择。随着刻录机价格的不断下滑,宽带网络的逐步普及,个人数据的日积月累,越来越多的朋友感觉到购买一款实用的刻录机已经成为必不可少的需要,可以用来备份重要数据,可以将下载的电影刻成光盘,可以互相传递数据资料,可以将 MP3 制作成自己喜欢的光碟。下面介绍选择光驱时需要注意的事项。

1. 品牌

光驱品牌不仅关系到产品质量，而且还关系到今后的使用与售后服务。一些小品牌的光驱大都为三个月保换、一年保修的，但一些名牌大厂的产品却是一年保换的，从这点上来看，选择一个好的品牌的确是比较超值的。光驱品牌主要有源兴、美达、索尼、明基、创新、NEC、大白鲨、华硕等。

2. 光驱接口

目前市面上较为常见的是SCSI、IDE和USB 3种接口。其特点在前面已经介绍，用户可以根据自己的实际需求进行选择。对于一般用户，如果没有特殊需要，购买IDE接口的刻录机即可，不仅价格便宜，而且性能也不错，虽然对CPU的系统占用高点，但目前CPU的性能都十分强大，足以应付IDE接口光驱的需要。

3. 内置还是外置

相对而言，内置式光驱价格便宜，同时还节省空间，性能也较高；外置式光驱携带方便，密封性和散热性较好，但外置式光驱受接口所限，与内置式相比速度稍差，性能也不太稳定，而且其价格太高，一般适用于笔记本电脑用户。

4. 读写速度的选择

对于速度，人们总是不断地追求更高更快。但速度并非越快越好。读取速度过高，可能导致一些劣质的光盘无法读取，此时光驱也会自动降速也读盘。而以过高的速度刻录光盘，稍有问题就会导致刻录失败，变成坏盘：加之一些刻录盘片本身有速度限制，大部分刻录盘片并不能达到刻录机标称的刻录速度，而达到标称刻录速度的盘片价格又非常昂贵，长期使用是一项不小的开支。

5. 光驱缓存的选择

光驱的缓存当然是越大越好，它不仅能大幅度提升光驱的性能，对于刻录机而言，也能有效避免缓存欠载(Buffer Under Run)现象。但从经济上考虑，缓存越大刻录机就越贵，因此缓存不可能无限大。目前市面上光驱的缓存大多为2MB、4MB或8MB，从性能价格比考虑，一般选择2MB的普通光驱，4MB的康宝，而对于DVD刻录机，最好在8MB以上。

6. 刻录机的防刻死技术

防刻死技术的原理就是在发生"缓存欠载"导致刻录中断以后，内置的专用芯片会记录中断点，然后芯片会指挥激光头在中断点处重新开始刻录。现在市场上的光盘刻录机无一例外都内置了防刻死技术。目前世界上较为可靠和成熟的防刻死技术有3种，分别是Burn－Proof、Just Link及Seamless Link。

当然防刻死技术并不是只有上面的3种，其他一些技术和此大同小异。各种防刻死技术从本质上讲没有太大的区别，从技术的易用性来看Burn－Proof技术比Just Link、Seamless Link要方便一些；从效果上看，由于Seamless Link技术不存在数据间隔的问题，其刻录效果会更好。不过目前有的刻录机厂商在其产品上同时采用了两种防刻死保护技术。

7. 防震设计

由于刻录一张DVD光盘的时间一般都比较长，因此最大限度地降低刻录与读取时的震动和噪声是相当重要的。目前市场上能见到的光存储产品的避震设计原理各异，效果差别明显，主要有以下几类：钢索悬挂式减振机构WWS(Wire Suspension System)，悬浮承载减震机构FDS(Floating Damper Suspension)，双悬浮式悬挂减震机构DFS(Double Floating Suspension)和集震器减震机构 VAS(Vibration Absorber System)等几种。

8. DVD 刻录机的规格与兼容

与 CD 刻录设备不同,DVD 刻录标准到目前为止都没有达到真正的统一。目前市场上的主流规格分为 DVD－RAM、DVD－R/－RW、DVD＋R/RW 等几种。这其中 DVD－RAM、DVD－RW、DVD＋RW 3 种规格为可重复擦写介质,DVD－R、DVD＋R 与 CD－R 相同,为一次性刻录介质。而采用 DVD＋R 规格的刻录设备与采用 DVD－R 规格的设备在一般情况下其刻录规格互不兼容。DVD Dual 标准的 DVD 刻录机可以同时支持 DVD－RW 和 DVD＋RW 等多种模式的产品,如果对于兼容性比较担心的话,DVD Dual 刻录机无疑是最好的选择。另外还有一种双模式刻录机——DVD Multi,该技术主要以 DVD－RAM 标准为主,同时兼容 DVD－RAM、DVD－R、DVD－RW。但由于专业性太强,与 DVD Dual 相比,应用范围较窄。

9. 售后服务

光驱在经过长时间使用后,容易造成配件损耗,比其他电脑配件产品的返修率稍高,而且这些配件大多有各厂商的独特技术,需要送到特定代理商那里返修。因此在选购时如果不考虑技术支持与技术咨询等售后服务,则会造成消费者在使用产品遇到困难后,不能寻求有效帮助,或是需要千里迢迢送往生产厂家那里维修。因此用户最好选择在刻录机专卖店或代理商的直销点购买。

【新的任务】

通过本节的学习,初步了解了光盘的存储原理和种类,了解了光驱的内部结构及工作原理,掌握了光驱的外部结构、性能指标和相关技术,熟悉了光驱的选购。现在新的任务是:学习并了解其他可移动存储设备的基础知识。

6.4 可移动存储设备

任务 4:其他可移动存储设备的认识

【任务的提出】

目前移动存储领域的发展趋势主要有两个分支:其一是以 Flash 盘(闪盘)产品为代表的袖珍型小容量个人移动存储产品;另一种是大容量移动硬盘。下面就来了解一下这两种移动存储设备。

本任务主要包括以下内容:

(1)掌握 U 盘的结构及原理;

(2)了解可移动硬盘的接口类型。

6.4.1 U 盘

U 盘(闪盘)也称为 Flash RAM,是 EPROM 的一种,它使用浮动栅晶体管作为基本存储单元实现非易失存储,不需要特殊设备和方式即可实现实时擦写,具有防磁、防震、防潮等特点,如图 6-12 所示。U 盘所使用的 IC、Flash Memory 以及元器件等对 U 盘质量的影响至关重要,同时也是决定 U 盘价格的关键因素。U 盘的体积轻巧,有的甚至比一次性打火机还要纤小许多，携带十分方便。目前流行的U盘容量都在128MB以上。

图6-12　U盘外观

1. U盘的"大脑"：IC控制芯片

之所以称其为"大脑"，是因为它是整个U盘设备的核心，关系到闪盘是否可以实现加密功能，是否能够当作驱动盘使用等等。目前厂商们通常使用的控制芯片（IC）有3S、PE-OLIFIC、CYPRESS、OTI等，打开U盘外壳就可以看到。

2. U盘的"心脏"：U盘Flash Memory

U盘是Flash Memory的直译，是一种半导体存储器。U盘具有掉电后仍可以保留信息、在线写入等优点，并且其读写速度比EEPROM更快且成本更低。但是，由于现在各个厂商之间所使用的技术不同，U盘的类型也有很多。

3. 辅助部分：PCB板和元器件

IC是"大脑"，Flash Memory是"心脏"，那么PCB板和元器件呢？它们对U盘的质量也有着决定性的影响！USB接口电路附近用以过滤杂讯的电容和电阻，根据需要这个地方是不能够太精简的，否则在数据传输上会有不好的影响，很多小厂家就是靠在这部分选材上的偷工减料来牟取利润，少焊了许多元器件。

6.4.2 可移动硬盘

1. 移动硬盘盒

容量在256MB以上的闪盘产品与移动硬盘盒的性价比就不是很高了，特别是高端产品，存储容量接近1GB及以上的闪盘的价格更高。此时，移动硬盘盒的优势自然突显了出来。一方面，移动硬盘盒非常廉价是由于其内部需要安置一个普通PC机上的硬盘，这就使其存储能力轻而易举地达到了"G"级水平。另一方面，由于国际和国内的硬盘市场产品价格的不断下滑，假如以单位存储容量的价格来计算，它也将远低于闪盘，可见这种产品的潜在发展动力是相当强大的。

2. 移动硬盘

在移动硬盘中有两种接口方式：一种是USB接口，另一种是IEEE1394（火线）接口。

(1)USB 接口方式

移动硬盘作为 PC 的一个重要外设,近年来得到了蓬勃的发展。目前市场上常见的移动硬盘主要采用 USB 接口方式,这种接口通用性较强,可以比较容易地安装在目前的各种电脑上。USB 接口的移动硬盘如图 6-13 所示。

图 6-13 USB 接口的外置硬盘

USB 早在 1995 年就已经基本成型,但由于微软的 Windows95 操作系统直到 OSR 2.0,也就是俗称的 Win97 中,才开始以外挂模块的形式提供对 USB 设备的支持,这在一定程度上影响了 USB 接口在主流 PC 上的推广速度。直到 1998 年微软推出内置 USB 接口模块的 Windows98 后,USB 设备才大量涌现。

在市场上常见的 USB 硬盘产品容量从 5GB~80GB 不等,产品型号还是比较齐全的。由于目前新型的操作系统如 Windows Me/XP/2000 等已将 USB 接口作为一项标准接口设备对待,所以插入 USB 的硬盘后,无需安装任何驱动程序即可自动完成识别安装新型设备的过程,真正意义上实现了即插即用。

平时所说的 USB 硬盘绝大多数都是采用 USB 1.1 接口标准的外置硬盘,具有 12MB/s 的传输速度,采用 USB 的全速工作状态。

正在推广中的 USB 2.0 接口标准在兼容传统 USB 1.1 的同时,大大提高了传输速度,其传输速度可达到 480MB/s,已经远远超过了目前普通外设所需要的带宽,适合于需传输大量数据的多媒体应用。

采用 USB 1.1 版与 2.0 版的产品接口在物理上完全一致,只是在电气规则定义上有所不同,1.1 版的传输上限是 12MB/s,而 2.0 版则主要是针对传输速度的问题做了扩充,插接一个新设备时,USB 系统控制芯片会自动侦测,判别其是否支持 2.0 版,如果不是,则会自动按照以前的 12MB/s 的速度进行传输,而其他采用 2.0 版的 USB 设备仍会以 2.0 版标准所定义的高速率进行传输工作,两种版本的设备可以在同一工作环境下正常运行。

USB 硬盘使用比较方便,在 USB 接口出现以前,在电脑上添加或撤换任何一个存储器,都必须关掉主机才能进行插拔操作,以免出现端口烧毁及系统死机的现象。而使用 USB 硬盘设备,则无需有这方面的顾虑,可以在开机的状态下安全地随时进行插拔操作,系统会自动识别出 USB 硬盘,并在操作系统的支持下自动安装相应的驱动程序。唯一需要指出的是,当拔走 USB 硬盘时,需要在系统中设定一下停止使用该设备,以免造成数据损坏。

USB 硬盘的可扩容性很强。理论上 1 个 USB 控制器可以接多达 127 个 USB 设备。由于 USB 接口多置于机箱外部,可以无需打开机箱即可进行安装。虽然很多机箱上只提供 1~2个 USB 接口,但可以通过 USB Hub 进行扩展性连接。由于 USB 端口自身提供电源输出,所以对于很多USB设备而言,是无需外接电源的。利用Hub可以有效地对USB的连接数量进行扩充,以达到用户的需要。外设与接口间距可以达到5m之多。由于USB不占用系统中断,使用自己保留的资源,不涉及任何其他的IRQ,所以无须担心出现不兼容的现象。所以当需要连接多个USB硬盘时,可以利用USB Hub进行扩容,以达到无需更新设备即可扩容的目的。

由于USB硬盘具有广泛的外部支持,在目前普遍流行的个人PC操作系统,几乎无一例外地对USB硬盘提供全面的支持:所有新发布的主板都提供至少2个USB接口,在硬件上对USB硬盘提供了有效的保障。所以使用USB硬盘时,基本上不用担心数据无法在其他电脑上读取的情况出现。

(2)IEEE 1394

相比USB,IEEE1394的经历就显得坎坷一些。目前的IEEE1394规范支持100/200/400MB/s三种传输速率,将来会提升到800MB/s、1GB/s、1.6GB/s,甚至3.2GB/s。

IEEE1394有着高速开放等优势,但目前并没有成为个人PC上的标准接口。原因则是由于IEEE1394既可作为外部总线,又可成为内部总线,这样就影响到PCI总线的地位。作为硬盘的标准总线结构,PCI有着悠久的历史,而且PCI也在向64位进行过渡,所以在市场上很少能见到真正使用到IEEE1394高速传输速率的硬盘出现。

在外置式移动硬盘产品中,IEEE1394接口的硬盘与USB接口的硬盘相比之下比较少见。

注意

除以上两种可移动存储设备之外,常用的还有:ZIP磁盘、MO(磁光盘机)等。ZIP磁盘类似软盘,常见的盘片容量有100MB和250MB两种;MO驱动器主要有3.5in和5.25in两种。

【新的任务】

通过本章的学习,初步掌握了外存(硬盘、软驱、光驱等)的结构、性能特点、主流产品及选购,了解了这些外存的基本工作原理。现在新的任务是:学习并掌握计算机声音系统的基本知识。

习题六

一、填空题

1. 目前硬盘可分为两大类,即(　　　)接口及(　　　)接口两大阵营。

2. 硬盘的实际使用容量是指(　　　)。

3. 西部数据硬盘的型号里用(　　　)来表示高速,(　　　)表示低速。

4. IBM硬盘分为Deskstar,Ultrastar和Travelstar三个系列。其中,(　　　)是用于笔记本电脑的2.5英寸硬盘,(　　　)用于台式机,而(　　　)是用于SCSI接口的,多用于服务器或工作站。

5. 相对于DVD－ROM驱动器来讲,1倍速就约等于CD－ROM倍速的(　　　)倍。

6. 目前微机上配置的软盘驱动器是(　　　)。

7. DVD的碟片分为4种,即是单面单层(DVD－5)容量为(　　　)、单面双层(DVD－

9)容量为(　　)、双层单面(DVD－10)容量为(　　)、双面双层(DVD－18)容量为(　　)。

8. 目前世界上较为可靠和成熟的防刻死技术有3种,分别是(　　)、(　　)和(　　)。

二、选择题

1. 关于SCSI接口的硬盘与IDE接口的硬盘的特点,下列说法正确的是(　　)。

A. IDE只能联接8块设备,而SCSI接口至少可以联接8至16台设备

B. SCSI接口中的设备可以同时使用数据总线进行数据传输,而IDI接口中联接在同一条数据线上的设备只能交替占用数据线进行传输

C. 只有在网络服务器或专业工作站级中,才会经常使用IDE接口的硬盘

D. 同样容量的IDE接口硬盘要比SCSI接口的硬盘价格要高出21倍有余

2. 目前,具有32速写、10速重写、12速DVD读取、40倍速CD读取功能的产品名称是(　　)。

A. Yamaha2100SC　　B. BenQ8824EU

C. SM332B　　D. Ricoh7320A

三、判断题

1. 采用Ultra－DMA/33接口技术,可将硬盘的数据传输率由E－IDE接口的16.6MB/s提高到33.3MB/s,不过这只是一个理想峰值,实际上是不可能达到的。(　　)

2. 硬盘转速一般有3 600rpm、5 400rpm和7 200rpm等,数字越大,表示速度越快。(　　)

3. 目前市场上的DVD－ROM驱动器主要有单激光头和双激光头之分。(　　)

4. 软驱的写保护是使用磁盘处于写保护状态,此时只能读出而不能写入,以保护原有数据。使用软盘时要会使用写保护。(　　)

四、问答题

1. 简述IDE硬盘和SCSI硬盘的区别与特点。

2. 请说出5种常见硬盘的品牌。

3. 选择硬盘需要注意哪几个问题?

4. 硬盘的单碟容量指的是什么?缓存的作用是什么?

5. 移动硬盘的特点是什么?普通用户应选择哪种接口的移动硬盘?

6. 什么是防刻死技术?

第 7 章　声音系统

在上一章学习了外部存储器的基础知识，知道了硬盘、软驱、光驱等存储器的分类、结构、工作原理、性能指标、主流产品及选购。本章将详细介绍声卡的基本结构、技术规格、芯片组类型以及音箱的外观、性能参数等；另外还介绍一些购买声卡和音箱的技巧和方法。

通过本章学习，了解声卡与音箱的基本结构与技术，掌握它们的性能、选购方法与技巧。

7.1　声　卡

任务 1：声卡的认识

【任务的提出】

随着多媒体技术的飞速发展，声卡已经成为微型计算机的一个重要组成部分而越来越受到人们的关注。声卡作为电脑多媒体设备中的核心部件之一，已成为组装电脑时必备的配件之一。

本任务主要包括以下内容：

(1)了解声卡的结构；

(2)掌握声卡的性能及相关技术；

(3)掌握声卡的主流产品及选购。

7.1.1　声卡的结构

声卡是多媒体电脑的主要部件之一，它包含记录和播放声音所需要的硬件。声卡的种类很多，功能也不完全相同，但有共同的功能：

(1)录制话音(声音)和音乐。能选择以单声道或双声道录音，并且能控制采样速率。

(2)数模转换。用来把数字化的声音信号转换成模拟信号。

(3)模数转换。用来把模拟声音信号转换成数字信号。

(4)音乐数字接口(MIDI)。能使用 MIDI 乐器。

(5)声音混合功能。允许控制声源和音频信号的大小。

一块市场上常见的声卡，可以清楚地看到声音处理芯片(组)、功率放大器、总线连接端口、输入输出端口 MIDI 及游戏杆接口(共用一个)、CD 音频连接器等主要结构组件。不同的声卡布置虽不尽相同，但是即便是最简单的声卡也具有这些结构组件，如图 7－1 所示。

1. 数字信号处理芯片 DSP(声音处理芯片)

该芯片是声卡的核心。目前声卡的功能越来越强，但卡却越来越小，大多数声卡在一块主控芯片上集成了声卡的全部功能，这个芯片称为 DSP(数字音频处理器)。DSP 芯片承担着声音处理所需的大部分运算，因此，它的好坏基本上决定了声卡的性能和档次。

2. 音频解码芯片 CODEC

声卡的数字模拟转换工作是交给音频解码芯片 CODEC 来完成的，有些声卡将这项功能集成在数字信号处理芯片 DSP 内部。

3. 波表音色库

保存真实声音样本文件的 ROM 芯片，一般容量为 1MB～8MB。

4. 功率放大芯片

从声音处理芯片出来的信号还不能直接推动喇叭发出声音，绝大多数声卡通过功率放大芯片以实现声音播放功能。

5. 三端稳压块

保证声卡工作电压的稳定。

6. 多功能扩展插座 AUD－EXT

用于连接专用的数字/光纤子卡。

7. CD－SPDIF 插座

CD 数字音频接口(CD－SPDIF)用来接收来自光驱的数字音频信号。SPDIF 接口分为同轴和光纤两种，它们的接口形式和连接线外观有些差异。在数字音响设备、MD 播放机和 MP3 播放机都会有 Digital Out(数字输出)端口，可以通过它直接输入到声卡的 SPDIF 接口，再通过软件的控制实现数字声音信号的输入、输出功能。

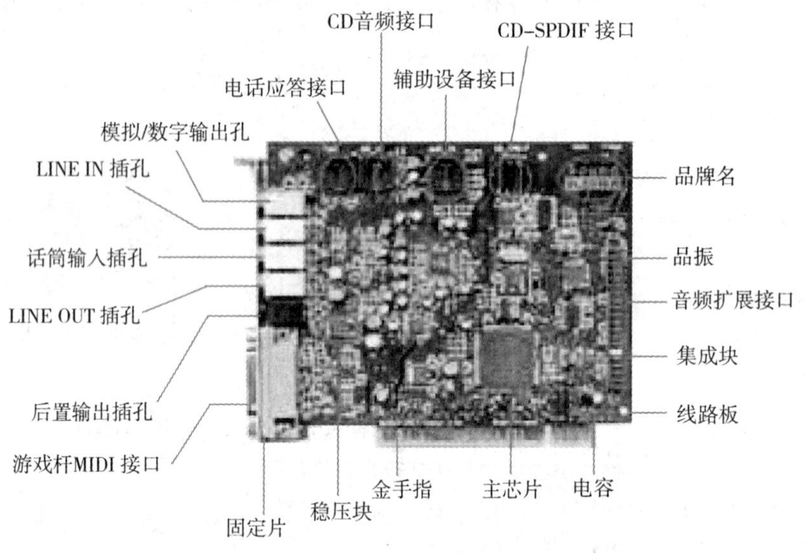

图 7－1　声卡的基本结构图

8. 内置 1394 插座

一种进行数据高速传输的串行接口。

9. 辅助音频输入插座 AUX－IN

负责把来自电视卡、DVD 解压卡、MPEG 编/解码卡等设备的声音信号输入声卡。这样就可使各种设备输出的声音信号都通过声卡送至音箱，避免了反复插拔信号线。

10. CD 音频输入插座 CD－IN

是一个 3 针或 4 针的小插座，作用是将来自光驱的模拟音频信号接入声卡，并直接由声卡的输出端放出。模拟音频线在声卡端的接头一般有两种排列方式，应选用与该接口匹配的才能确保 CD 音频的正常接入。有些声卡取消了这个接口。

11. 电话自动应答插座 TAD

TAD(Telephone Answering Device,电话自动应答设备接口)也标记为 Phone MONO－O,它与 MODEM 卡上的相应端口相连接,配合软件可使电脑具备电话自动应答功能。

12. 中置/重低音输出或数字化音箱输出插孔

用于输出到重低音音箱或者数字化音箱。

13. 线性输入插孔 Line In

该接口为蓝色,作用是将来自收音机、随身听或电视机等任何外部音频设备的声音信号输入电脑。可用于录制电视节目伴音、将磁带转成 MP3 等。

14. 麦克风输入插孔 MIC In

该接口为红色,可接连适合电脑使用的话筒作为声音输入设备。用于录音、娱乐及语音识别等。可用来打网络电话、语音聊天和唱卡拉 OK 等。

15. 前置音箱线性输出插孔 Line Out 1(Front)

该接口为绿色,它负责将声卡处理好的声音信号输出到有源音箱、耳机或其他音频放大设备(如功放)。这是第一个输出孔,用于连接前端音箱,相当于普通 2.1 声卡的扬声器输出插孔(SPEAKER),有时标记为 FL/R。

16. 后置音箱线性输出插孔 Line Out 2(Rear)

又称为 SPDIF OUT,该接口为黑色,用于连接后端音箱。四声道以上的声卡都会有两个线形输出插孔,这是第二个线形输出插孔,有时标记为 RL/R。

17. 数字化乐器插孔 MIDI

主要用来连接 MIDI 键盘和电子琴等电子乐器上的 MIDI 接口,实现 MIDI 音乐信号的直接传输。同时也可用来连接游戏操纵杆、游戏手柄、方向盘等外界游戏控制器。

声卡的外部外部接口示意图如图 7－2 所示。

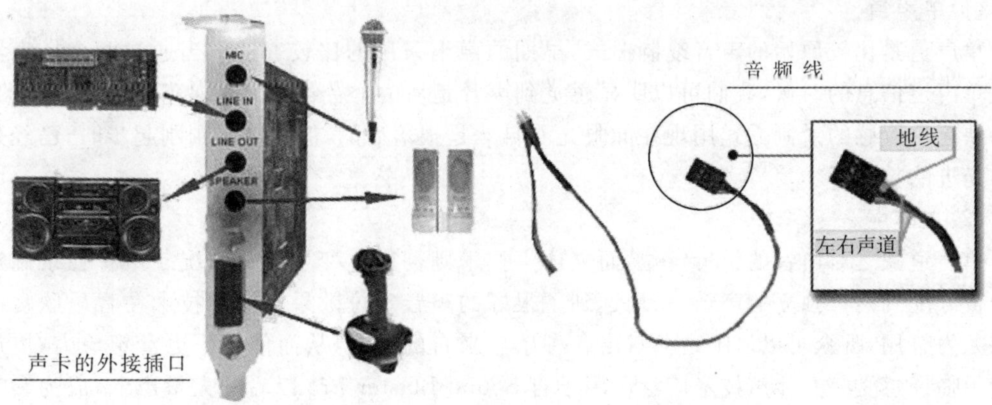

图 7－2　声卡的外部接口示意图

7.1.2　声卡的相关术语及技术

1. 总线方式

声卡的总线方式有两种,一种是 ISA 总线,另一种是 PCI 总线。ISA 总线传输速率比较慢,只有 8.33MB/s,时钟频率 8MHz。而 PCI 总线传输速率达到 133MB/s,时钟频率 33MHz。两者相比,PCI 总线具有很大的优势。因此,目前市场上的大多数声卡,都采用了

PCI 总线方式。应该说，PCI 总线声卡完全取代 ISA 声卡，只是一个时间的问题。

2. 采样技术

声卡的主要作用之一是对声音信息进行录制与回放，在这个过程中采样的位数和采样的频率决定了声音采集的质量。

(1) 采样的精度

采样精度就是指采样位数，它决定了记录声音的动态范围，它以位(Bit)为单位，比如 8 位、16 位。8 位可以把声波分成 256 级，16 位可以把同样的波分成 65536 级的信号。可以想象，位数越高，声音的保真度越高。采样位数可以理解为声卡处理声音的解析度。这个数值越大，解析度就越高，录制和回放的声音就越真实。如今市面上所有的主流产品都是 16 位的声卡。

(2) 采样频率

采样频率是指每秒钟对音频信号的采样次数。单位时间内采样次数越多，即采样频率越高，数字信号就越接近原声。根据奈魁斯特的采样定理，采样频率只要达到信号最高频率的两倍，就能精确描述被采样的信号。一般来说，人耳的听力范围在 20Hz 到 20kHz 之间，因此，只要采样频率达到 20kHz×2＝40kHz 时，就可以满足人们的要求。现时大多数声卡的采样频率都已达到 44.1 或 48kHz，差不多达到所谓的 CD 音质水平了。在当今的主流声卡，采样频率一般共分为 22.05kHz、44.1kHz、48kHz 三个等级，22.05 只能达到 FM 广播的声音品质，44.1kHz 则是理论上的 CD 音质界限，48kHz 则更加精确一些。对于高于 48kHz 的采样频率人耳已无法辨别出来了。

3. 声道数

声卡所支持的声道数也是技术发展的重要标志，在这里我们来了解一下不同的声道数对声卡的影响。

(1)单声道

单声道是比较原始的声音复制形式，早期的声卡采用的比较普遍。当通过两个扬声器回放单声道信息的时候，我们可以明显感觉到声音是从两个音箱中间传递到我们耳朵里的。这种缺乏位置感的录制方式用现在的眼光看自然是很落后的，但在声卡刚刚起步时，已经是非常先进的技术了。

(2)立体声

单声道缺乏对声音的位置定位，而立体声技术则彻底改变了这一状况。声音在录制过程中被分配到两个独立的声道，从而达到了很好的声音定位效果。这种技术在音乐欣赏中显得尤为有用，听众可以清晰地分辨出各种乐器来自的方向，从而使音乐更富想象力，更加接近于临场感受。立体声技术广泛运用于自 Sound Blaster Pro 以后的大量声卡，成为影响深远的一个音频标准。时至今日，立体声依然是许多产品遵循的技术标准。

(3)准立体声

准立体声声卡的基本概念就是：在录制声音的时候采用单声道，而放音有时是立体声，有时是单声道。采用这种技术的声卡也曾在市面上流行过一段时间，但现在已经销声匿迹了。

(4)四声道环绕

随着技术的进一步发展，大家逐渐发现双声道已经越来越不能满足我们的需求。因为

PCI声卡的宽带带来了许多新的技术，其中发展最快的当数三维音响。所以立体声技术在三维音响面前就显得捉襟见肘了。新的四声道环绕音频技术规定了4个发音点：前左、前右，后左、后右，听众则被包围在这中间。就整体效果而言，四声道系统可以为听众带来多个不同方向的声音环绕，可以获得身临各种不同环境的听觉感受。如今四声道技术已经广泛融入各类中高档声卡的设计中，成为未来发展的主流趋势。

(5)5.1声道

5.1声道已广泛运用于各类传统影院和家庭影院中，一些比较知名的声音录制压缩格式，譬如杜比AC－3(Dolby Digital)、DTS等都是以5.1声音系统为技术蓝本的。

5.1声道包括中央声道、前置主左/右声道、后置左/右环绕声道，及所谓的0.1声道重低音声道，总共可连接6只喇叭。中央声道喇叭，负责再生配合屏幕上的动作，大部分时间它是负责人物对白的部分；前置主左/右声道喇叭，则是用来弥补在屏幕中央以外或不能从屏幕看到的动作及其他声音；后置环绕音响喇叭则是负责外围及整个背景音乐，让人感觉置身于整个场景的正中央，可以感受万马奔腾的震撼，喷射机从头顶呼啸而过的效果。其实5.1声音系统来源于4.1环绕，不同之处在于它增加了一个中置单元。这个中置单元负责传送低于80Hz的声音信号，在欣赏影片时有利于加强人声，把对话集中在整个声场的中部，增加整体效果。

注意

更强大的7.1系统已经达到了应用阶段。它在5.1的基础上又增加了中左和中右两个发音点，以求达到更加完美的境界。但由于成本比较高，趋于流行还要假以时日。

4. 是否支持MIDI

MIDI的英文全称为Musical Instrument Digital Interface，意思为电子乐器数字化接口。它是一种电子乐器之间以及电子乐器与电脑之间的统一交流协议，是MIDI生产商协会制定给所有MIDI乐器制造商的音色及打击乐器的排列表。包括总共128个标准音色和81个打击乐器排列。由于MIDI只是记录乐曲每一时刻的音乐变化，只是将需要演奏的乐曲信息记录下来，例如：演奏的乐器、演奏的音调伴奏等，并不包括任何的可供回放的声音信息，所以MIDI文件的容量都比较小。进行声音回放时需要通过声卡进行回放处理。通常有FM合成和波表合成两种方法。

眼下在一些游戏软件和娱乐软件中我们经常可以发现很多以MID、RMI为扩展名的音乐文件，这些就是在电脑上最为常用的MIDI格式。MIDI文件是一种描述性的“音乐语言”，它将所要演奏的乐曲信息用字节表述下来。譬如“在某一时刻，使用什么乐器，以什么音符开始，以什么音调结束，加以什么伴奏”等，所以MIDI文件非常小巧。

(1)合成技术

目前声卡常用的有FM合成技术和波表合成技术两种。

FM合成技术是早期的电子合成乐器采用的发音方式，它是通过振荡器产生正弦波，然后再叠加成各种乐器的波形。由于振荡器成本较高，即使是OPL3这类高档的FM合成器也只提供了4个振荡器，仅能产生20种复音。后来Yamaha公司将其应用到PC声卡中来，它比最初的PC小喇叭提供的效果要好得多，特点是这种发音方式使得声音听起来比较干净、清脆。因此MIDI音乐听起来生硬呆板，带有明显的人工合成色彩，即电子声。

波表合成(Wavetable)则是通过对乐器声音进行取样,并将之保存下来,重播时靠声卡上的微处理器或PC系统内的CPU经过处理来发声。根据取样文件放置位置和由专用微处理器或CPU来处理的不同,波表合成又常被分为软波表和硬波表。因此,要分辨一块声卡是否波表声卡,只需看卡上有没有ROM或RAM存储器即可。通过波表合成的声音比FM合成的声音更为丰富和真实,但由于需要额外的存储器来储存音色库,因此成本也较高。而且音色库越大,所需的存储器就越多,相应的成本也就越高。

(2)复音数

在各类声卡的命名中,我们经常会发现诸如64、128之类的数字。有些用户乃至商家将它们误认为是64位、128位声卡。其实就现在的技术发展状况而言,声卡根本没有发展到,也没有必要发展到如此高的数据处理通道,64、128代表的只是此卡在MIDI合成时可以达到的最大复音数。所谓"复音"是指MIDI乐曲在一秒钟内发出的最大声音数目。波表支持的复音值如果太小,一些比较复杂的MIDI乐曲在合成时就会出现某些声部被丢失的情况,直接影响到播放效果。好在如今的波表声卡大多提供64以上的复音值,而多数MIDI的复音数都没有超过32,所以音色丢失的现象不会发生。

注意

所谓"硬件支持复音"是指其所有的复音数都由声卡芯片所生成;而"软件支持复音"则是在"硬件复音"的基础上以软件合成的方法,加大复音数,但这是需要CPU来带动的。眼下主流声卡所支持的最大硬件复音为64,而软件复音则可高达1 024。

5. A3D

A3D是由Aureal Semiconductor开发的一套互动3D定位音响技术。它在3D音响定位上有很独到的地方。最初的A3D技术只需一对音箱输出,但在新的版本中也加入了对4只音箱的支持。

6. 数模转换器

因为一般的音响和电视都只适用于模拟信号,而计算机中处理的通常是数字信号。所以声卡读出数字式的信号后,通过数模转换器(Digital - Analog Convertor,DAC)转换成一般音响放大机能接受的模拟信号,再由它来带动音箱发出声音。相反的过程处理,由被叫做模数转换器(Analog - Digital Convertor,ADC)的东西来完成。

7. 半双工和全双工

双工表示在同一条线上能否实现双向的信号传输。当可以任意方向传送数据,但同一时间内只能一个方向时,这种情况被叫做半双工;对可以同时收发信息的叫全双工。如果要用电脑来打Internet电话,最好声卡是全双工的。

8. 信噪比

信噪比(Signal to Noise Ratio,SNR)是一个诊断声卡抑制噪声能力的重要指标。通常有用信号和噪声信号功率的比值,就是SNR,单位是分贝。SNR值越大则声卡的滤波效果越好。按微软在PC98中的规定,至少要大于80分贝才行。从AC97开始声卡上的ADC、DAC必须和混音工作及数字音响芯片分离。

9. 总谐波失真

总谐波失真(Total Harmonic Distortion+Noise,THD+N)是对声卡保真度的评价指

标。它比较声卡输入信号和声卡输出信号波形的吻合程度,数值越低失真越少,其中的"+N"表示同时考虑了噪声的影响。

10. 频率响应

频率响应(Frequency Response,FR)这是对声卡的ADC和DAC转换器频率响应能力的评价指标。由于人耳对声音的接收范围是20Hz～20kHz,所以声卡在这一区间内音频信号要保持"直线式"的响应效果,突起(功率增益)或下滑(功率衰减)都是失真的反映。通常应控制在±3dB的范围内。

11. 兼容性

兼容性有软件兼容、硬件兼容之分。如与DOS、Windows3.x、Windows95、Windows NT兼容,与Sound Blaster、Sound Blaster Pro兼容,与General MIDI兼容等等。兼容性对声卡很重要,特别在游戏方面。目前很多PCI声卡在放CD、MP3时,放大或缩小窗口都会有杂音出现,这主要是PCI显示卡也使用PCI总线的PCI Bus Master技术进行加速。若使用的是AGP显卡则绝对不会发生这些问题。

7.1.3　声卡的类型

按照声卡的接口类型,可以把声卡分为ISA、PCI、CNR接口的声卡。在586以前时代中广泛采用ISA接口的声卡,由于ISA的传输带宽较低,而且它会大量占用CPU资源,现在市面上ISA声卡已比较少见了。PCI接口的声卡可以通过PCI总线音源储存在内存中,因此占用的CPU资源较少,目前大部分的声卡都采用PCI接口。

按照声卡的组成结构,可分为普通声卡和主板集成的声卡。按照声卡取样分辨率的位数不同,可分为8位声卡、准16位声卡、真16位声卡和32位声卡等。按照声卡功能的不同,可分为单声道声卡、真立体声声卡和准立体声声卡等。

7.1.4　声卡的主流产品及选购

1. 主流声卡芯片

就一款声卡而言,音频处理芯片的地位是不言而喻的。主芯片承担着声音处理所需的大部分运算,包括对声音信号的回放、采样、录制等;如今趋于流行的三维音响支持也需要通过主芯片的合成。因此,音频处理芯片的好坏直接影响整块声卡的表现能力。

(1)Creative声卡芯片系列

从ISA时代到PCI时代,Creative始终占据了声卡业乃至多媒体技术的霸主地位。它确实做得很好,提供给广大声卡用户每一档次的优秀产品,无论是高端贵族还是大众产品,都有良好的性能及兼容性。它一直领导着声卡技术的发展,更高档的产品也在不断问世。

① ESl370/1371

ESl37x系列原来是PCI音频先驱Ensoniq的拳头产品,曾被广泛地采用,后来Ensoniq被Creative收购后就成了Creative系列芯片了。1370现在主要用于Sound Blàster PCI 64和PCI 128,之前还曾用于Creative的低价声卡Ensoniq Audio PCI,后来Ensoniq Audio PCI改用1371芯片。

100针封装的ESl370提供了对Direct Sound 3D支持,与AK4531 Codec配合使用时能支持4个喇叭的输出。采用了Ensoniq独特的PCI复音和波表合成技术,最初支持32个复音,后来可以支持到 64 和 128 个复音。ES1371 与 ES1370 的主要区别在于去掉了 4 通道支持,主要用于廉价的 Ensoniq Audio PCI。

② EMU10KI

EMU10K1 是由 Creative 与被其并购的 EMU 公司共同开发的最新的音频芯片,被用于 Creative 公司的 Sound Blaster Live!、Sound Blaster Live! Value、Sound Blaster PCI512 等声卡上。借助 EMU 原本在 MIDI 领域的专长,许多在 MIDI 器材上的效果器移植到了 EMU10K1 芯片中。再搭配 DS3D,形成了令人瞩目的 EAX。

集成了超过两百万个晶体管的 EMU10K1 拥有超过 1 000 个 MIPS 的处理能力,使得它可以轻松地处理复杂的 3D 音频流和各种特殊效果。EMU10K1 的另一个优点是它是一块可编程的 DSP,可以通过软件来改变功能或增强处理能力。这一点将使得这块芯片在将来新的音频技术面前仍能保持顽强的生命力。

EMU10Kl 支持 64 个硬件 MIDI 复音和丰富的 PCI 复音——最初是 256 个,后来升级为 512 个,现在是1 024个。EMU10Kl 拥有 131 个硬件 DMA 通道,当前可硬件加速 32 个 DirectSound3D 音频流。所有的音源在 EMU10K1 内部进行 32 位、8 点插值处理。模拟音频输出包括 8 位、16 位和 20 位并支持 24 位数字输出,主要的采样率为 48kHz。

(2)Aureal(Vortex/Vortex2)

在进入 PCI 声卡时代以后,Creative 的产品受到了来自各方面因素的挑战。其中,Aureal 就是一个有力竞争对手。Aureal 是最早涉足 3D 音响技术的公司之一,Vortex2 是其第二代的音频处理芯片,包含了三百万个晶体管。Aureal 声称 Vortex2 的处理能力为 600 个硬们:MIPS,折算为 DSP 的话大约为 1 200 到 1 800MIPS。

曾受到广大用户喜爱的 Diamond Sonic ImpactS90 声卡使用的是 Aureal AU8820 芯片,新一代功能强大的 Diamond Monster Sound MX300 声卡使用的是 Aureal AU8830 芯片。

Vortex AU8820 是 Aureal 公司推向市场的第一款音频处理芯片,是第一款真正支持 A3D 1.0 标准的声卡芯片。Vortex 系列采用的 A3D 是正统的,效果也相对好一些,就算在双声道模式下也可以获得较好的虚拟环绕效果,此外在输入输出的音质表现上 Vortex 也令人十分满意,基本可以达到其标称的信噪比。MIDI 方面它提供了一个最大 64 复音的 4MBGM、GS 音色库和两种特殊效果处理器,合成效果一般。在兼容性上 Vortex 没有出现大的问题,可以令人满意。不过此芯片在处理各类声音时的 CPU 占用率要普遍高于其他产品。

Vortex－2 AU8830 是 Aureal 的第二代芯片,具有当今声卡芯片领域最为迅速的处理能力,是唯一可与 EMU－10K1 芯片相媲美的产品。Vortex－2 最为骄人的一点是它是如今市面上唯一完全支持 A3D 2.0 规范的音频芯片,与 A3D 1.0 相比提供了更加丰富的功能与变化,A3D 2.0 完全支持用 4 声道来表现三维音响,加入了声波追踪技术,以便获得更多的声音变化体验。

(3)YAMAHA 芯片系列

YAMAHA 在电子乐器界有着举足轻重的地位。它所生产的电子合成器设备在全球享有盛誉,在前些年 FM(调频变调)MIDI 合成一统天下的时期,几乎所有的中低价位声卡采用的都是 YAMAHA 的 OPL 系列合成芯片。同时 YAMAHA 也是廉价 SB 兼容声卡芯片的主要研发厂商，YMF－719 就是其中的典型之作。在 PCI 声卡成为主流以后，YAMAHA 又推出了724、740 和 744 等 3 个系列，主要面向中低档市场。

① YMF－724

YMF－724 是 YAMAHA 比较成功的一款芯片，主要特色在于它比较优异的 MIDI 合成能力。YAMAHA 曾经出品过一款名为 MU－50 的硬件 MIDI 音源设备，效果十分震撼。而后在 1997 年初技术迅速发展的时期，他们便推出了基于 MU－50 的软件合成器——SYXG－50，而且模拟效果很逼真，成为深受用户喜爱的软件音源。其 MIDI 部分可以说又将 SYXG 系列硬化回来了。一方面我们可以得到很好的合成效果，另一方面又无需占用过多的 CPU，可谓两全其美。而且 724 芯片还增加了独特的 Soundius－XG 物理模型合成技术，使其乐器的音色逼真效果又有不小的提升。在 MIDI 性能指标上，724 支持最大 6MB 音色库（实际提供的为 2MB 容量，而且不可升级）和 192 复音的合成器（64 个由芯片直接提供、另外 128 个由软件生成）。YMF－740 是 724 芯片的简化产品，主要用于主板集成，性能指标方面两者差不多。

② YMF－744

YMF－744 芯片基于前一代产品。与 724 相比，744 在 MIDI 方面没有多少变化，唯一不同点在于后者可以最大支持 8MB 音色。改进较大的地方是 744 芯片加入了趋于流行的 4 声道和 DVD 软件支持，三维环绕效果有较大提高。而且在保留 SPDIFOUT 后还加入了 SPDIF IN 功能。总体来看 YMF－744 具备了较强的功能，但与 EMU－10K1 等高档产品相比仍然有不小的差距。

(4)其他声卡芯片

生产声音芯片的厂家还有许多，如 VLSI 的 Thunderbirdl28、Trident 的 4DWAVE－NX、Fortemedia 的 FM801－AS、C－Media 的 CMI8338/8738 等。

2. 内置声卡

内置声卡就是将声卡直接焊接在主板上，集成声卡最早主要出现在整合型主板上，它将一块音响芯片和显示芯片直接做到主板上面，以降低消费者的装机或者升级的成本。后来许多主板厂商也仿效这种做法，这就是现在经常在市场上听到的内置声卡了。

目前集成声卡的主板占据了大量的市场份额，并且被大多数消费者所接受。由于人们对声卡要求不同，再加上成本的关系，厂商所采用的音响芯片并不是一模一样的，有的性能很好，而有的则相对较差。在这里我们将介绍几种目前最常用的音响芯片。

(1)创新 CT5880 芯片

创新 CT5880 芯片就是 Sound Blaster PCI 128 声卡所使用的芯片，该芯片可以说是目前集成声卡中性能最好的一款，性价比非常高，因此使用这块音响芯片的主板，一般来说会比其他同类产品要贵一点，也是目前用户的首选。

(2)CMI8738 和 ESl373 芯片

CMI8738 和 ESl373 都是一些中档的音响芯片，它们最大的卖点就是性价比不错，一般来说，如果用户不是对声卡有很严格要求，那些使用内置了 CMI8738 或 ESl373 芯片的主板应该可以满足需求。此外，它们还具有一些比较特别的功能，如 CMI8738 就支持 4 声道输出。目前市场上内置了 ESl373 的主板有硕泰克 SL－65ME(815E 芯片组)、美达 6MVBX－S 等等，内置 CMI8738 的主板就是精英 P6BAT－A＋、奔驰 FC－160A＋等。

(3)AC′97

所谓 AC′97 就是指主板自带的复合 AC′97 标准声卡,通常又被人们称为 AC′97 声卡。它又分为 AC′97 软声卡和 AC′97 硬声卡两种。AC′97 软声卡只是在主板上集成了数字模拟信号转换芯片,而真正的声卡被集成到主板的北桥芯片中,这样做虽然节省了成本,但是却加重了 CPU 的工作负担。AC′97 硬声卡是指在主板上集成了一个声卡芯片,这个声卡芯片提供了独立的声音处理,最终输出模拟的声音信号。这种硬件声卡芯片相对比软声卡在成本上高了一些,所以会出现同样标明集成 AC′97 标准声卡主板但是价格却高出不少的原因。

AC′97 的价格非常便宜,就算把它加到主板上面,主板的成本也不会增加多少,所以零售价也只会高一点,比较适合一些低端用户使用。目前市场上 90%的主板集成的都是 AC′97 声卡。但是价格低廉所换来的就是性能不佳,而且这种声卡占用资源较大,许多游戏和音乐发烧友都不得不将它屏蔽掉,而外加一块质量更好的声卡来使用。因此如果用户一定要买集成声卡的主板,建议选用集成 AC′97 硬声卡的主板。特别是对于那些酷爱 3D 游戏和音乐发烧友的玩家来说选购集成 AC′97 硬声卡是最实惠的选择。

3. 声卡的选购

虽说多媒体时代声卡已经成为电脑不可缺少的一个部件,但建议用户选购声卡时最好以自己实际的使用需求为选择标准,而不应该先看价格是多少,牌子是哪家,切不要看到好的声卡就去购买,不要存在盲目追求高档的攀比心理。

(1)普通用户

如果音频应用仅仅是听 MP3,玩玩普通游戏,大可不必另买一块 PCI 声卡,板载声卡可能是你的最佳选择。因为即使是 AC′97 软声卡完全可以满足你的需要,特别是当 ADl885 装上了 SoundMAX3.0 后,在 CS 中的音质和定位效果,较 CMI－8738 等的廉价声卡要好得多,如果对软声卡的音质还不太满意,还有板载 CT－5880 的硬声卡供用户选择。如果想组建廉价的桌面家庭影院,那么可以选择集成 REALTEK ALC650、CMI－8738/6CH 芯片的主板,因为这两款芯片组可以通过子卡来扩展功能。

(2)游戏用户

现在的游戏对硬件的要求是越来越高,在音效方面要求声卡能够有强大的音效和定位能力。出于板载声卡受到机箱内其他电子设备的干扰,特别是 AC′97 软声卡不能很好地支持三维音效和多声道输出等技术,所以对这部分用户选择一款性能优异的 PCI 声卡是很有必要的。

(3)音乐发烧友/电脑音乐制作者

这些用户对声卡的信噪比高低、失真度大小等方面都有特殊的要求,甚至连输入输出接口是否镀金都斤斤计较,因此 Sound Blaster Audigy 系列成为这部分朋友的选择。Blaster Audigy 系列创新也根据不同用户的需要分为几个版本,至于如何选择,则根据自身的需要和经济承受力做决定。

(4)低端 DVD 用户

由于目前 DVD 光驱的迅速普及,人们对 DVD 音效完整回放的要求越来越高,至少需要借助于 5.1 声道输出。此类用户追求的是能够以低廉的价格提供效果还算不错的多声道输出。这个档次选择的对象很少,因为目前市面上能够支持 5.1 声道的声卡芯片主要是

CMI－8738、FM801和创新的EMU10kl、EMU10k2这几款。而创新的这两款芯片的成品声卡明显价格偏高，不适合这个用户群，CMI－8738和FM801相对而言具有较高的性价比。

【新的任务】

通过本节的学习，初步了解了声卡的功能，掌握了声卡的基本结构及相关性能参数，熟悉了声卡的主流芯片及选购。现在新的任务是：学习并了解音箱的基本知识。

7.2　音　箱

任务2：音箱的认识

【任务的提出】

音箱是用来还原声音的。即使是最高档的声卡，如果没有性能与之相配的音箱，仍然无法展现其卓越的性能。目前，音箱已成为多媒体计算机必不可少的部件之一，在音频领域中有着不可替代的地位。下面就让我们来了解一下音箱。

本任务主要包括以下内容：

(1)了解音箱的分类；

(2)掌握音箱的技术指标；

(3)熟悉音箱的主流产品及选购。

7.2.1　音箱的分类

常见的电脑音箱主要分为敞开式、封闭式和倒相式3类。第1种敞开式音箱已经淘汰，市面上已很少见到；而第2种封闭式音箱市面上还能常见，如一些低音炮和一些作为环绕声用的小音箱等；至于第3种倒相式音箱则是市场上电脑音箱的主流，十有七八的电脑音箱采用的就是这种结构。

所谓封闭式音箱，如图7－3所示，顾名思义，就是它的箱体上除了有个安装扬声器的孔外，其他部分都是密闭的。虽然说是密闭的，但实际上一般在音箱的某个部位还是有一个很小的泄漏孔，它的作用是使音箱内外的气压均衡。采用这种音箱的好处是可以获得很好的低频性能。封闭式音箱的内壁上一般都贴有许多纤维状的吸音材料，这种吸音材料可以吸收和削弱声波的反射，调节谐振频率处的响应；另外还可使箱内的空气处于等温压缩状态，从而使箱体的有效容积增大。封闭式音箱一般应用在音箱的高端产品，其价格一般较高。

图7－3　封闭式音箱

大多数电脑音箱都是倒相式音箱，如图7－4所示。它的特点就是在音箱的箱板上多了个倒相孔或倒相管。倒相式音箱的原理是：如果合理地设计倒相管的尺寸和位置，可以使原来扬声器盆体后面发出的声波再通过倒相孔在某一频段倒相，使其和扬声器前面发出的声波迭加起来，变成同相辐射，从而减小箱体内的杂波增加低频的声辐射效果，提高音箱的工作效率。和封闭式音箱相比，它进一步扩展了音箱的低频下限，一般可达到 20kHz，并减小了其下限处声波的非线性失真。同时由于倒相管的使用还增大了箱内的体积，提高了效率。

图 7 - 4 倒相式音箱

7.2.2 音箱的技术指标

衡量音箱性能的指标很多，比如，功率、频率范围、失真度、信噪比、音箱材质、频率响应等。下面就来了解音箱的主要性能指标。

1. 防磁

这是 PC 音箱才拥有的特性，可以避免 CRT 显示器产生磁化现象，防止光栅变形、色斑出现。由于我们的工作空间有限，防磁是 PC 音响系统必不可少的。测试方法很简单，开启音箱后，把它靠近 CRT 显示器即可。

2. 频率范围与频率响应

音箱的频率范围是指音箱最低有效回放频率与最高有效回放频率之间的范围，其单位为 Hz。频率范围越大，音域越广，音箱质量越好。比较优秀的放大器的频率范围一般在 18Hz～20kHz。

频率响应是指音箱系统连接一个恒电压的音频信号，音箱产生的声压将随音频信号频率变化而发生增大或衰减，相位出随频率变化，这种声压、相位与频率相关联的变化关系称为频率响应，其单位为分贝(dB)。频率响应是音箱性能优劣的一个重要指标，其分贝值越小说明音箱的频率响应曲线越平坦，失真越小，性能越高。

3. 信噪比

SNR(Signal to Noise Ratio，信噪比)指信号和噪声的比值，该数值越大，性能越好，成本当然也越高。普通音箱为 70dB～80dB，高档音箱是 80dB～90dB，专业级音箱在 95dB 以上。如果是 Hi－Fi 级系统，最少也要在 90dB 以上。

4. 谐波失真

音箱所产生的谐振现象而导致了声音重放失真，谐振是不可能完全避免的，只能尽量减少它对声音基频信号输出的影响。原始声波中有两次、三次或多次谐振，谐波失真也分为两次、三次或多次谐波失真。此数值越小，失真越小。

5. 输出功率

输出功率分为标称连续功率和最大峰值功率，连续功率指谐波失真在标准范围内变化时，音箱长时间工作输出功率的最大值。最大功率指在不损坏音箱的前提下瞬时功率的最大值，即不超过负荷的最大承受能力。最大峰值功率是标称连续功率的8倍，PC音箱通常为5W～30W，你看到那些200W、250W的都是商家搞的把戏，标称连续功率分别是25W和31W。

有源音箱有变压器，音箱功率与变压器功率成正比，变压器功率越大，音箱越重。保证扬声器单元足够灵敏度的超厚密度板、加强大功率放大器散热的重型金属散热器、实现强劲电源供应的大型变压器都会增加音箱重量，因此从重量也可估计出音箱的标称功率。

功率越大震撼力越好，价格也越高。家用音响的输出功率为100 W左右，PC音响约为5W～30W。标称功率30W～40W的音箱，适合20cm^{2}的房间，恰好是普通家庭用户电脑工作间的面积。

7.2.3　音箱的选购

在了解了音箱类型及其技术指标后，用户在使用与选购过程中基本上能够做到心中有数。目前，音箱的种类及品牌很多，著名的有三诺(3NOD)、漫步者、润宝轻骑兵、创新、麦蓝(MICROLAB)等。在购买音箱时大多数都是以这些品牌为主。

1. 漫步者音箱

漫步者无疑是多媒体有源音箱中的龙头老大——尤其是后来降价以后，性价比更高，因此很多朋友装机时都选“漫步者”。但是很多人还是对有源音箱、对漫步者本身并不了解，所以下面将详细阐述漫步者各款的性能特点和产品定位。

(1)音箱型号的奥妙

先介绍音箱的型号，一般有 R800TCl40、R1000TCl60、R1000TC 北美版 190、R1800AT310、R1900TB390、R201T140、R301T170、R301T 北美版 200、R311T240、R2.1TC220、R2.1T290、R4.1T350、R501T690。其中，R800TC～R1900TB均为双音箱模式，R201T～R311T是2.1平板音箱系列，R2.ITC开始则是漫步者的X.1产品。

关于漫步者的后缀编号的意义，主要为：

A：有源/无源两用；

T：高低音全防磁；

C：计算机多媒体专用；

B：内置BBE音质增强处理器；

3D：内置3D处理器；

M：带话筒输入接口(小m表示是北美版)；

N：无源(或环绕箱)；

P：PP盆；

F：防弹布；

USB(前缀)：USB数字输入音箱。

对于普通用户来说，有源音箱的安全性、音质与使用的便捷性(功能)是比较重要的，所以漫步者生产的多媒体有源音箱统统都是防磁音箱，即使放在最敏感的显示器旁边，也不会造成任何不良影响。

(2)防磁

有源音箱的摆位最好离显示器距离在 12cm 以上,一方面绝对保证了显示器不会被磁化,另一方面音箱摆开点对音场的营造非常重要,也就是说,声音要开阔,有气势,两个前置音箱最好离远点,但受电脑桌的影响,也不可能太大,通常 0.8 m 以上即可。作为音箱防磁措施最主要的是采用了防磁喇叭,我们知道喇叭振动才能发声,振动范围越大则声音的表现范围越宽,振动范围与音圈大小、磁性强弱有直接密切的关系,所以按照老观念,同等价位的不防磁喇叭磁性大,性能优于防磁喇叭,事实上防磁喇叭也有性能很不错的,比如上海银笛新推出的 YDLQ 系列 2.5/3.5 寸全频带扬声器单元号称频率上限能达 20kHz,性价比很高。

(3)音质

音质一般价钱越贵的性能越好。判断标准很简单:喇叭单元越大越好——冲程大,测量指标是直径,这个目测可以看出来,喇叭越大,说明音箱的低音极限频率越低,声音有劲,动态范围大,典型的例子是欣赏 DVD 大片,火爆场面声音要干净利落,放得开收得住,一些细节如人声、背景等却能清晰明了,音箱不会“哑”,如果是超重低音,下潜深才有震撼力。

中高音是评价一对音箱素质的最基本的参数——因为大多数回放声音都集中在这个频段中。低音也很重要,很多朋友特别关心这方面的表现,它体现了声音的特点,比如声音偏暖还是偏硬,偏醇还是偏亮,低音有力还很清楚等等。多媒体有源音箱的低音喇叭主要分纸盆、防弹布、羊毛编织盆、聚丙烯盆等。大家只要知道:防弹布低音表现好,有震撼力,但高音部分细节有点交代不清;羊毛盆则与之相反,中高音清晰度高,明亮而层次感强,低音表现不佳,敲大鼓会给演绎成敲边鼓。

2. 音箱选购的方法

(1)验看音箱的外形、颜色和尺寸。选择音箱一般从外形入手。一款多媒体有源音箱若是外形流畅平滑、色泽细腻均匀,首先就会给人一种心跳的感觉。然后再仔细查看音箱箱体的各结合处是否均匀紧密,造型、各调节旋钮和功能键以及各插孔位置是否分布合理。如音箱上的标记或花纹等,精制、端正、清晰才说明这款音箱的做工上乘、质量一流。验看箱体,摸上去是否平滑光洁;敲击箱体,发声铿锵有力说明结实耐用,声音失真小;试着旋转和插拔各旋钮、开关以及插孔,应该感觉阻力较小、自然流畅。

(2)估计音箱的最大输出功率。如果从工艺和形状上选中了一对音箱,那么就可以把它拿起来看看有多重,目的是估计音箱的最大输出功率有多大。一般说来,音箱的不失真功率至少应该有 20W+20W,即每个声道 20W。

现在市场上多媒体有源音箱所标明的最大输出功率都是 PMPO 音乐功率,这是纯属广告效应的指标,而实际上应该标明最大不失真功率,这个功率只有 PMPO 功率值的 1/8。例如标有 160W 功率的音箱实际上可能只有 20W 以下的不失真功率。由于现在的多媒体有源音箱 95%以上仍然是靠交流变压器提供电源,所以我们可以根据箱内变压器和放大板的重量来估计该音箱的实际最大输出功率。一般来说,25W 变压器的重量约为 1kg,功率在 75W 的重量约为 2kg,因此,我们只要根据两只音箱的重量差就可以估计出此多媒体有源音箱的最大输出功率。

(3)检查音箱的磁屏蔽效果。由于彩色显示器对周围磁场干扰最敏感,所以只要将音箱靠近一下显示器,就可以查出音箱的磁屏蔽效果。如果音箱靠近显示器时图像出现失真,则说明音箱的磁屏蔽效果不好。

(4)感觉音箱的密封性能。现在的多媒体有源音箱大都采用倒相式,音箱上开有一个孔,称之为倒相口,音箱的密封性越好则其声学效果也越好。要检查这项指标,可以在音箱工作时用手靠近倒相口,当声音为鼓声或爆炸声时,倒相口中应有明显的空气冲出或吸进,像风一样,感觉越明显说明音箱的密封性越好。音箱的密封性直接影响音箱的低频响应指标。

(5)检查静态噪声和最大不失真功率。在选择多媒体有源音箱时应该充分利用我们的耳朵去判断音箱重现声音的质量和效果。

① 听一下音箱的静态噪声有多大。我们可以将音箱接通电源,但是不连接信号线,然后将音量调整至最大位置,此时如果听不到或者只能听到轻微的沙沙声,那么这个音箱的静态指标是合格的。

② 听一下音质,鉴定音箱的频率响应。理论上人的耳朵可以听到频率在20Hz～20kHz以内的声音。自然界中的各种声音实际上并不是单一频率的声音,而是一个基本频率加上各种几倍于基本频率声音的一个"复音"。声音频率高低的表现就是声调。但这些声音频率范围基本上都在15Hz～20kHz之内。所以音箱在重新还原这些声音时,就必须将各种声音的基本频率和谐波频率都如实地反映出来,否则所重现的声音就不真实、不自然了。在选购音箱时,可以用CD或VCD光盘放一首你熟悉的歌曲或电影情节,没有浑浊或发涩的感觉就可以了。

③ 仔细聆听,检查一下音箱最大不失真功率。将音箱的信号输入线和计算机的声卡(或MPEG回放卡)的线路输出(Line Out)接好后,选择一片有熟悉歌曲的CD或VCD光盘播放,将音量调整到最大但声音仍不失真为止,此时就是音箱的最大不失真功率,如果你觉得音量足够使用也就行了。

④ 如果具有较强的经济实力,不妨购买木质音箱。因为不同的材质对声音的影响不同,木质音箱能保证具有较好的清晰度和比较小的失真度。

小技巧

音箱的板材主要有木制或塑料材质的。塑料音箱的成本较低,但可承受的额定功率也相对较小,无法克服声谐振,不宜购买。木制音箱比塑料音箱有更好的抗谐振性能,扬声器可承受的功率更大。

(6)安全。电器的安全指标是国家强制实行的,直接关系到用户的生命和财产安全。但在目前市场上,并不是所有的有源音箱都通过国家权威部门的安全认证,所以要小心。注意插头、导线、开关等是否安全可靠,一个明显的特征,符合国标安全的电源线及插头上应有长城标志,插头是两片平行的扁平插片,末端不带圆孔。

(7)品牌。尽量选择名厂大厂的产品。因为这些厂具备专业生产线和完善的生产制度,选用的原材料较为正规,售后服务也能得到更好的保证。在产品中应带有较详细的使用说明书和保修单,而且能找到厂家的技术服务电话,以方便用户解决使用中可能遇到的问题。

【新的任务】

通过本章的学习,初步了解声卡的基本结构与功能,熟悉了声卡和音箱的分类,掌握了声卡和音箱的性能指标及选购方法。现在新的任务是:学习并掌握鼠标键盘的基本知识。

习题七

一、填空题

1. 一块市场上常见的声卡，可以清楚地看到（　　　）、（　　　）、（　　　）、（　　　）、（　　　）及（　　　）等主要结构组件。

2. 常见的电脑音箱主要分为（　　　）、（　　　）和（　　　）三类。

3. 封闭式音箱最大的优点是可以获得很好的（　　　）性能。

二、简答题

1. 简述声卡的性能指标。

2. 简述音箱的技术指标。

3. 声卡的结构由哪几部分组成，它们的功能分别是什么？

4. 目前主流声卡芯片有哪些？

第 8 章　键盘和鼠标

前面学习了 CPU、主板、内存、外存、显卡、声卡等计算机主要配件的基础知识，下面将介绍计算机中最常用的输入设备——键盘和鼠标。本章将主要介绍键盘的基本结构、工作原理、分类及选购；鼠标的分类及选购。

通过本章的学习，可以了解键盘和鼠标的基本结构及原理，掌握键盘和鼠标的分类及选购。

8.1　键　盘

任务 1：认识键盘

【任务的提出】

键盘是计算机最重要的输入设备之一。人们依靠键盘向计算机输入各种信息，指挥计算机工作。为了能够对键盘有更加全面的了解，下面就来详细介绍有关键盘的基本知识。

本任务主要包括以下内容：

(1)了解键盘的基本结构；

(2)掌握键盘的分类；

(3)熟悉键盘的选购。

8.1.1　键盘的基本结构

计算机键盘一般可分为外壳、按键和电路板三部分。平时只能看到键盘的外壳和所有按键，电路板安置在键盘的内部，用户是看不到的。

键盘外壳主要用来支撑电路板和给操作者一个方便的工作环境。多数键盘外壳上有可以调节键盘与操作者角度的装置，用户可以通过它使键盘的角度改变。键盘外壳与工作台的接触面上装有防滑减震的橡胶垫。许多键盘外壳上还有一些指示灯，用来指示某些按键的功能状态。

电路板是整个计算机键盘的核心，主要由逻辑电路和控制电路组成。逻辑电路排列成矩阵形状，每一个按键都安装在矩阵的一个交叉点上。电路板上的控制电路由按键识别扫描电路、编码电路、接口电路组成。扫描电路作用是发现按下键的位置，编码电路将产生被按下键的代码，接口电路将产生代码送入计算机。

印有符号标记的按键则安装在电路板上。固定方式有：螺丝固定、直接焊接或特制的装置固定。

8.1.2　键盘的分类

1. 按键盘开关接触方式分类

依键盘开关接触方式分为机械式键盘和电容式键盘。机械式键盘击键响声大，手感较差，击键时用力较大，容易使手指疲劳，键盘磨损较快，故障率较高，使用寿命一般不长。早期的键盘几乎全部是机械式键盘，电容式键盘是利用电容器的电极间距离变化产生容量变化的一种按键开关。由于电容器无接触，所以这种键在工作过程中不存在磨损、接触不良等问题，耐久性、灵敏度和稳定性都比较好。由电容式无触点按键构成的电容式键盘击键声音小，手感较好，寿命较长，但维修起来稍感困难。目前使用的计算机键盘多为电容式无触点键盘。

2. 按键数分类

依键盘的键数可分为 83 键、84 键、87 键、101 键、104 键等，其中 83 键、84 键、87 键是 IBM 在早期提出的键盘类别，102 是键盘是 1996 年以前使用最广泛的键盘。104 键盘是随着 Windows 的使用而出现的。有些厂商还增加了一些特殊的功能键，比如上网键、关机键、睡眠键、唤醒键等。

3. 按接口类型分类

依接口类型可分为标准接口键盘（俗称“大口”键盘）、PS/2 接口键盘、USB 接口键盘、无线键盘。

键盘的标准接口有 5 根插针，对应主板上的标准键盘插座。标准键盘主要用 AT 主板的电脑上，在 PentiumⅡ出现之前比较普及，所以又称 AT 接口键盘。

PS/2 接口的键盘是目前最流行的键盘类型，它因插头和插座均为 PS/2 标准而得名，俗称“小口”键盘。

USB 接口的键盘是因使用 USB 接口标准而得名。无线键盘则可以完全脱离主机，有效范围一般在 3m 以内，这种键盘需用电池且较费电，价格相对较贵。

注意　在标准插头上，一般标有一个“Top”字样和一个椭圆标记，该标记所对应的插针是在插入标准插座的时候应该处于正上方。和标准接口不同，PS/2 键盘插头上有一个缺口，它所对应的插针对应于插座顶端的插孔。

4. 按键盘设计分类

按照键盘的设计，可以将键盘分为普通键盘、人体工程学键盘、防水键盘等，如图 8-1 所示。普通键盘当然不用再介绍了，而人体工程学键盘则是厂家为了使用户用起来感到更加舒适，减少长时间输入的腕部疲劳而设计的，它采用了人体工程学的原理，使键的分布和键盘形式最大程度地贴近手部姿势和形式。防水键盘具有防水功能，可有效防止水进入键盘内部造成故障。

图 8-1　普通键盘和人体工程学键盘

8.1.3　键盘的选购

购买键盘时，主要从以下几个方面来考虑其优劣：

1. 手感

由于我们要经常用手敲打键盘，手感是非常重要的。手感主要是指键盘的弹性，手感太轻、太软不好，除非你习惯了这样的键盘；手感太重、太硬，则击键响声大。因此，在购买时应多敲打几下，以自己感觉轻快为准。

2. 验看键盘的品质

购买键盘时，首先要验看键盘外露部件加工是否精细，表面是否美观。劣质的计算机键盘不但外观粗糙、按键的弹性很差，而且内部印刷电路板工艺也不精良。键盘背后一般有厂商的名称和质量检验合格标签等，以便保证键盘质量。

3. 键盘的插头类型

根据主板接口选择键盘的插头类型。目前，一般选择 PS/2 标准的键盘。

4. 考虑按键的布局

一般说来，不同厂家生产的计算机键盘，按键的布局不尽相同。在挑选计算机键盘时，应该考虑键盘上的按键布局是否符合你的习惯。

5. 品牌

名牌键盘大多设计美观、材质精良、功能较多。如果不考虑价格因素，名牌键盘自然比杂牌键盘的质量要过硬。目前，常见的国外品牌主要有：三星（SAMSUNG）、微软（Microsoft）、飞利浦、优派、LG、三星 PLEOMAX 等；常见的国内品牌主要有：罗技、双飞燕、明基（Benq）、金河田、清华同方、爱国、宏基（Acer）、技嘉、小太阳等。

【新的任务】

通过本节的学习，初步了解了键盘的基本结构，掌握了键盘的分类方法，熟悉了键盘的选购。现在新的任务是：学习并掌握鼠标的基本知识。

8.2　鼠　标

任务 2：认识鼠标

【任务的提出】

鼠标和键盘一样，也是电脑中最重要的输入设备之一。它可以完成键盘可以完成的大部分工作，而且更加方便和快捷。尤其是现在图形化的操作系统，好像是特地为鼠标设计的，离开它，这些软件就无法工作。为了能够对键盘有更加全面的了解，下面就来详细介绍有关鼠标的基本知识。

本任务主要包括以下内容：

(1)鼠标的分类；

(2)鼠标的选购。

8.2.1 鼠标的分类

1. 按鼠标的工作原理分类

根据鼠标的工作原理，可以将其分为机械式、光机式、光电式、光学式等鼠标，如图 8-2 所示。

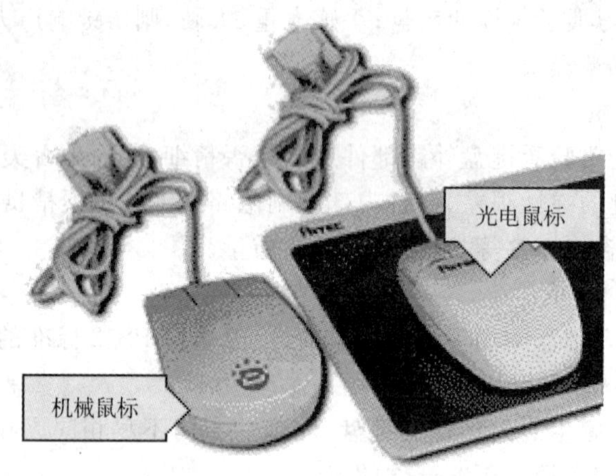

图 8-2 机械式和光电式鼠标

(1)机械式鼠标

典型的机械式鼠标的结构如图 8-3 所示。打开鼠标后，可以看到机械鼠标的内部结构，鼠标内有一个圆的实心的橡皮球，在它的上下方向和左右方向各有一个转轮和它相接触，这两个转轮各连接着一个光栅轮，光栅轮的两侧各有一个发光二极管和光敏三极管。

当鼠标移动时，橡皮球滚动，并带动两个飞轮转动，光敏三极管便感受到光线的变化，并把信号传输到鼠标内的控制芯片，再由芯片将鼠标的变化数据传给电脑。此时屏幕上的鼠标箭头就开始移动了。

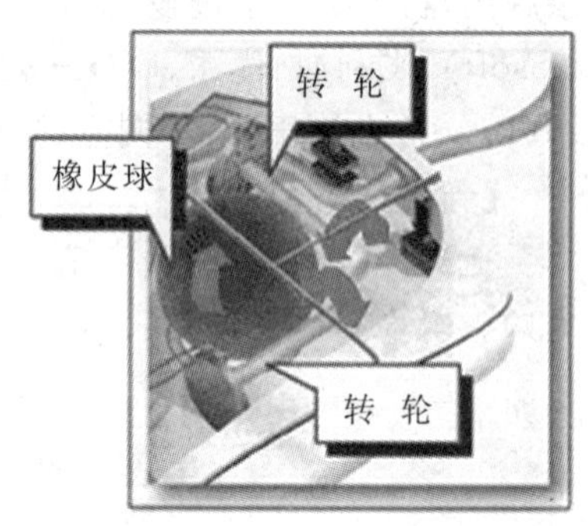

图 8-3 机械式鼠标的结构

(2)光机式鼠标

光机式鼠标的基本原理由鼠标底部的橡胶滚球带动 2 根成 90°排列的定位轴。而定位轴的两端连接着圆形的光学编码器。光学机械式鼠标的编码器由一片有很多狭缝的圆盘，以及其两侧的光电管和发光二极管组成。当鼠标在桌面上移动时，橡胶滚球会带动光学编码器上的圆盘转动，光电管就会收到断续的信号，微处理器即可由此信号及其相位差算出鼠标移动的距离及方向。现在大家平时所说的“机械式”鼠标，其实指的就是光学机械式鼠标。

小技巧

机械和光机式鼠标用久了，灰尘容易附到橡皮球和转轮上，而且转轴上很容易积垢，使鼠标灵活性降低。可以将鼠标后部打开，对滚球和转轮进行清洗，清理完毕后再组装好就可以接着用了。

(3)光电式鼠标

光电鼠标是利用光的反射来确定鼠标的移动的,它由鼠标内的水平和垂直两个发光二极管发出红外线,经专用鼠标垫反射后进入鼠标内,由接收管将鼠标产生的明暗变化转换为电信号,电信号传输到电脑中,就产生了光标的移动效果。

(4)光学式鼠标

光学式鼠标的内部使用了一个很精密的光学传感器(Optical Sensor),也就是俗称的光眼。光学传感器包含有光学组件、CMOS 成像元件和专用图像分析处理芯片(DSP,即数字信号微处理器)。光学组件由棱镜和透镜组成。

鼠标工作时,发光二极管会发出一束光线,一般情况下为红色。经棱镜反射后照射在鼠标操作平台(通常是鼠标垫)上,被照亮区域通过鼠标底部的光学透镜聚焦并投影到 CMOS 上拍摄下来,随后以黑白图片形式送给 DSP。每隔一段时间,CMOS 会根据这些反射光做一次快速拍照,所拍摄到的照片传送到处理芯片后,芯片会从照片中找到定位的关键点,并对前后两次快照中关键点的位移大小和方向的变化,分析测量出它们的运动轨迹,最后将分析结果以数字信号的方式传达给计算机的相关设备,最终在显示器上体现成相应的鼠标运动。

注意

微软采用 IntelliEye 技术的自有品牌光学鼠标,实质就是将控制芯片、DSP 和 CMOS 集成在一起,因此内部结构与其他鼠标有所差异。另外,采用 IntelliEye 技术的鼠标在绝大部分的表面上都可以正常工作。

2. 按鼠标的接口分类

和键盘的分类一样,依鼠标的接口可分为串口(COM)鼠标、PS/2 口鼠标、USB 接口鼠标,如图 8-4 所示。另外,还有少数厂家推出了利用红外线或无线电作为传输介质的“无线鼠标”,不过市场上非常少见。

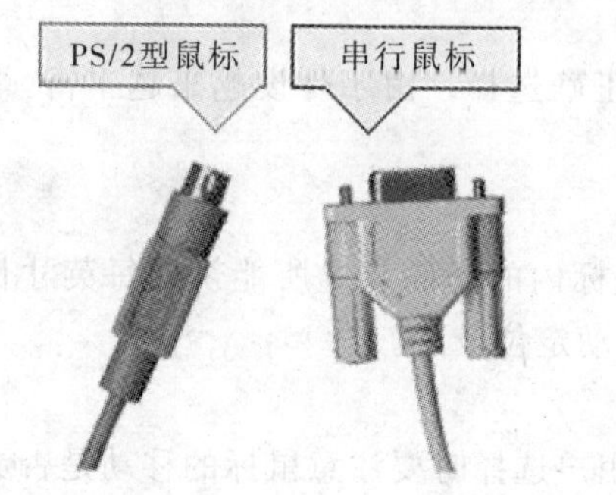

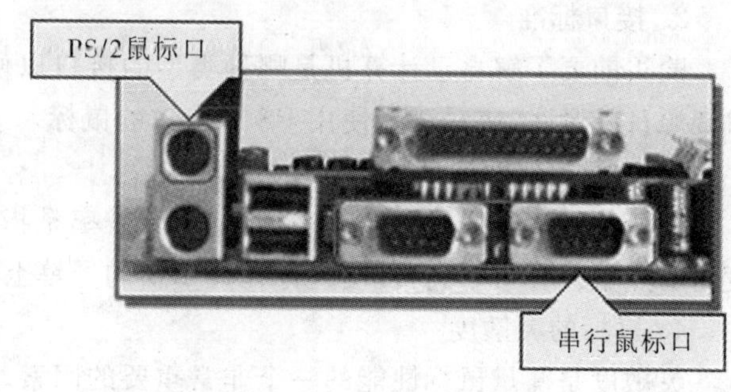

图 8-4　鼠标接口和主板对应接口

传统的鼠标是 COM 口连接的,占用了一个串行口,主要在 AT 主板的计算机中使用。目前,PS/2 鼠标已成为市场上的主流产品,每块 ATX 结构主板上都提供了一个标准的 PS/2鼠标接口供其连接。近年来,随着 USB 接口的兴起,各大厂商又纷纷推出了各自的 USB 接口鼠标。

3. 按鼠标键数分类

按照鼠标的按键数来分类,通常可以分为三键鼠标和两键鼠标。在多数情况下,用户使用的都是两键鼠标。三键鼠标在 Windows 系统的操作系统中，中键的效果和右键的功能一样。如要鼠标厂家提供了可编程的驱动程序，那么用户可以对中间键的功能进行自定义。随着 Internet 的流行，现在又推出了所谓 3D、4D 的鼠标，又称为网络鼠标。它们都是在三键或两键鼠标的基础上，增加具有特殊功能的滚轮或按键，使用户可以用鼠标翻页、放大屏幕，以及不用键盘就可以浏览整个网页等功能。不过这些功能都需要专门的驱动程序支持。

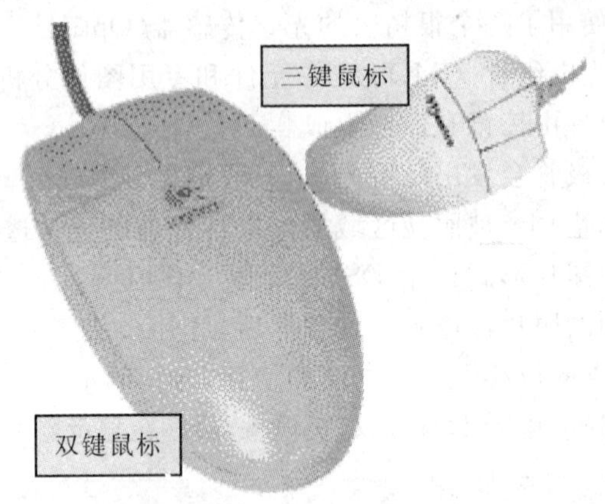

图 8-5　两键和三键鼠标

8.2.2　鼠标的选购

选购鼠标时，要考虑以下几个因素：

1. 手感

手感往往因人而异。一般情况下应在点击时感到轻而有弹性，不能有太重或不灵敏的感觉。同时，要注意选择迎合手掌弧度的鼠标，以减少长时间使用造成的腕部肌肉疲劳。

2. 接口标准

购买前要了解自己计算机是哪种类型的接口以便正确选择。由于外设越来越丰富，端口资源日趋紧张，应尽可能使用 PS/2 接口的鼠标。

3. 鼠标的精度

鼠标的精度是通过分辨率来体现的，分辨率是指鼠标内的解码装置所能辨认每英寸长度内的点数。分辨率高，表明光标在显示器的屏幕上移动定位较准。

4. 鼠标的灵敏度

灵敏度是衡量鼠标性能的一个非常重要的因素。用户选择时要注意鼠标的移动是否灵活。可将鼠标在 Windows 桌面上的移动，感觉鼠标是否移动准确而无凝滞或跳动。

5. 品牌及质保

名牌产品在质量上是相当有保证的，这些名牌产品大多可以用好多年，作为需要频繁使用的产品，这一点还是很重要的，而且名牌产品大多都是一至三年的质保。目前以生产鼠标闻名的公司主要有 Logitech（罗技）、Genius（昆盈）、A4 TECH 和爱国者等，这些公司生产的鼠标具有质量好、使用方便、分辨率高、软件丰富的优点，也有很多创新的设计，适合于对鼠标要求较高的人士选用，缺点就是价格比较贵。对于大众用户，可以从市场上大量的由台湾地区或中国内地生产的杂牌鼠标中，挑选出其中的精品来使用，毕竟，很多人认为其中区别不太大。一般著名厂商都有好的外层包装，尽管包装对于用户来说并不重要，然而，从包装上应该可以初步看到鼠标的真伪、好坏，也可以初步了解一下鼠标的性能。一般来说，良好的鼠标的包装较为整齐，除标明生产厂商及其地址之外，还标明生产序列号和核准的合格证。

【新的任务】

通过本章的学习，掌握了键盘和鼠标的常见种类，熟悉了键盘和鼠标的选购方法，了解了键盘和鼠标的基本结构及工作原理。现在新的任务是：学习并掌握机箱和电源的基础知识。

习题八

一、填空题

1. 按照按键方式的不同，键盘可分为（　　　）和（　　　）两类。

2. 按照工作原理的不同，鼠标可以分为（　　　）、（　　　）、（　　　）、（　　　）鼠标。

3. 衡量鼠标性能的指标主要是（　　　）和（　　　）。

二、选择题

1. 目前键盘接口插座类型有（　　　）。

A. AT　　B. USB　　C. PS/2　　D. 串行口

2. 下列接口中哪一个不是鼠标的接口类型（　　　）。

A. USB　　B. PS/2　　C. 串行口　　D. 并口

三、问答题

1. 键盘和鼠标的接口有哪几种？

2. 简述键盘和鼠标选购时应注意的问题。

3. 试述光学式鼠标的工作原理。

第 9 章　机箱和电源

前面学习了键盘和鼠标的相关知识,为了给它们乃至整个主机提供一个稳定的工作电压,给主机配件提供良好的空间环境,让计算机配上美观大方的外表,就离不开机箱和电源的选择,本章将详细介绍计算机机箱和电源。

9.1　机　箱

任务 1:认识机箱

【任务的提出】

机箱是容纳计算机主要硬件的"容器",若没有了它,几乎所有组件都无"安身之地"。一台完整的计算机,除了部分外设外,主板、CPU、内存、显卡、硬盘、光驱等主要硬件都必须被妥当地安置在机箱中。为了能够对机箱有更加全面的了解,下面就来详细介绍机箱的基本知识。

本任务主要包括以下内容:

(1)机箱的主要作用和基本结构;

(2)机箱的类型;

(3)机箱的选购。

9.1.1　机箱的主要作用和基本结构

1. 机箱的主要作用

(1)为主要硬件设备提供安装的场所。它提供空间给电源、主机板、各种扩展板卡、软盘驱动器、光盘驱动器、硬盘驱动器等存储设备,并通过机箱内部的支撑、支架、各种螺丝或卡子夹子等连接件将这些零配件牢固固定在机箱内部,形成一个集约型的整体。

(2)提供保护。它坚实的外壳保护着板卡、电源及存储设备,能防压、防冲击、防尘,并且它还能发挥防电磁干扰、辐射的功能,起屏蔽电磁辐射的作用。

(3)显示工作状态。它提供了许多便于使用的面板开关指示灯等,让操作者更方便地操纵计算机或观察计算机的运行情况。

2. 机箱的基本结构

机箱一般包括外壳、支架、面板上的各种开关、指示灯等构成,如图 9-1 所示。

机箱的面板上一般有两个指示灯,代表了电源和硬盘的工作状态。开关主要有电源开关和复位开关,电源开关控制键 Power 控制电源的接通与断开,复位 RESET 键是强迫计算机进入复位状态,当计算机因某种原因出现死机时可按此键使机器复位。在老式机箱上很多还有一个键盘锁,以前用来通过控制键盘是否允许被使用。

机箱内部可以看到一些带有插头的连线,主要是 Power 键和 RESET 键以及一些指示灯的引线。除此之外还有一个小型喇叭称之为 PC SPEAK,用来发出提示音和报警,主板上都有相应的插座。

位于机箱的前部有驱动器托架，光驱和软驱都安装在这些托架上，硬盘原本设计安装在机箱的尾部，不过有人认为太接近电源，容易受到电源内部电磁场的影响，所以更多的用户愿意将硬盘安装在3.5寸软驱托架上。

图9-1　机箱的结构

9.1.2　机箱的类型

1. 按机箱的外观分类

机箱依其外观可分为卧式机箱、立式机箱和塔式机箱，如图9-2所示。卧式机箱一般将它平放在桌面上，在其上叠放显示器。优点是显示器放在主机箱上，可以节省部分桌面，缺点是由于显示器放置位置较高，形成轻微仰视，时间长容易造成人体肩肌劳损，对健康不利。立式机箱和卧式机箱实质上并无多大区别，只是立式机箱没有高度限制，理论上可以提供更多的驱动器槽。

图9-2　立式机箱和卧式机箱

塔式机箱从外观上看与立式机箱有点相似，不过它有更好的屏蔽性、更方便的模块化、优质的电源、优良的通风性及更为坚固的外壳，但它的价格较贵。一般用作高档商用机或服务器。

2. 按机箱结构分类

机箱依其结构可分为 AT、ATX、Micro ATX 三种。AT 结构全称为 Baby－AT，只能与 AT 式主板匹配使用。在 ATX 机箱出现之前，使用的都是 AT 机箱，目前 AT 机箱已基本淘汰。ATX 机箱主要用于安装 ATX 主板，其串、并接口等都设计在主板上，这样使机箱内部结构简捷，系统的可靠性得到了提高。另外，ATX 机箱使用 ATX 电源，大部分 ATX 电源通过机箱面板的按钮可控制电源的关闭或进入休眠状态。Micro ATX 机箱是在 ATX 机箱的基础之上建立的，目的是为了进一步节省桌面空间，因而比 ATX 机箱体积要小一些。

另外，立式机箱按驱动器槽位还可分为超薄、半高、3/4 高及全高等。3/4 高和全高机箱拥有 3 个或者 3 个以上的 5.25 英寸驱动器安装槽和 2 个 3.5 寸软驱槽。超薄机箱主要是一些特殊行业机箱，只有 1 个 3.5 寸软驱槽和 2 个 5.25 寸驱动器槽。半高机箱主要是 Micro ATX 机箱，它有 2～3 个 5.25 寸驱动器槽。

9.1.3 机箱的选购

要选购好的机箱，一般要考虑以下因素：

1. 选择适合主板结构和合适空间的机箱

在选择机箱时，首先考虑所用的主板结构，机箱内部空间的大小。在选择时最好以标准立式 ATX 机箱为准，因为它空间大，安装槽多，扩展性好，通风条件也不错，完全能适应大多数用户的需要。

2. 注意箱体的做工和用料

目前，大部分机箱箱体采用镀锌钢板，这种钢板的优点是抗腐蚀能力比较好；少数产品采用仅仅涂了防锈漆甚至普通漆的钢板（喷漆钢板），质量较差；还有一种是镁铝合金机箱，优点是不会腐蚀，但价格较高。

3. 考察机箱的设计

(1)拆装设计。对于经常打开机箱的硬件爱好者来说，方便拆装的设计是必不可少的。目前在很多机箱上都有这种设计，比如侧板采用手拧螺丝固定，3 英寸驱动器架采用卡勾固定，5 英寸驱动器配备免螺丝弹片，板卡采用免螺丝固定，机箱前面板加装 USB 接口等等。

(2)散热设计。合理的散热结构更是关系到计算机能否稳定工作的重要因素。目前最有效的机箱散热解决方法是为大多数机箱所采用的双程式互动散热通道：外部低温空气由机箱前部进气散热风扇吸入机箱，经过南桥芯片、各种板卡、北桥芯片，最后到达 CPU 附近，在经过 CPU 散热器后，一部分空气从机箱后部的排气风扇抽出机箱，另外一部分从电源底部或后部进入电源，经电源散热后，再由电源风扇排出机箱。机箱风扇多使用 80mm 规格以上的大风量、低转速风扇，避免了过大的噪音，实现了“绿色”散热。

4. 电磁屏蔽性能

计算机在工作的时候会产生大量的电磁辐射，这些辐射主要来源于显示器、主板、CPU 以及显卡、声卡等设备。如果不加以防范会对人体造成一定伤害。这样，机箱就成了屏蔽电磁辐射，保护使用者健康的最后一道防线。

注意	机箱材料是否导电，是关系到机箱内部的计算机配件是否安全的一个重要因素。如果机箱材料不导电，那么产生的静电等都不能由机箱底壳导到地下，严重的话会导致机箱内部主板等烧坏。

5. 机箱品牌

选购机箱时，一般选择较有市场影响力的品牌。目前，国内计算机机箱制造厂已超过100家，而且大都集中在广东省，特别是台商投资建厂的较多。如保利得、银河、华硕、爱国者、金河田、ST、技展、东日等等，可以说品牌繁多、举不胜举，而且档次也不尽相同。

英誌、鸿海、嘉利、银河等是专业的机箱制造厂家，品种丰富，用料上乘，工艺考究，因而是追求品位的玩家首选；华硕、GVC、爱国者、ST等机箱品种较为齐全，高中低档次都有，用料不错，市场定价也较为合理。以上这些品牌再加上"韩国机箱"、"得康"、"南星"等基本上构成了计算机机箱的中高档市场，它们几乎占整个机箱市场的80%左右。

【新的任务】

通过本节的学习，初步了解了机箱的基本结构，掌握了机箱的分类方法，熟悉了机箱的选购技巧。现在新的任务是：学习并掌握电源的基本知识。

9.2 电　源

任务2：认识电源

【任务的提出】

电源也称电源供应器，是计算机中的一个非常重要的部件。电源功率的大小，电流和电压是否稳定，将直接影响计算机的工作性能和使用寿命。为了能够对电源有更加全面的认识，下面就来详细介绍有关电源的基本知识。

本任务主要包括以下内容：

(1)电源的分类；

(2)电源的技术指标及选购。

9.2.1　电源的分类

目前市场上的计算机电源一般与机箱一起出售，电源的形状与机箱的形状有关。另外，机箱电源与主板也密不可分，主板的构成将直接影响机箱的结构，同时也影响着电源。因此，电源也同样可分为AT电源和ATX电源，如图9-3所示。

1. AT电源

其功率一般为150W～220W，共有四路输出(±5V、±12V)，另向主板提供一个Power Good信号。输出线为两个6芯插座和几个4芯插头，两个6芯P8和P9插头为主板供电。AT电源采用切断交流电网的方式关机，也就是"硬关机"。目前，在市场上随着ATX结构的主板、机箱和电源成为主流，AT电源已趋于淘汰。

2. ATX 电源

和 AT 电源相比，ATX 电源外形尺寸没有变化，主要增加了＋3.3V 和＋5VStandBy 两路输出和一个 PS－ON 信号，输出线改用一个 20 芯线给主板供电。PS－ON 是主板向电源提供的电平信号，待令时为＋5V 高电平，受控启动转为 0V 低电平；＋3.3V 是为了降低 CPU 功耗、减少发热量特意为 CPU 提供的工作电压；＋5VStandBy 和 PS－ON 共同控制可实现软件开关机、键盘开机、网络唤醒等功能。

注意	＋5VStandBy 始终是处于工作状态，这也就是为什么用户在插拔硬件设备时要关闭电源的原因。

自 1995 年 ATX 标准诞生以来，ATX 电源的版本结构也在不断变化。如 ATX1.0、ATX1.1、ATX2.0(1997 年)、ATX2.01、ATX2.02、ATX2.03(2000 年)、ATX12V1.0(2000 年 2 月)、ATX12V1.1(2000 年 8 月)、ATX12V1.2(2002 年 2 月)、ATX12V1.3(2003 年 4 月)、ATX12V2.0(2004 年 4 月)等。

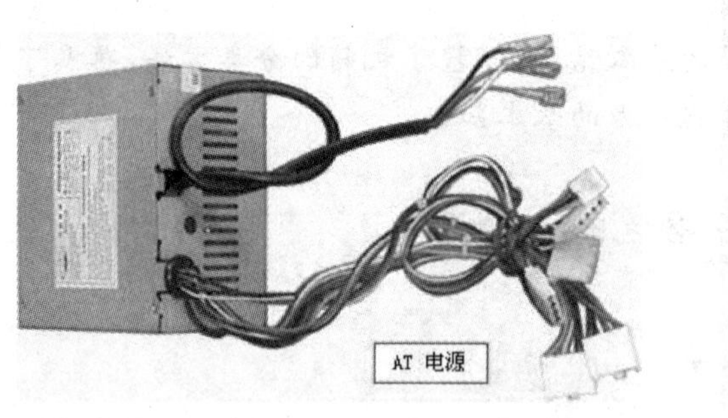

图 9－3　AT 和 ATX 电源

(1)ATX12V1.0 和 ATX2.03 的区别

①加强了＋12V 端的电流输出能力；

②加强了＋5VSB 端的电流输出能力；

③新增了＋12V 4 芯电源连接器专门为处理器 CPU 供电，如图 9－4 所示。

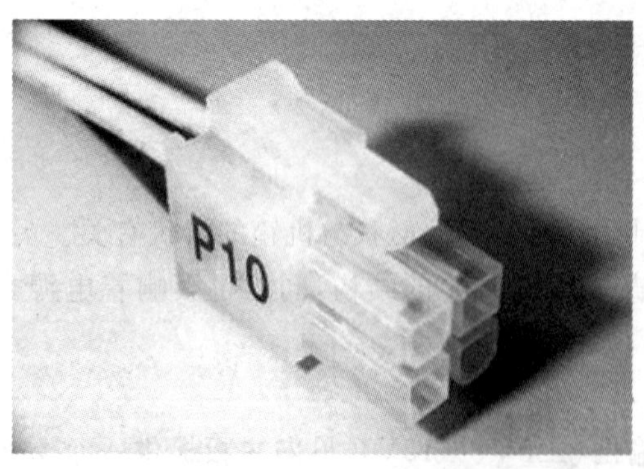

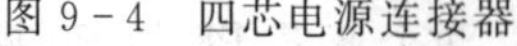

图 9－4　四芯电源连接器　　　　图 9－5　SATA 设备电源接口

(2)ATX12V1.1、1.2、1.3 标准

ATX1.1 标准增加了对＋3.3V 端输出电流的要求，以适应更大功耗的显卡和内存；

ATX1.2标准去掉了对－5V端的要求，因为－5V端主要是针对ISA设备供电的，而Intel从810芯片组开始就彻底淘汰了ISA插槽；ATX12V1.3标准要求＋12V端的电流输出最低达到18A以上，＋3.3V端的电流输出最低达到10A以上，首次对电源的转换效率提出了要求，要求电源的转换效率必须达到70％以上，定义并新增了SATA设备的电源接口，如图9-5所示。

(3)ATX12V2.0标准

ATX12V2.0标准的主电源输出接口由20芯改为24芯，新增一路全独立的＋12V输出端，要求电源的转换效率必须达到80％以上，要求必须有2个以上SATA设备的电源接口。

9.2.2 电源的技术指标及选购

1. 技术指标

(1)多国认证标记

优质的电源具有FCC、美国UR和中国长城等认证标志，这些认证是认证机构根据行业内技术规范对电源制定的专业标准，包括生产流程、电磁干扰、安全保护等，凡是符合一定的指标的产品在申报认证后才能在包装和产品表面使用认证标记。应该说具有一定的权威性。

(2)噪音和滤波

这项指标需要通过专业仪器才能直观量化判断，主要是220V交流电经过开关电源的滤波和稳压变换成各种低电压的直流电，噪音标志输出直流电的平滑程度，滤波品质的高低直接关系到输出直流电中交流分量的高低，也被称为波纹系数。这个系数越小越好。同时滤波电容的容量和品质也关系到电流有较大变动时电压的稳定程度。

(3)瞬间反应能力

当输入电压在瞬间发生较大的变化(在允许范围之内)，输出的稳定电压值恢复正常所用的时间，也是电源对异常情况的反应能力。

(4)电压保持时间

在PC系统中后备式的UPS(不间断电源)占有相当大的比例，当电网突然停电，后备式的UPS会切换供电，不过这一般需要2ms～10ms切换时间(依UPS的具体性能而定)，所以在此期间需要电源自身能够靠储能元件中存储的电量维持短暂的供电，一般优质的电源的保持时间可以达12ms～18ms，确保UPS切换期间的正常供电。

(5)电磁干扰

由于开关电源的工作原理所决定内部具有较强的电磁振荡具有类似无线电波的对外辐射特性，不加以屏蔽可能会对其他设备造成影响。将移动电话或无线通讯设备置于计算机附近，如果发生通讯质量的下降就说明受到电磁干扰。

由于这种干扰看不见摸不着，而抗电磁干扰要花费较大的成本，所以劣质电源都忽略此项指标。在国际上有FCC A和FCC B的标准，在国内也有国标A(工业级)和国标B级(家用电器级)标准，优质的电源都可以通过B级标准。

(6)开机延时

这是一种新的概念，电源在接通之初到提供稳定的输出必然需要一定的时间的稳定周期，在这个周期中电压的稳定度很难保证，所以电源设计者让电源延时 100ms～500ms，等电源稳定后再向计算机提供高质量的电源。

(7)过压保护

ATX 电源较传统 AT 电源多了 3.3V 电压组，有的主板没有稳压组件直接用 3.3V 为主板部分设备供电，即便是具有稳压装置的线路，对输入电压也有上限，一旦电压升高对被供电设备可能会造成严重不可逆的物理损伤。所以电源的过压保护十分重要，防患于未然。

(8)电源效率

电源效率和电源设计线路有密切的关系，高效率的电源可以提高电能的使用效率，在一定程度上可以降低电源的自身功耗和发热量。

(9)电源寿命

一般电源寿命按照 3～5 年计算元件的可能失效周期，平均工作时间在80 000～100 000小时之间。

2. 电源的选购

选择电源时可以考虑以下几点：

(1)电源输出功率相应要大，建议至少不低于 230W。因为如果过小，会在挂接双硬盘或 CD－ROM 等内置存储设备时出现微机不能启动的现象。

(2)选择电源时还应注意电源盒中的风扇噪声是否过大，转动情况是否良好，千万不能容忍有卡扇叶的情况出现，否则轻则烧毁电源，重则损坏系统。

(3)是否具有双重过压保护功能，对于不稳定的电压起到一定的防范作用，否则一旦遇到瞬间高压，后果不堪设想。

(4)拥有安全规范认证。在中国大陆具有中国电工产品认证标志(CCEE)，即长城标志，即便是有安全规范的电源，但最好具有多国产品的认证标志，如 FCC、UL、CSA、TUV、CE 和北欧四国认证等。

(5)品牌。如果普通消费者实在无从着手的话，可以选在市场上口碑和信誉较好的电源品牌。目前市面上质量上乘的电源有国产长城牌(HOPELY)电源、航嘉电源、银河电源，还有台商在大陆投资生产的英誌、SPI、DTK 电源等，但价格较高。

注意　许多优质的机箱里配备的同样是优质电源。如保利得机箱里配备的是英誌或君英电源、华硕机箱安装的是英誌或华硕电源、嘉利配备的是 SPI 电源等等。

【新的任务】

通过本章的学习，掌握了机箱的功能及组成、电源的分类及相关规范，了解了电源的技术指标，熟悉了机箱和电源的选购技巧。现在新的任务是：学习并掌握其他常用外设的使用。

习题九

一、填空题

1. 根据机箱的外形，机箱可以分为(　　　)、(　　　)和(　　　)三种，按结构又可分为(　　　)、(　　　)和(　　　)三种。

2. ATX 机箱面板开关通常有(　　　)和(　　　)。

3. 电源按结构分主要有(　　　)和(　　　)。

4. ATX 电源实现软关机主要是由(　　　)和(　　　)两个信号共同控制的。

二、选择题

1. ATX2.0 标准主板电源接口插座为双排(　　　),ATX12V2.0 标准主板电源接口插座为(　　　)。

A. 20 针　　B. 12 针　　C. 18 针　　D. 24 针

2. 下列属于并行口和串行口的叙述中,正确的是(　　　)。

A. 机箱后面并行口是插孔,串行口是插针

B. 并行口是并行传送数据,一次可传送若干位数数据

C. 串行口只能接鼠标

D. 串行口是串行传输数据,一次只能传送一位

三、问答题

1. 机箱的主要作用是什么?

2. 如何选购机箱? 目前主流机箱的品牌有哪些? 列出 4 个。

3. 说出 ATX 电源与 AT 电源的区别。

4. ATX 电源的主要标准有哪些? 目前所用的电源主要是什么规范?

5. 在选购电源时应注意哪些问题?

第 10 章　其他外部设备

上一章我们重点讨论了计算机的机箱和电源的分类及选购，让大家对机箱和电源的选择有了一个初步的认识。本章将学习计算机接入 Internet 时常用的网络互连设备——MODEM和网卡、常用的 I/O 设备——打印机和扫描仪。

10.1 网络互联设备

任务 1：ADSL 调制解调器的认识

【任务的提出】

调制解调器(MODEM)俗称“猫”，它是接入 Internet 不可缺少的硬件设备。它的一端接 PC 机上，另一端通过电话线接入到公用交换电话网(PSTN)，然后，通过 ISP(Internet 服务提供商)接入到 Internet。目前，家庭中最常用的接入 Internet 方式之一就是 ADSL，下面就详细了解 ADSL 调制解调器。

本任务主要包括以下内容：

(1)ADSL 技术概述；

(2)ADSL 调制解调器的类型及外部结构；

(3)ADSL 调制解调器的选购。

10.1.1　ADSL 调制解调器

1. ADSL 技术概述

ADSL(Asymmetric Digital Subscriber Line，非对称数字用户线路)是 DSL 技术的一种，是在普通电话线上传输高速数字信号的技术。通过采用新的技术在普通电话线上利用原来没有使用的传输特性，在不影响原有语音信号的基础上，扩展了电话线路的功能。

ADSL 使用普通电话线作为传输介质，虽然传统的 MODEM 也是使用电话线传输的，但它只使用了 0Hz～4kHz 的低频段，而电话线理论上有接近 2MHz 的带宽，ADSL 正是使用了 26kHz 以后的高频带才能提供如此高的速度。具体工作流程是：经 ADSL MODEM 编码后的信号通过电话线传到电话局后在通过一个信号识别/分离器进行识别/分离，如果是语音信号就传到交换机上，如果是数字信号就接入 Internet。

当电话线两端连接 ADSL MODEM 时，在这段电话线上便产生了三个信息通道：一个速率为 1.5Mbps～9Mbps 的高速下行通道，用于用户下载信息；一个速率为 16Kbps～1Mbps 的中速双工通道，用与 ADSL 控制信号的传输和上行的信息；一个普通的老式电话服务通道，该信道用以保证即使 ADSL 连接失败了，标准语音通信仍能正常运转；且这三个通道可以同时工作，如图 10-1 所示。非对称 DSL 技术适用于对双向带宽要求不一样的应用，如 Web 浏览、多媒体点播、信息发布等，因此适用于 Internet 接入、VOD 系统等。

ADSL 为网络提供速率从 32Kbps～8.192Mbps 的下行流量和从 32Kbps～1.088Mbps

的上行流量，同时在同一根线上可以仿真提供语音电话服务。特点是利用一对双绞线传输，上/下行速率从1.5Mbps/64Kbps～6Mbps/640Kbps，支持同时传输数据和语音等。

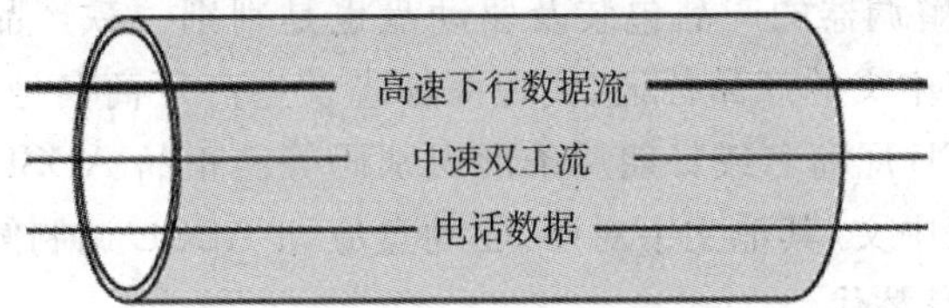

图10-1　ADSL MODEM在电话线上产生的三个信息通道

2. ADSL调制解调器的类型及结构

ADSL调制解调器分为内置、外置及USB三种类型。其中外置的ADSL调制解调器安装设置较为方便，价格稍贵，且需使用以太网接口，所以在与电脑连接时需要配置网卡。内置PCI接口的ADSL调制解调器价格便宜，不占外部空间，一般家庭用户使用较为普遍。USB接口的ADSL调制解调器具有安装使用方便、支持热插拔、接口速度快等特点，在PCI插槽不多的情况下可考虑使用。

一般外置ADSL调制解调器的外部结构如图10-2所示，主要功能由外壳、相关指示灯、开关和接口等，下面以UT－300R以太网接口ADSL调制解调器为例介绍各指示灯、开关、接口的功能。

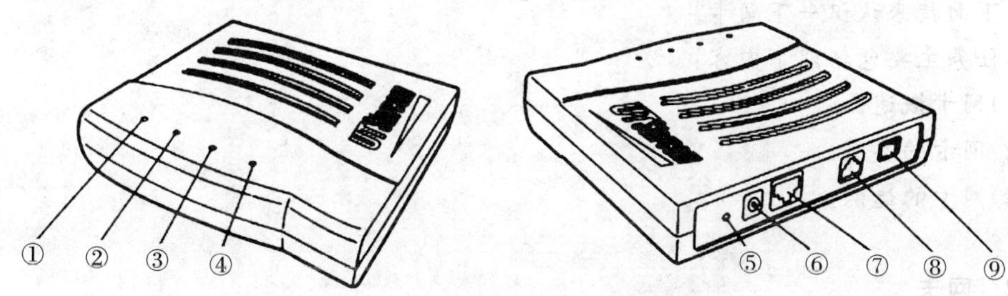

图10-2　外置ADSL MODEM外部结构

① POWER指示灯：红色，用于指示电源状态。灯亮表示电源已连接好。

② LINK指示灯：黄色，用于指示ADSL线路状态。闪亮时表示正在连接；常亮时表示线路已连接好，可以使用。

③ PC指示灯：绿色，用于指示与PC机网卡的连接状态，常亮表示与PC机网卡已连接好。

④ DATA指示灯：绿色，闪亮时表示MODEM正在收发数据。

⑤复位孔：用于恢复ADSL配置为出厂配置。

⑥电源接口

⑦ Ethernet接口：一般通过5类双绞线与PC或switch相接。

⑧ LINE接口：接电话线。

⑨电源开关：打开、关闭电源。

3. ADSL调制解调器的选购

在选择ADSL调制解调器时，除了注意选择类型外，还应考虑几个因素：

一是选择名牌的ADSL调制解调器，比如3COM、力宜、阿尔卡特、华为、中兴、华硕、伊泰克等，名牌的ADSL调制解调器做工肯定要好于假冒品或其他杂牌产品。

二是ADSL调制解调器的产品包装及驱动盘也是判别一款产品真伪的重要手段。正品封条完整，盒上应有中文的产品标记、代理商标志及生产厂商名地址、型号、规格名，盒内应印有产品规格及PCB厂商名或日期及条形识别码等。正品ADSL调制解调器皆用防静电袋包装，说明书应有中文/其他文字对照，驱动盘应和ADSL调制解调器相配套而不是用公共版驱动盘或刻录盘替代。

三是售后服务。在购物单上应注明产品的型号、规格、包修包换等事宜。

【新的任务】

通过本节的学习，初步了解了ADSL调制解调器的概念及简单原理，掌握了ADSL调制解调器的分类方法，熟悉了ADSL调制解调器的选购技巧。现在新的任务是：学习并掌握网卡的基本知识。

任务2：网卡的认识

【任务的提出】

网卡也叫"网络适配器"，它是局域网中最基本的部件之一，是连接计算机与网络的硬件设备。无论是双绞线连接、同轴电缆连接还是光纤连接，都必须借助于网卡才能实现数据的通信。下面就来认识一下网卡。

本任务主要包括以下内容：

(1)网卡概述；

(2)网卡的类型；

(3)网卡的选购。

10.1.2 网卡

1. 网卡的概述

网卡又称之为网络卡或网络接口卡，英文简称NIC(Network Interface Card)。它是计算机网络中必不可少的基本设备之一，为计算机之间的数据通信提供物理连接。它的主要作用是将计算机中的数据转换为能够通过介质传输的信号。当网卡传输数据时，它首先接收来自计算机的数据，为数据附加校验及网卡地址报头，然后将数据转换为可通过传输介质发送的信号；当另一端的网卡接收到这些数据，它又把这种特定格式的数据转换为计算机能理解的数据格式交给计算机处理。

网卡是网上设备(如服务器、工作站)到网络传输介质的通信枢纽，是完成网络数据传输的关键部件。在计算机局域网中，通过网卡将工作站或服务器连接到网络上，实现网络资源的共享和通信。每块网卡都有一个唯一的网络节点地址，它是网卡生产厂家在生产时烧录入ROM中的，且保证绝对不会重复。

注意	网卡的Boot ROM芯片就像BIOS芯片一样是一块只读存储器，里面存放了网络启动的程序，根据网络操作系统不同，分为Novell和Windows的Boot ROM。

2. 网卡的类型

日常使用的网卡都是以太网网卡。网卡按其传输速度来分可以分为 10M 网卡、10/100M 自适应网卡以及千兆网卡等，目前，在生活中使用的常是 10M 网卡和 10/100M 自适应网卡两种网卡，它们价格便宜，比较适合于一般用途；对于千兆的网卡，其主要用于高速的服务器。

按主板上的总线类型来分，网卡又可分为 ISA、VESA、EISA、PCI 等接口类型的网卡。目前市场上主流的网卡是 PCI 接口的网卡，PCI 网卡的理论带宽为 32 位 133M，PCI 网卡主要可分为 10M PCI 网卡、10/100M PCI 自适应网卡和千兆服务器网卡三种类型，10M PCI 网卡价格较便宜，被低端用户广泛采用；而 10/100M PCI 自适应网卡作为当今的主流产品，已逐渐为广大用户接受。10/100M PCI 自适应网卡可根据需要自动识别连接网络设备的工作频率，自动工作于 10M 或 100M 的网络带宽下。

按其连线的接口类型来分，网卡又可分为 RJ45 水晶口、BNC 细缆口、AUI、FDDI 接口、ATM 接口等及综合了这几种插口类型于一身的二合一、三合一网卡。RJ45 插口是采用 10 BASE T 双绞线的网络的接口类型，它的一端就是电脑上网卡的 RJ45 插口，连接的另一端就是集线器 HUB 上的 RJ45 插口；而 BNC 接头是采用 10 BASE 2 同轴电缆的接口类型，它同带有螺旋凹槽的同轴电缆上的金属接头相连，如 T 型头等；AVI 接头目前很少使用。

按应用领域来分，网卡又可分为应用于工作站的网卡和应用于服务器的网卡。前面所介绍的基本上都是工作站网卡，其实通常也应用于普通的服务器上。但是在大型网络中，服务器通常采用专门的网卡。它相对于工作站所用的普通网卡来说在带宽(通常在 100Mbps 以上，主流的服务器网卡都为 64 位千兆网卡)、接口数量、稳定性、纠错等方面都有比较明显的提高。还有的服务器网卡支持冗余备份、热插拔等服务器专用功能。

除了以上几类网卡以外，另外还有一些非主流分类方式，如现在非常流行的无线网卡、笔记本专用网卡、USB 接口的网卡等等。笔记本专用网卡是为方便笔记本电脑联入局域网或互联网而专门设计的，它主要有只能联入局域网的局域网卡和能访问局域网且能上互联网的局域网/MODEM 网卡，它一端接电话接口，一端连 RJ45 接口；而 USB 网卡也是外置的，它一端为 USB 接口，另一端为 RJ45 接口，也分为 10M 和 10/100M 自适应两种；无线网卡则是近年来随着无线局域网的发展而产生的，在传送信息时不需要双绞线或同轴电缆，可实现与无线网络的连接，目前无线网卡的标准有 IEEE 802.11b、IEEE 802.11a、IEEE 802.11g 等。

3. 网卡的选购

网卡看似一个简单的网络设备，它的作用却是决定性的。加上目前网卡品牌、规格繁多，稍不留意，很可能所购买的网卡根本就用不上，或者质量太差，用得根本就不称心。如果网卡性能不好，其他网络设备性能再好也无法实现预期的效果。所以，在选购网卡时要注意的几个方面：

(1)依据网络类型选择网卡

不同类型的网卡其使用环境可能是不一样的，所以在选购网卡时最好应明确所选购网卡使用的网络及传输介质类型、与之相连的网络设备带宽等情况。例如，以双绞线为传输介质的要选用 RJ45 接口类型的网卡；以细同轴电缆为传输介质的则要选用 BNC 接口类型的网卡，以粗同轴电缆为传输介质则要求选用 AUI 接口的网卡等。

(2)注意网卡的材质和制作工艺

网卡的制作工艺主要体现在焊接质量、板面光洁度上。优质网卡的电路板焊点大小均匀,焊脚干净,焊接质量良好;而一般网卡会出现堆焊或虚焊等现象,焊接点看上去很不均匀,有时可以看见细小的气眼。目前比较好一点的板材通常采用喷锡板,而劣质网卡在电路板选材上选用非喷锡板材。这一点在电路板露出板材之处可以明显地用肉眼区分开来,喷锡板板材裸露部分为白色,而劣质网卡为黄色。

质量较好的网卡选用12cm×6cm的大号电路板,很多网卡为了降低成本,选用了12cm×4cm以下的小号电路板,这在很大程度上影响了整个网卡在布局上的合理性,很容易导致为节约成本而牺牲稳定性的恶果。另外,网卡金手指应选用镀钛金,这样保证了反复插拔时的可靠接触。信号走线转弯处使用45°角,节点处为圆弧形设计,既增大了自身的抗干扰能力,又可减少对其他设备的干扰。而劣质网卡金手指大多采用非镀钛金,节点也为直角转折,影响信号传输的性能。

(3)品牌

在选用网卡时还要考虑购买信誉较好的名牌产品。首先,可考虑国内大公司的产品,该类网卡一般具备较高的性能价格比,比如实达、TP－Link、D－link等。其次,可考虑国外大公司的产品,比如3COM、Intel、D－Link、Accton等,其价格昂贵但稳定性及性能较好。而对于市场上的一些杂牌网卡大家应慎重购买,虽然其价格很便宜,但其使用稳定性较差,也许还会出现使用相同网络节点地址的产品的情况。

除了以上的三点以外,在选购网卡时,还应注意网卡传输速率、端口类型、是否支持自动网络唤醒功能、是否支持远程启动、是否支持全双工模式等。

【新的任务】

通过本节的学习,初步了解了网卡的概念及简单原理,掌握了网卡的分类方法,熟悉了网卡的选购技巧。现在新的任务是:学习并掌握打印机的基本知识。

10.2 打 印 机

任务3:打印机的了解

【任务的提出】

打印机是计算机中常用的输出设备之一,它在计算机系统中是可选件。我们可以利用打印机打印出各种资料、文本、图形、图像等。下面就来介绍打印机的基本知识。

本任务主要包括以下内容:

(1)打印机的分类;

(2)打印机的选购。

10.2.1 打印机的分类

打印机一般可以分为针式打印机、喷墨打印机和激光打印机三大类,如图10－3所示,左为针式打印机,中为喷墨打印机,右为激光打印机。

图 10 - 3　针式、喷墨、激光打印机外观图

1. 针式打印机

针式打印机是一种击打式打印机，是利用机械传动机构驱动细针阵列打击色带，从而在色带背后的介质上留下打印轨迹。针式打印机主要有 9 针和 24 针两种，针数是指打印头内的打印针的排列和数量，针数越多，打印的质量就越好。9 针打印机目前已经被淘汰，24 针打印机已经成为针式打印机的主流产品。由于针式打印机使用历史悠久，结构简单可靠、技术成熟，消耗费用低，可以打印多层压感纸，亦可适量打印蜡纸等，在票据打印方面也有不可替代的作用。但是也有分辨率不高、速度慢、噪音大、难以实现色彩打印等缺点。

2. 喷墨打印机

喷墨打印机是非击打式的打印机，它的打印头是由几百个细微的喷头构成，当打印头移动时，喷头按特定的方式喷出墨水，喷射到打印介质上来形成文字或图像。和针式打印机相比，它具有整机价格低、分辨率高、噪声小、操作方便、很容易实现色彩打印等优点，但相对打印速度较慢，耗材较为昂贵。

3. 激光打印机

激光打印机是一种高速度、高精度、低噪音的非击打式打印机，它是激光扫描技术与电子照相技术相结合的产物。其基本工作原理是由计算机传来的二进制数据信息，通过视频控制器转换成视频信号，再由视频接口/控制系统把视频信号转换为激光驱动信号，然后由激光扫描系统产生载有字符信息的激光束，最后由电子照相系统使激光束成像并转印到纸上。激光打印机的打印质量是所有打印机中最好的，几乎达到了印刷的水平，这也是它最大的优点。另外，还有打印速度快、打印声音小等优点。但价格及耗材贵，不可以用复写纸同时打印多份，且对纸张的要求高。

10.2.2　打印机的选购

在选购打印机时应从两方面着手：一是要考虑其性价比，主要了解一下打印机的价格及相关性能，如打印速度的快慢、噪音的高低、分辨率的大小等。二是购买者还应根据实际需要来购买。比如是一般用户，对输出的精度要求不太高，可选择喷墨打印机；如果有特殊需要，如打印蜡纸、票据等，就只能选针式打印机；打印速度要求很高或需要无噪声的环境，只能选择激光打印机。三是考虑品牌，品牌的质量及售后服务都是有保障的。目前，常见针式打印机主要有爱普生、STAR 系列等；喷墨打印机主要有爱普生、惠普、佳能系列等；激光打印机主要有惠普、爱普生、三星、联想系列等。

【新的任务】

通过本节的学习，掌握了打印机的分类及特点，熟悉了打印机的选购技巧。现在新的任务是：学习并了解扫描仪的基本知识。

10.3 扫 描 仪

任务4:扫描仪的了解

【任务的提出】

扫描仪是计算机中常用的输入设备之一,是将照片、书籍上的文字或图片获取下来,以图片文件的形式保存在电脑里的一种设备。它在计算机系统中也是可选件。下面就来介绍扫描仪的基本知识。

本任务主要包括以下内容:

(1)扫描仪的分类;

(2)扫描仪的技术参数及选购。

10.3.1 扫描仪的分类

1. 从感光模式来分,扫描仪主要有CCD、CIS两种。

(1)CCD(电荷耦合器件)

CCD发展时间长,技术及制造工艺都已相当成熟,CCD扫描仪的图像质量相当突出,几乎能满足所有方面的要求。它主要采用CCD的微型半导体感光芯片作为扫描仪的核心。使用CCD进行扫描,要求有一套精密的光学系统配合,这使得扫描仪结构复杂。所以它的特点是扫描质量高,扫描范围广(可扫实物),使用寿命长,分辨率高。传统的CCD技术的工作原理很像复印机,它利用外部高亮度光源将原稿照亮,原稿的反射光经过反射镜、投射镜和分光镜后成像在CCD元件上。由于镜头成像有一定的清晰范围,所以原稿可以具有一定的景深,也就是可以扫描具有立体表面的物体。CCD扫描仪的景深一般可以达到十几厘米,这就是厂商们常说的3D扫描。由于CCD的光学器件比较复杂,很难缩小体积,所以CCD扫描仪一般比较厚重。CCD器件与数码相机中使用的器件相同,制造技术已经非常成熟。CCD器件可以做到非常高的光学分辨率,已达到1200dpi×2400dpi以上。

(2)CIS

CIS采用一种触点式图像感光元件(光敏传感器)来进行感光,在扫描平台下一至两毫米处,一排由300~600个紧密排列的红、蓝、绿三色LED传感器所发的光混合在一起产生白色光源,取代了CCD扫描仪中的CCD阵列、透镜、荧光管或冷阴极射线管等复杂结构。CIS没有镜头组件,CIS感光器件横跨整个扫描幅面宽度,而且最大限度地贴近原稿。CIS采用发光二极管作为光源和二极管感光元件,结构简单紧凑,厚度通常不到CCD产品的一半。因没有镜头成像部分,所以景深很小,一般只能扫描平面物体。CIS器件属于半导体器件,在大规模生产后可以实现较低的成本。但CIS技术目前还处于发展阶段,其光学分辨率一般只有300dpi×600dpi。CIS与CCD相比,CCD扫描技术由于采用光学成像器件,扫描出的图像色彩与亮度都非常均匀,而且由于采用高亮度光源,所以可以达到非常高的色彩分辨率。而CIS技术使用的是大面积感光器件,在目前还很难保证扫描的均匀度,而且由于使用的是亮度较低的二极管发光器件,所以CIS的色彩分辨率也不如CCD出色。

2. 扫描仪接口的分类

扫描仪按接口主要类型分为EPP、USB、SCSI等三种。EPP接口的扫描仪的最大特点是方便，EPP口对电脑要求低，486以上任何机型都可以用。USB的最大特点是速度较快，安装方便，可以带电拔插。SCSI接口的扫描仪的优点是速度快，扫描稳定，占用系统资源少，缺点是成本较高，安装麻烦，现在除高档专业扫描仪外，这种扫描仪用得越来越少了。

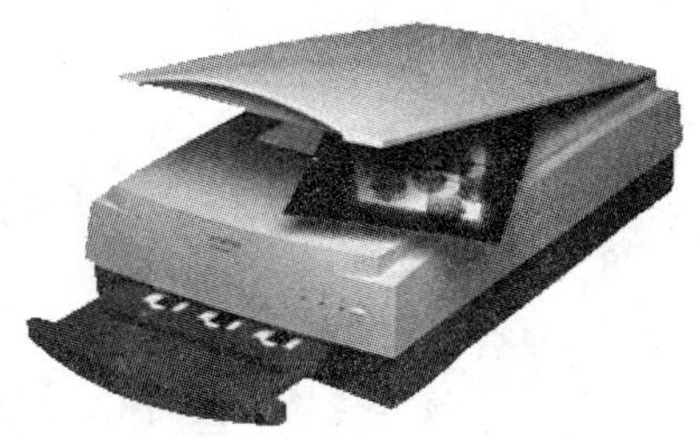

图10-4　扫描仪外观图

10.3.2　扫描仪的技术参数及选购

1. 扫描仪的主要技术参数

(1)分辨率

扫描仪的分辨率是光学分辨率，它是指一英寸上分为多少个点，如300dpi就是说在一英寸上它扫描300个光学点数。扫描仪还有一个最大分辨率，它主要是指在光学分辨率上的软件插值，也就是说通过软件运算得到的。最大分辨率不能实际增加图像中的信息量，反而会使图像看起来模糊。软件插值法使分辨率提得越高，图像的质量越差。但是，用这种方法可以从软件上实现高放大倍率图像的扫描。最大分辨率通常是光学分辨率的2～4倍。

(2)色彩位数

色彩位数是以bit为单位的数据，现在一般市面上有36位与48位的扫描仪。n位数表示具有2^n种颜色，如36位就是2^{36}种颜色，在使用中当然是颜色数(即色彩位数)越多越好。

2. 扫描仪的选购

在选购扫描仪时，除以上两个主要技术参数必须外，还应该注意以下几个因素：

(1)品牌

市场上有多种品牌的扫描仪，其中以中晶、鸿友、优迈仕、惠普、爱普生、清华紫光、明基、佳能、爱克发实力较强，产品丰富，服务也比较完善。

(2)OCR功能

OCR(“光学字符识别”的英文编写)就是汉字识别，是为了使汉字信息高速输入计算机，以解决低速的信息输入与高速信息处理之间的矛盾，从而提高整个计算机系统的效率。这种根据汉字人工编码录入汉字文本的方法，从根本上改变了人们对计算机汉字人工编码录入的概念。很多扫描仪通过OCR软件来实现这一功能，但也有扫描仪本身具有OCR功能，不过比较昂贵。

此外，在选购时还要对产品内外包装、说明书和产品本身作细致的察看和比较，以防假冒伪劣产品。

【新的任务】

通过本章的学习，初步了解了ADSL调制解调器和网卡的概念及简单原理，掌握了ADSL调制解调器和网卡的分类方法，熟悉了ADSL调制解调器和网卡的选购技巧；掌握了打印机的分类及特点，熟悉了打印机的选购技巧；了解了扫描仪的分类及特点，熟悉了扫描仪的选购技巧。现在新的任务是：学习并掌握计算机的组装。

习题十

一、填空题

1. ADSL调制解调器分为(　　　)、(　　　)及(　　　)三种类型。

2. 网卡按其传输速度可以分为(　　　)、(　　　)以及(　　　)等。

3. 目前无线网卡的标准有(　　　)、(　　　)、(　　　)等,其无线传输距离为50m~100m。

4. 根据打印机的工作原理,目前市场上的打印机可以分为(　　　)、(　　　)、(　　　)三类。

5. 扫描仪的主要技术参数有(　　　)和(　　　)。

二、选择题

1. 目前,常见的接入Internet方式有(　　　)。

A. ADSL　　B. ISDN　　C. 局域网　　D. 无线方式

2. ADSL使用的频带是(　　　)。

A. 0K~4kHz　　B. 4K~26kHz　　C. 26kHz　　D. 26kHz以后

3. 下面不是网卡接口类型的是(　　　)。

A. RJ45水晶口　　B. 并口　　C. BNC口　　D. AUI

三、问答题

1. 什么是ADSL技术?

2. ADSL MODEM在这段电话线上产生了哪三个信息通道?

3. ADSL MODEM在选购时应注意哪些问题?

4. 网卡的作用是什么?

5. 网卡主要有哪些分类?目前常用的网卡类型有哪些?

6. 网卡在选购时应注意哪些因素?

7. 按打印方式不同,打印机分为哪几类?按原理又可分成哪几类?各有何优缺点?

8. 扫描仪在选购时应注意哪些问题?

第 11 章　计算机硬件组装

前面学习了电脑中各个硬件的基本知识,对于各种计算机配件已经了如指掌,下面就开始学习组装电脑的全部过程。本章主要介绍安装前的准备工作及注意事项;硬件组装的详细操作步骤等。

通过本章的学习,熟悉安装前的准备工作及注意事项,熟练掌握主板、CPU、内存、硬盘等硬件的安装过程。

11.1　安装前的准备工作及注意事项

任务 1:安装前的准备

【任务的提出】

在组装电脑之前,一定要做好前期准备工作。除了要了解计算机硬件的基础知识,还必须知道组装所需工具、配件及相关注意事项等知识。下面就来学习安装前需要做哪些事。

本任务主要包括以下内容:

(1)掌握安装前的准备工作;

(2)了解安装前的注意事项。

11.1.1　安装前的准备工作

1. 选择一个合适的操作平台

安装平台一定要宽敞,要求桌面一定是绝缘体,条件允许的情况下,最好在桌面上铺上一层绝缘橡胶;另外要求用电方便,能比较容易与 220V 的电源相连接。

2. 准备好各种应用工具

(1)一字形的螺丝刀。安装与拆卸一字形螺丝。

(2)十字形的螺丝刀。安装与拆卸十字形的螺丝,顶端略带些磁性螺丝刀用起来更方便,它可以吸住螺丝,便于在安装机箱内部装卸。

(3)短柄一字与十字形的螺丝刀。用于拆卸机箱内部狭小部位的螺丝。

(4)镊子。把不慎掉入机箱内部的螺丝或其他小零件取出来。

(5)防静电箍。有条件的话可将其带在手上可以放掉一些你身上的静电,避免静电击毁电子元器件。

(6)尖嘴钳、鸭嘴钳、平头钳。可用于纠正变形的集成电路插脚,安装和插拔主板或卡件上的跳线等。

(7)毛刷。用于清洁主机内板卡、接口等的小空隙处,可避免碰损元器件。

如果工具不齐全的话也没有关系,一般来说至少得准备一把带磁性的十字形螺丝刀。

3. 准备好各配件并认真阅读相关资料

配件主要有:主板、CPU、内存、软驱、硬盘、光驱、显示卡、声卡和电源等,还有连接软驱和硬盘的数据线，连接光驱和声卡的音频线。另外，还得准备好键盘、鼠标、显示器、音箱等，如图 11 - 1 所示。相关资料主要是指厂家的使用说明书，尤其是主板的说明书。

4. 准备相关的软件

软件主要包括操作系统、各硬件的驱动程序、相关应用软件、分区格式化软件、杀毒软件等。

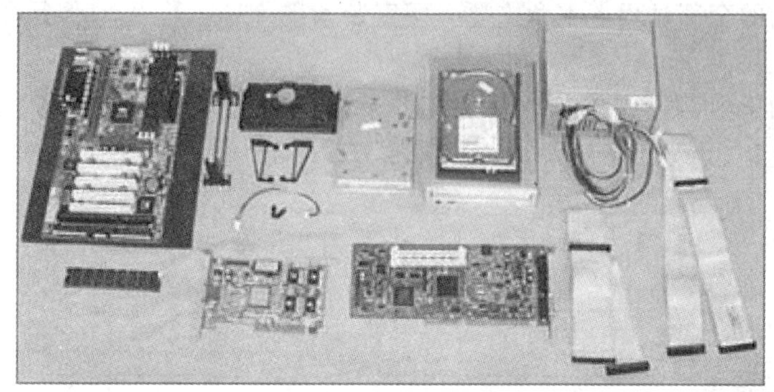

图 11 - 1　计算机的配件图

11.1.2　注意事项

(1)注意用电的安全。因为计算机的使用电压为 220V，如果电路发生漏电、短路等事故，会对人产生危害，严重的会危及生命。

(2)防止静电。静电在日常生活中随时都会产生，特别是在干燥的冬季，有时脱掉身上衣服的时候，就会产生火花，这就是严重的静电。这种静电对人体不会造成什么伤害。但是计算机中的一些芯片对静电特别敏感，静电会烧毁这些芯片，所以必需释放静电，如图 11 - 2 所示。

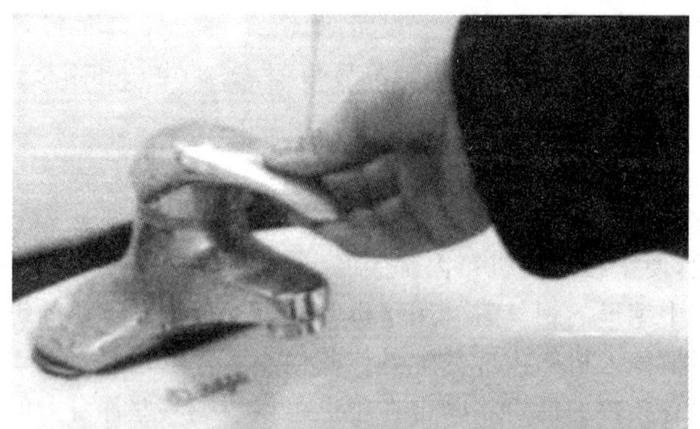

图 11 - 2　释放静电

 小技巧	为了消除这些静电带来的危害，可用手接触一下大的金属物体，如下水管道、计算机机箱、暖气片等。最好能带上一双防静电的手箍，带在手上随时可以放掉身上的静电，避免静电击毁这些电子元器件。

(3)严禁带电插拔。所谓的带电插拔就是指计算机的设备处于通电状态下,插上或拔下元器件、扩展卡及其他插头、电缆。这种操作对集成式的主板的元器件有很大危害,绝对不能怕麻烦而抱着侥幸的心理,在插上或拔下元器件、扩展卡及其他的插头、电缆线时,应关闭所有设备的电源开关后再进行操作。

(4)双手一定要保持干净清洁。拿取主板或插卡等印刷电路板时,可用双手握持板卡的边缘进行操作。尽量不要用手去接触元器件和线路,特别要注意不要接触插卡的镀金插脚,以防止因手上的汗渍使电路板受潮可能造成线路间短路而损坏板上的元器件,或者因汗渍沾在镀金插脚上而引起板卡的接触不良。

(5)主板或其他的插卡一般为多层印刷电路板,碰撞、弯曲或重压都有可能造成板上极其精细的铜箔导线损坏或断裂。在拆卸机箱、安装主板、拔出或插入板卡时一定要格外小心,避免撞击和重压,避免镊子和尖嘴钳等坚硬物体无意中碰撞板卡上的元件或线路。

(6)在主板的扩展槽中进行板、卡的装卸时,一定要对准槽口平行且缓缓地插入或拔出。这一过程操作时应避免用工具敲击或用力过大;如果拔插板卡用力过大,使主板严重弯曲变形,在受拉伸的一面上的铜箔就可能出现断裂。必要的时候可在主板上做些临时固定装置,来抵消弯曲的变形力。

(7)有些 PC 机的机箱电源有 110V 和 220V 两种市网电压选择,在装机后通电之前一定要检查开关是否在 220V 电压的位置上,否则盲目性的开机会造成电源等部件被烧毁的危险。

(8)电缆直流电源接插头与插座的配接一般都具有方向性,这是为了防止错插而设计的。在操作时要认准方向用力适当地插拔,所有的扁平电缆(如软件、硬盘与驱动器之间的连接电缆,串、并口连接电缆等),均以带颜色花边表示为“1”号线端。

注意　当这些电缆与卡或驱动器或接口插座等连接时,“1”线端应分别与板卡标注的“1”标记的那一端相对应。若连接好电缆后开机不能启动 DOS 或出现“黑屏”或软驱指示灯长亮不灭,应首先怀疑是否是电缆接反所致,及时调换过后再开机检测。

(9)在安装的过程中一些小裸线、铁屑碎渣或小螺钉等金属物品千万不要掉进并留在板卡上面,这样会造成短路烧毁有关硬件。

【新的任务】

通过本节的学习,初步掌握了组装计算机前所需做的准备工作,了解了安装前的注意事项。现在新的任务是:如何将这些配件组装成一台完整的计算机。

11.2　硬件组装

任务 2:硬件安装的步骤

【任务的提出】

对于平常接触电脑不多的人来说,可能会觉得“装机”是一件难度很大、很神秘的事情。但其实只要你自己动手装一次后,就会发现,原来也不过如此。组装电脑的准备工作都准备好之后，就开始进行组装电脑的实际操作。

本任务主要包括以下内容：

(1)掌握硬件的组装步骤；

(2)掌握计算机的开机测试方法。

11.2.1 硬件组装步骤

1. 主机的组装

由于不同配置的计算机其安装过程略有不同，为了方便介绍，本书以奔腾 4 计算机为例来详细介绍计算机的组装过程。

(1)设置主板

安装主板之前，一定要参照主板说明书设置相关跳线，主要设置包括：CPU 类型、CPU 电压、内存类型、Cache 等。如果主板采用跳线或 DIP 开关方式进行设置，则在此进行跳线或 DIP 设置。对于大多数主板，通常仅需要对 CPU 倍频、外频和 CPU 工作电压进行跳线或 DIP 设置。

跳线是比较关键的一步，要谨慎对待。如果设置不正确，轻则不能正常工作，重则会导致部件损坏。对于部分免跳线主板，在此不需要跳线，系统会自动诊断或要求用户稍后在 BIOS 中设置有关内容。

(2)CPU 和风扇的安装

为了方便起见，将主板安装到机箱内之前，应先把主板上的 CPU、内存条安装好，并设置好主板的跳线。

CPU 的插槽有 Socket 7、Socket 370、Slot 1、Slot A、Socket 423 和 Socket 478、Socket A 等几种，除了 Slot 1、Slot A(此两种不是主流，已退出市场)的插槽以外，Socket 插槽一般都是先把它的摇杆拉起，把 CPU 放下去，然后再把摇杆压下去即可。具体方法如下：

①将主板上的 CPU 插座侧面的手柄拉起，准备安装 CPU，如图 11-3 所示。

图 11-3 扳起 CPU 插座旁边的手柄

②将 CPU 插入到插槽中，此时应注意插槽是有方向性的，插槽上有两个角上各缺一个

针脚孔，这与CPU是对应的。认准方向后，将CPU插入到插槽中，如图11-4所示。

③轻轻按下CPU，使每个针脚都顺利插入到针孔中，注意插座缺角的位置应和CPU上缺针脚的位置在同一方向。使CPU上的每一个针脚都插到相应的插孔中，要注意放到底，但不要太过于用力，以免弄坏针脚。确认CPU已经插好后，将金属手柄压下并恢复到原位，使CPU牢牢固定在主板上，如图11-5所示。

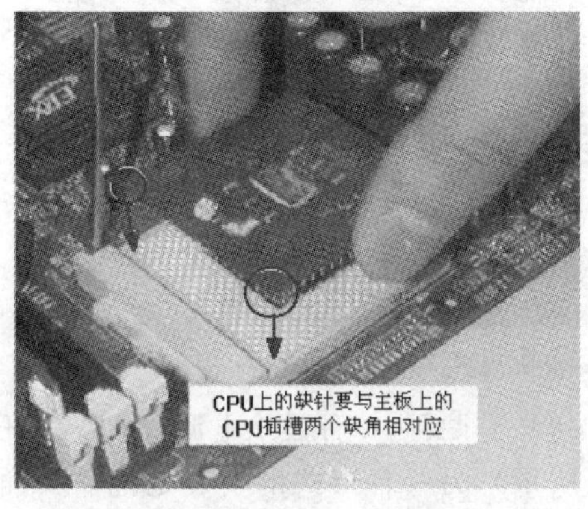

图11-4　将CPU放入CPU插槽

图11-5　压下CPU插座旁边的手柄

注意，CPU的每个针脚对应插座上的一个针孔，在安装时要轻轻地按住CPU，使每根针脚顺利地插入到针孔中，不要用力按，以免将CPU的针脚压弯或折断，造成难以挽回的损失。

④在CPU的核心上涂上散热硅胶，不需要太多，涂上一层就可以了。主要的作用就是和散热器能良好地接触，CPU能稳定地工作。如图11-6所示。

⑤现在市场上的散热风扇采用最多的安装方式是卡夹式，这种散热风扇利用一根弹性钢片来固定整个风扇，这里介绍的也就是卡夹式的风扇，如图11-7所示是掰开的风扇卡子。

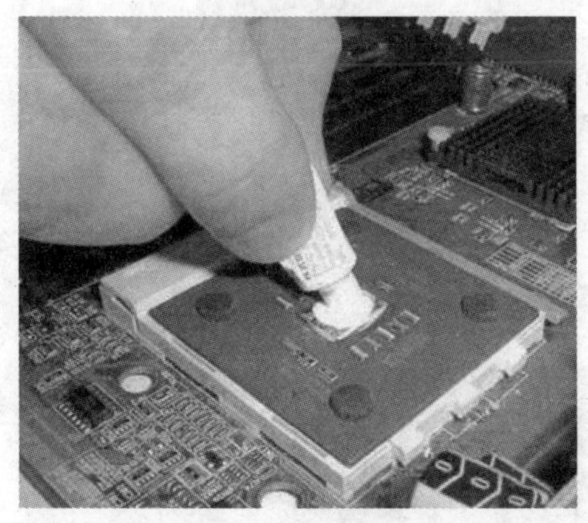

图11-6　涂散热硅胶

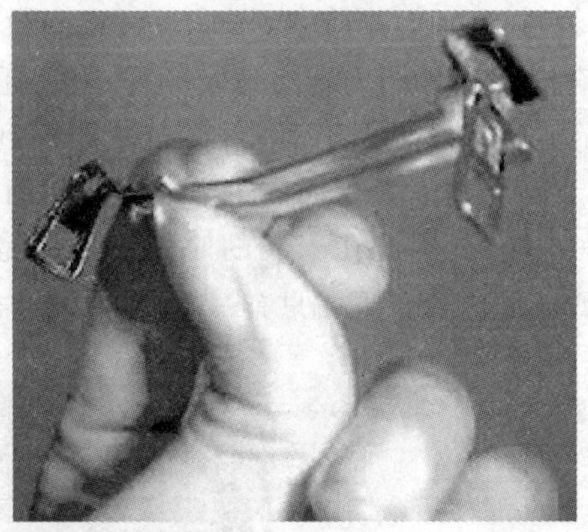

图11-7　风扇卡子

⑥将散热器温柔地和CPU的核心接触在一起，但不要很用力地去压。接着将扣子扣在CPU插槽的突出位置上。最后扣上另一头卡子，如图11-8所示。

图 11-8　扣紧风扇

⑦安装风扇后，还要给风扇接上电源。电源的接法有两种，一种是从电源输出线中任意找一个“D”型插头与风扇电源线连接（如图 11-9 所示），另一种形式的安装是把插头插到主板提供的专用插槽上（主板说明书中有说明）。

至此 CPU 的安装就完成了。

注意　这里要留意的是到时候一定要记住把 CPU 风扇的电源接好，否则很容易烧毁 CPU；另外，CPU 的拆卸方法与安装方法正好相反，反着操作就可拆卸 CPU。

(3)内存条的安装

通常主板上有 3～4 个内存插槽，SDRAM 和 DDR 可以使用其中任意一个或几个插槽，而 Rambus 则需要插满全部内存插槽，如果 Rambus 内存条没有插满，则需要用 Rambus 终结器补足。

内存条和内存插槽上都有防错插缺口设计，在内存条上呈“凹”状，内存插槽上呈“凸”状，如图 11-10 所示。只有安装正确时，内存条才能插到内存插槽中。168 线内存条下面的两边是不对称的，其中一边多一个缺口，因此在安装的时候要看清楚了再放下去，184 线内存条下面只有一个缺口，两边也是不对称的。

图 11-9　连接 CPU 风扇的电源

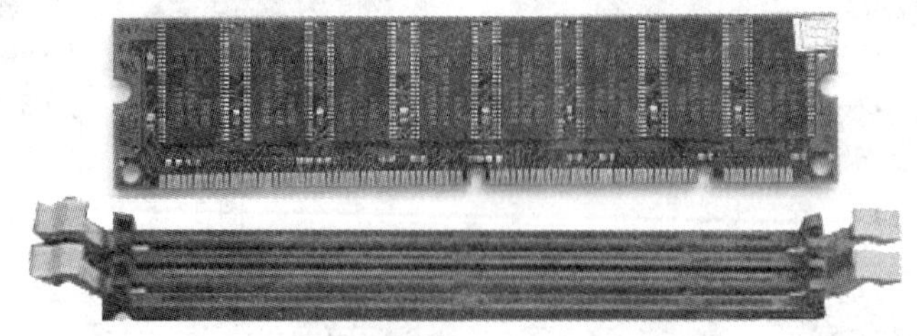

图 11-10　168 线内存条及插槽

安装 SDRAM 内存条的操作步骤如下：

①首先要掰开 DIMM 插槽两边的两个灰白色的固定卡子。记住一定要扳到位，否则内存条可能装不上。

②将内存条的两个凹口对准 DIMM 插槽的两个凸起的部分，均匀用力插到底，将内存条压入主插槽内即可，同时插槽两边的固定卡子会自动卡住内存条，如图 11－11 所示。

图 11－11　安装内存条

这时可以听见插槽两侧的固定卡子复位所发出"咔"一声响，表明内存条已经完全安装到位了。但在安装时不要太用力，以免掰坏线路和插槽。

注意

把内存条卡好位后用力往下按，一定要看到两边的夹子都合起来后才算装好。最好再用手试一下稳不稳。另外，插内存条的时候尽量不要跟 CPU 靠太近，这样有利于散热。当然某些有特殊要求的主板除外。

DDR 内存条和 Rambus 内存条的安装与 SDRAM 是一样的，在安装时要插到底，并使内存条插槽两端的卡子卡住内存条两端的卡口。

小技巧

如果从主板上拔下内存条，只需按下主板上内存两端的卡子，内存条就会自动弹起，然后拿出来即可。

(4)打开机箱

①打开机箱的外包装，会看见很多附件，例如螺丝、挡片等。

②然后取下机箱的外壳，我们可以看到用来安装电源、光驱、软驱的驱动器托架。许多机箱没有提供硬盘专用的托架，通常可安装在软驱的托架上。

机箱的整个机架由金属构成，它包括五寸固定架(可安装光驱和五寸硬盘等)、三寸固定架(可用来安装软驱、三寸硬盘等)、电源固定架(用来固定电源)、底板(用来安装主板的)、槽口(用来安装各种插卡)、PC 喇叭(可用来发出简单的报警声音)、接线(用来连接各信号指示灯以及开关电源)和塑料垫脚等，如图 11－12 所示(这里的图片已经安装好电源，实际上新打开的机箱是没有安装好电源的)。

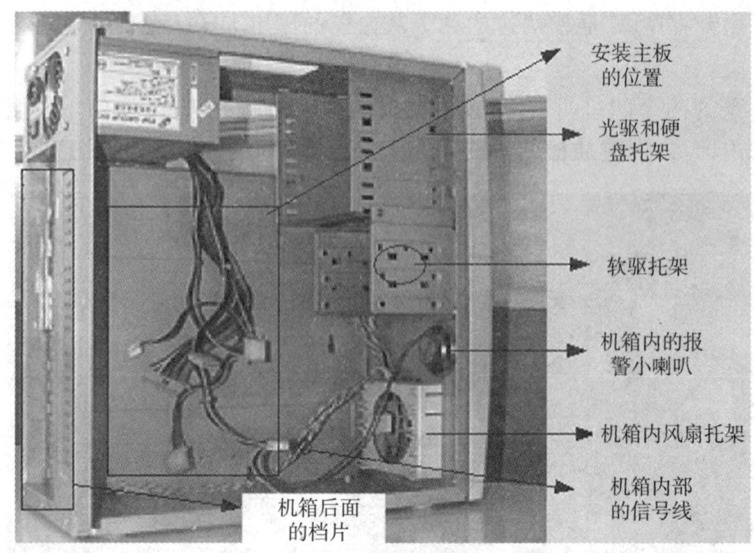

图 11-12　机箱内部的构造

驱动器托架。驱动器舱前面都有挡板，在安装驱动器时可以将其卸下，设计合理的机箱前塑料挡板采用塑料倒钩的连接方式，方便拆卸和再次安装。在机箱内部一般还有一层铁质挡板可以一次性地取下。

机箱后的挡片。机箱后面的挡片，也就是机箱后面板卡口，主板的键盘口、鼠标口、串并口、USB 接口等都要从这个挡片上的孔与外设连接。

信号线。在驱动器托架下面，我们可以看到从机箱面板引出 Power 键和 Reset 键以及一些指示灯的引线。除此之外还有一个小型喇叭称之为 PC Speaker，用来发出提示音和报警，主板上都有相应的插座。

有的机箱在下部有个白色的塑料小盒子，是用来安装机箱风扇的，塑料盒四面采用卡口设计，只需将风扇卡在盒子里即可。部分体积较大的机箱还会预留机箱第二风扇、第三风扇的位置。

(5)电源的安装

机箱中放置电源的位置通常位于机箱尾部的上端。电源末端 4 个角上各有一个螺丝孔，它们通常呈梯形排列，所以安装时要注意方向性，如果装反了就不能固定螺丝。可先将电源放置在电源托架上，并将 4 个螺丝孔对齐，然后再拧上螺丝，如图 11-13 所示。

图 11-13　电源的安装

把电源装上机箱时，要注意电源一般都是反过来安装，即上下颠倒。只要把电源上的螺丝位对准机箱上的孔位，再把螺丝上紧即可。

注意	上螺丝的时候有个原则，就是先不要上紧，要等所有螺丝都到位后再逐一上紧。安装其他某些配件，如硬盘、光驱、软驱等也是一样。

(6)主板的安装

在机箱的侧面板上有不少孔，那是用来固定主板的。而在主板周围和中间有一些安装孔，这些孔和机箱底部的一些圆孔相对应，是用来固定主机板的，安装主板的时候，要先在机箱底部孔里面装上定位螺柱，如图 11－14 所示(定位螺柱槽按各主板类型匹配选用，适当的也可放上一两个塑胶定位卡代替金属螺丝)。

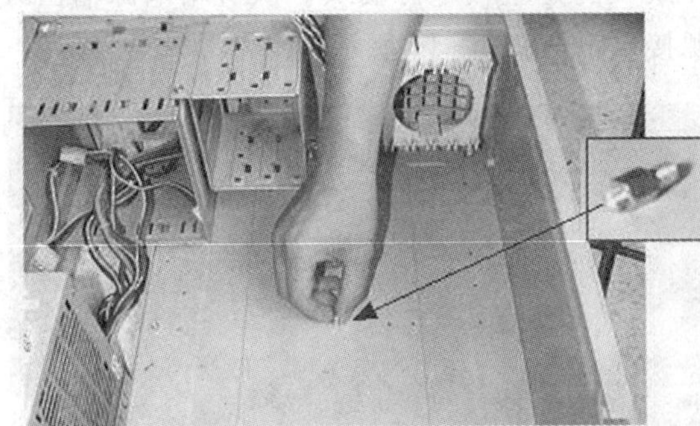

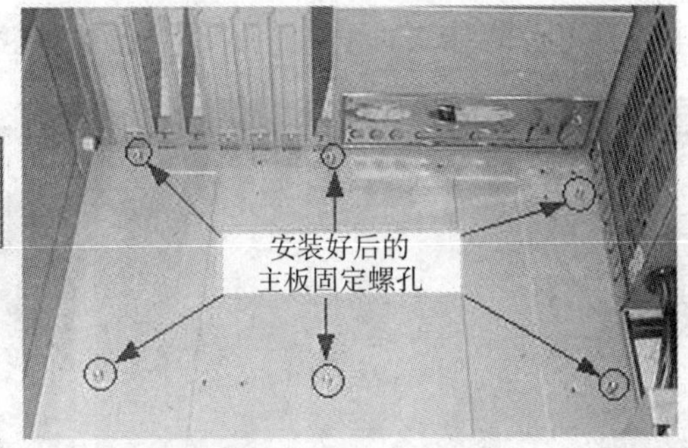

图 11－14　在机箱底部孔里面装上定位螺柱

把主板平放在底板上，同时要注意把主板的 I/O 接口对准机箱后面相应的位置(图中箭头所指位置)，ATX 主板的外设接口要与机箱后面对应的挡板孔位对齐，如图 11－15 所示。再把所有的螺钉对准主板的固定孔(最好在每颗螺丝中都垫上一块绝缘垫片)，依次把每个螺丝安装好，拧紧螺丝。如图 11－16 所示。

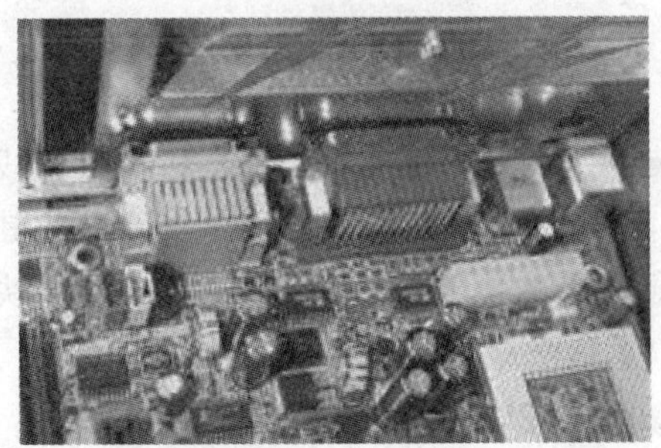

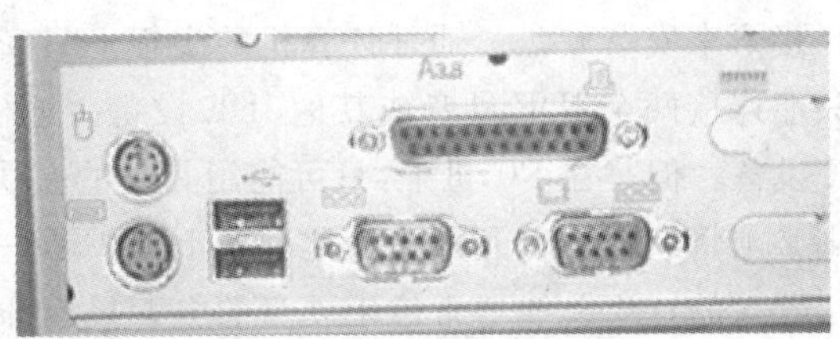

图 11－15　使主板的外设接口与机箱后面孔位对齐

注意	主机板上的螺丝孔附近有信号线的印刷电路，在与机箱底板相连接时应注意主板不要与机箱短路。如果主板安装孔未镀绝缘层，则必须用绝缘垫圈加以绝缘。使用尖型塑料卡时，带尖的一头必须在主板的正面。

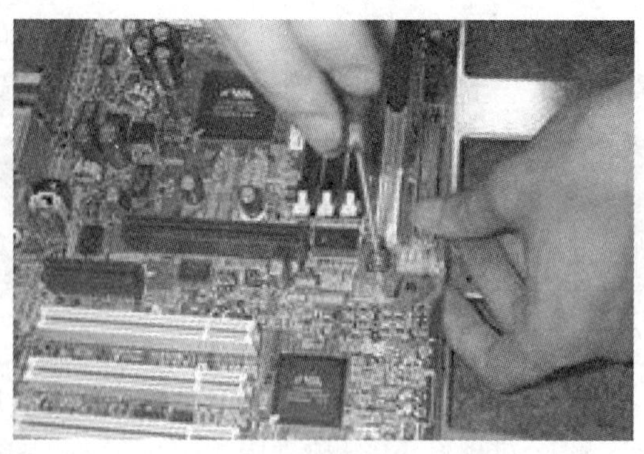

图 11－16　固定主板

接着就是给主板插上供电插座。主板电源有 AT 和 ATX 两种，现在普遍使用的是 ATX 电源。ATX 电源有 3 种输出接头，其中最大的是主板电源接头。从机箱电源输出线中找到电源线接头，同样在主板上找到的电源接口，如图 11－17 所示。

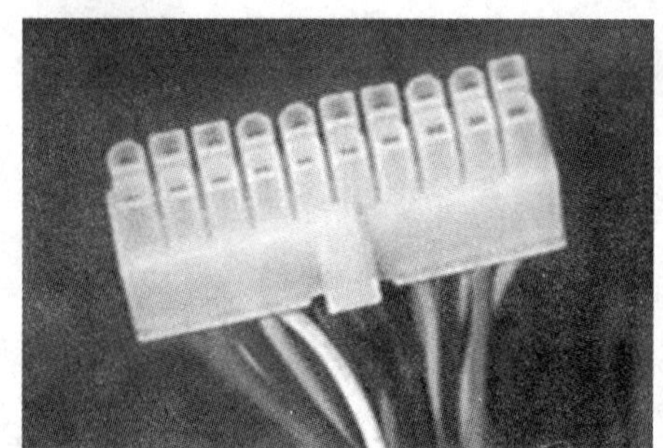

图 11－17　电源输出接头和主板上的电源输入接口

主板的电源插座通常都在 CPU 插槽的旁边，电源插座一边也会有相对应的切合点。在安装时，只要将主板电源插头对准主板上的插座后垂直按下，并使两个塑料卡子互相卡紧，以防止电源线脱落。电源接头一侧的两个角是圆角，所以不用担心插错，否则插不进去。如果从主板上拔下主板电源插头，一定要按下主板电源插头上的卡子同时向上垂直拔出。

（7）硬盘的安装

接下来安装硬盘。通常计算机的主板上只安装有两个 IDE 接口，而每条 IDE 数据线最多只能连接两个 IDE 硬盘或其他 IDE 设备。这样，一台计算机最多可连接 4 个硬盘或其他 IDE 设备。但是在 PC 机中，只可能用其中的一块硬盘来启动系统，因此如果连接了多块硬盘则必须将它们区分开来。为此硬盘上提供了一组跳线来设置硬盘的模式。

硬盘的这组跳线通常位于硬盘的电源接口和数据线接口之间，如图 11－18 所示。

跳线设置有 3 种模式，即是单机（Spare）、主动（Master）和从动（Slave）。单机就是指在连接 IDE 硬盘之前，必须先通过跳线设置硬盘的模式。如果数据线上只连接了一块硬盘，则需设置跳线为 Spare 模式；如果数据线上连接了两块硬盘，则必须分别将它们设置为 Master 和 Slave 模式，通常第一块硬盘，也就是用来启动系统的那块硬盘设置为 Master 模式，而另一块硬盘设置为 Slave 模式。

在设置跳线时，只需用镊子将跳线夹出，并重新安插在正确的位置即可，如图 11－19 所示。

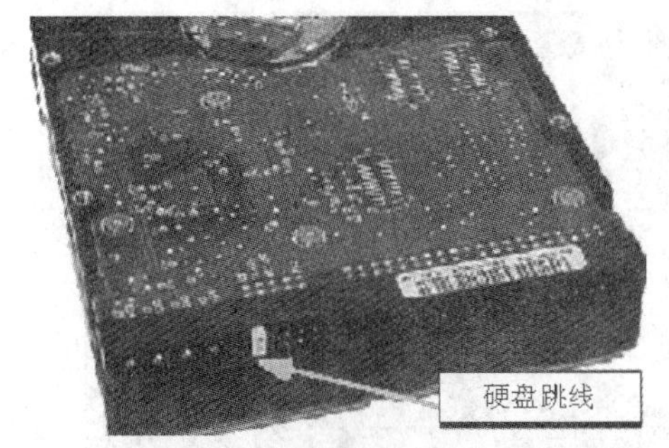
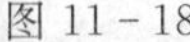

图 11 - 18

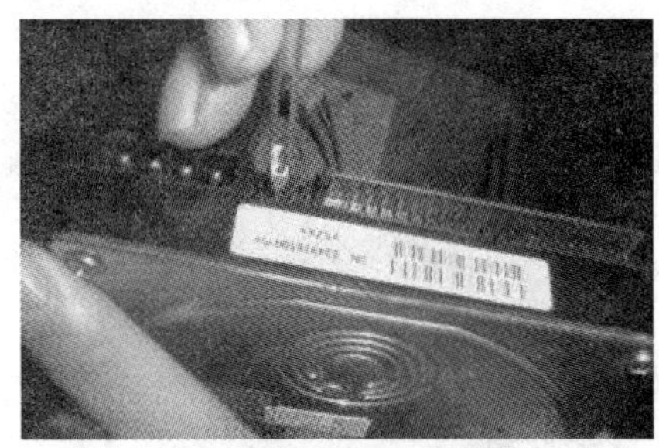

图 11 - 19

注意　在使用一条数据线连接双硬盘时，只能有一个硬盘为 Master，也只能有一个硬盘为 Slave，如果两块硬盘都设置为 Master 或 Slave，那么都可能导致系统不能正确识别安装的硬盘。

不同品牌和型号的硬盘，它的跳线指示信息可能也有所不同，一般在硬盘的表面或侧面标示有跳线指示信息。它的跳线设置是通过两个跳线帽进行组合设置的。通常情况下我们只需要将跳线设置在 Master(主动)就可以了，这样如果还要连接第二块硬盘的话，只需将第二块设置为 Slave(从动)即可。

完成跳线设置后，我们便可将硬盘安装到机箱内，并连接数据线和电源线。

①在机箱内找到硬盘驱动器舱，再将硬盘插入驱动器舱内，并使硬盘侧面的螺丝孔与驱动器舱上的螺丝孔对齐。如图 11 - 20 所示。

图 11 - 20　安装硬盘

②用螺丝将硬盘固定在驱动器舱中。在安装的时候，要尽量把螺丝上紧，把它固定得稳一点，因为硬盘经常处于高速运转的状态，这样可以减少噪音以及防止震动。

③选择一根从机箱电源引出的硬盘电源线，一般称为大“D”型电源插头，将其插入到硬盘的电源接口中，如图 11 - 21 所示。

④连接硬盘的数据线。将数据线的一端插入主板的 IDE 接口中，如图 11 - 22 所示。该接口也是有方向性的，通常 IDE 接口上也有一个缺口，正好与数据线的接头方向匹配，这样就不至于接反。在安装时必须使硬盘数据线接头的第一针与 IDE 接口的第一针相对应。通常在主板或 IDE 接口上会标有一个三角形标记来指示接口的第一针的位置，而数据线上，第一根线上通常有红色标记和印有字母或花边。

图 11－21 连接硬盘电源线

与硬盘连接的数据线，同样也有方向性，数据线的第一针要与硬盘接口的第一针相连接，硬盘接口的第一针通常在靠近电源接口的一边，如图 11－23 所示。通常硬盘的数据接口上也有一个缺口，与数据线接头上的凸起互相配合，这样就不会接反。

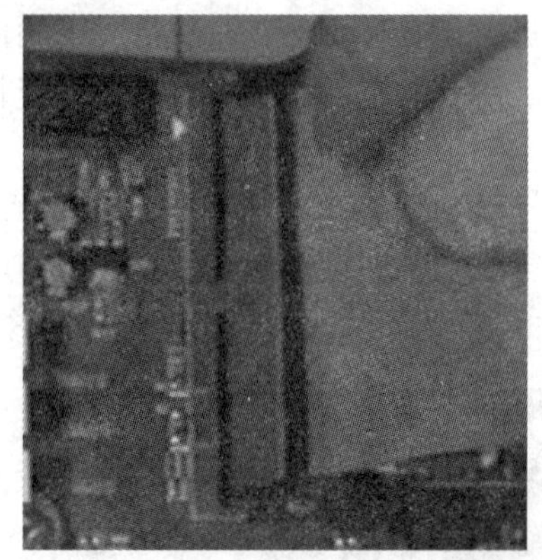

图 11－22 在主板上连接硬盘数据线

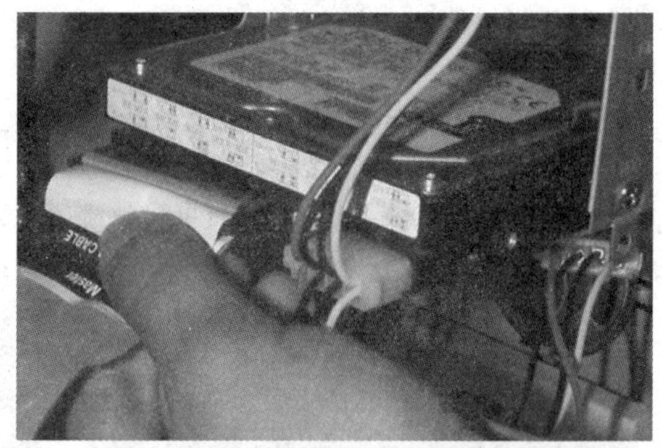

图 11－23 连接硬盘数据线到硬盘

 注意	通常机箱内都会预留装两个硬盘的空间，假如只需要装一个硬盘的话，应该把它装在离软驱较远的位置，这样更加有利于散热。

(8)安装光驱和软驱

①安装光盘驱动器

下面先介绍安装光驱的操作步骤。光盘驱动器也就包括 CD－ROM、DVD－ROM 和刻录机，其外观与安装方法都基本一样。

首先，从机箱的面板上取下一个五寸槽口的塑料挡板，用来装光驱，如图 11－24 所示。同样为了散热，应该尽量把光驱安装在最上面的位置。先把机箱面板的挡板去掉，然后把光驱从前面放进去。如图 11－25 所示。

其次，在光驱的每一侧用两颗螺丝初步固定，先不要拧紧，这样可以对光驱的位置进行细致的调整，然后再把螺丝拧紧。这一步是考虑面板的美观，等光驱面板与机箱面板平齐后再上紧螺丝。

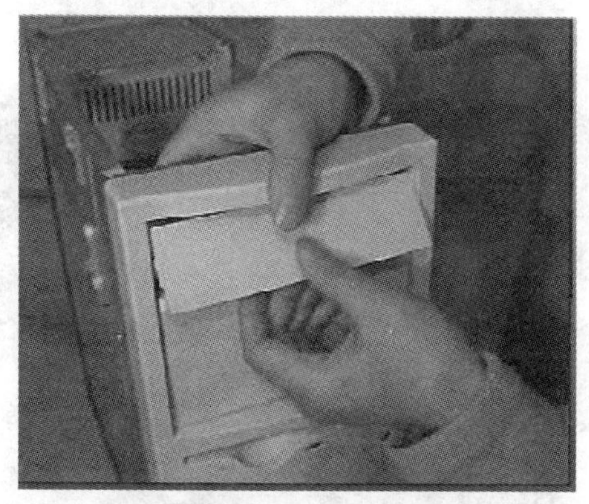

图 11-24　取下塑料挡板

图 11-25　安装光驱

②安装软驱

安装软驱同安装光驱基本相似，只不过是从里往外放入软驱，如图 11-26 所示。方法是把软驱对准机箱面板上的软驱槽口相对应的托架上，因为只有这样，才可以在软驱中插入软盘。

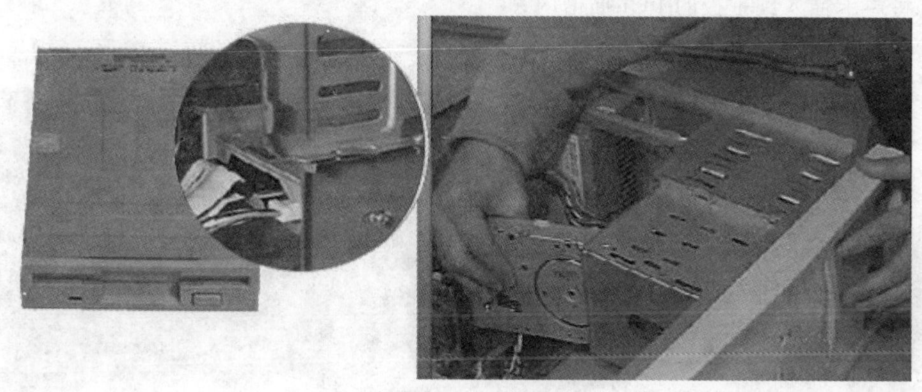

图 11-26　安装软驱

接着再上好螺丝。软驱固定好后最好拿个软盘来试一下可否顺利地插入、弹出，以确定是否到位。

(9)显卡的安装

接下来是安装显卡。现在的显卡一般都是 AGP 卡，所以只要插到相应的 AGP 插槽就行了，如为 PCI 显卡则把它插到 PCI 插槽上。下面以安装 AGP 接口的显卡为例介绍显卡的安装。

①先将机箱后面的 APG 插槽挡板取下。

②将显卡插入主板 AGP 插槽中，如图 11-27 所示。在插入的过程中，要把显示卡以垂直于主板的方向插入 AGP 插槽中，用力适中并要插到底部，保证卡和插槽的良好接触。显卡挡板与主板键盘接口在同一方向，双手捏紧显卡边缘竖立向下压。

③显卡插入插槽中后，用螺丝固定显卡，如图 11-28 所示。固定显卡时，要注意显卡挡板下端不要顶在主板上，否则无法插到位。插好显卡，固定挡板螺丝时要松紧适度，注意不要影响显卡插脚与 PCI/AGP 槽的接触，更要避免引起主板变形。

安装显卡后，要与显示器的连接就相当容易了，因为整个电脑只有显卡上的一个插座能与显示器的3排15针的D型插头匹配。

图11-27　将显卡插入AGP插槽中

图11-28　用螺丝固定显卡

(10)声卡的安装

安装声卡同安装显示卡的方法一样，只不过现在的声卡多数为PCI总线，插入的是PCI插槽罢了。

①将声卡插入到主板的PCI插槽内；

②拧紧螺丝。如图11-29所示。

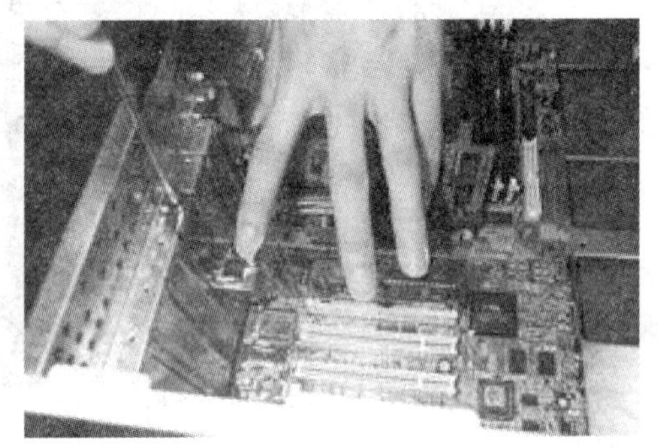

图11-29　安装声卡

注意　声卡还配备有一条音频线，可以将音频线的一端接到光驱上，另一端接到声卡上，在播放CD时用到。但该音频线现在已失去意义，因为现在一般不会用CD直接播放CD音乐。

(11)机箱内部连线

安装完所有的大配件以后，机箱内的基本配件就全部装好了，接下来是把数据线及电源线接好。一般主板会有两个IDE插槽及一个软驱插槽，其中IDE插槽用于接硬盘和光驱。在安装过程中并没有规定那一个配件要先装，那一个配件要后装，因此可怎样方便就怎么装。前面在安装硬盘驱动器之时，已经把数据线也插好了，但还有光驱、软驱的数据线和电源线等。在这里还再具体介绍这些电源线和数据线的连接方法。

插数据线时有个原则，就是尽量由里往外插，这样就不会搞得碍手碍脚。同样，它们也是有方向的，但不用担心，因为它们都有防插错设计。

①把硬盘、光驱数据线插入主板的IDE接口中，如图11-30所示。

如果只有一个硬盘和一个光驱，为了防止跳线，可以让光驱和硬盘各单独使用一个 IDE 接口。

②把软驱数据线插入主板上唯一的 FDD 插槽中，如图 11-31 所示。

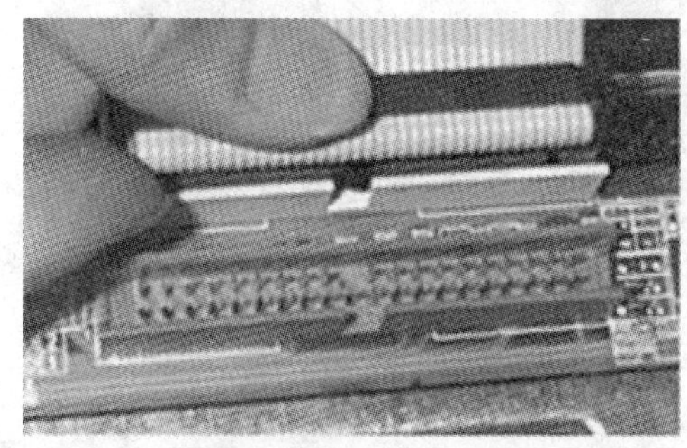
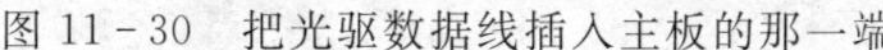

图 11-30　把光驱数据线插入主板的那一端

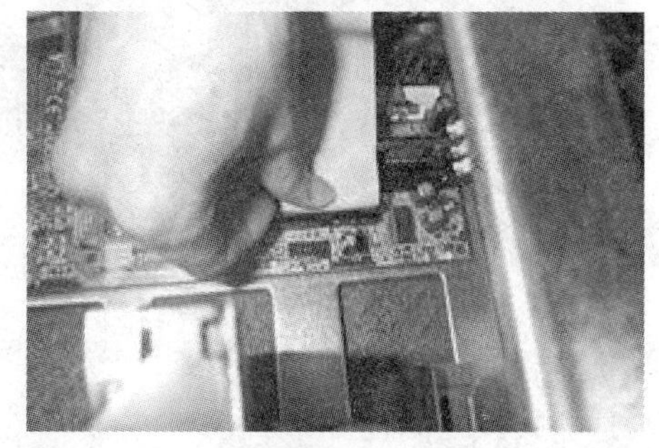

图 11-31　把软驱数据线插入主板的那一端

③下面再连接各驱动器的数据线。先把光驱的数据线插上，插数据线跟电源线的时候，要使数据线有红色的一边与电源线的红线靠在一起。

④接着把软驱的数据线插上，同样要注意数据线的方向。

有些软驱的数据线也可能不是有颜色的一边靠近电源线一边，假如方向错的话，会比较难插进去。即使插进去了，软驱灯也会一直亮着。

⑤然后是连接各部件的电源线。依次连接 CPU 风扇电源（前面在安装风扇时已经接好）、硬盘电源线、光驱电源线（使用大"D"型电源电源插头）和软驱电源线（如图 11-32 所示）。这里实际操作的顺序也不是完全一样，怎么方便就怎么插。

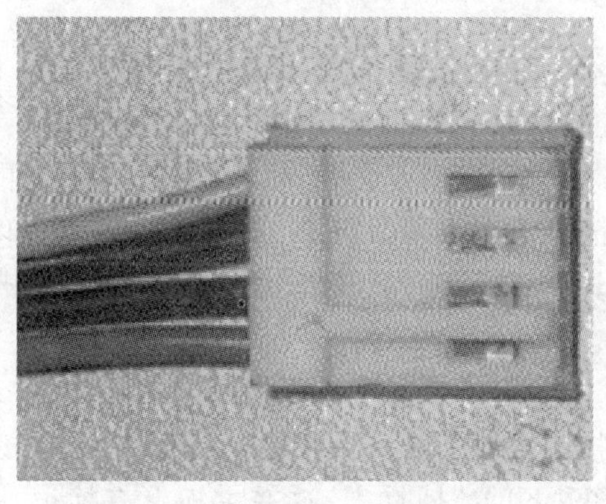

图 11-32　软驱电源插头

注意　目前，常用的硬盘数据线为 80 芯 40 针的排线，光驱一般使用 40 芯 40 针的排线，而软驱使用的是 34 针的排线。

(12)连接机箱内部信号线

在机箱面板内还有许多线头，它们是一些开关、指示灯和 PC 喇叭的连线，需要接在主板上，这些信号线的连接，在主板的说明书上都会有详细的说明，如图 11-33 所示。

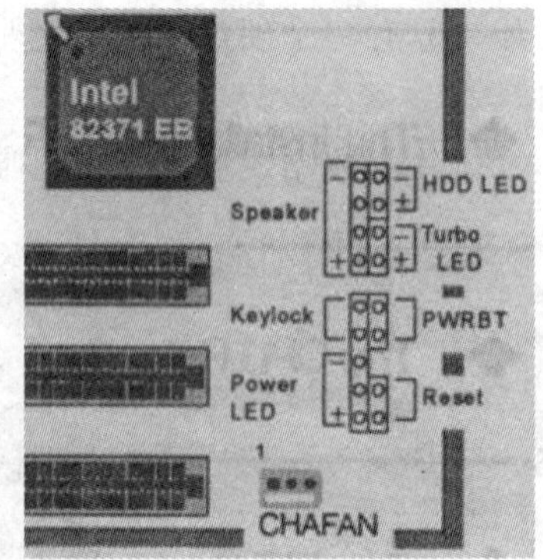

图 11－33　主板上信号线与连接示意图

这些接线的功能如下：

POWER LED：连接电源指示灯；

RESET SW：连接 Reset 按钮；

SPEAKER：连接 PC 喇叭；

H. D. D LED：连接硬盘指示灯；

PWR SW：连接计算机电源开关。

①安装 POWER LED

电源指示灯的接线只有 1、3 位，1 线通常为绿色，在主板上接头通常标为“POWER LED”。连接时注意绿线对应第 1 针。当它连接好后，电脑一打开，电源指示灯就一直亮着，表示电源已经打开了。

②安装 RESET SW

Reset 连接线有两芯接头，连接机箱的“Reset”按钮，它接到主板的“Reset”插针上，并且此接头无方向性，只需短路即可进行“重启”动作。

主板上“Reset”针的作用是这样的：当它们短路时，电脑就会重新启动。“Reset”按钮是一个开关，按下时产生短路，松开时又恢复开路，瞬间的短路就可以使电脑重新启动。偶尔会有这样的情况，当按下“Reset”按钮并且松开，但它并没有弹起来，一旦保持着短路状态，电脑就会不停地重新启动。

③安装 SPEAKER

这是 PC 喇叭的 4 芯接头，如图 11－34 所示。实际上只有 1、4 两根线，回线通常为红色，它主要接在主板的“SPEAKER”插针上，这在主板上有标记。在连接时注意红线对应“1”的位置，但该接头具有方向性，必需按照正负连接才可以。

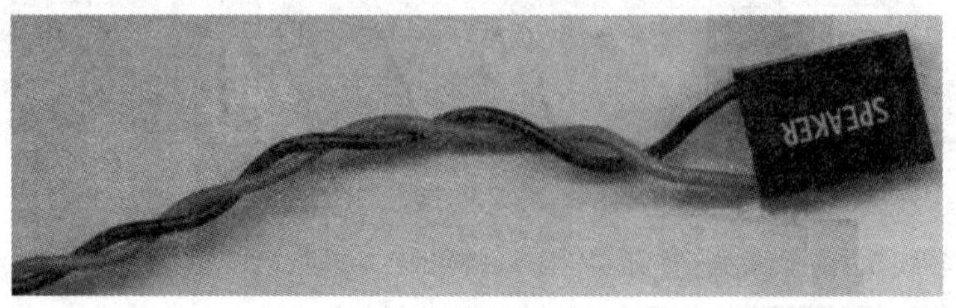

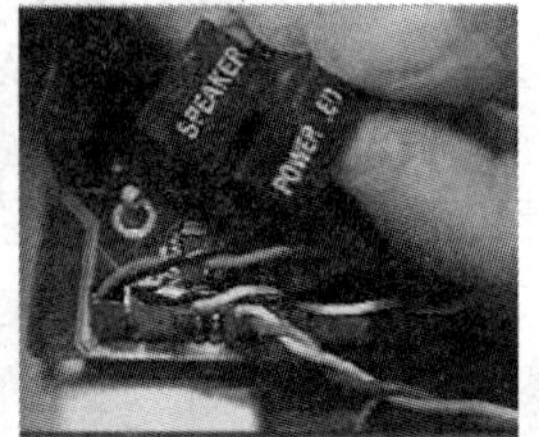

图 11－34　安装 SPEAKER 连线

④安装硬盘指示灯线

在主板上这样的接头通常标着“IDE LED”或“H. D. D LED”字样，硬盘指示灯为两芯接头，一线为红色，另一线为白色，一般红色(深颜色)表示为正，白色表示为负。在连接时要红线对应第 1 针上。

注意　这条线接好后，当电脑在读写硬盘时，机箱上的硬盘指示灯会亮，但这个指示灯可能只对 IDE 硬盘起作用，对 SCSI 硬盘将不起作用。

⑤安装 PWR SW

ATX 结构的机箱上有一个总电源的开关接线，是一个两芯的接头，它和 Reset 接头一样，按下时就短路，松开时就开路，按一下电脑的总电源就开通了，再按一下就关闭。

但是你还可以在 BIOS 里设置为关机时必须按电源开关 4 秒钟以上才能关机，或者根本就不能靠开关来关机，而只能靠软件来关机。

从面板引入机箱中的连接线中找到标有“PWR SW”字样的接头(有的主板则标“S/B SW”等)，这便是电源的连线了，然后在主板信号插针中，找到标有“PWRBT”(或 PW2，因主板不同而异)字样的插针，然后对应插好就可以了。

(13)整理内部连线并合上机箱

机箱内部的空间并不宽敞，加之设备发热量都比较大，如果机箱内没有一个宽敞的空间，会影响空气流动与散热，同时容易发生连线松脱、接触不良或信号紊乱的现象。整理机箱内部连线的具体操作步骤如下：

①首先是面板信号线的整理。面板信号线都比较细，而且数量较多，平时都是乱作一团。不过，整理它们也很方便，只要将这些线用手理顺，然后折几个弯，再找一根(常用来捆绑电线的)捆绑绳将它们捆起来即可。

②机箱里最乱的恐怕就是电源线了，先用手将电源线理顺，将不用的电源线放在一起，这样可以避免不用的电源线散落在机箱内，妨碍日后插接硬件。

③接下来将音频线固定一下，因为 CD 音频线是传送音频信号的，所以最好不要将它与电源线捆在一起，避免产生干扰。CD 音频线最好单个固定在某个地方，尽量避免靠近电源线。

④最后的整理工作恐怕是最困难的了，那就是对 IDE、FDD 线的整理。在购机时，IDE、FDD 线是由主板附送的，它的长度一般都比较长，实际上用不了这么长的线，过长的线不仅多占空间，还影响信号的传输，因此可以截去一部分。

经过一番整理后，机箱内部整洁了很多，这样做不仅有利于散热，而且方便日后各项添加或拆卸硬件的工作。整理机箱的连线还可以提高系统的稳定性。

装机箱盖时，要仔细检查各部分的连接情况，确保无误后，把主机的机箱盖盖上，上好螺丝，这就成功地安装好主机了。

注意　为了方便检查出问题的所在，一般在外设装好后，经开机测试无误后才盖上机箱盖，拧紧螺丝。

2. 基本外设的组装

主机安装完成以后，还要把键盘、鼠标、显示器、音箱等外设同主机连接起来，具体操作步骤如下：

(1)将键盘插头接到主机的 PS/2 插孔上，注意接键盘的 PS/2 插孔是靠向主机箱边缘的那一个插孔，上面一般有键盘的图示。

(2)将鼠标插头接到主机的 PS/2 插孔中，鼠标的 PS/2 插孔紧靠在键盘插孔旁边。如图 11-35 所示。如果是 USB 接口的键盘或鼠标，则更容易连接了，只需把该连接口对着机箱中相对应的 USB 接口(PS/2 接口的下面)插进去即可，如果插反则无法插进去。

图 11-35　安装 PS/2 键盘、鼠标

(3)接下来连接显示器的数据线，信号线的接法也有方向，接的时候要和插孔的方向保持一致。

在连接显示器的信号线时不要用力过猛，以免弄坏插头中的针脚。只要把信号线插头轻轻插入显卡的插座中，然后拧紧插头上的两颗固定螺栓即可。

(4)再连接显示器的电源线。根据显示器的不同，有的将电源连接到主板电源上，有的则直接连接到电源插座上。

(5)最后就是连接主机的电源线。

另外，还有音箱的连接，该连接有两种情况。通常有源音箱接在“Line out”口上，无源音箱则接在“Speaker”口上。

现在，所有的设备都已经安装好了，可以启动计算机了，启动电脑后，可以听到 CPU 风扇和主机电源风扇转动的声音，还有硬盘启动时发出的声音。显示器开始出现开机画面，并且进行自检。如果在启动中没有点亮显示器，可以按照下面的办法查找原因所在：

(1)确认给主机电源供电；

(2)确认主板已经供电；

(3)确认 CPU 安装正确，CPU 风扇通电；

(4)确认内存安装正确，并且确认内存是好的；

(5)确认显示卡安装正确；

(6)确认主板内的信号连线正确，特别确认是 POWER LED 安装无误；

(7)确认显示器与显示卡连接正确，并且确认显示器通电。

如果上述的安装都是正确的，那么多数是硬件本身有问题了。

3. 网络设备的安装

安装的网络设备有很多种，一般有局域网用的网卡、因特网用的调制解调器、ISDN 和 ADSL 等，而调制解调器又可以分为外置式和内置式。

(1)网卡或内置调制解调器的安装

局域网用的网卡或内置卡式的调制解调器的安装方式与安装声卡的方法基本一样,因为它们也都是清一色的 PCI 总线居多,ISA 总线几乎没有了。

(2)外置调制解调器的安装

下面介绍外置调制解调器的安装方法,其安装过程可以分为硬件与软件安装。

①连接电话线。在调制解调器背面,最左边有一个开关,这是调制解调器的电源开关;开关的右边是电源接头,连接为调制解调器供电的变压器;再往右,是一个 25 针串行接口(COM),这是连接调制解调器数据线的;最右边有两个电话线接口,一个是输入(Line in),一个是输出(Line out)。一般,在调制解调器背面两个接口旁边,都会注明哪个是输入,哪个是输出,这样就不会接反了。

要先把电话线从电话机上拆下来。然后,把电话线接头插在调制解调器的电话线输入接口上,连接时只需向里一推,听到"卡"的一声,说明电话线接头已经卡在接口里就可以了。把电话线的 RJ11 插头插入调制解调器的 Line 接口,再用电话线把调制解调器的 Phone 接口与电话机连接。如图 11-36 所示。

②关闭计算机电源,将调制解调器所配的电缆的一端(25 针)与调制解调器连接,另一端(9 针或者 25 针插头)与主机上的 COM 口连接,如图 11-37 所示。

图 11-36　将电话线连接到调制解调器上

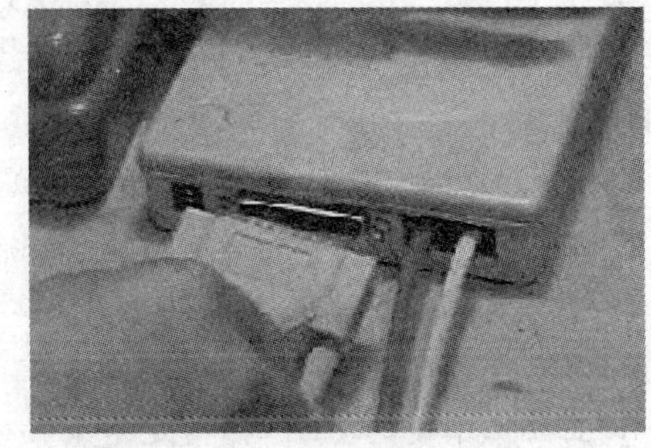
图 11-37　连接到调制解调器的数据线

③将电源变压器与调制解调器的 POWER 或 AC 接口连接。接通电源后,调制解调器的 MR 指示灯应长亮。如果 MR 灯不亮或不停闪烁,则表示未正确安装或调制解调器自身故障。

对于一般用户来说,都是用一根电话线进行日常通话和上网的。这时,就需要用另一根电话线,把调制解调器与电话机连接起来。先把电话线的一头插在调制解调器电话线输出接口中,然后再把另一头接在电话的电话线接口中。

对于调制解调器来讲,即使不打开电源,也可以作为电话的通路,就是说,我们平时不打开调制解调器时,与调制解调器串联的电话机同样可以正常的通话。如果不是这样,我们就必须每天 24 小时打开调制解调器了。

和一般的电脑接口相同,调制解调器数据线接头和接口都是梯形设计,很容易弄清楚正反的方向。把数据线的两头分别插在调制解调器的数据线接口上和电源线的接口,就可以了。

④再把调制解调器电源线插在电源线接口里,完成硬件的安装。

对于带语音功能的调制解调器,还应把调制解调器的 SPK 接口与声卡上的 Line In 接口连接,当然也可直接与耳机等输出设备连接。另外,调制解调器的 MIC 接口用于连接麦克风,但最好还是把麦克风连接到声卡上。

⑤当硬件安装完成后,打开计算机,外置式调制解调器还应打开调制解调器的开关。对于大多数调制解调器,Windows 会报告"找到新的硬件设备",此时只需选择"硬件厂商提供驱动程序",并插入调制解调器的安装盘即可。

11.2.2 硬件组装过程中的开机测试

在电脑硬件组装过程后,一般要进行加电测试,检验一下各部件能否正常工作,以免安装后发现问题再拆卸。通常采用最小系统法来进行测试。硬件最小系统是由电源、CPU、主板、内存、显卡和显示器等组成。在这个系统中,只要开机测试时能够显示信息表明上述设备正常,否则不正常。在测试时注意在主板和桌面之间可以垫上包装主板的防静电袋,保证主板和桌面之间是绝缘的。

【新的任务】

通过本章的学习,初步了解了装机前的各项准备工作及相关注意事项,掌握了计算机硬件的详细组装步骤。现在新的任务是:学习并掌握 BIOS 的基础知识及设置。

习题十一

一、填空题

1. 安装主板时,要让主板的(　　)、(　　)、(　　)和 USB 接口以及机箱背面挡片的孔对齐。
2. 组装电脑前的准备工作包括:(　　)。
3. 插内存的时候尽量不要跟 CPU 靠太近,这样有利于(　　)。
4. 主板上唯一的 FDD 插槽是用来插(　　)。
5. 机箱内信号线中 Power SW 表示(　　),H. D. D LED 表示(　　)。

二、选择题

1. 组装电脑可分为四步曲,下列哪一组的顺序是正确的?(　　)
   A. 硬件组装→格式化硬盘→分区硬盘→安装操作系统
   B. 硬件组装→格式化硬盘→安装操作系统→分区硬盘
   C. 硬件组装→格式化硬盘→分区硬盘→安装操作系统
   D. 硬件组装→分区硬盘→格式化硬盘→安装操作系统
2. 主板上的 IDE 接口有(　　)。
   A. 1 个,即是一个硬盘接口
   B. 2 个,即是一个硬盘接口和一个光驱接口
   C. 3 个,即是一个硬盘接口、一个光驱接口和一个软驱接口
   D. 4 个,即是两个硬盘接口,另外加一个光驱接口和一个软驱接口
3. 插驱动器的数据线和电源线时,有一个原则就是(　　)。
   A. 要使数据线有颜色的一边(通常是红色)跟电源线的红线靠在一起
   B. 要使数据线有颜色的一边(通常是红色)跟电源线的浅线靠在一起

C. 要使数据线白颜色的一边跟电源线的红线靠在一起

D. 要使数据线白颜色的一边跟电源线的浅线靠在一起

4. 下面各组信号线的说法，正确的是(　　)。

A. SPEAKER 表示喇叭“Reset”是重新启动开关

B. POWER LED 是机器电源开关

C. POWER SW 是机器电源指示灯

D. H. D. D LED 是键盘锁开关

三、判断题

1. 把电源插头插在主板上的电源插座上时，ATX 电源的插头如果插反了，根本插不进去。(　　)

2. Socket 370 CPU 的插针是缺了两个角的，而主板上的 CPU 插槽也相应有两个角没有针孔。(　　)

3. 安装内存的时候尽量要与 CPU 靠近一些，这样有利于交换数据。(　　)

4. 有些软驱的数据线也可能不是有颜色的一边靠近电源线一边，假如方向错的话，会比较难插进去，即使插进去了软驱灯也会一直亮着。(　　)

5. 连接机箱内的信号线时，一般红色(深颜色)表示为正，白色表示为负。(　　)

四、简答题

1. 说出安装一台电脑的主要配件有哪些?

2. 在组装电脑前为什么要释放静电? 如何释放静电?

3. 组装电脑的一般步骤是什么?

第12章 BIOS与CMOS

上一章学习了硬件的组装知识，而电脑组装实际上分硬件安装和软件安装两个部分。组装完硬件以后，接下来所做的工作是设置好BIOS参数、进行硬盘初始化(主要是分区和高级格式化)、安装操作系统和硬件驱动程序，最后安装所需的工具软件和应用软件。本章将介绍BIOS与CMOS的基本知识及相关设置。

通过学习要求掌握BIOS与CMOS的基本概念及区别；掌握BIOS的进入及常规CMOS参数的设置；了解其他CMOS参数的内容及设置；掌握CMOS密码的设置与清除办法。

12.1 BIOS与CMOS概述

任务1:BIOS与CMOS的概念

【任务的提出】

在使用计算机之前，一定要确定硬件配置和参数，并将它们记录下来，存入计算机，以便计算机启动时能够读取这些设置，保证系统正常运行。微机部件配置记录是放在一块芯片中的，主要保存着系统基本情况、CPU特性、软硬盘驱动器、显示器、键盘等部件的信息。运行BIOS设置程序后的设置参数都放在主板的CMOS芯片中。下面就来学习BIOS与CMOS的基本知识。

本任务主要包括以下内容：

(1)掌握BIOS的概念及功能；

(2)掌握CMOS的概念及功能；

(3)了解BIOS与CMOS的区别与联系。

12.1.1 BIOS概述

BIOS是英文“Basic Input Output System”的缩略语，直译过来后中文名称就是“基本输入输出系统”。它的全称是ROM－BIOS，意思是只读存储器基本输入输出系统。其实，它是一组固化到计算机内主板上一个ROM芯片上的程序，它保存着计算机最重要的基本输入输出的程序、系统设置信息、开机上电自检程序和系统启动自举程序。有人认为既然BIOS是“程序”，那它就应该是属于软件，感觉就像自己常用的Word或Excel。但也有很多人不这么认为，因为它与一般的软件还是有一些区别，而且它与硬件的联系也是相当地紧密。形象地说，BIOS应该是连接软件程序与硬件设备的一座“桥梁”，负责解决硬件的即时要求。一块主板性能优越与否，很大程度上就取决于BIOS程序的管理功能是否合理、先进。主板上的BIOS芯片或许是主板上唯一贴有标签的芯片，一般它是一块32针的双列直插式的集成电路，上面印有“BIOS”字样。586以前的BIOS多为可重写EPROM芯片，上面的标签起着保护BIOS内容的作用(紫外线照射会使EPROM内容丢失)，不能随便撕下；

586以后的ROM BIOS多采用EEPROM(电可擦写只读ROM),通过跳线开关和系统配带的驱动程序盘,可以对EEPROM进行重写,方便地实现BIOS升级。常见的BIOS芯片有Award、AMI、Phoenix、MR等,在芯片上都能见到厂商的标记。

注意	现在更多的BIOS芯片采用Flash ROM,称为闪速存储器,其读写更快、更可靠,而且可单电压进行读写和编程。

1. BIOS的分类

常见的用于设置CMOS的BIOS芯片有AMI、Award和Phoenix等厂商的产品。在BIOS芯片上能看见厂商的标记,AMI BIOS主要用于国外品牌的电脑中;而Phoenix BIOS一般用于笔记本电脑;通常使用的台式电脑的主板BIOS主要是Award BIOS。三种BIOS芯片如图12-1所示。需要注意的是,不同的BIOS之间虽然界面形式上有所不同,但其功能与设置基本上都是大同小异的,所需的设置项目也差不多,不同的是增减一些项目或改变一下名称。

图12-1　BIOS芯片

2. 进入BIOS程序的方法

在计算机自检启动过程中,屏幕出现如图12-2所示启动界面时,屏幕下有一行提示"Press Del to enter SETUP",此时按下"DEL"键即可进入CMOS设置程序。并不是所有的计算机都可按Del键进入CMOS设置,能否进入CMOS设置程序,首先要看是哪家公司的BIOS程序,甚至要看哪家公司的BIOS程序的哪一种型号。下面是常见BIOS型号进入BIOS设置程序的方法。

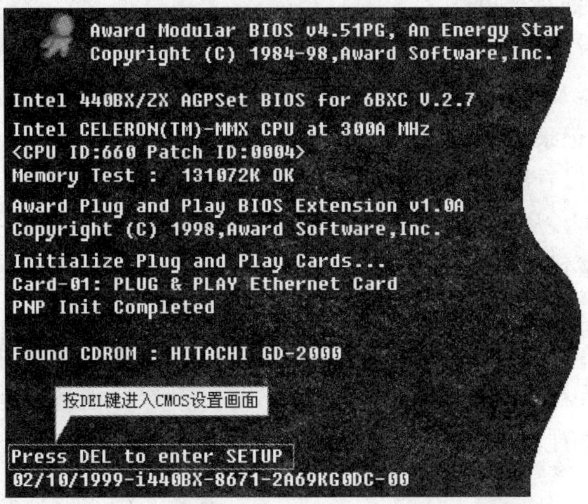

图12-2　启动界面

(1)开机启动时按热键

Award BIOS:按 Del 或 Ctrl+Alt+Esc,一般屏幕有提示。

AMI BIOS:按 Del 或 Esc,一般屏幕有提示。

Phoenix BIOS:按“F2”键进入,或 Ctrl+Alt+S 键,一般无提示。

(2)用系统提供的软件

现在很多主板都提供了在 DOS 下进入 BIOS 设置程序而进行设置的程序,在 Windows 95 的控制面板和注册表中已经包含了部分 BIOS 设置项。

3. BIOS 程序的管理功能

BIOS ROM 芯片不但可以在主板上看到,而且 BIOS 管理功能如何在很大程度上决定了主板性能是否优越。BIOS 管理功能主要包括:

(1)BIOS 中断服务程序

BIOS 中断服务程序实质上是微机系统中软件与硬件之间的一个可编程接口,主要用于程序软件功能与微机硬件之间实施衔接。如:DOS 和 WINDOWS 操作系统中对软盘、硬盘、光驱、键盘、显示器等外设的管理,都是直接建立在 BIOS 系统中断服务程序的基础上,而且操作人员也可以通过访问 INT 5、INT 13 等中断点而直接调用 BIOS 中断服务程序。

(2)BIOS 系统设置程序

微机部件配置记录是放在一块可读写的 CMOS RAM 芯片中的,主要保存着系统基本情况——CPU 特性、软硬盘驱动器显示器、键盘等部件的信息。在 BIOS 的 ROM 芯片中装有“系统设置程序”,主要用来设置 CMOS ROM 中的各项参数,这个程序在开机是按下“DEL”键即可进入设置状态,并供操作人员使用,CMOS 的 RAM 芯片中关于微机的配置信息不正确时,将导致系统故障。

(3)POST 上电自检

微机接通电源后,系统首先由 POST(Power On Self Test,上电自检)程序来对内部各个设备进行检查。通常完整的 POST 自检将包括对 CPU、640KB 基本内存、1MB 以上的扩展内存、ROM 主板、CMOS 存储器、串并口、显卡、软硬盘子系统及键盘进行测试,一旦在自检中发现问题,系统将给出提示信息或鸣笛警告。

(4)BIOS 系统启动自举程序

系统在完成 POST 自检后,ROM BIOS 就首先按照系统 CMOS 设置中保存的启动顺序,搜寻软硬盘驱动器及 CD-ROM、网络服务器等,读入相应操作系统的引导记录,然后将系统控制权交给引导记录,并由引导记录来完成系统的顺利启动。

从上面的描述可以看出:BIOS 可以算是计算机启动和操作的基石,一块主板或者说一台计算机性能优越与否,从很大程度上取决于板上的 BIOS 管理功能是否先进。大家在使用 Windows 中常会碰到很多奇怪的问题,诸如安装就一半死机或使用中经常死机;声卡解压卡显示卡发生冲突;CD-ROM 挂不上等。事实上这些问题在很大程度上与 BIOS 设置密切相关。换句话说,BIOS 根本无法识别某些新硬件或对现行操作系统的支持不够完善。在这种情况下,只有重新设置 BIOS 或者对 BIOS 进行升级才能解决问题。另外,如果你想提高启动速度,也需要对 BIOS 进行一些调整才能达到目的,比如调整硬件启动顺序、减少启动时的检测项目等。

12.1.2　CMOS 概述

CMOS(Complementary Metal Oxygen Semicondutor)是互补金属氧化物半导体的简称,是一种应用于制造大规模集成电路芯片的原料,在微机主板上是一块可擦写的 RAM 芯片,用来保存当前系统的硬件配置和用户对某些参数的设定。CMOS 可由主板的后备电池供电,即使系统掉电,信息也不会丢失。

CMOS RAM 本身只是一块内存,只有数据保存功能,而对 CMOS 中各项参数的设定要通过专门的程序。早期的 CMOS 设置程序驻留在软盘上的(如 IBM 的 PC/AT 机型),使用很不方便。现在多数厂家将 CMOS 设置程序做到了 BIOS 芯片中,在开机时通过特定的按键就可进入 CMOS 设置程序方便地对系统进行设置,因此 CMOS 设置又被叫做 BIOS 设置。

早期的 CMOS 是一块单独的芯片 MC146818A(DIP 封装),共有 64 个字节存放系统信息。386 以后的计算机一般将 MC146818A 芯片集成到其他的 IC 芯片中(如 82C206,PQFP 封装),最新的一些 586 主板上更是将 CMOS 与系统实时时钟和后备电池集成到一块叫做 DALLDA DS1287 的芯片中。

随着计算机的发展、可设置参数的增多,现在的 CMOS RAM 一般都有 128 字节及至 256 字节的容量。为保持兼容性,各 BIOS 厂商都将自己的 BIOS 中关于 CMOS RAM 的前 64 字节内容的设置统一与 MC146818A 的 CMOSRAM 格式一致,而在扩展出来的部分加入自己的特殊设置,所以不同厂家的 BIOS 芯片一般不能互换,即使是能互换的,互换后也要对 CMOS 信息重新设置以确保系统正常运行。

12.1.3　BIOS 和 CMOS 的联系和区别

1. BIOS 和 CMOS 的区别

(1)采用的存储材料不同。CMOS 是在低电压下可读写的 RAM,需要靠主板上的电池进行不间断供电,电池没电了,其中的信息都会丢失。而 BIOS 芯片采用 ROM,不需要电源,即使将 BIOS 芯片从主板上取下,其中的数据仍然存在。

(2)存储的内容不同。CMOS 中存储着 BIOS 修改过的系统的硬件和用户对某些参数的设定值,而 BIOS 中始终固定保存电脑正常运行所必需的基本输入/输出程序、系统信息设置、开机加电自检程序和系统自举程序。

2. BIOS 和 CMOS 的联系

CMOS 是存储芯片,属于硬件,其功能是用来保存数据,只能起到存储的作用,要设置参数必须通过专门的设置程序。现在很多厂商将 CMOS 的参数设置程序固化在 BIOS 芯片中,在开机的时候进入 BIOS 设置程序,即可对系统进行设置。BIOS 中的系统设置程序是完成 CMOS 参数设置的手段,而 CMOS RAM 是存放这些设置数据的场所,它们都与计算机的系统参数设置有着密切的关系,所以有"CMOS 设置"和"BIOS 设置"两种说法,正确的应该是"通过 BIOS 设置程序对 CMOS 参数进行设置"。

【新的任务】

通过本节的学习,初步掌握了 BIOS 和 CMOS 的基本概念、组成及功能,了解了 BIOS 和 CMOS 的区别与联系。现在新的任务是:学习并掌握 BIOS 的参数设置。

12.2　Award BIOS 设置

任务 2:Award BIOS 的参数设置

【任务的提出】

BIOS 程序设置大同小异,只要掌握一种即可。Award BIOS 是目前兼容机中应用较为广泛的一种 BIOS,但由于其信息全为英文,且需要用户对相关专业知识有较深入的理解,所以有些用户设置起来感觉困难很大。下面就以 Award BIOS 设置为例学习 BIOS 的参数设置方法。

本任务主要包括以下内容:

(1)掌握 Award BIOS 设置程序的主菜单;

(2)掌握 Award BIOS 设置中常用参数的设置;

(3)了解 Award BIOS 设置中其他参数的设置。

12.2.1　Award BIOS 设置程序的主菜单

当开机启动出现提示时,可按 DEL 键进入 BIOS 设置,出现 BIOS 设置程序主菜单,如图 12-3 所示,中文界面如图 12-4 所示。

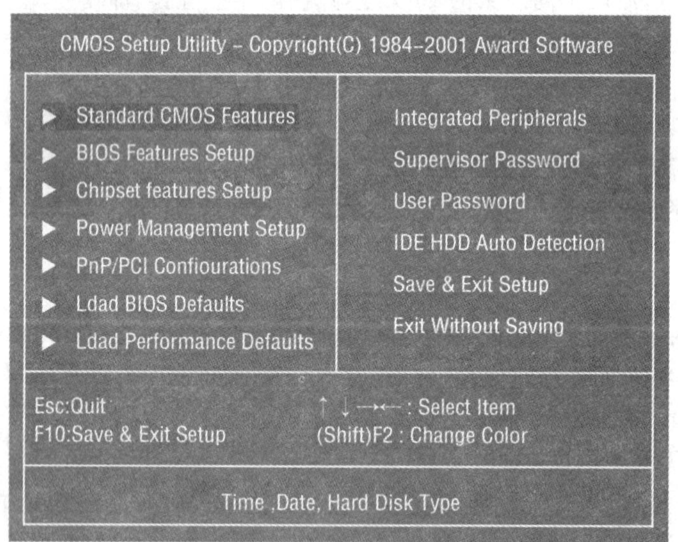

图 12-3　BIOS 主菜单

主菜单是由一系列系统设置功能设置选项和两个退出方式构成,可使用方向键移动到某选择项,按“Enter”键接受选择并进入下一级子菜单。主菜单包括以下功能选项:

标准 CMOS 设置(Standard CMOS Setup)、BIOS 特性设置(BIOS Features Setup)、芯片组特性参数设置(Advanced chipset Features)、电源管理模式设置(Power Management Setup)、PNP/PCI 模块设置、计算机健康状态设置(PC Health Status)、装载安全模式参数(Load Fail－safe Default)、装载优化模式参数(Load Optimized Defaults)、周边设备设置

(Interagated Peripherals)、设置密码(Set Password)、保存后退出(Save & Exit Setup)和退出不保存(Exit Without Saving)等。

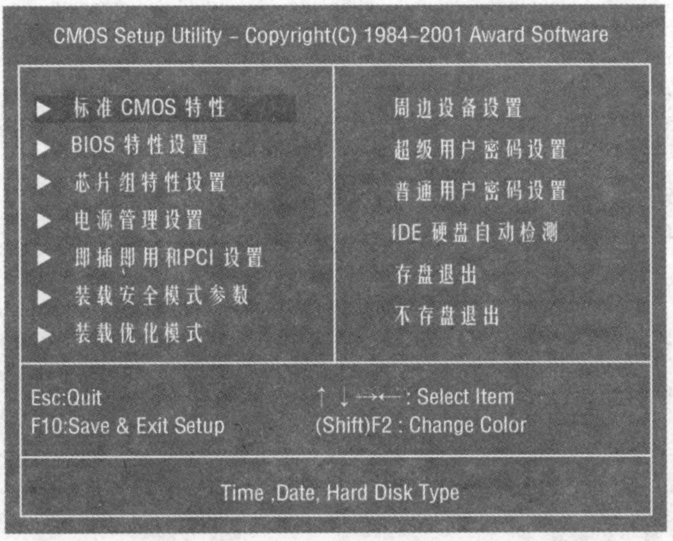

图 12-4　BIOS中文主菜单

在设置之前,我们先看看主菜单的操作方法,其常用功能键如表 12-1 所示。

表 12-1　Award BIOS 的常用功能键

控制键	功 能	控制键	功 能
"↑"(向上键)	移到上一个选项	"Page Down"键	改变设定状态,或减少栏目中的数值内容
"↓"(向下键)	移到下一个选项	"F1"功能键	显示目前设定项目的相关说明
"←"(向左键)	移到左边的选项	"F5"功能键	装载上一次设定的值
"→"(向右键)	移到右边的选项	"F6"功能键	装载最安全的值

12.2.2　标准 CMOS 设置(Standard CMOS Setup)

标准 CMOS 设置界面如图 12-5 所示,主要设置项目如下:

1. Date(mm:dd:yy)

设置日期,格式为"星期,月、日、年",系统会自动换算星期值。

2. Time(hh:mm:ss)

以 24 小时制设置时间,格式为"时:分:秒"。

3. IDE 接口设备的设定

设定系统所有 IDE 硬盘,最多为四块硬盘。

IDE Primary Master:IDE 第一接口主设备;

IDE Primary Slave:IDE 第一接口从设备;

IDE Secondary Master:IDE 第二接口主设备;

IDE Secondary Slave：IDE 第二接口从设备。

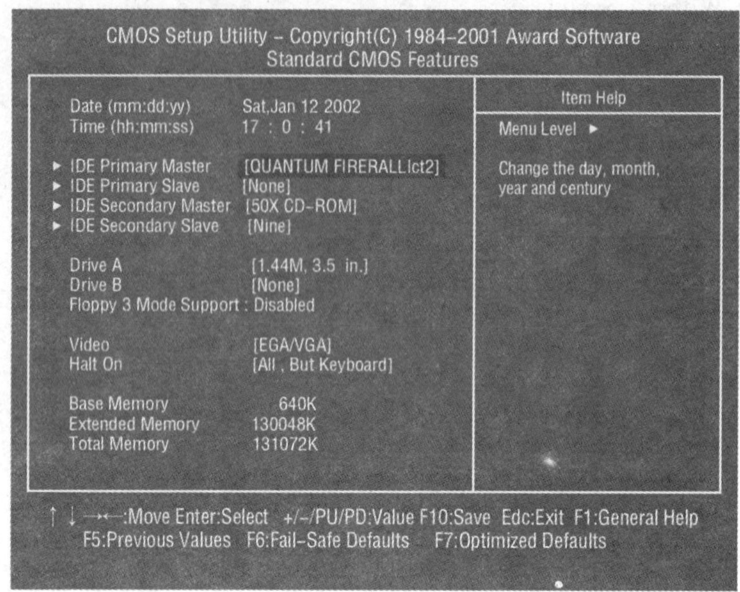

图 12-5　标准 CMOS 设置

按键盘的上下箭头选择 IDE Primary Master(第 1 个主盘)，然后按回车键，出现如图 12-6 所示画面。

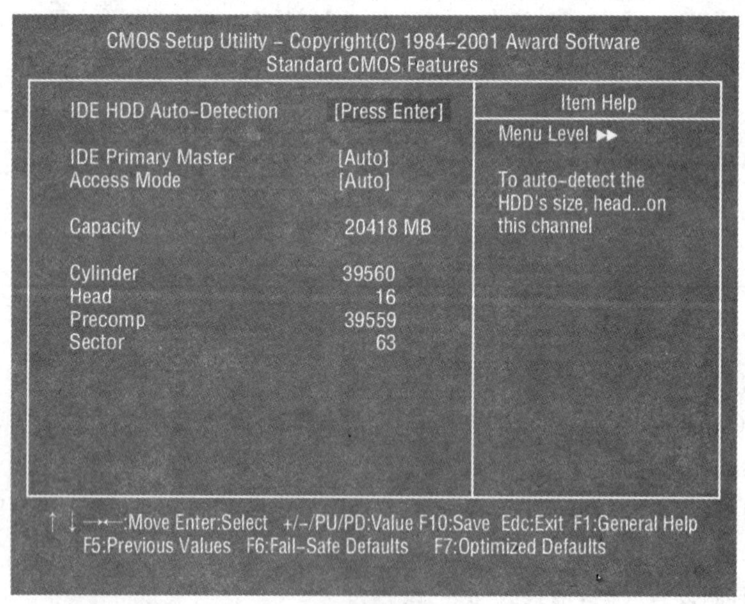

图 12-6　硬盘参数自动检测

(1)IDE HDD Auto—Detection：硬盘自动检测，建议选择 Auto 参数值。

(2)IDE Primary Master：硬盘型号，建议选择 Auto 参数值。

(3)Access Mode ：硬盘工作模式。

Award BIOS 可支持 3 种硬盘工作模式：NORMAL、LARGE 和 LBA，并支持自动侦测

(Auto)功能。

① NORMAL(普通模式)。是最早的 IDE 方式,在硬盘访问时,BIOS 和 IDE 控制器对参数不做任何转换。该模式支持的最大硬盘容量为 528MB。也就是说,在此模式下,硬盘的实际物理容量再大,也只能用到其中的 528MB。

② LARGE (大规模管理模式)。在硬盘的柱面超过 1024 而又不为 LBA 支持时采用。LARGE 模式采用的方法是把柱面数除以 2,把磁头数乘以 2,使得某些硬盘的柱面低于 1024,但其结果总容量不变。在 LARGE 模式中,可支持的最大容量为 1GB。

③ LBA(Logical Block Addressing,逻辑块寻址模式)。是一种克服 528MB 限制的新型硬盘存取方法。在 LBA 模式下,设置的柱面、磁头、扇区等参数并不是实际硬盘的物理参数。在访问硬盘时,由 IDE 控制器把由柱面、磁头、扇区等参数确定的逻辑地址转换为实际硬盘的物理地址。在 LBA 模式下,管理的硬盘空间可达 8.4GB。不过现在新主板可以使 LBA 能支持 100GB 以上的硬盘。

④Auto(自动侦测)。若采用自动侦测硬盘,BIOS 会自动侦测出并设置好硬盘的参数和模式。

(4)Capacity:容量。

(5)Cylinder:柱面。

(6)Read:磁头。

(7)Precomp:写预补偿。

(8)Landing Zone:登录区。

(9)Sector:扇区。

按回车键后系统自动检测以上参数。其他三项的设置方法同上。

4. Drive A 或 B

可设置的软驱类型有 360KB、1.2MB、720KB、1.44MB、2.88 MB 和 None,目前绝大多数软驱都是 1.44MB。

5. Floppy 3 Mode Support

设置是否支持第三国软驱模式。第三国常指日本等,一般设为 Disabled。

6. Video

显示类型可选 EGA/VGA、CGA40、CGA80、MONO。系统默认为 EGA/VAG。

7. Halt On

错误终止,选项有:All Errors、No Errors、All But Keyboard、All But Diskette、All But Disk/Key。

8. Base Memory

基本内存,显示在开机自检时测出的常规内存容量。

9. Extended Memory

扩展内存,显示在开机自检时测出的扩展内存容量。

10. Total Memory

内存总量,显示系统中的内存总容量。

12.2.3　BIOS 特性设置(BIOS Features Setup)

BIOS 特性设置主要用于改善系统的性能，这是 BIOS 设置中最重要的一项。BIOS 特性设置界面如图 12-7 所示。

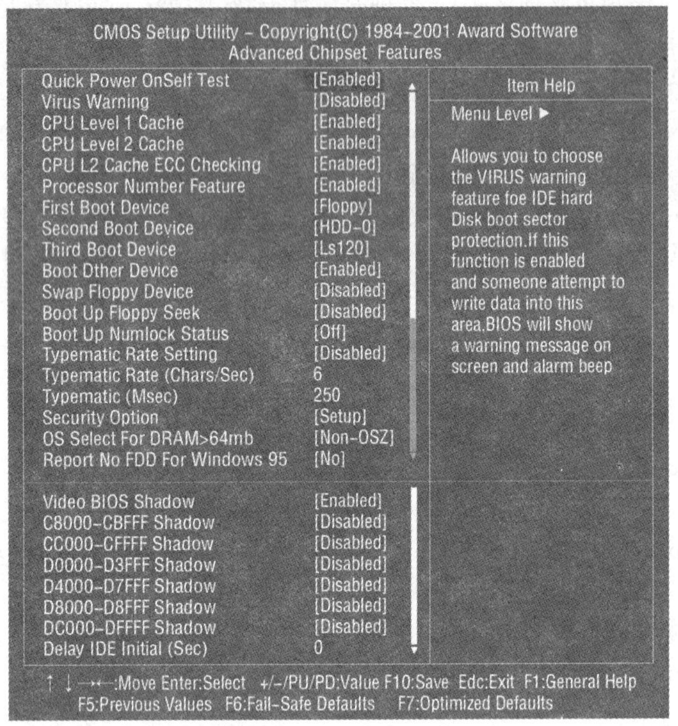

图 12-7　BIOS 特性设置

主要设置项目如下：

1. Quick Power On Self Test(快速开机自检)

当计算机加电开机的时候，主板上的 BIOS 会执行一连串的检查测试，检查的对象是系统和周边设备。

2. Virus Warning(病毒警告)

当此项设定为 Enabled 时，如果有软件程序要在引导区(Boot Sector)或者在硬盘分配表(Partition Table)写入信息时，BIOS 会警告可能有病毒侵入。

3. CPU Level 1 Cache(中央处理器一级缓存)

设置是否打开 CPU 的一级缓存，当打开时系统速度会比关闭时快，推荐打开(Enabled)。

4. CPU Level 2 Cache(中央处理器二级缓存)

此项与上一项相似，推荐打开。

5. Processor Number Feature(显示 CPU 处理器的序列号)

此功能只对 Intel 的 Pentium Ⅲ处理器有效，如果设定为 Disabled，则程序将无法读取处理器的序列号。

6. First Boot Device(第一优先开机设备)

当计算机开机时，BIOS将尝试从外部存储设备中载入启动信息。Second Boot Device为第二启动设备；Third Boot Device为第三启动设备。

7. Swap Floppy Drive(软盘位置互换)

此选项可以让计算机使用者不用打开机箱就可实现A、B软驱的互换。建议关闭该选项，以加快启动速度。

8. Boot Up Floppy Seek(启动时检查软驱)

当计算机加电开机时，BIOS会检查软驱是否存在。

9. Boot Up NumLock Status(启动时数字小键盘状态)

On：开机后，键盘右侧的数字键盘设定为数字输入模式。

Off：开机后，键盘右侧的数字键盘设定为方向键盘模式。

10. Typematic Rate Setting(键盘输入调整)

选择是否可以调整键盘的输入速率，一般不用修改。

11. Typematic Rate(Chars/Sec)(键盘重复输入的速率)

当用户按住键盘上某一按键时，键盘将按用户设定的值重复输入(单位：字节/秒)。

12. Typematic Delay(Msec)(键盘重复输入的时间延迟)

当用户按住某一按键时，超过用户在此设定的延迟时间后，键盘会自动以一定的速率重复输入用户所按住的字符。

13. Security Option(密码设定选项)

此项目共有两个选项可以选择：System 和 Setup。当设为System时，在开机启动过程中若设置了密码就需输入密码，若为Setup时启动过程中不需输入密码。

14. OS Select For DRAM>64 MB(系统内存大于64 MB时的系统选择)

当系统内存大于64 MB时，BIOS与系统的桥梁作用会因为操作系统的不同而不同。

15. Report No FDD For Windows 95(分配软驱中断)

No：分配中断6给软驱；

Yes：软驱自动检测IRQ6。

16. Video BIOS Shadow(视频BIOS影子内存)

因为ROM芯片的存取速度较慢，而影子内存的存取速度很快，所以当设置为Enabled时，则允许将显卡上的视频ROM代码复制到系统内存中(即为这些代码的影子)，以加快访问速度(缩短CPU等待时间)，应设置为Enable。

17. Shadowing Address Ranges(扩充接口卡上的BIOS快速执行功能地址范围)

用以设定接口卡上的BIOS在某一选择范围内的位置是否要使用快速执行功能。

18. Delay IDE Initial(Sec)(延迟初始化IDE数值)

这个选项是为一些老的硬盘和光驱而设的，当BIOS无法诊测到它们或无法开机载入信息时，就可以使用这个选项。可供选择的值为0～15，数值越大，延迟的时间越长。

12.2.4　芯片组特性参数设置(Advanced Chipset Features)

芯片组特性设置是为了改变主板上的芯片组内存的特性而设立的。由于内存的参数设置跟系统是否能正常运转有着相当大的关系，如果我们不是很了解主板的话，请不要随便改变参数的设置。一旦参数设置改乱，有可能导致系统频繁死机或出现开不了机的现象。芯片组设置界面如图 12－8 所示。

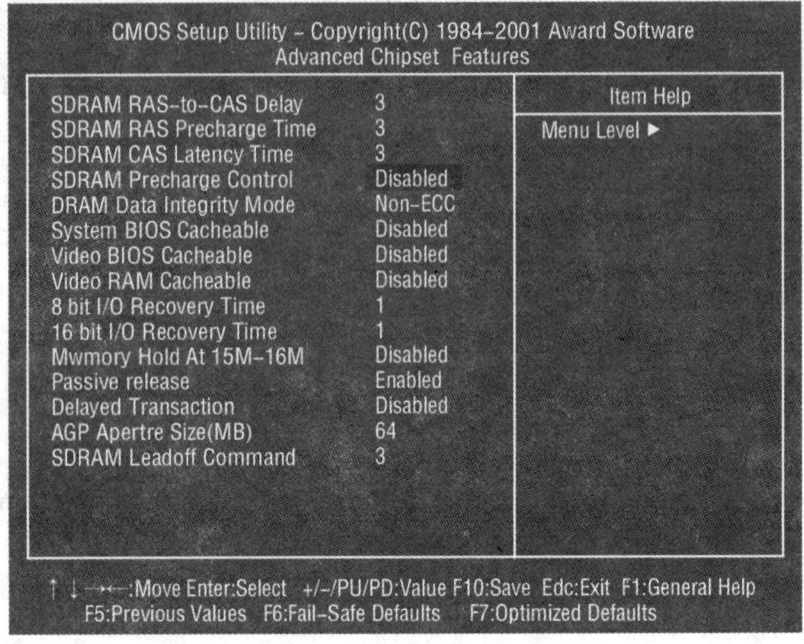

图 12－8　芯片组特性参数设置

1. SDRAM RAS－to－CAS Delay

此项允许 DRAM 写入、读取或者更新资料时，在 CAS 和 RAS 触发信号间插入延迟。

2. SDRAM RAS Precharge Time

预充电时间是指在 DRAM 更新之前，RAS 累计 DRAM 所需要花费的周期数。

3. SDRAM CAS Latency Time

此选项提供 2 和 3 个选项。你可以根据系统所使用的 SDRAMR 的规格来进行选择。

4. SDRAM Precharge Control

此选项决定在 SDRAM 发生分页遗漏时系统采取的动作。

5. SDRAM Data Integrity Mode

当系统的内存具有 ECC 功能时，请开启该项，供选择项有 ECC 和 Non－ECC。

6. System BIOS Cacheable(对系统 BIOS 进行高速缓冲)

当对系统 BIOS 进行 Shadow 后，可以显著提升运行速度。

7. Video BIOS Cacheable

对系统 BIOS 进行 Shadow 后，可以显著提升运行速度。

8. Video RAM Cacheable

当选择了 Enabled，可以由 L2 缓存来加速 RAM 的执行速度。

9. 8 bit I/O Recovery Time

设置两个连续的 8 bit I/O 信号发生时所要延迟的系统周期。

10. 16 bit I/O Recovery Time

设置两个连续的 16 bit I/O 信号发生时所要延迟的系统周期。

11. Memory Hold At 15 MB～16 MB

此项可以让BIOS将15 MB～16 MB这1 MB内存保留,但是有些特殊的周边设备需要用到这1 MB内存,建议关闭(Disabled)。

12. Delayed Transaction

设置延迟交换时间。

13. AGP Apertre Size(MB)

此项可制定AGP设备取用内存的容量。

12.2.5 周边设备设置(Interagated Peripherals)

主要的设置项目如下:

1. IDE HDD Block Mode

设置是否使用IDE硬盘的块传输模式。

2. IDE Primary Master PIO

设置第一个IDE主接口使用的可编程输入输出模式,可选择的范围是0、1、2、3或4。

3. IDE Primary Master UDMA

设置第一个IDE主接口使用的Ultra DMA传输模式。

4. On－Chip Primary PCI IDE

设置是否允许使用芯片组内建的第一个PCI IDE接口。

5. USB Keyboard Support

设置是否支持USB键盘。

6. Onboard FDC Controller

设置是否允许使用主机板内建的软驱接口。

7. Onboard Serial Port 1

设置COM1(串口1)资源配置。默认值为3F8/IRQ4。通过改变其值,可避免地址和中断请求的冲突。

8. Onboard Serial Port 2

设置COM2(串口2)资源配置。默认值为2F8/IRQ3。

9. Onboard Parallel Port

设置并口资源配置。默认值为378/IRQ7。

10. Parallel Port Mode

设置并口传输模式。一般设置为标准模式,即Normal或SPP模式。

11. PS/2 Mouse Power On

设置鼠标开机功能。设置为DblClick,按两次PS/2鼠标左键或右键开机。

12. Keyboard Power On

设置键盘开机功能。Disabled:关闭键盘开机功能。Multikey:可设定开机的组合键。

13. KB Power On Multikey

设置开机组合键。

周边设备设置界面如图12－9所示。

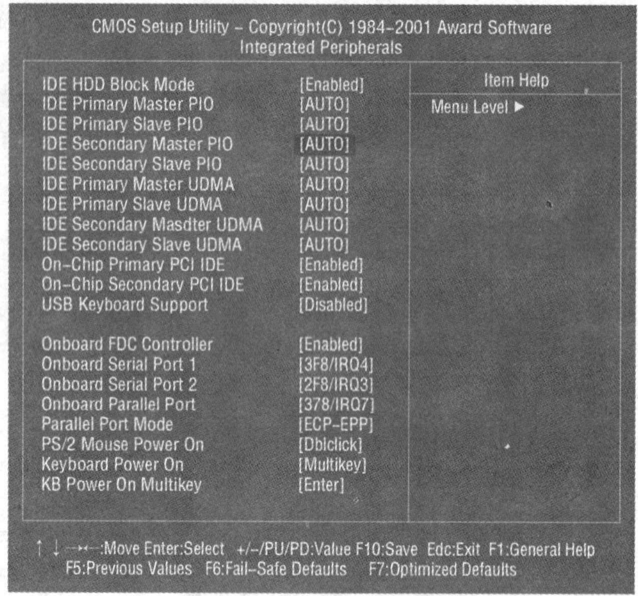
CMOS Setup Utility - Copyright(C) 1984-2001 Award Software
Integrated Peripherals

		Item Help
IDE HDD Block Mode	[Enabled]	Menu Level ▶
IDE Primary Master PIO	[AUTO]	
IDE Primary Slave PIO	[AUTO]	
IDE Secondary Master PIO	[AUTO]	
IDE Secondary Slave PIO	[AUTO]	
IDE Primary Master UDMA	[AUTO]	
IDE Primary Slave UDMA	[AUTO]	
IDE Secondary Masdter UDMA	[AUTO]	
IDE Secondary Slave UDMA	[AUTO]	
On-Chip Primary PCI IDE	[Enabled]	
On-Chip Secondary PCI IDE	[Enabled]	
USB Keyboard Support	[Disabled]	
Onboard FDC Controller	[Enabled]	
Onboard Serial Port 1	[3F8/IRQ4]	
Onboard Serial Port 2	[2F8/IRQ3]	
Onboard Parallel Port	[378/IRQ7]	
Parallel Port Mode	[ECP-EPP]	
PS/2 Mouse Power On	[Dblclick]	
Keyboard Power On	[Multikey]	
KB Power On Multikey	[Enter]	

↑↓→←:Move Enter:Select +/-/PU/PD:Value F10:Save Edc:Exit F1:General Help
F5:Previous Values F6:Fail-Safe Defaults F7:Optimized Defaults

图 12-9　周边设备设置

12.2.6　电源管理模式设置(Power Management Setup)

主要设置项目如下：

1. Power Management

电源管理。设置电源的工作模式，以决定是否进入节能状态。

2. PM Control by APM

设置由 APM(高级电源管理)控制电源。

3. Video Off Method

设置节能方式时的显示器状态。

4. Suspend Mode

延迟模式。

5. HDD Power Down

关闭硬盘电源。

6. VGA Active Monitor

监视显示器信号状态。

7. Soft－Off by PWR－BTTN

电源开关方式。

8. System After AC Back

电源恢复时的系统状态。

9. CPU Fan Off In Suspend

设置延迟模式时是否停止 CPU 风扇。

10. PME Event Wake Up

设置电源管理事件唤醒功能。

11. MODEM Ring On/Walk On LAN

设置调制解调器/网络唤醒功能。

12. Resume by Alarm

设置定时开机功能。

13. Date (of Month) Alarm & Time (hh:mm:ss) Alarm

设置定时开机的日期和时间。

14. IRQ[3－7,9－15],NM I

中断中止。

15. Primary IDE 0

IDE 设备存取设置。

16. Floppy disk

软盘设置。

17. Serial Port

串口设置。

18. Parallel Port

并口设置。

12.2.7　PNP/PCI 模块设置

主要设置项目如下：

1. PNP OS Installed

是否安装了即插即用操作系统。

2. Resources Controlled By

系统资源控制。设置为 Manual 时，窗口中出现 IRQ 和 DMA 菜单以供用户分配 IRQ 和 DMA。

3. Reset Configuration Data

是否允许系统自动重新分配 IRQ、DMA 和 I/O 地址。

4. IRQ[3－15] & DMA[0－7] Assigned to

设置 IRQ 和 DMA 资源的使用。

5. Used MEM Base Addr

设置是否使用常规内存，建议值为 N/A。

6. Assign IRQ For USB

设置是否为 USB 分配 IRQ。

12.2.8　计算机健康状态设置(PC Health Status)

本设置主要是对 CPU 的温度、CPU 的风扇转速、电源风扇、电压等的监控数值进行设置。例如，对于 Shutdown Temperature(开机温度)选项，当选择了 75 ℃，一旦电脑系统开机的温度超过了这个上限，就会自动关机。

12.2.9　装载安全模式参数(Load Fail－safe Default)

仅仅将 BIOS 的参数设置成厂商设定的缺省值，这是最保守的设置。如果对软硬件的要求较低，不考虑系统的运行效率，只为确保系统的正常运行，可选择此项。当在主菜单中选择 Load Fail－safe Default 并按回车键后，则进入 BIOS 缺省参数自动设置功能。

12.2.10 装载优化模式参数(Load Optimized Defaults)

选择此项后按回车键，显示“Load Optimized Defaults(Y/N)”对话框，提示是否载入 BIOS 的最佳设置值。键入“Y”并按下回车键，即载入系统提供的最佳设置参数。

12.2.11 设置密码(Set Password)

该选项主要用来设置系统开机密码和进入 BIOS 设置的密码，由于厂商的不同，有的厂商的 BIOS 该选项是“Supervisor/User Password Setting”(超级/用户密码设置)，前者是设置管理者密码，进入系统修改 BIOS 参数需要输入该密码，后者是设定开机密码，虽然也可以进入 BIOS，但只能看见画面，而不能进入 BIOS 设置程序进行参数的修改。

当选择 Set Password 项并按回车键进入“Enter Password:”对话框时(见图 12－10)，请输入密码并按回车键，画面提示“Confirm Password:”，此时再重复输入密码，输入完成后并按回车键即完成了密码的设定。

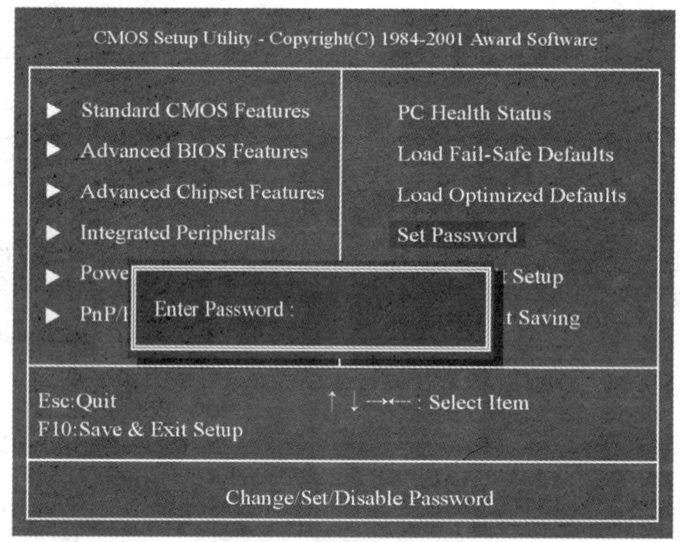

图 12－10 密码设置

12.2.12 保存后退出(Save & Exit Setup)

该选项的作用是在完成所有 BIOS 设置之后，覆盖原有的 BIOS 设置。当完成 BIOS 设置操作之后，通过这个选项使得新的 BIOS 参数设置生效并退出 BIOS 设置程序。

12.2.13 退出不保存(Exit Without Saving)

该选项的作用是在完成所有 BIOS 设置之后，不覆盖原有的 BIOS 设置。即不修改系统原有的 BIOS 设置并退出 BIOS 设置程序。

注意

Award BIOS 是一种常用的 BIOS,各大主板制造商都在使用它或在它的基础上进行了修改与添加,因而这里只是一个参考,读者可仔细阅读随机附带的主板说明书。

【新的任务】

通过本节的学习,初步掌握了 Award BIOS 设置程序主菜单的内容及操作,常规参数的设置方法,了解了其他参数的设置内容。现在新的任务是:学习并掌握 CMOS 密码的设置及清除办法。

12.3　CMOS 密码设置与清除

任务 3:CMOS 密码的设置及清除

【任务的提出】

为了防止自己的计算机被其他人使用,一般可对计算机设置开机密码,而密码的设置是在 CMOS 中来完成的。下面就来了解一下 CMOS 密码设置的方法与清除办法。

本任务主要包括以下内容:

(1)了解 CMOS 密码的设置方法;

(2)掌握 CMOS 密码清除的常用办法。

12.3.1　CMOS 密码设置

BIOS 中的密码设置一般与 SECURITY OPTION 选项配合使用,上面已提到,设为 System 时,若已设置密码,在启动电脑时或进入 BIOS 设置时均需输入密码,若为 Sctup 时,若已设置密码,则仅在进入 BIOS 设置时需输入密码。设置 CMOS 密码的详细步骤如下:

(1)在计算机正在启动时不停地按 DEL 键(注意,是不停地按动,而不是按住不放),直到出现 CMOS SETUP 界面(有的计算机进入 CMOS 的快捷键不是 DEL,例如康柏就是 F2,需要看情况而定)。

(2)用键盘上的光标键选择 SUPERVISOR PASSWORD 项,然后回车,出现 ENTER PASSWORD 后,输入密码再回车,这时又出现 CONFIRM PASSWORD,在其后再次输入同一密码(注:该项原意是对刚才输入的密码进行校验,如果两次输入的密码不一致,则会要求重新输入)。

(3)用光标键选择 USER PASSWORD 项后回车,同上面一样,密码需输入两次才能生效。以上设置的两个密码分别为设置密码和修改 CMOS SETUP 密码,建议两个均取同一密码,以便记忆。

(4)选择 BIOS FEATURES SETUP 项回车,用光标键选择 SECURITY OPION 项后用键盘上的 PAGE UP/PAGE DOWN 键把选项改为 SYSTEM(设定为 SYSTEM 的目的是让计算机在任何时候都要检测密码,包括启动机器),然后按 ESC 键退出。

(5)选择 SAVE&EXIT SETUP 项回车,出现提示后按 Y 键再回车,以上设置的密码即可生效。

12.3.2 CMOS密码清除办法

由于计算机一般存储的是个人资料，所以为了便于管理，增强计算机保密性，人们常常对自己的计算机设置CMOS口令，并经常改变，但一旦遗忘了口令，往往束手无策。因此，在这里我们将介绍一些常用的清除COMS密码的方法。

1. 万能密码解密

对于特定版本的BIOS，有一些所谓的万能密码。常见的万能密码有：

(1)AMI BIOS万能密码：AMI(仅适用于1992年以前的版本)；

(2)AWARD BIOS万能密码：Award、H996、WANTGIRL、Syxz等(注意大小写)。

2. 硬件解密

对于CMOS口令选项设置为系统引导检查口令的电脑，因为无法进入A盘或C盘提示符状态下，所以只有通过硬件办法清除CMOS口令。

(1)跳线法

CMOS清零跳线常有三针，默认情况下跳线帽插入1～2针，要清除CMOS参数，将跳线帽插入2～3针即可。有些主板在短接情况下还要求开机才能清除CMOS参数，具体情况请参考主板说明书。如图12-11所示。注意：对不同的主板，有关CMOS放电跳线的位置不同，要短接的两针也有所不同，可根据主板说明书该处的提示短接。

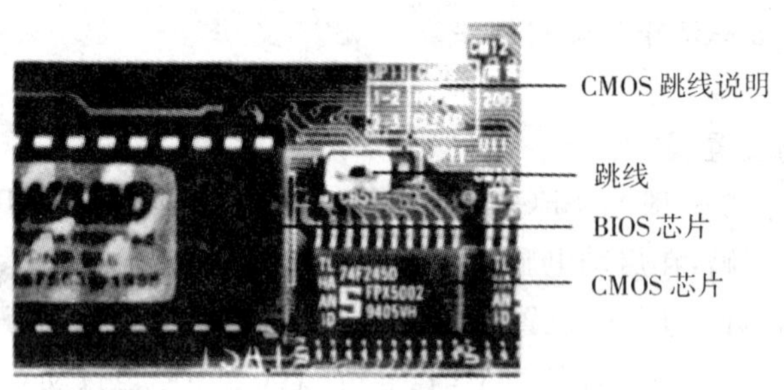

图12-11　CMOS清零跳线

(2)改变系统硬件配置法

关闭电源，打开机箱，将硬盘数据线或软盘数据线从主板上拔下，重新启动，计算机自检出错，系统会要求重新设置配置，此时CMOS中的密码就被破除了。

(3)手工放电法

对于早期的286及386型计算机，它们的主板上没有对CMOS进行放电的跳线，这时可以用一根导线，一端接主板地线，一端在CMOS芯片(一般主板上管脚最多的芯片就是CMOS芯片)的管脚上来回滑动几次，就可达到给CMOS芯片放电的目的。另外，还有一种办法是直接将后备电池取下短接电池座两极一段时间后，然后再将电池重新装上。

3. 软件解密

软件法可消除进入BIOS SETUP的口令。其原理是：当计算机接通电源后，系统首先执行的是BIOS中的加电自检程序POST，对整个系统进行全面的检测，其中也包括对CMOS RAM中的配置信息有关单元作累加和测试，并与原来的存储结果进行比较。当两者相吻合时，则CMOS RAM中的配置有效，程序继续往下测试：当比较发现累加和与原值不相等时，则要求重新配置，并能自动地按实际情况进行最小配置的配置，而原来的密码就被破除。重新启动计算机，就可进入 BIOS SETUP 界面。

(1)DEBUG 法

DEBUG. EXE 是 MS－DOS 系列版本中所附带的调试程序，利用它可以比较轻松地破除 CMOS 的密码。启动 DEBUG 后输入：

－o 70 18

－o 71 18

－q

或：

－o 70 21

－o 71 21

－q

重新启动计算机，进行 CMOS 的重新设置，此时就将密码破除了。

 注意 | 70 和 71 是 CMOS 的两个端口，我们可向它们随意写入一些错误数据(如 20、21、17 等)，就会破坏 CMOS 里的所有设置，有兴趣的朋友不妨多用几组数据试试。

(2)QAPLUS 法

QAPLUS COM 是比较常见的测试软件，选择其中的 CMOS EDIT 项功能，将屏幕上显示的硬盘参数改为 NONE，然后选择存盘退出，重新启动计算机。系统自检出错，会要求进行 CMOS 设置，这样也就达到了破除 CMOS 密码的目的。

(3)还原法

在 NORTON 和 PC TOOLS(7.0 以上)系列工具软件中都有用于备份系统信息的软件，在 CMOS 中未设置密码时，利用这些软件可以将 CMOS 的内容备份下来。在需要存除 CMOS 密码时，利用这些软件将这些备份还原，就可将 CMOS 中的密码冲掉，也就达到了相应的效果。

①使用 NORTON，选择其中的系统备份选项就可以生成 CMOS 信息的软盘。

②使用 PC TOOLS 的 CPAV 中的 bootsafe. exe 亦可以进行备份，键入 bootsafe c:/m 并插入 A 盘，此时 bootsafe 会在 A 盘上生成 cmos. cps 和 ceboot. cps 两个文件，其中 cmos. cpss 存放的是 CMOS 信息，cboot. cps 存放的是主引导记录，恢复时，用 bootsafe c:/r 即可。

【新的任务】

通过本节的学习，初步了解了 CMOS 密码的设置方法，掌握了 CMOS 密码清除的常用办法。现在新的任务是：学习并了解 BIOS 升级的办法。

12.4　BIOS 的升级

任务 4：BIOS 升级

【任务的提出】

升级主板 BIOS 可修正以前版本中的 BUG 并对新的硬件设备或技术规范提供支持，也可修复 BIOS 故障。因此,从某种意义上说,升级 BIOS 可提高整机性能和完善计算机的功能。下面就来了解一下 BIOS 升级。

本任务主要包括以下内容:

(1)掌握 BIOS 升级的准备工作;

(2)了解 BIOS 的升级过程。

12.4.1 BIOS 升级的准备工作

电脑的硬件技术一日千里,新的硬件和技术层出不穷,对主板的 BIOS 进行升级可用极小的代价换取电脑性能的提升,但是升级主板 BIOS 需要使用者具备相应的硬件知识,而且其本身也具备一定的危险性。现在绝大多数主板采用的是 Flash EPROM(闪速可擦可编程只读存储器),可直接用软件改写升级,因而给 BIOS 的升级带来很大的方便。升级主板的 BIOS 可以获得 BIOS 版本的提升,修正以前版本中的 Bug,并且提供对新硬件新技术的支持,最重要的是能给整机带来性能上的提升和功能上的完善。

升级主板 BIOS 是一件比较慎重的工作,如果升级 BIOS 失败,将导致微机无法启动,为了使 BIOS 升级成功,升级 BIOS 之前要做以下几件工作:

(1)确定是否需要升级 BIOS

升级 BIOS 首先可以修正老版本 BUG,可以解决主板与某些硬件冲突问题,使主板获得许多新功能和硬件技术支持。

(2)确定主板的 BIOS 是否可以升级

在升级 BIOS 前,还必须要弄清主板是什么类型,BIOS 是什么版本,BIOS 是否可以升级等问题。观察主板上的 BIOS 芯片(一般为一个 28 针或 32 针的双列直插式的集成电路,上面有 BIOS 字样),该芯片大多为 AWARD 或 AMI 的产品。揭掉 BIOS 芯片上面的标签,就会看到 BIOS 芯片的编号。

(3)把主板上或者 BIOS 中对 BIOS 的禁止写开关都关掉。

(4)对 BIOS 数据进行备份。

(5)升级用的执行程序及 BIOS 的数据文件一定要与主板的型号相匹配,一定要确定文件是否完整和可靠。

(6)要确保在升级的过程中不要停电,可以用 UPS 确保电源的持续稳定。

12.4.2 BIOS 升级的过程

在完成了以上准备工作以后,就可以开始了。具体过程如下:

(1)进入"安全 DOS 模式"

一般情况下,升级 BIOS 是不能在 Windows 下进行的,而在纯 DOS(不能加载任何驱动程序)下进行的。在"Starting Windows 9x……"的画面时,立即按下"F8"键,然后选择进入纯 DOS 系统即可。

(2)复制刷新程序和 BIOS 文件

进入 DOS 后,将软件中的刷新程序和 BIOS 文件复制到硬盘(如 C 盘)中。这样即可加快刷新速度,也可防止启动软盘损坏失效无法启动的故障。

(3)开始进行升级 BIOS

直接运行 BIOS 升级软件 Awdflash. exe,进入 AwdFlash 的画面,屏幕显示当前的 BIOS 信息。

(4)输入要刷新的 BIOS 文件的地址和名称

在"File Name to Program:"中键入刚才复制到C盘中的最新的 BIOS 程序名称。输入完成后,按回车键结束。

(5)备份原有 BIOS 文件

在"File Name To Save"后面输入备份文件名,然后按回车键,程序将自动对旧的 BIOS 进行备份。

(6)刷新 BIOS

当备份完成后,程序便会再次询问是否确定要写入,选择"Y",这时 BIOS 升级开始进行。

如果一切顺利的话,到这儿 BIOS 就完成了升级。最后关掉电源重新启动电脑,即完成了 BIOS 的刷新工作。

【新的任务】

通过本章的学习,初步掌握了 BIOS 与 CMOS 的基本概念及关系,BIOS 设置的具体内容及设置办法,熟悉了密码的设置与清除办法,了解了 BIOS 升级的准备及具体办法。现在新的任务是:学习并掌握硬盘的分区及格式化。

习题十二

一、填空

1. 所谓 BIOS,实际上就是 Basic Input Output System 的简称,译为(　　),其内容集成在微机主板上的一个 ROM 芯片上。

2. 在 Award BIOS 中,把 Quick Power On Self Test 设置为(　　)时,可以加速计算机的启动。

3. BIOS 设置时,选择(　　)可以载入 BIOS 默认安全设置。

4. 在 Award BIOS 中,(　　)选项可用来设置计算机在闲置多少时间后,进入休眠状态;(　　)选项则可用来设置计算机进入休眠状态后的省电模式。

5. 主板上有两个用以连接硬盘数据线的 IDE 插槽,通常蓝色的 IDE 插槽所连接的硬盘为(　　),在 BIOS 设置中以(　　)选项来控制所连接的硬盘;黑色插槽所连接为(　　),在 BIOS 中是以(　　)选项来控制所连接的硬盘。

6. BIOS,即电脑的基本输入/输出系统,是集成在主板上的一块 ROM 芯片,其中保存有电脑系统最重要的(　　)、(　　)、(　　)和(　　)。

二、选择题

1. 下列哪些不是常见的 BIOS 品牌之一?(　　)

A. AMI　　B. Phoenix　　C. Award　　D. Asus

2. 下列哪种品牌的 BIOS 常用来控制笔记本电脑内的设置?(　　)

A. AMI　　B. Phoenix　　C. Award　　D. Asus

3. 下列哪种不是常见的进入 BIOS 方式？（　　）

A. 按下 F2 键　　B. 按下 Ctrl＋Alt＋Esc 组合键

C. 按下 Delete 键　　D. 按下 Shift＋Esc 组合键

4. 启动计算机后，计算机自动搜索所有安装在计算机上的硬件设备状态的步骤，称为（　　）。

A. 快速自我监控　　B. 病毒扫描　　C. 系统重整　　D. 开机自我检测

5.（　　）不属于更新 BIOS 之前的准备动作？

A. 在系统中执行硬盘重组

B. 下载计 BIOS 更新文件与记录程序

C. 确认主板品牌与 BIOS 版本

D. 制作 BIOS 备份

6. 要在开机进入任何设置前，系统出现输入密码提示，可以在 BIOS 特性设置的“Secunty Option”中，选择（　　）。

A. Setup　　B. System　　C. Disabled　　D. Enabled

7. Type Delay(Msec)用来设置显示两个字符中间的延迟时间，该项的默认值是（　　）毫秒。

A. 250　　B. 500　　C. 750　　D. 1000

8. 如果用户不经意更改了某些设置值，可以选择（　　）来恢复，以便于发生故障时进行调试。

A. Advanced Chipset Features　　B. PNP/PCI Configuration

C. Load Turbo Defaults　　D. Load Steup Defaults

三、判断题

1. 由于主板芯片的不同、主板生产商的不同，所以不同类型的主板、不同品牌，甚至相同品牌但不同型号的主板的 BIOS 不能互换使用。（　　）

2. 在 BIOS 中设置的密码最长为 8 个数字或符号。（　　）

3. 系统时间也可以在 CMOS 界面中与 Windows 操作系统中直接设置。（　　）

4. Award 公司的 BIOS 芯片，采用的是软件 AWDFLASH 来擦写。（　　）

5. BIOS 设置等同与 COMS 设置。（　　）

6. BIOS 是硬件与软件程序之间的一个“桥梁”。（　　）

7. Typematic Rate(Chars/Sec)用来设置每秒重复出现字符数目，默认值为每秒重复 12 个字符。（　　）

四、简答题

1. CMOS 和 BIOS 有何区别和联系？

2. 如何进入 BIOS 设置程序？

3. 进入计算机的 BIOS 设置界面，然后记下当前设置情况，再对其中的参数进行适当修改。比较修改前后的差别，最后将已修改的参数修改回来。

第 13 章　硬盘分区与格式化

上一章学习了 BIOS 与 CMOS 的基础知识及设置情况，接下来所做的组装工作是进行硬盘初始化工作了。工厂生产的硬盘必须经过低级格式化、分区和高级格式化(以下均简称为格式化)三个处理步骤后，电脑才能利用它们存储数据。其中磁盘的低级格式化通常由生产厂家完成，目的是划定磁盘可供使用的扇区和磁道并标记有问题的扇区；而用户则需要使用操作系统所提供的磁盘工具如“fdisk. exe、format. com”等程序进行硬盘“分区”和“格式化”。本章将介绍硬盘分区的概念、格式及方法；格式化的概念及方法。

通过学习要求掌握硬盘分区的基本概念、格式及分区方法，了解分区的操作过程；掌握高级格式化的基本概念及格式化方法，了解低级格式化的基本概念及方法。

13.1　硬盘分区

任务 1:硬盘分区

【任务的提出】

要使组装好的一台计算机正常工作，除了进行必要的 BIOS 设置外，还要对硬盘进行格式化和分区的处理。只有处理过的硬盘，才能在上面安装必备的系统软件和应用软件。下面就来认识一下硬盘分区。

本任务主要包括以下内容：

(1)掌握硬盘分区的概念及格式；

(2)掌握硬盘分区的方法；

(3)了解分区软件的使用。

13.1.1　分区的基本概念

计算机之所以神奇，是因为它具有高速分析处理数据的能力。而这些数据都被以文件的形式存储在硬盘里。不过，计算机可不像人那么聪明。打一个比喻来说，新买回来的硬盘相当于一张“白纸”，而为了能够更好地使用它，人们要在“白纸”上划分出若干小块，然后打上格子。分区就相当于在一张大白纸上先画几个大方框；格式化就相当于在这个方框中打上格子；安装程序就相当于在格子里写字。可以看得出来，分区和格式化就相当于为安装软件打基础，实际上它们为电脑在硬盘上存储数据起到标记定位的作用。如此一来，用户在“白纸”上写字或作画时，不仅有条有理，而且可以充分利用资源。

我们常常将每块硬盘(即硬盘实物)称为物理盘，而将在硬盘分区之后所建立的具有“C:”或“D:”等各类“Drive/驱动器”称为逻辑盘。逻辑盘是系统为控制和管理物理硬盘而建立的操作对象，一块物理盘可以设置成一块逻辑盘也可以设置成多块逻辑盘使用。

在对硬盘的分区和格式化处理步骤中，建立分区和逻辑盘是对硬盘进行格式化处理的必然条件，用户可以根据物理硬盘容量和自己的需要建立主分区、扩展分区和逻辑盘符后，再通过格式化处理来为硬盘分别建立引导区(BOOT)、文件分配表(FAT)和数据存储区(DATA)。只有经过以上处理之后,硬盘才能在电脑中正常使用。

1. 基本分区(主分区)

包含操作系统启动所必须的文件和数据的硬盘分区叫基本分区。系统将从这个分区查找和调用启动操作系统所必须的文件和数据。一个操作系统必须有一个基本分区,也只能有一个基本分区。

2. 扩展分区

它实际上是指向下一级分区(逻辑分区)的指针。在主引导扇区中作为一个分区而存在。硬盘中扩展分区是可选的,即用户可以根据需要及操作系统的磁盘管理能力而设置扩展分区。

3. 逻辑分区

扩展分区不能直接使用,要将其分成一个或多个逻辑驱动的区域,也叫逻辑驱动器,才能为操作系统识别和使用。逻辑分区也就是我们平常在操作系统中所看到的D、E、F等盘。

4. 活动分区

当从硬盘启动系统时,有一个分区并且只有一个分区中的操作系统进入运行,这个运行的分区叫活动分区。在用Fdisk做硬盘分区时,有一步骤是将基本分区激活,含义就是将DOS基本分区定义为活动分区。

总之,硬盘分区有基本分区和扩展分区两种基本类型,基本分区根据用户定义可以成为活动分区,扩展分区要分成逻辑分区后才能使用。当操作系统启动时,操作系统将给基本分区分配一个驱动器号,也叫盘符,每个逻辑驱动器也得到一个驱动器号。操作系统在使用这些逻辑硬盘与使用多个物理硬盘没有什么区别,逻辑盘最多可达23个,即从D:到Z:。

13.1.2　分区的格式

"格式化就相当于在白纸上打上格子",而这分区格式就如同这"格子"的样式,不同的操作系统打"格子"的方式是不一样的。根据目前流行的操作系统来看,常用的分区格式主要有:FAT 16、FAT 32、NTFS、Linux四种格式。

1. FAT 16(File Allocation Table,称为"文件分配表")

MS－DOS和最早期Win95操作系统中最常见的磁盘分区格式。采用16位的文件分配表,能支持最大为2GB的硬盘,每个分区最多只能有65 525个簇,是目前应用最为广泛和获得操作系统支持最多的一种磁盘分区格式,几乎所有的操作系统都支持这一种格式,从DOS、Windows 95/98/NT/2000/XP,甚至Linux都支持这种分区格式。但是,FAT 16分区有个最大的缺点,即磁盘利用效率低。因为在DOS和Windows系统中,磁盘文件的分配是以簇为单位的,一个簇只分配给一个文件使用,不管这个文件占用整个簇容量的多少。这样,即使一个文件很小的话,也要占用一个簇,剩余的空间便全部闲置,形成了磁盘空间的浪费。因此,该分区格式目前已经很少用了。

2. FAT 32

FAT 32文件系统将是FAT系列文件系统的最后一个产品。和它的前辈一样,这种格式采用32位的文件分配表,磁盘的管理能力大大增强,突破了FAT 16 2GB分区容量的限制。由于现在的硬盘生产成本下降,其容量越来越大,运用FAT 32的分区格式后,我们可以将一个大硬盘定义成一个分区，这大大方便了对磁盘的管理。

FAT 32 推出时，主流硬盘空间并不大，所以微软设计在一个不超过 8GB 的分区中，FAT 32 分区格式的每个簇都固定为 4KB，与 FAT 16 相比，大大减少了磁盘空间的浪费，这就提高了磁盘的利用率。

FAT 32 采用的是 32 位的文件分配表，增强了磁盘管理能力，突破了 FAT 16 对每一个分区的容量只有 2GB 的限制，单个硬盘的支持达到了 2TB(1TB= 1024 GB)，而且支持长文件名。基于 FAT 32 的 Win 2000 可以支持分区最大为 32GB。

目前，支持这种格式的操作系统有 Windows 95、Windows 98、OSR2、Windows 98 SE、Windows Me、Windows 2000 和 Windows XP，Linux Redhat 部分版本也对 FAT 32 提供有限支持。然而，如果 Linux 安装在 FAT 32 分区下，必须使用软盘进行引导。但是，这种分区格式也有它明显的缺点，首先是由于文件分配表的扩大，运行速度比 FAT 16 格式要慢，特别是在 DOS 7.0 下，性能差别更明显。

FAT 32 的限制：最大的限制在于兼容性方面，FAT 32 不能保持向下兼容，当分区小于 512M 时，FAT 32 不会发生作用，单个文件不能大于 4G。

3. NTFS

NTFS 是随着 Windows NT 操作系统而产生的，并随着 Windows NT4 跨入主力分区格式的行列，它的优点是安全性和稳定性极其出色，在使用中不易产生文件碎片，NTFS 分区对用户权限作出了非常严格的限制，每个用户都只能按着系统赋予的权限进行操作，任何试图越权的操作都将被系统禁止，同时它还提供了容错结构日志，可以将用户的操作全部记录下来，从而保护了系统的安全。但是，NTFS 分区格式的兼容性不好，特别是对使用很广泛的 Windows 98 SE/Windows ME 系统，它们还需借助第三方软件才能对 NTFS 分区进行操作，Windows 2000，Windows XP 基于 NT 技术，提供完善的 NTFS 分区格式的支持。

在 NTFS 文件系统中，对于不同配置的硬件，实际的文件大小从 4GB 到 64GB。由于 NTFS 文件系统的开销较大，使用的最小分区应为 50MB。

NTFS 文件系统与 FAT 文件系统相比最大的特点是安全性，NTFS 提供了服务器或工作站所需的安全保障。在 NTFS 分区上，支持随机访问控制和拥有权，对共享文件夹无论采用 FAT 还是 NTFS 文件系统都可以指定权限，以免受到本地访问或远程访问的影响；对于在计算机上存储文件夹或单个文件，或者是通过连接到共享文件夹访问的用户，都可以指定权限，使每个用户只能按照系统赋予的权限进行操作，充分保护了系统和数据的安全。另外，NTFS 使用事务日志自动记录所有文件夹和文件更新，当出现系统损坏和电源故障等问题而引起操作失败后，系统能利用日志文件重做或恢复未成功的操作。

除了以上两个主要的特点之外，NTFS 文件系统还具有其他的优点，如：对于超过 4GB 以上的硬盘，使用 NTFS 分区，可以减少磁盘碎片的数量，大大提高了硬盘的利用率；NTFS 可以支持的文件大小可以达到 64GB，远远大于 FAT 32 下的 4GB；支持长文件名等等。

Windows 2000、Windows XP 基于 NT 技术，提供完善的 NTFS 分区格式的支持，它们使用 NTFS5.0 的文件系统。

4. Linux

Linux 是近年来出现的新兴操作系统，它的磁盘分区格式与其他操作系统完全不同，共有两种：一种是 Linux Native 主分区，一种是 Linux Swap 交换分区。这两种分区格式的安全性与稳定性极佳，结合 Linux 操作系统，死机的概率大大降低。但是，目前支持这一分区格式化的操作系统只有 Linux。

 注意	硬盘分区是通过分区软件来实现的，目前最常用的分区软件有：Fdisk、Partition Magic、Disk Manager 等。

13.1.3 分区的方法及过程

不管使用哪种分区软件，我们在给新硬盘上建立分区时都要遵循以下的顺序：建立主分区→建立扩展分区→建立逻辑分区→激活主分区→格式化所有分区。如图 13－1 所示。

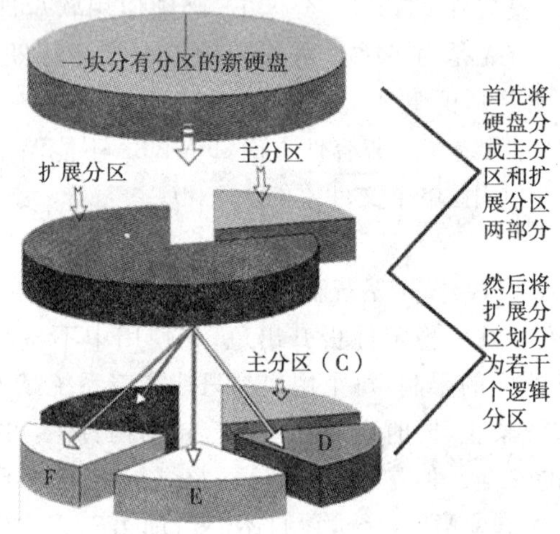

图 13－1　分区示意图

1. 用 Fdisk 进行分区

最简单的分区软件非 Windows 启动软盘中的“Fdisk”莫属。

(1)进入 DOS 并执行 Fdisk

通过 Win98 启动盘进入 DOS 状态下，在 A 盘 DOS 提示符下输入“Fdisk”后回车。出现一些英文说明，并要求用户做出选择。

此对话框的大致意思是问你“是否启用 FAT 32 支持”，键入“Y”并回车后，便进入了 Fdisk 的主界面，如图 13－2 所示。

主界面上共有四个选项，其中文意思分别是：

①建立 DOS 主分区或逻辑 DOS 分区；

②设置活动分区；

③删除 DOS 主分区或逻辑 DOS 分区；

④显示分区信息。

如果系统中安装有多块硬盘，系统还会出现第 5 选项“Change current fixed disk drive”(切换硬盘)。

(2)建立主分区

在 Fdisk 主界面的“Enter choice：”处键入“1”后回车，进入分区功能界面，如图 13－3 所示。

```
Microsoft Windows 98
Fixed Disk Setup Program
(C)Copyright Microsoft Corp. 1983 - 1998

FDISK Options

Current fixed disk drive: 1

Choose one of the following:

1. Create DOS partition or Logical DOS Drive
2. Set active partition
3. Delete partition or Logical DOS Drive
4. Display partition information

Enter choice: [1]

Press Esc to exit FDISK
```

1. 建立分区
2. 激活分区
3. 删除分区
4. 显示分区

在此输入相应的数字即可执行相应的功能

图 13 - 2　Fdisk 主界面

```
Create DOS Partition or Logical DOS Drive

Current fixed disk drive: 1

Choose one of the following:

1. Create Primary DOS Partition
2. Create Extended DOS Partition
3. Create Logical DOS Drive(s) in the Extended DOS Partition

Enter choice: [1]

Press Esc to return to FDISK Options
```

1. 建立主分区
2. 建立扩展分区
3. 在扩展分区上建立逻辑分区

图 13 - 3　建立分区功能界面

分区功能界面也有三个选项，分别是：

①建立主分区；

②建立扩展分区；

③在扩展分区上建立逻辑分区。

在“Enter choice:”处键入“1”后回车，此时程序扫描硬盘，完成后询问“是否将最大的可用空间(整个硬盘)作为主分区”。

注意：除非想将整个硬盘作为一个分区，否则此时绝对不能选择“Y”，输入“N”后回车。程序再次扫描硬盘，完成后要求输入主分区的大小，如图 13 - 4 所示。

按照自己的分区方案，在这里输入相应的数字后回车(单位是 MB，例如想建立一个 2GB 的分区，就输入2 048，即将数值乘以1 024即可)。然后屏幕提示主分区已建立，并显示主分区容量和所占硬盘全部容量的比例，此时按“Esc”返回 Fdisk 的主界面。

注意　在分区大小设置时，除输入多少 MB 外，也可以输入一个百分数，如 37%(表示该分区要占硬盘全部容量的百分之三十七)。

```
Create Primary DOS Partition

Current fixed disk drive: 1

Total disk space is 40955 Mbytes (1 Mbyte = 1048576 bytes)
Maximum space available for partition is 40955 Mbytes (100% )

Enter partition size in Mbytes or percent of disk space (%) to
create a Primary DOS Partition.................................: [ 6000]

Invalid entry, please enter 0-9.
Press Esc to return to FDISK Options
```

硬盘总容量

在此直接输入主分区的容量值（数字）

图 13-4　主分区界面

(3)建立扩展分区

在 Fdisk 主界面中继续选择第一项进入分区功能界面，然后再选择第二项建立扩展分区。程序扫描完硬盘后会显示当前硬盘可建为扩展分区的全部容量。直接回车后将所有的剩余空间建立为扩展分区。

(4)在扩展分区上建立逻辑分区

扩展分区建立完毕后，按照程序提示“按 Esc 键继续”，此时程序并不会真正退出，而是立刻扫描扩展分区，最后列出扩展分区的可用空间，并要求输入逻辑分区的大小。如图 13-5 所示。

```
Create Logical DOS Drive(s) in the Extended DOS Partition
```

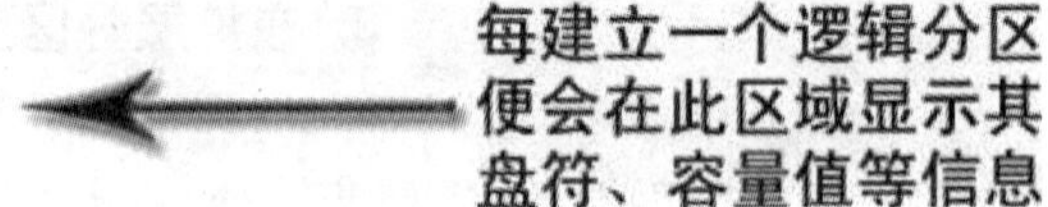


```
No logical drives defined

Total Extended DOS Partition size is 34954 Mbytes (1 MByte = 1048576 bytes)
Maximum space available for logical drive is 34954 Mbytes (100% )

Enter logical drive size in Mbytes or percent of disk space (%)...[ 7000]

Press Esc to return to FDISK Options
```

扩展分区总容量值

在此输入逻辑分区的容量值（根据规划划分）

图 13-5　逻辑分区界面

提示：通过上面几步的操作，已经分好了主分区，现在所做的“在扩展分区上建立逻辑分区”就是建立 D、E、F、G、H 等分区。

根据自己的分区方案，输入 D 盘的容量后回车，系统会自动为该区分配逻辑盘符“D”。因为扩展分区还没有分完，程序还会出现如上图所示的画面，要求用户输入下一个逻辑分区的大小。用户只要依次按照方案输入逻辑分区的大小即可，系统会自动给它们分配盘符。扩展分区分完后，系统会显示所有逻辑分区的数量和容量，并提示按“Esc”返回。

(5)激活主分区

当硬盘上同时建有主分区和扩展分区时，必须将主分区激活，否则硬盘就会无法引导系统。返回 Fdisk 主功能界面，选择“2”(Set active partition)，此时屏幕将显示主硬盘上所有分区供用户进行选择。当前硬盘上只有主分区“1”和扩展分区“2”，在对话框中键入“1”后按回车退回到 Fdisk 主界面。至此，新硬盘的分区工作结束，按两次“Esc”键退出 Fdisk，然后重新启动计算机。

2. 用“硬盘分区魔法师”调整分区

如果分得不合适，想重新改变分区的大小(俗称“无损动态分区”)，怎么办呢？对于这个问题，最有资格说话的就是《分区魔法师》(Partition Magic，下简称 PQ)，下面以 PQ 8.0 DOS 版为例来讲解。

C 盘是最容易出现容量危机的分区，下面就以增大 C 盘容量为例：想增大 C 盘的容量，自然得缩小其他分区的容量。假设现在 D 盘有 1GB 的剩余空间，E 盘有 3GB 的剩余空间，现在欲将这两个分区中的 4GB 空间给 C 盘，那么用 PQ 8.0 DOS 版进行操作时，首先得将 E 盘的剩余空间给 D 盘，然后再由 D 盘分给 C 盘。

具体操作如下：进入 PQ 主界面后，右键单击 E 盘，选择右键菜单中的“Resize/Move”(改变/移动)，如图 13-6 所示。

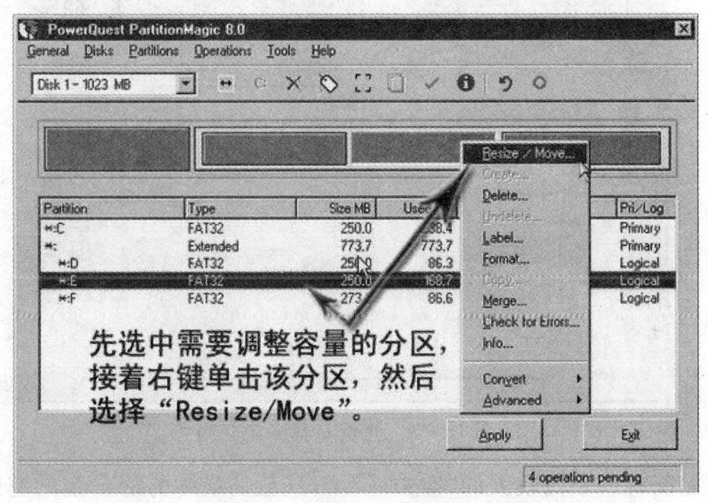

图 13-6　PQ 软件调整分区

进入“Resize/Move Partition”(改变/移动空间)窗口后，在“Free Space Before”(调整前剩余空间)栏中输入需要让 E 盘腾出来的空间，该值小于或等于 E 盘的最大剩余空间，如图 13-7 所示。

输入需要腾出的空间容量值之后，点击“OK”按钮即返回主界面，此时会发现 D、E 之间多了一个“空白区”，这就是 E 盘给 D 盘的“礼物”了。

右键点击“D 盘”，选择“Resize/Move”。进入 D 盘的“Resize/Move Partition”窗口后，首先将“Free Space After”处的数字由原来的 XXX(也就是 E 盘的“Free Space Before”值)修改为“0”，这样就算将 E 盘的“礼物”收下来了。然后在“Free Space Before”栏中输入让 D 盘腾出来的空间值。最后点击“OK”键确认，如图 13-8 所示。

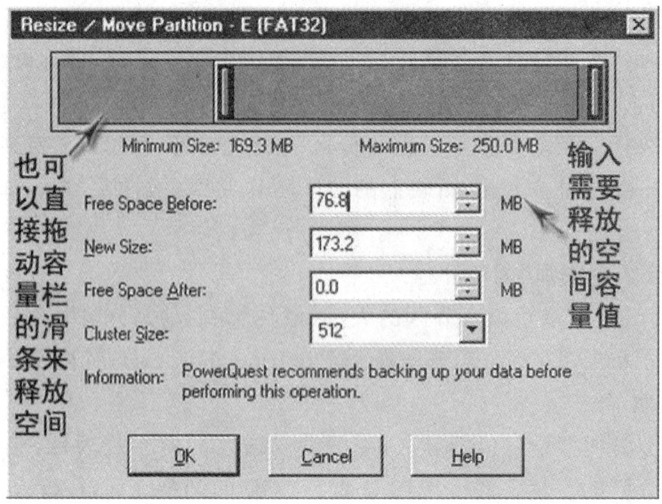

图 13-7　输入 E 盘调整空间值

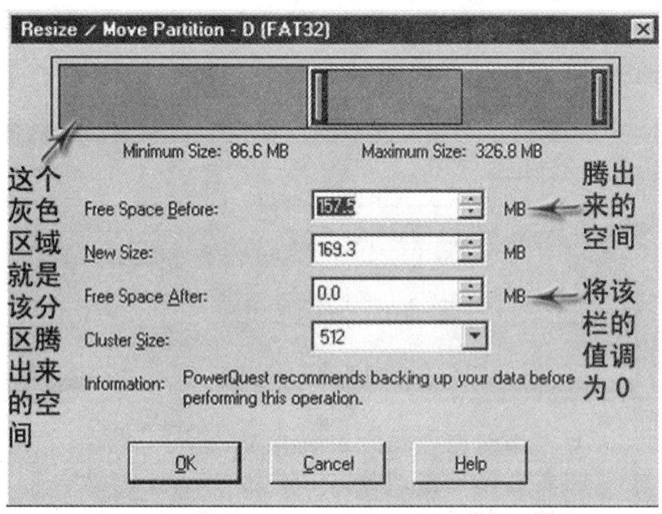

图 13-8　调整 D 盘多余空间

现在 C、D 之间有一个比较大的"空白区"了，这就是最终腾给 C 盘的空间了。右键点击 C 盘，选择"Resize/Move"，然后在 C 盘的"Resize/Move Partition"窗口中将"Free Space After"处的数字设置为"0"，保存设置后，D、E 给 C 的礼物就全收下了。点击主界面右下角的"Apply"按钮并确认后，PQ 便开始了正式调整。

注意	虽然 PQ 能够无损调整分区容量、格式，但为了数据的安全，最好能够在操作前进行重要数据的备份，至少得在操作前对硬盘进行磁盘扫描及磁盘碎片整理工作，以免造成数据丢失；在使用 PQ 时，不要非正常退出系统或突然关机，否则很容易造成分区中的数据丢失，严重时甚至会造成硬盘的物理损坏。

除了以上方法之外，还有很多种用来分区的软件和方法，在此就不一一介绍了。无论用何种软件分区，分区结束后必须重启计算机，这样分区才能起作用；重启后必须格式化硬盘

的每个分区，这样分区才能够使用。

【新的任务】

通过本节的学习，初步掌握了硬盘分区的概念及格式，熟悉了硬盘分区的方法与步骤，了解了PQ软件对硬盘分区的调整办法。现在新的任务是：学习并掌握硬盘的格式化概念及方法。

13.2　硬盘格式化

任务2:硬盘格式化

【任务的提出】

上一节我们学习了硬盘的分区知识，知道硬盘在经过分区之后，必须经过格式化后才能被使用。什么是格式化？如何对硬盘进行格式？下面就来认识一下硬盘格式化。

本任务主要包括以下内容：

(1)掌握硬盘格式化的基本概念；

(2)了解硬盘低级格式化；

(3)掌握硬盘高级格式化。

13.2.1　格式化的概念

在上一节，我们把硬盘理解为一张纸，一块新硬盘就是张刚刚出厂还没经过任何加工的原始整张纸，硬盘的分区、格式化的实际上就和用这张纸造一个笔记本是一个道理。硬盘的分区就好像把这张新纸进行切割，我们常说的纸张大小8开、16开就是将一张整纸切割成小块，分区就是将硬盘进行这样的分割，当然只是逻辑上的分割，可不是真正被切割成了几块。本子切割好确定了封面以后就要进行格路印刷了，这样，才能按照一格一行的书写问题，对硬盘来说这印刷文字格的步骤就是格式化了。

格式化就是把一张空白的磁盘划分成一个个小的区域，并编号，即建立磁道和扇区，以供计算机储存，读取数据。没有这个工作的话，计算机就不知道在哪写，从哪读。

磁盘的格式化可以分为低级格式化和高级格式化。目前，在Windows和DOS操作系统下，都有格式化Format的程序，不过，一旦进行格式化硬盘的工作，硬盘中的数据就会全部不见了。所以进行这个动作前，先确定磁盘中的数据是否还有需要，如果需要则先进行备份工作。

13.2.2　低级格式化

所谓低级格式化(Low Level Format)，又叫硬盘物理格式化(Physical Disk Format)，就是将空白的磁盘划分出柱面和磁道，再将磁道划分为若干个扇区，每个扇区又划分出标识部分ID、间隔区GAP和数据区DATA等。硬盘的低级格式化是高级格式化之前的一件工作，目前所有硬盘厂商在产品出厂前，已经对硬盘进行了低级格式化的处理，因此我们新购买的硬盘在装系统时只需要进行高级格式化的过程，来初始化FAT表，进行分区操作。

硬盘的低级格式化过程只能够在DOS环境来完成。我们在DOS下对一张软盘进行全面格式化操作的过程便可以看作是对软盘的低级格式化。需要说明的是，硬盘的低级格式化过程是一种损耗性操作，对硬盘的使用寿命会产生一定的负面作用。因此，除非是硬盘出现了较大的错误，如硬盘坏道等，否则一定要慎重低级格式化操作。当硬盘受到外部强磁体、强磁场的影响，或因长期使用，硬盘盘片上由低级格式化划分出来的扇区格式磁性记录部分丢失，从而出现大量"坏扇区"时，可以通过低级格式化来重新划分"扇区"。但前提是硬盘的盘片没有受到物理性划伤。

随着硬盘技术的发展，容量的增大，厂家一般都不推荐对硬盘进行低格，以免使硬盘的交错因子等参数发生改变，影响硬盘的性能与寿命。但硬盘低格确实是对解决某些问题有用（如恶性病毒、逻辑坏道），若实在需要进行低格，应尽量采用厂家专用的低格程序。另外"低格"的过程进行得很慢，若中途出现掉电死机等意外情况，将会造成非常严重的后果，而且由于"低格"时要使硬盘的低层物理特性发生一定变化，对硬盘的寿命肯定有影响，所以一般轻易不要对硬盘进行"低格"操作。

较老版本的 CMOS 设置中包括了硬盘低级格式化的程序，可以在 CMOS 中对硬盘低级格式化，也可以使用一些低级格式化软件如 DM、Lformat 等完成低级格式化操作。

1. 用 DM 进行低级格式化

DM 的全名是 Hard Disk Management Program，能对硬盘进行低级格式化、校验等管理工作，可以提高硬盘的使用效率，使用较简单。DM 软件的功能有：

① 硬盘的低级格式化（Initialize）

DM 提供了 3 种低级格式化方式：格式一磁道、一个分区和整个磁盘。

② 对硬盘分区（Partitioning）

③ 硬盘的高级格式化（Preparation）

DM 可对硬盘每个分区进行高级格式化。格式化 DOS 引导区后再装入 DOS 操作系统。

④ 可选硬盘参数配置

DM 可管理几十种类型的硬盘（DM 5.01 版更多一些），用户可选择其中一种与实际机器的硬盘相同的型号使用。如果无相同的型号，可尽量选择磁头数（Number of Head）和柱面数（Number of Cyinders）相同的参数。DM 提供了修改多种硬盘参数的可能。

⑤ 其他

DM 支持多操作系统共享硬盘的能力，同 FDISK 命令一样允许 4 个操作系统同时存在。安装多操作系统时，由于有的操作系统安装时先对硬盘进行低级格式化，所以应注意安装顺序，一般后安装 DOS。DM 软件同时也支持多个硬盘的安装与管理。过程同一个硬盘的安装与管理。

2. 用 Lformat 低级格式化

Lformat 是一个硬盘的低格工具，它能对市面上的硬盘都支持，如果要使用它对硬盘进行低级格式化，首先需要在 Windows 下制作好启动盘，然后把 Lformat 复制到启动盘中，完成后重新启动计算机，把软盘插入软驱，由软盘来启动计算机。启动系统以后，输入命令：lformat.exe，然后按下回车键，打开 Lformat 的主画面窗口。按下"Y"键启动程序，如果按下其他键则退出此程序。

在进入低格式程序主界面窗口后，会出现 3 个选项，分别是 Select Device（选择驱动器磁盘)、Low Level Current Device(低格当前驱动器)和 EXIT(退出)3 个选项,使用方向键选择第一项,然后按下回车键,如图 13-9 所示。

图 13-9　Lfornat 主界面

(1)选择磁盘

打开驱动器选择对话框,这时在屏幕中间有一个红色的对话框,并出现"Which device do you want to select?"的提示,这条提示是询问选择那一个硬盘(0,1,2,3)。这里提供的选择有(0,1,2,3),那么如何确定要使用的驱动器呢?可以通过选择这 4 个数字键来确定。我们知道主板上一般有两个 IDE 接口,最多可以接 4 个硬盘,最简单确定当前硬盘所在盘号的方法是,打开 CMOS 菜单,然后在第一个菜单选项中查看硬盘的连接情况,一般情况下,一个 IDE 接口接硬盘,另一个 IDE 接口接光驱,此时记录下硬盘连接的序号。这里选择数字键 1,屏幕上会显示当前硬盘的参数情况。如果发现没有参数,那么说明我们选择的数字是错误的,可以按下 Esc 键重新选择。这时即可发现屏幕上显示了硬盘的信息了,包括磁盘的容量、缓存、转数等信息。

(2)开始格式化

在选择了硬盘后,下面就可以选择开始格式化硬盘了,选择主菜单中的"Low Level Current Device"命令,然后按下回车键,此时会提示"Do you want to use LBA mode(if not sure press(Y/N))?"的提示,询问是否使用 LBA 模式格式化已经选定的硬盘,如果确定则按下 Y 键,否则按下 N 键。如果硬盘大于 540MB,那么就需要使用 LBA 模式格式化,否则整个磁盘将只能使用 540MB 的空间。按下 Y 键开始,如图 13-10 所示。然后系统会出现一个警告信息,提示所有数据将全部丢失,如果确定格式化即可按下 Y 键,否则按下 N 键。低格过程中,可以按 Esc 随时中止。格式化过程完成以后,即可按下 Esc 键返回主菜单,然后选择第三项 Exit,并且按回车键退出,重新启动,然后就可以分区,并进行高级格式化和安装操作系统了。

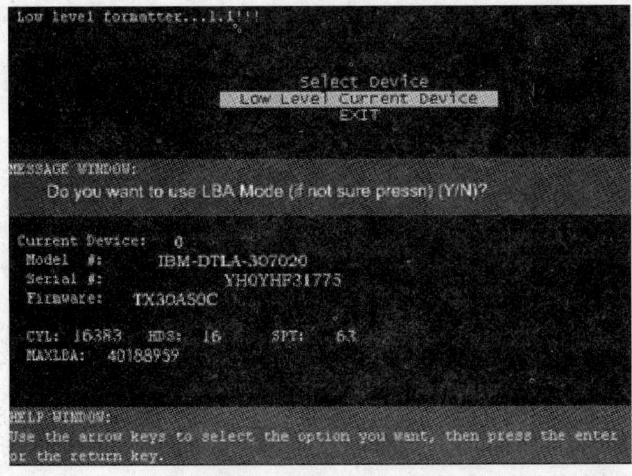

图 13-10　用 LBA 模式格式化

由于低级格式化需要对磁盘每个扇区、每个磁道进行写操作，所以会对磁盘有一定的损伤，不建议大家多操作，除非是在硬盘被病毒严重破坏等情况下才可以使用低级格式化。

13.2.3　高级格式化

高级格式化(High Level Format)，又称为逻辑磁盘格式化(Logical Disk Format)，就是清除硬盘上的数据，生成引导信息，初始化 FAT 表，标注逻辑坏道等，使我们能够顺利开机进入硬盘 C:\>，让电脑能够与硬盘联络，使我们可以使用电脑系统里最大的存储工具，进而完成硬盘的基本管理操作。我们平时所用的 Windows 下的格式化(包括在 DOS 下面使用的格式化)其实是高级格式化。

那么高级格式化和低级格式化有什么不同呢？高级格式化就是和操作系统有关的格式化，低级格式化就是和操作系统无关的格式化。高级格式化主要是对硬盘的各个分区进行磁道的格式化，在逻辑上划分磁道。对于高级格式化，不同的操作系统有不同的格式化程序、不同的格式化结果、不同的磁道划分方法。而低级格式化是物理级的格式化，主要用于划分硬盘的磁柱面、建立扇区数和选择扇区间隔比。硬盘要先低级格式化才能高级格式化，而刚出厂的硬盘已经经过了低级格式化，无需再进行低级格式化了。

高级格式化的方法主要有：

1. DOS 命令——FORMAT(磁盘格式化)

(1)功能

对磁盘进行格式化，划分磁道和扇区；同时检查出整个磁盘上有无带缺陷的磁道，对坏道加注标记；建立目录区和文件分配表，使磁盘做好接收 DOS 的准备。

(2)类型

外部命令。

(3)格式

FORMAT〈盘符：>[/S][/4][/Q][/U]

(4)使用说明

① 命令后的盘符不可缺省，若对硬盘进行格式化，则会出现如下列提示：

WARNING:ALL DATA ON NON——REMOVABLE DISK

DRIVE C:WILL BE LOST!

Proceed with Format(Y/N)?

(警告：所有数据在 C 盘上，将会丢失，确实要继续格式化吗?)

② 若是对软盘进行格式化，则会出现如下提示：

Insert mew diskette for drive A;

and press ENTER when ready……

(在 A 驱中插入新盘，准备好后按回车键)。

③ 选用[/S]参数，将把 DOS 系统文件 IO.SYS、MSDOS.SYS 及 COMMAND.COM 复制到磁盘上，使该磁盘可以作为 DOS 启动盘。若不选用/S 参数，则格式化后的磙盘只能读写信息，而不能作为启动盘。

④ 选用[/4]参数，在 1.2MB 的高密度软驱中格式化 360KB 的低密度盘。

⑤ 选用[/Q]参数，快速格式化，这个参数并不会重新划分磁盘的磁道和扇区，只能将

磁盘根目录、文件分配表以及引导扇区清成空白，因此，格式化的速度较快。

⑥ 选用[/U]参数，表示无条件格式化，即破坏原来磁盘上所有数据。不加/U，则为安全格式化，这时先建立一个镜像文件保存原来的 FAT 表和根目录，必要时可用 UNFORRMAT 恢复原来的数据。

(5)操作步骤

① 首先，分区完毕后，电脑会重新启动。这里我们可用 Win98 启动光盘或者 DOS 启动软盘直接引导，引导成功会出现 DOS 提示符。

② 比如硬盘已经分了三个区：C、D、E。在 DOS 提示符下运行外部命令 Format，对相应的分区进行格式化。

③ 在 DOS 提示符下键入“Format C:/S”，按回车键，出现“Y/N”的选项，按“Y”，即可进行硬盘 C 区的格式化。格式化的时候会有从 0 开始的数字进度指示，到 100 后表示格式化完毕，最后会提示你加不加卷标（任意输入或者按回车跳过）；其中，“/S”表示在格式化后把 IO. SYS、COMMAND. COM、MSDOS. SYS 三个系统文件拷贝到 C 区中，以后基本的启动就可以不需要启动盘了。依此类推，接下来的 D、E 区的格式化直接键入“Format D:”或者“Format E:”就行了，由于不是系统区，Format 命令后面不用跟参数。高级格式化完后就可以进行操作系统的安装了。

下面介绍一个格式化的例子：从键盘上输入 format A:，如图 13-11 所示。

图 13-11　输入格式化 A:

这时计算机就让你在 A 驱动器中插入磁盘，如图 13-12 所示。

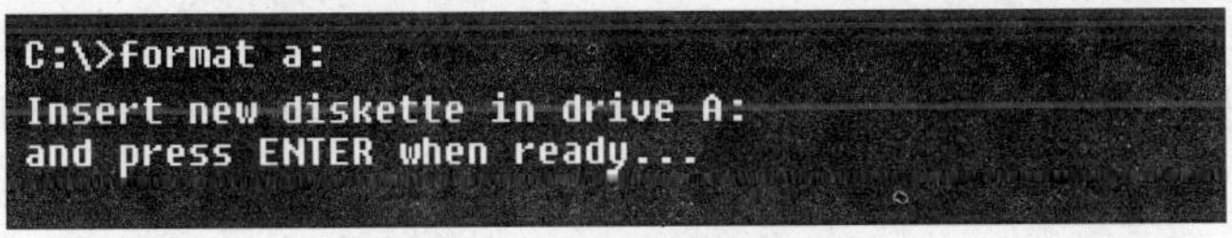

```
C:\>format a:
Insert new diskette in drive A:
and press ENTER when ready...
```

图 13-12　提示插入磁盘

插入磁盘后，按一下回车键，计算机就开始对软盘进行格式化。屏幕上显示已经完成的百分比。接下来，计算机会向你报告磁盘的总空间和可利用空间，如图 13-13 所示。

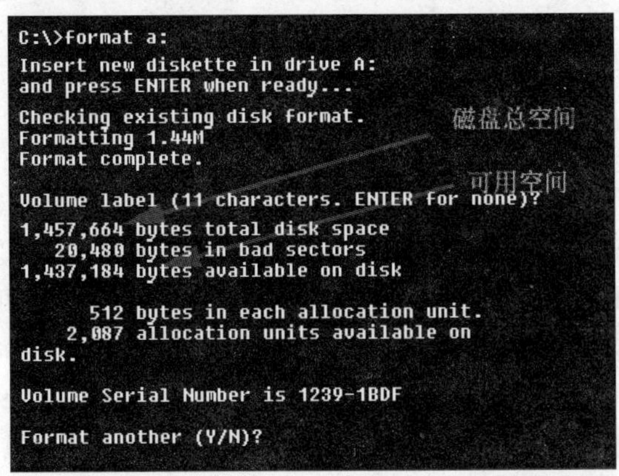

图 13-13　屏幕显示格式化结束后的信息

如果总空间和可利用空间相等，说明磁盘空间全部是好的。如果可利用空间小于总空间，说明有一部分磁盘坏了。最后，计算机问是不是还要格式化其他软盘，如果你只需格式化这张软盘，就键入 N，如果还要格式化其他软盘，就键入 Y。

另外，如果要格式化的不是新盘，format 命令会把磁盘上的所有文件都删除掉，所以在格式化之前，要确认磁盘中的内容全都是无用的，否则将会带来很大损失。

注意 不要尝试对硬盘使用 format 命令，除非知道自己在干什么，否则将丢失你电脑内的一切信息。

2. 在 Win95/Win98 系统中进行格式化

Win95 和 Win98 的格式化界面就非常清晰明了了。进入操作系统之后，双击桌面上“我的电脑”图标，出现任务框。比如你想要格式化一张软盘，只需把鼠标指针移动到图标上，点击右键，会出现一个菜单，选择“格式化”项。接下来你可以看见软盘的容量，然后，你可以选择三种格式化方式：快速、全面、仅复制系统文件。选好后，按下“开始”键，格式化就开始了，下面会出现进度提示。格式化硬盘分区的步骤也和上面一致，另外，C 区为系统区，格式化会遭到拒绝。

3. 在 WinXP 系统中进行格式化

WinXP 中的格式化界面和 Win98 相差不大，不过功能有所增强。首先进入格式化选项，从这里可以看出，在分区格式方面，可以选择 FAT 32 和 NTFS 两种；格式化的选项也是三个，不过和 Win98 中的就不相同了，这里是快速格式化、启用压缩、创建一个 MS－DOS 启动盘。格式化为 FAT 32 分区的时候只能选择快速格式化，其他选项显示为灰色；启用压缩是应用在把分区格式化成 NTFS 格式的时候；而创建一个 MS－DOS 启动盘则适用于格式化软盘的时候。格式化后可以看见，FAT 32 格式的分区图标为黑色，而 NTFS 格式的分区为蓝色，便于分辨。另外，FAT 32 分区和 NTFS 分区的属性选项也不同，NTFS 多了“安全”和“配额”两个选项。另外，如果电脑上接有移动存储设备，如闪存、移动硬盘，在“我的电脑”任务框中会显示为“可移动磁盘”。在这里，同样可以对它们进行格式化，不过只能以 FAT 格式进行。具体操作如下：

(1)若要格式化的磁盘是软盘，应先将其放入软驱中；若要格式化的磁盘是硬盘，可直接执行第二步。

(2)单击“我的电脑”图标，打开“我的电脑”对话框。

(3)选择要进行格式化操作的磁盘，单击“文件”|“格式化”命令，或右击要进行格式化操作的磁盘，在打开的快捷菜单中选择“格式化”命令。

(4)打开“格式化”对话框。

(5)若格式化的是软盘，可在“容量”下拉列表中选择要将其格式化为何种容量，“文件系统”为 FAT，“分配单元大小”为默认配置大小，在“卷标”文本框中可输入该磁盘的卷标；若格式化的是硬盘，在“文件系统”下拉列表中可选择 NTFS 或 FAT 32，在“分配单元大小”下拉列表中可选择要分配的单元大小。若需要快速格式化，可选中“快速格式化”复选框。

快速格式化不扫描磁盘的坏扇区而直接从磁盘上删除文件。只有在磁盘已经进行过格式化而且确信该磁盘没有损坏的情况下，才使用该选项。

(6)单击“开始”按钮,将弹出“格式化警告”对话框,若确认要进行格式化,单击“确定”按钮即可开始进行格式化操作。

(7)这时在“格式化”对话框中的“进程”框中可看到格式化的进程。

(8)格式化完毕后,将出现“格式化完毕”对话框,单击“确定”按钮即可。

硬盘格式化的方法很多,除了上述三种方法以外,在前面我们还提到过 DM 等软件也可以进行硬盘的格式化。格式化的过程大同小异,只要熟悉其中一种即可。

【新的任务】

通过本章的学习,初步掌握了硬盘分区格式化的基本概念及方法,了解了常用分区格式化软件的使用及分区格式化的过程。现在新的任务是:学习并掌握软件安装及网络连接。

习题十三

一、填空题

1. 目前,Windows 操作系统下,常用的分区格式有(　　)、(　　)和(　　)。

2. 硬盘分区的两种基本类型分别是(　　)和(　　),硬盘格式化可以分为(　　)和(　　)。

3. 在 DOS 命令中,用(　　)命令对磁盘进行格式化操作,其中,参数[/S]表示(　　),如果要进行快速格式化,则应该用参数(　　)。

二、简答题

1. 什么是基本分区、扩展分区、逻辑分区和活动分区?
2. 请简述 FAT 16、FAT 32、NTFS 的基本概念。
3. 为什么要对硬盘进行分区? 如何对硬盘进行分区?
4. 什么是低级格式化和高级格式化?
5. 在什么情况下可以考虑对硬盘进行高级格式化及低级格式化?
6. 如何用 Fdisk 进行分区? 如何用 DM 对硬盘进行格式化操作?

第14章 软件安装及网络连接

前面学习了硬盘的分区和格式化，分区格式化完成以后，接下来装机的任务就是进行软件安装。软件安装主要有操作系统、驱动程序及应用软件的安装。本章的主要内容包括：Windows 操作系统的安装、硬件设备驱动程序的安装、常用应用软件的安装以及网络的连接等内容。

通过本章学习，要求掌握 Windows 操作系统的安装、硬件设备驱动程序的安装及网络的连接等，了解常用应用软件的安装。

14.1 Windows 操作系统的安装

任务1：安装 Windows 2000 操作系统

【任务的提出】

操作系统是管理计算机软、硬件资源，提高系统运行效率的一组软件，是连接用户和计算机的接口，它为用户使用计算机提供一个良好的平台。因此，在计算机组装过程中必须要学会安装操作系统。下面就以 Windows 2000 Professional 的安装为例，具体介绍 Win 2000 Professional 版操作系统的安装过程。

本任务主要包括以下内容：

(1)了解 Windows 2000 操作系统安装前的准备工作；

(2)熟悉 Windows 2000 Professional 操作系统的安装过程。

14.1.1 安装前的准备

Windows 操作系统的安装过程大同小异，一般都分四个过程：

(1)运行安装程序；

(2)运行安装向导；

(3)安装 Windows 网络；

(4)完成安装。

Windows 的安装非常简单，输入 SETUP 以后，系统会自动运行，这期间用户仅需根据提示输入一些必需信息，如用户名、单位、序列号等，其他就按屏幕提示进行即可。下面就以 Windows 2000 Professional 为例来介绍操作系统的安装过程。

Windows 2000 Professional 操作系统的安装对硬件有如下要求：

(1)CPU：133 MHz

(2)内存：64 MB

(3)硬盘：1 GB

14.1.2　安装 Windows 2000 Professional

Windows 2000 Professional 版操作系统的安装方法有多种，其中以光盘安装最为常用，在此我们就以光盘安装为例来介绍操作系统的安装过程，不再一一介绍其他的安装方法。

Windows 2000 Professional 安装步骤如下：

步骤 1：将计算机的 BIOS 设置为从 CD－ROM 启动，设置方法请参阅本书第 12 章。

步骤 2：将 Windows 2000 安装光盘放到 CD－ROM，然后重新启动。

注意　如果用户的硬盘内没有安装任何操作系统，则计算机会直接从 CD－ROM 启动。如果硬盘内已经安装了其他的操作系统，则计算机会显示"Press any key to boot from CD "，此时请立即按任意键，以便从 CD－ROM 启动，否则将会启动硬盘内的现有操作系统。

步骤 3：从 CD－ROM 启动后会出现如图 14－1 所示信息。

```
=============================================================
   Windows 2000 6IN1 Installation [Simplified Chinese]
=============================================================

   [1].    Windows 2000 Professional
   [2].    Windows 2000 Professional [With SP4]
   [3].    Windows 2000 Server
   [4].    Windows 2000 Server [With SP4]
   [5].    Windows 2000 Advanced Server
   [6].    Windows 2000 Advanced Server [With SP4]
   [7].    Boot Windows 98 SE
   [8].    Boot Windows 98 SE + NTFSDOS
   [Esc].  Boot From Hard Disk...

   Professional :       PQHKR-G4JFW-VTY3P-G4WQ2-88CTW
   Server :             CWF47-GPTD2-842XR-8GKX2-XR9VJ
   Advanced Server :    F6PGG-4YYDJ-3FF3T-R328P-3BXTG

Timeout is 30 seconds, Default Key is [Esc]
Please Enter a choice :
```

图 14－1　Windows 2000 安装光盘启动主菜单

屏幕信息中包含了我们可以选择安装的操作系统版本和随光盘提供的不同版本的序列号，在选择操作系统前记得抄下相应的序列号（SN）。

然后选择计划安装的操作系统，在此选择 1 或者 2。选择 1 是安装未打 SP4 补丁的 Windows 2000 Professional；选择 2 是安装 Windows 2000 Professional，同时打 SP4 补丁，建议选择 2（选择方法：按 1 或者 2 键）。

步骤 4：在此选择 1 或者 2 后，引导程序将自动装载安装系统所必须的文件。此时出现画面如图 14－2 所示。

步骤 5：当文件装载完成后，将会出现如下"欢迎使用安装程序"的画面，如图 14－3 所示，此时直接按 Enter 键继续。

步骤 6：如果所操作的计算机是裸机，在步骤 5 之后将会出现如图 14－4 所示的提示信息，此时直接按 C 键继续；否则将会直接进入步骤 7。

步骤 7：出现如图 14－5 所示的"Windows 2000 许可协议"画面时，请按 Page Down 键阅读协议的内容。用户可以按 F8 键继续。

图 14 - 2　Windows 2000 安装光盘启动主菜单

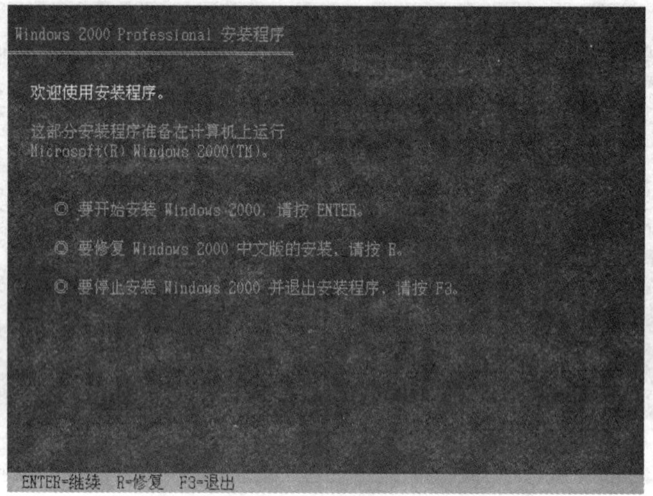

图 14 - 3　安装程序——步骤 5

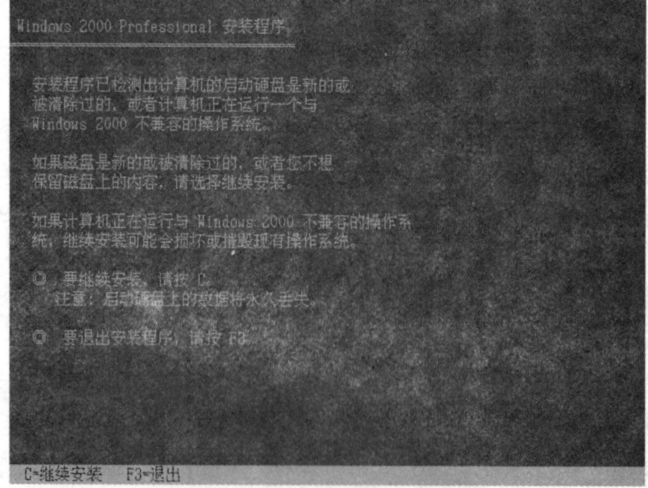

图 14 - 4　安装程序——步骤 6

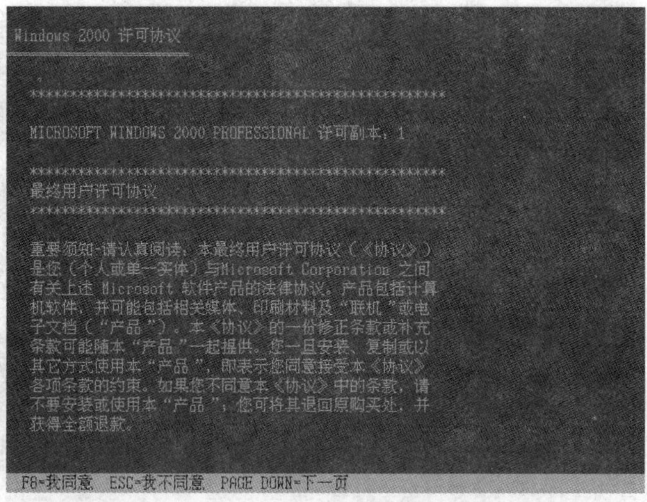

图 14－5　安装程序——步骤 7

步骤 8：如果本机上硬盘尚未进行分区操作，将出现如图 14－6 所示的“Windows 2000 Professional 安装程序”画面，此时请按 C 键对硬盘进行分区操作，否则将直接进入步骤 9。

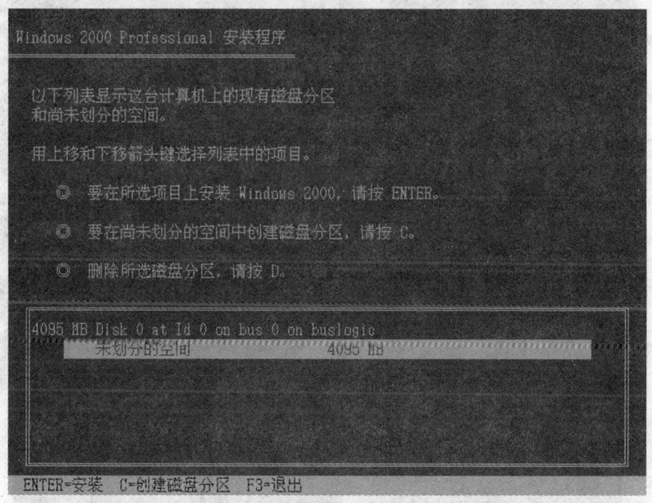

图 14－6　安装程序——步骤 8

步骤 9：分区完成后将进入如下图 14－7 所示画面，此时用方向键选择 C 盘(可以选择其他盘)作为系统的安装盘，然后按 ENTER 键确定。

步骤 10：选择安装盘后进入图 14－8 所示画面，用方向键选择磁盘的格式化文件系统，建议选择 NTFS 文件系统。NTFS 格式具有对磁盘文件的安全管理功能，FAT 和 FAT32 格式则不具备此功能。

步骤 11：格式化完成后，安装程序会自动复制系统文件到系统盘，过程如图 14－9 所示。

步骤 12：安装文件复制完成后，自动进入如图 14－10 所示画面，此步骤用来设置系统或用户区域和键盘布局。使用默认的选项，直接单击“下一步”即可。如果需要设置为其他值，请选择“自定义”选项。

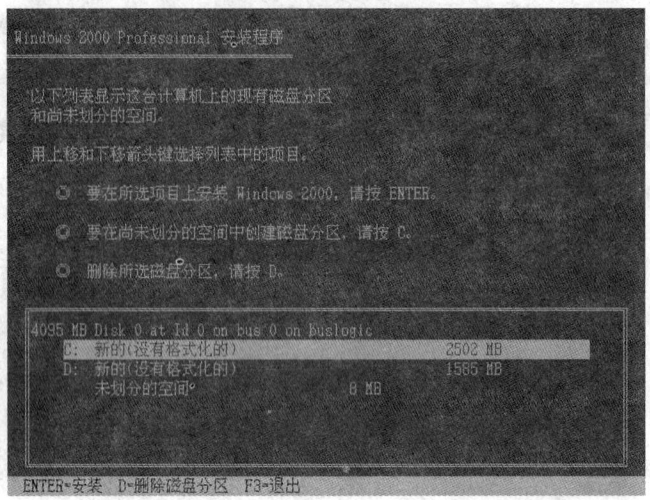

图 14-7　安装程序——步骤 9

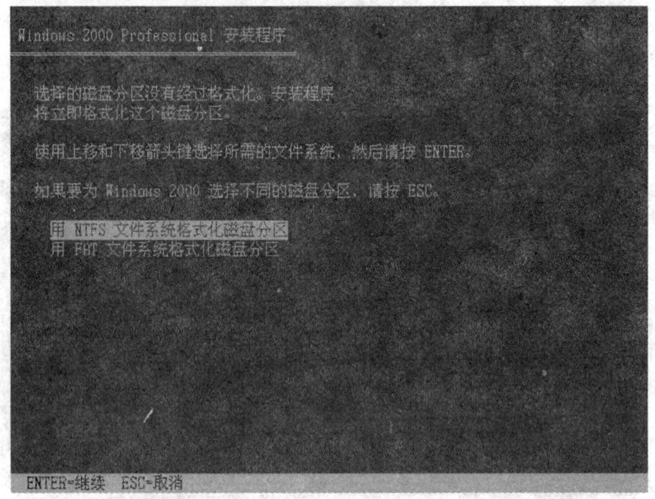

图 14-8　安装程序——步骤 10

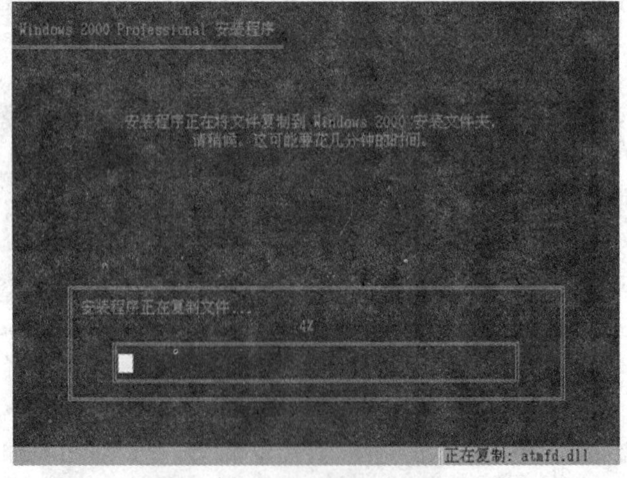

图 14-9　安装程序——步骤 11

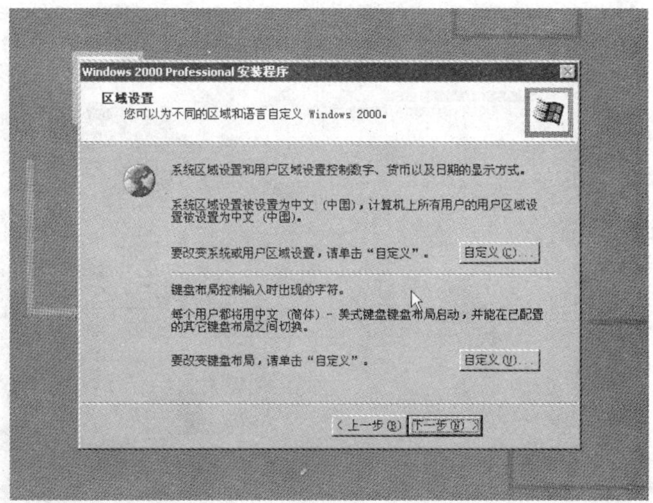

图 14 - 10　安装程序——步骤 12

步骤 13：出现下图 14 - 11 所示画面时，请输入用户姓名和公司名称，然后单击“下一步”。

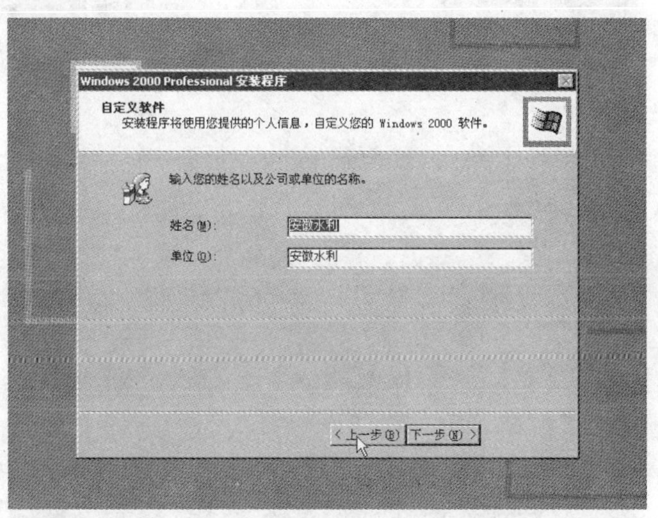

图 14 - 11　安装程序——步骤 13

步骤 14：在出现如图 14 - 12 所示“计算机名和系统管理员密码”画面时，为这台计算机设置唯一的计算机名称，如“AHSHUILI”，该名称不可和网络上其他计算机同名。然后输入管理员密码并确认。为了防止密码被破解，请使用较为复杂的密码，并牢记。

 注意	密码是我们进入计算机系统的一把钥匙，也是防止别人入侵我们计算机系统的一道闸门，所以我们一定要设置一个复杂的密码并且要牢记。

步骤 15：出现如图 14 - 13 所示“日期和时间设置”画面时，请确定日期与时间等数据没有错误，然后单击“下一步”按钮。

步骤 16：上步完成后，系统会进入安装网络组件过程，画面如图 14 - 14 所示。

图 14 - 12　安装程序——步骤 14

图 14 - 13　安装程序——步骤 15

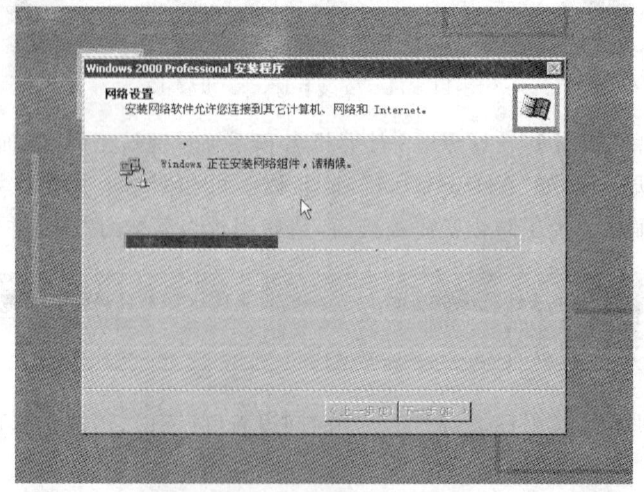

图 14 - 14　安装程序——步骤 16

步骤 17:网络组件安装完成后,将出现如图 14－15 所示"网络设置"画面,此时建议选择"典型设置",等安装完成后再对网络进行设置。

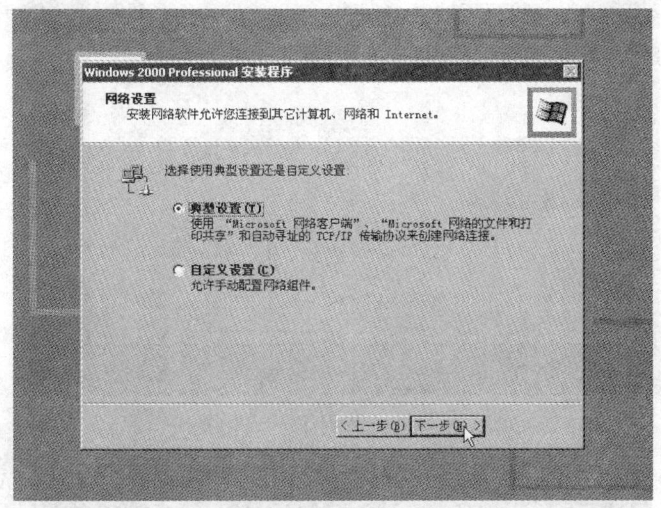

图 14－15　安装程序——步骤 17

步骤 18:出现如图 14－16 所示"工作组或计算机域"画面时,请单击下一步,也就是将其设为工作组中的独立服务器,工作组默认的名称为"WORKGROUP",安装完成后如果需要可以再将计算机加入域中。

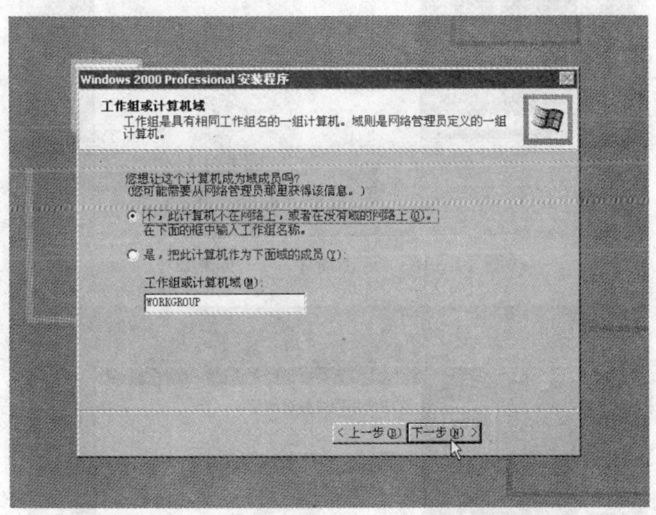

图 14－16　安装程序——步骤 18

步骤 19:出现如图 14－17 所示"正在安装组件"画面时,安装程序正在安装操作系统的组件。

步骤 20:出现如图 14－18 所示"正在完成 Windows 2000 安装向导"画面时,操作系统安装完成,请取出安装盘并单击"完成"按钮重启计算机。

步骤 21:系统重启进入图 14－19 所示"欢迎使用网络标识向导"画面时,请选择"下一步"按钮继续。

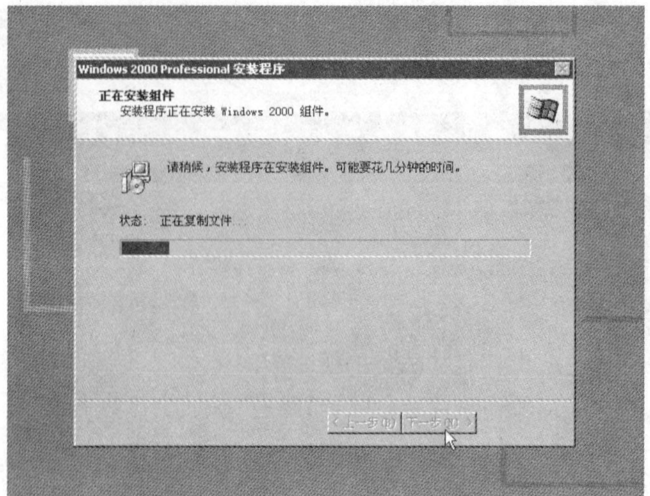

图 14 - 17　安装程序——步骤 19

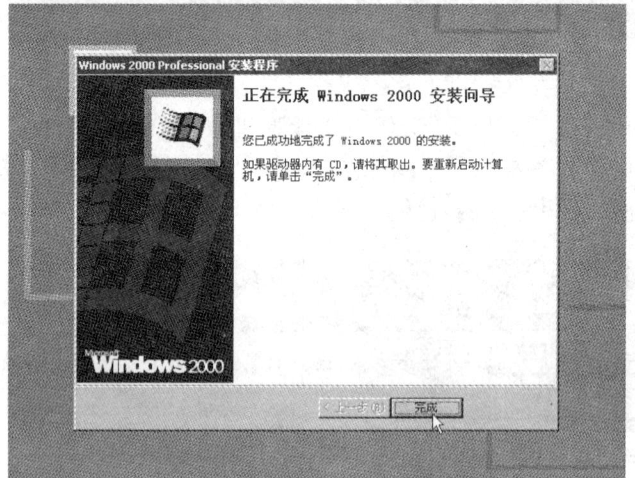

图 14 - 18　安装程序——步骤 20

图 14 - 19　安装程序——步骤 21

步骤 22:出现如图 14－20 所示“本机用户”画面时,请选择用户的登录方式。默认选项为“要使用本机,用户必须输入用户名和密码”,选择此项,用户可以使用不同的用户名进行登录,但每次都必须输入用户名和密码。

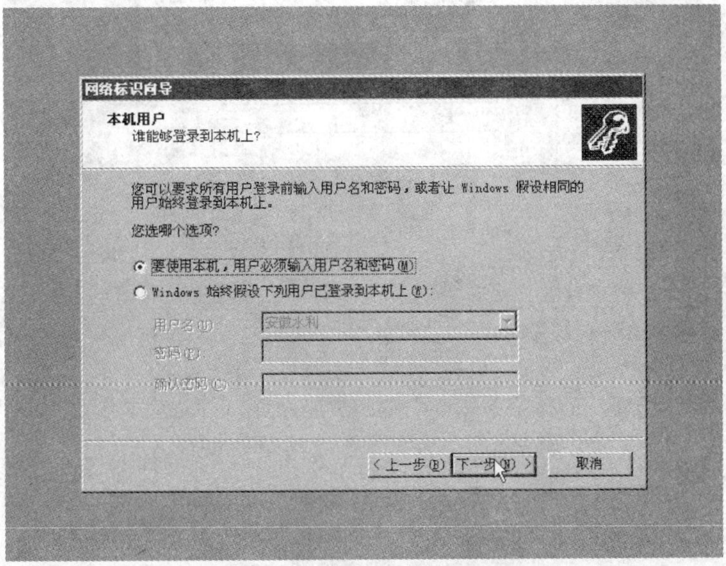

图 14－20　安装程序——步骤 22(1)

如果选择“Windows 始终假设下列用户已经登录到本机上”如图 14－21 所示,则可以在用户名中输入每次登录时的默认用户名,如“Administrator”,同时在密码和确认密码中输入该用户名相对应的用户密码。

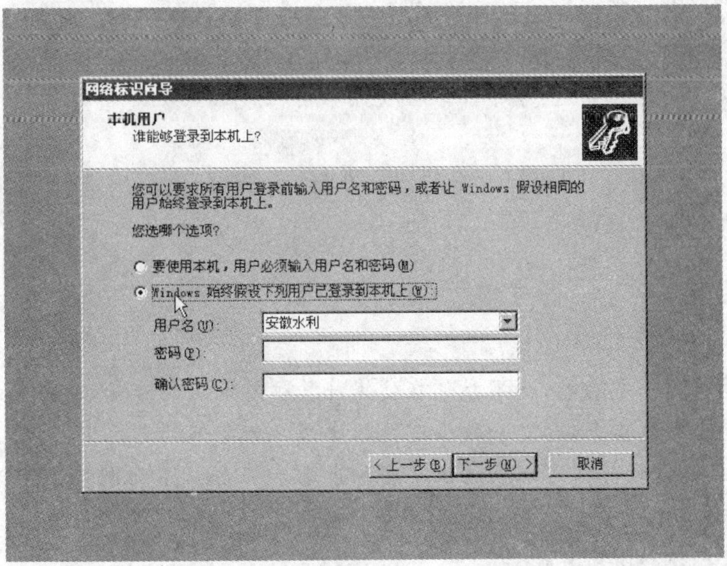

图 14－21　安装程序——步骤 22(2)

设置完成后即可进入系统登录界面,如图 14－22 所示。

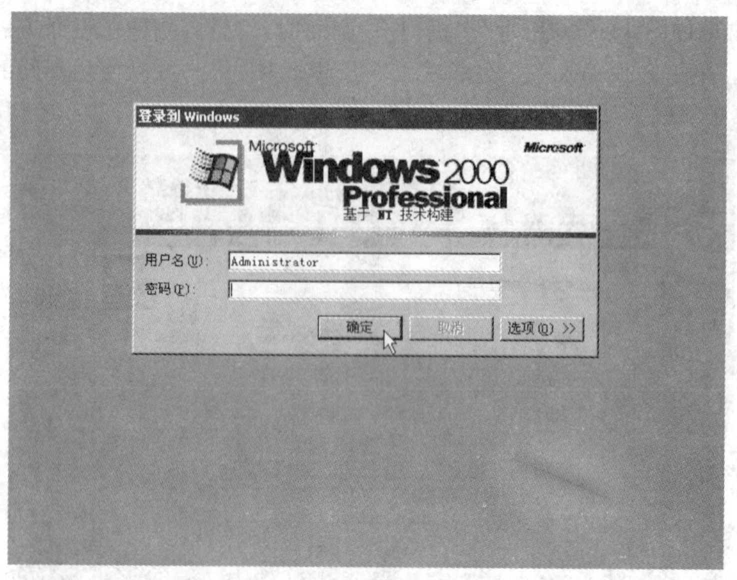

图 14-22　安装程序——步骤 22(3)

到此，Windows 2000 Professional 基本上算安装完成了，在成功安装 Windows 之后就可以正常工作了，但用户还需做一些设置工作，具体包括驱动程序的安装、Windows 设置、网络设置等，这些内容将在以后的章节中详细介绍。

注意	Windows XP 的安装方式有 3 种：升级安装、双系统共存安装和全新安装，与 Windows 2000 Professional 安装过程一样，整个安装过程几乎是全自动的。

【新的任务】

通过本节的学习，了解了 Windows 2000 Professional 版操作系统的安装需求，掌握了其安装方法。现在新的任务是：学习并掌握硬件驱动程序的安装。

14.2　硬件驱动程序的安装

任务 2：安装显卡驱动

【任务的提出】

娱乐是计算机的一个功能，如果我们在使用计算机看电影的时候，电影里的丰富色彩和声音就不能被充分表达出来，那是一件很遗憾的事情。为了不让自己遗憾，我们就得学会安装显卡和声卡驱动，让计算机可以表达出丰富的色彩和声音。下面就以显卡为例介绍驱动程序的安装方法。

本任务主要包括以下内容：

(1)掌握硬件驱动程序的安装方法；

(2)了解显卡驱动程序的安装过程。

14.2.1　硬件驱动程序的安装

硬件驱动程序在 PC 系统中有非常重要的地位,驱动程序正常与否会直接影响到硬件设备能否正常工作。在安装 Windows 的过程中,Windows 会自动检测计算机中所有支持 PnP 的硬件设备,并按照 Windows 自带硬件设备驱动程序库的情况,为检测到的硬件安装驱动程序,但通常 Windows 只能安装部分设备的驱动程序。

需要安装驱动程序的设备通常有:主板芯片组、显卡、声卡、Modem、网卡和打印机等,Windows 安装结束后,用户需要查看 Windows 是否为所有的设备安装了正确的驱动程序。查看的具体方法是:

在 Windows 98 中,一般可以通过“我的电脑”→“控制面板”→“系统”→“设备管理器”查看系统上的所有设备,如果某一设备前面被冠以一个感叹号,说明该设备驱动程序没有安装或与其他设备发生了冲突。

在 Windows 2000 中,一般可以通过“我的电脑”→“控制面板”→“系统”→“设备管理器”查看。

在 Windows XP 中,一般可以通过“我的电脑”→“控制面板”→“打印机和其他硬件”→“系统”→“硬件”→“设备管理器”查看。

主板芯片组、显卡、声卡等驱动程序的安装非常简单,将其附带的驱动程序光盘放入光驱中,一般会自动出现安装程序菜单,选择能动程序后就会自动启动驱动程序安装向导,然后按照提示进行安装即可。有些老的硬件若不能自动安装,可在“控制面板”→“添加/删除新硬件”中手动安装该硬件的驱动程序;或按上述查看硬件驱动程序的步骤打开设备管理器,然后选择该硬件右击鼠标即可手动安装。

注意　在 Windows XP 中,是通过“我的电脑”→“控制面板”→“打印机和其他硬件”“添加硬件”来完成手动安装。

和 Windows XP 操作系统不同,Windows 2000 操作系统在安装时只安装少量的硬件设备驱动(如软驱、光驱、鼠标、键盘等硬件),大部分的硬件设备(如显卡、声卡、网卡、打印机等)驱动是没有安装的,所以在 Windows 2000 操作系统刚完成安装时部分的硬件设备我们是不能使用的,这时就需要我们来为这些硬件安装驱动程序。各硬件驱动程序的安装过程相似,下面我们就以显卡驱动程序的安装为例来介绍硬件设备驱动的安装过程。

14.2.2　显卡驱动程序的安装

1. 安装前的准备工作

安装显卡驱动前我们需要做好哪些准备工作呢? 其实很简单。我们只需要准备好随显卡附带的驱动光盘就可以,如果没有驱动光盘我们就需要从网络上下载对应显卡的驱动程序包。也就是说我们必须要有显卡的驱动程序源文件。

2. 显卡驱动程序的安装步骤

步骤 1:打开设备管理器,具体要求方法前面已介绍,打开后如图 14-23 所示。

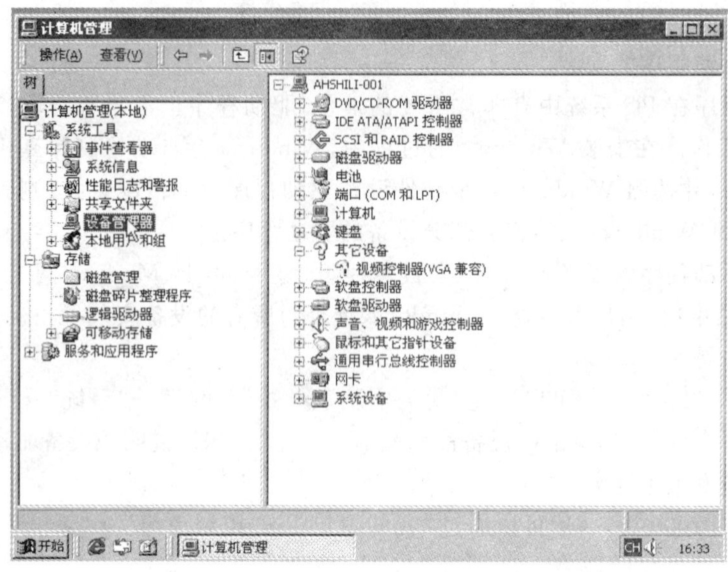

图 14－23　显卡驱动程序安装——步骤 1

步骤 2：选择“视频控制器(VGA 兼容)”并安装驱动。

方法：右击“设备管理器”中“视频控制器(VGA 兼容)”，选择“属性”，如图 14－24 所示。

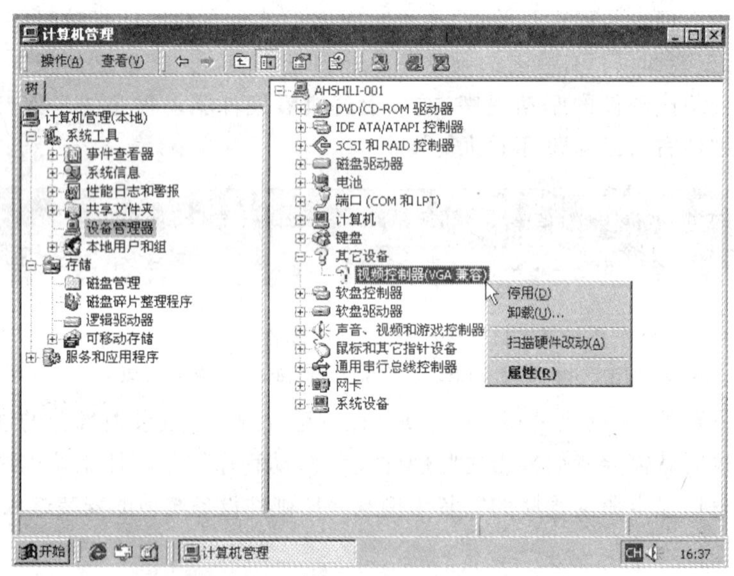

图 14－24　显卡驱动程序安装——步骤 2

步骤 3：选择“属性”后将打开“视频控制器(VGA 兼容)”设置面板，如图 14－25 所示，在“常规”选项卡中选择“重新安装驱动程序”。

步骤 4：打开“升级设备驱动程序”面板，如图 14－26 所示，选择怎么样安装驱动程序。如果已经有硬件驱动程序盘或是硬件驱动程序备份文件，可以选择“搜索适于我的设备的驱动程序”并单击“下一步”。

步骤 5：选择“搜索适于我的设备的驱动程序”后将进入如图 14－27 所示画面，此时选择驱动程序存放的位置，请选择正确位置。

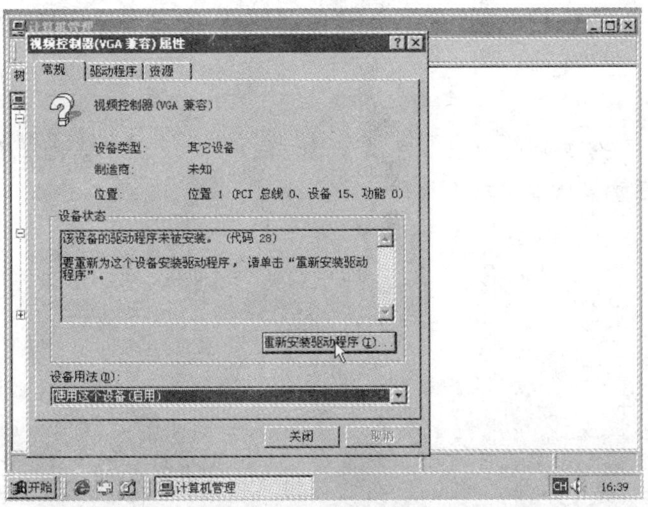

图 14－25　显卡驱动程序安装——步骤 3

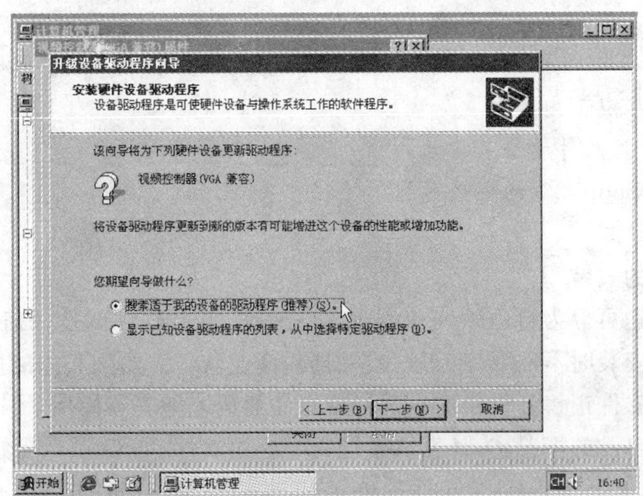

图 14－26　显卡驱动程序安装——步骤 4

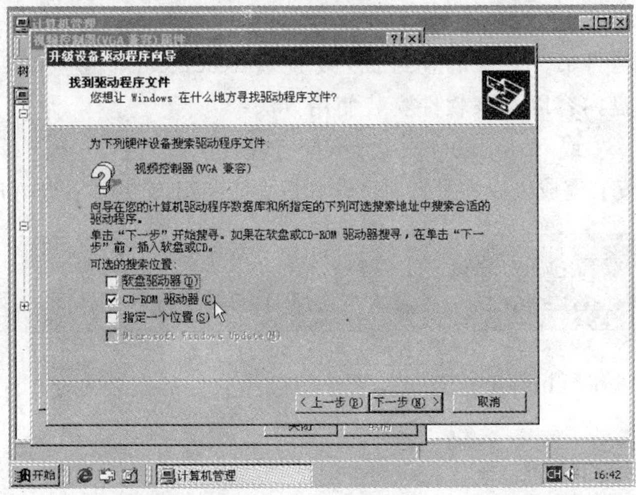

图 14－27　显卡驱动程序安装——步骤 5

如果驱动程序源文件存在则搜索后单击“确定”安装；如果驱动程序源文件不存在，则搜索不到，安装失败。

【新的任务】

通过本节的学习，掌握硬件驱动程序的安装方法，了解了显卡驱动程序的安装步骤。现在新的任务是：学习并掌握常用应用软件的安装方法。

14.3 常用应用软件的安装

任务3：安装应用软件

【任务的提出】

操作系统是用户和计算机之间的接口，它为用户使用计算机提供了一个平台，但仅依靠操作系统计算机能做的事情还是太少，比如说办公文档的编辑、图片的处理等工作都需要有专业的应用软件的支持。这些常用的应用软件必须要安装后才能使用。下面介绍应用软件的安装。

本任务主要包括以下内容：

(1)掌握常用应用软件的安装方法；

(2)了解 PhotoShop 8.0 的安装过程。

14.3.1 应用软件的安装

应用软件按用途可分为自由软件和商业软件两种，自由软件就是任何人都可以使用的软件，不需要购买，安装时不需要序列号和注册码，商业软件需要购买才能使用，在安装商业软件时需要填写由软件销售商提供的序列号或者注册码才能安装使用。

用户可以根据自己的情况，为计算机系统安装应用软件，如 Office、多媒体处理工具、上网工具和图像处理工具等。应用软件的安装也非常简单，一般都是运行安装程序 Setup.exe 启动安装向导，然后按照提示单击“下一步”，选择安装路径，单击“完成”按钮即可完成安装。一般步骤如下：

(1)查看软件说明书、软件光盘封面，或查看 readme.txt、执行 readme.exe、showme.exe 等查阅该光盘内容以及该软件安装使用方法；

(2)寻找 setup.exe 或 install.bat 并运行，按有关提示进行；

(3)有些软件在安装完成以后需重新启动计算机才能使用，有些在安装好后就可直接使用。

小技巧：关于“序列号”或“密码”，一般保存在安装目录下的 serial.no、password.txt、sn.txt 等文本文件中；有些光盘的包装封面或软件说明书中可以找到。

下面我们就以 PhotoShop 8.0 的安装来学习应用软件的安装方法。

14.3.2 安装 PhotoShop 8.0

要在计算机系统中安装软件我们需要有软件安装光盘，如果要安装 PhotoShop 8.0 我

们需要准备好 PhotoShop 8.0 的安装光盘,然后按照以下的步骤进行操作:

步骤 1:将 PhotoShop 8.0 的安装光盘放入光驱,并打开光驱。

如图 14－28 所示,文件夹中的 Setup.exe 文件为安装运行程序,序列号.txt 文件为销售提供的产品序列号。

名称	大小	类型	修改日期	属性
Abcpy.ini	6 KB	配置设置	2004-6-15 1:20	RA
data1.cab	1,842 KB	WinRAR 档案文件	2004-6-15 1:24	RA
data1.hdr	390 KB	HDR 文件	2004-6-15 1:24	RA
data2.cab	151,484 KB	WinRAR 档案文件	2004-6-15 1:24	RA
engine32.cab	411 KB	WinRAR 档案文件	2004-6-15 1:24	RA
layout.bin	1 KB	BIN 文件	2004-6-15 1:22	RA
Photoshop CS 自述.wri	35 KB	书写文档	2004-6-15 1:20	RA
Setup.bmp	528 KB	BMP 文件	2004-6-15 1:20	RA
setup.boot	384 KB	BOOT 文件	2004-6-15 1:22	RA
setup.exe	105 KB	应用程序	2004-6-15 1:24	RA
setup.ini	1 KB	配置设置	2004-6-15 1:24	RA
setup.inx	506 KB	INX 文件	2004-6-15 1:24	RA
setup.skin	239 KB	SKIN 文件	2004-6-15 1:24	RA
序列号.txt	1 KB	文本文档	2004-6-15 1:20	RA

图 14－28　PhotoShop 8.0 安装——步骤 1

步骤 2:运行安装文件 Setup.exe 文件进行安装。当出现如图 14－29 所示画面时选择"下一步"按钮。

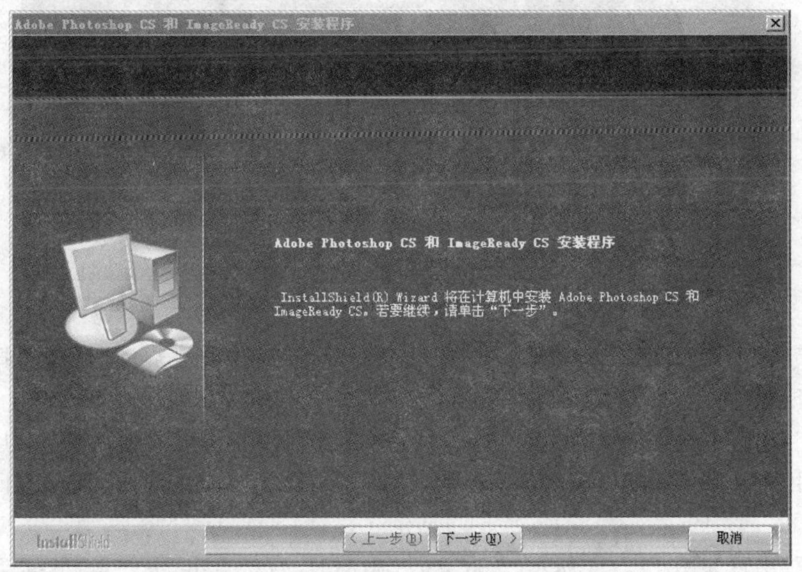

图 14－29　PhotoShop 8.0 安装——步骤 2

步骤 3:出现如图 14－30 所示"软件许可协议"画面时,选择"是"继续。

步骤 4:出现如图 14－31 所示"客户信息"画面时,选择并填写相关用户信息,同时准确填写软件销售商提供的产品序列号。如果序列号有错,安装将不能继续。

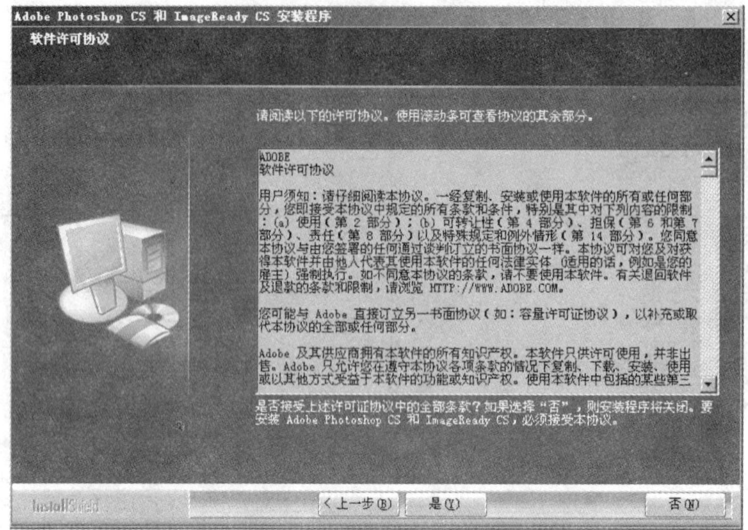

图 14 - 30　PhotoShop 8.0 安装——步骤 3

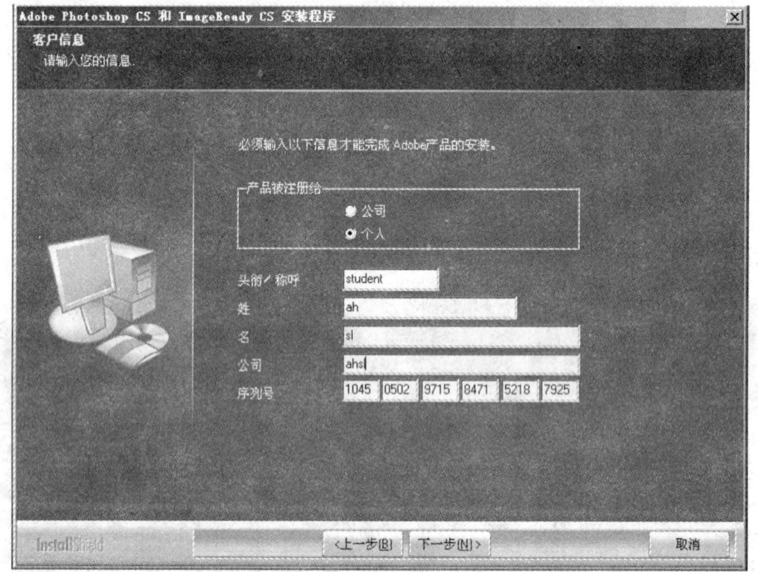

图 14 - 31　PhotoShop 8.0 安装——步骤 4

步骤 5：出现如图 14 - 32 所示询问注册信息是否正确的交互界面时，请选择"是"继续，如果填写不正确请选择"否"返回上一步重新填写。

步骤 6：出现如图 14 - 33 所示"选择目的地位置"画面时，可以使用默认的目标文件夹来安装应用程序，此时直接点击"下一步"继续。如果要更改应用程序的安装目录，选择"浏览"按钮。

步骤 7：出现如图 14 - 34 所示"关联文件"画面时，直接点击"下一步"继续。

步骤 8：出现如图 14 - 35 画面时，是询问是否同意以前的设置，如果同意直接点击"下一步"继续，如果不同意就点击"上一步"向上返回。

步骤 9：当出现如图 14 - 36 所示"安装已完成，现在您可以查看自述文件"画面时，应用程序的安装已经完成，此时单击"确定"即完成任务。

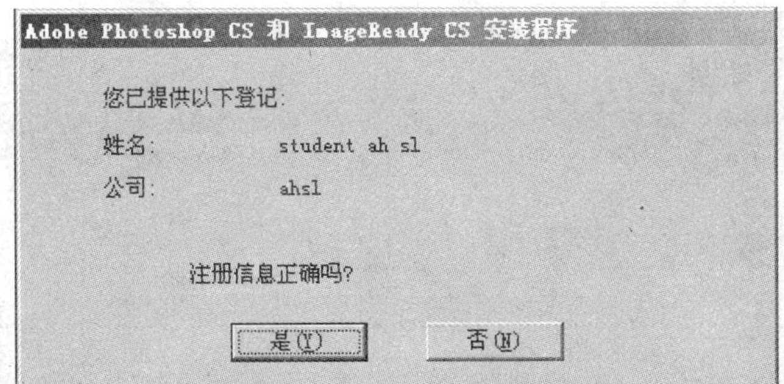

图 14 - 32　PhotoShop 8.0 安装——步骤 5

图 14 - 33　PhotoShop 8.0 安装——步骤 6

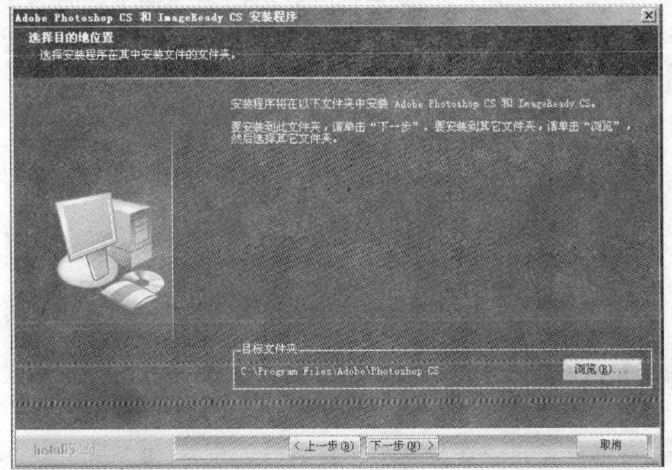

图 14 - 34　PhotoShop 8.0 安装——步骤 7

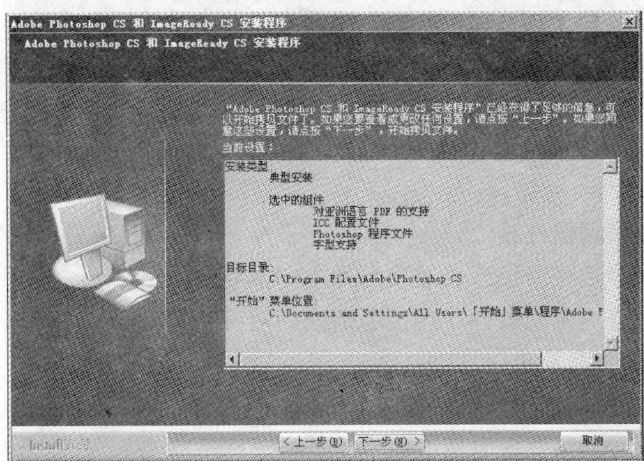

图 14 - 35　PhotoShop 8.0 安装——步骤 8

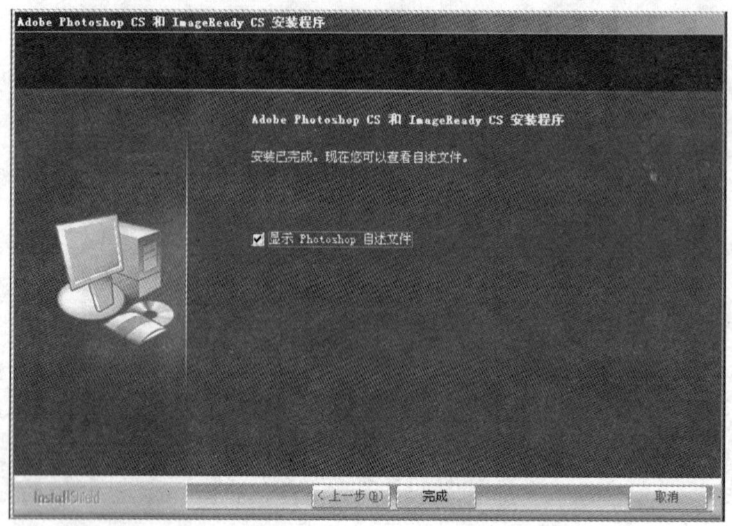

图 14-36 PhotoShop 8.0 安装——步骤 9

每一个应用程序在安装的时候大致过程相当,但都有一些不同的地方,在安装应用程序时不能一味地生搬硬套,要根据实际情况灵活进行处理。

【新的任务】

通过本节的学习,掌握常用应用软件的安装方法,了解了 PhotoShop 8.0 应用软件的安装步骤。现在新的任务是:学习并掌握将计算机连接入网络方法。

14.4 网络的连接

任务 4:将计算机连接入网络

【任务的提出】

网络的应用是计算机应用中非常重要的一个组成部分,用户不仅可以在网络上娱乐、查阅资料,还可以利用网络进行学习和办公,可以说网络现在已经成为社会发展不可或缺的一个部分。如何才能让计算机连通网络呢? 下面我们就来学习两种常见的网络连接方法。

本任务主要包括以下内容:

(1)掌握 ADSL 连接网络的方法;

(2)掌握通过网卡连接网络的方法。

14.4.1 通过调制解调器连接

使用调制解调器连接网络有普通拨号和 ADSL 两种方式。

普通拨号使用普通调制解调器连接电话线,并且使用 Windows 拨号网络进行拨号。不需要申请开通业务,方法简单。

使用 ADSL 网络需要 ADSL 专用调制解调器连接计算机的网卡和电话,并且使用专用的拨号软件进行拨号。需要向电信部门申请开通 ADSL 业务。

ADSL 业务根据用户的需求可提供两种选择业务:

(1)ADSL PPPOE 虚拟拨号业务

此业务大多面向个人用户开放,费用相对较低,用户无固定 IP 地址,必须到营业厅申请开户并获得账号和密码,使用专门的宽带拨号软件接入互联网。

(2)ADSL 专线业务

此业务多面向企事业等部门开放,用户有固定 IP 地址,上网方式与专线方式相同,不用账号和密码及拨号过程,费用相对较高。

ADSL 安装包括局端线路调整和用户端设备安装。在局端方面,由服务商将用户原有的电话线中串接入 ADSL 局端设备,只需 2～3 分钟;用户端的 ADSL 安装也非常简易方便,只要将电话线连上滤波器,滤波器与 ADSL MODEM 之间用一条两芯电话线连上,ADSL MODEM 与计算机的网卡之间用一条交叉网线连通即可完成硬件安装,再将 TCP/IP 协议中的 IP、DNS 和网关参数项设置好,便完成了安装工作。ADSL 的使用就更加简易了,由于 ADSL 不需要拨号,一直在线,用户只需接上 ADSL 电源便可以享受高速网上冲浪的服务了,而且可以同时打电话。

ADSL 的安装分硬件安装和软件安装两部分。

1. 硬件部分安装

所需硬件主要有:一块 10M 或 10M/100M 自适应网卡;一个 ADSL 调制解调器;一个信号分离器;另外还有两根两端做好 RJ11 头的电话线和一根两端做好 RJ45 头的五类双绞网络线。ADSL 安装原理如图 14－37 所示。

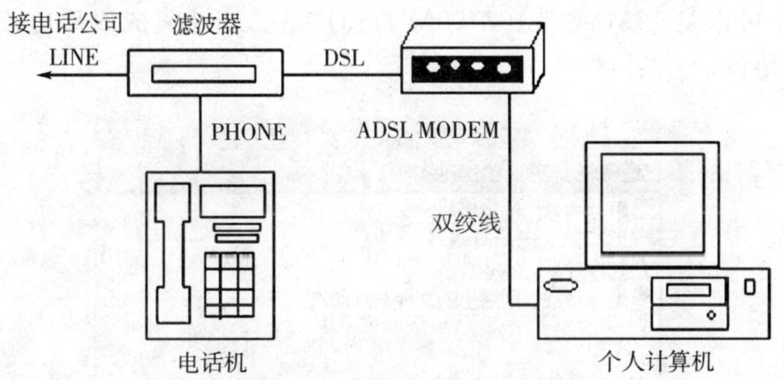

图 14－37　ADSL 安装原理图

(1)准备好计算机

首先打开准备好计算机机箱,在计算机中需要加入一块网卡,10M 或 10M/100M 自适应的网卡都可以。如果计算机中原来就有网卡,那就不需要再添加网卡。

(2)安装 ADSL Modem 的信号分离器(又叫滤波器,Splite)

信号分离器是用来将电话线路中的高频数字信号和低频语音信号分离的。低频语音信号由分离器接电话机用来传输普通语音信息;高频数字信号则接入 ADSL Modem,用来传输上网信息和 VOD 视频点播节目。这样,在使用电话时,就不会因为高频信号的干扰而影响话音质量,也不会因为在上网时,打电话由于语音信号的串入影响上网的速度。

安装时先将来自电信局端的电话线接入信号分离器的输入端,然后再用前面准备那根电话线一头连接信号分离器的语音信号输出口,另一端连接自己的电话机。此时自己的电话机应该已经能够接听和拨打电话了。

(3)安装 ADSL Modem

这是其中最关键的过程,也是最简单的过程,既不需要拧螺丝也不需要拆机器。只需要用前面准备的另一根电话线将来自于信号分离器的 ADSL 高频信号接入 ADSL Modem 的 ADSL 插孔,再用一根五类双绞线,一头连接 ADSL Modem 的 10BaseT 插孔,另一头连接计算机网卡中的网线插孔(如图 14-38 所示)。这时候打开计算机和 ADSL Modem 的电源,如果两边连接网线的插孔所对应的 LED 都亮了,那么硬件连接也就成功了。

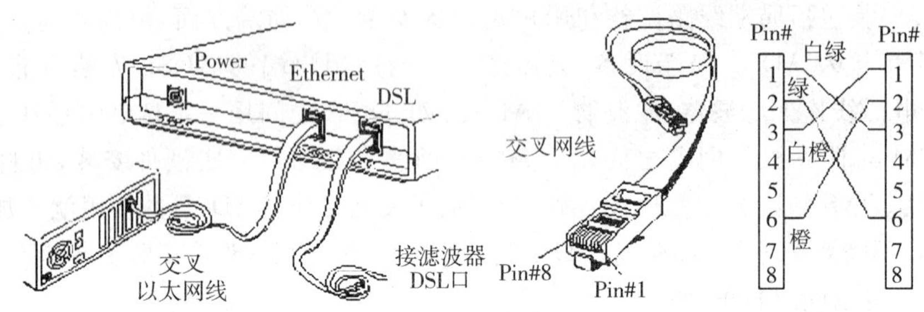

图 14-38 ADSL Modem 的安装

经过以上步骤硬件部分就安装完成了。

2. 软件部分安装

(1)网卡的安装和设置

由于 ADSL 调制解调器是通过网卡和计算机相连的,所以在安装 ADSL Modem 前要先安装网卡,网卡可以是 10M 或则 10/100M 自适应的。安装完成以后应该如图 14-39 所示出现 TCP/IP 协议。

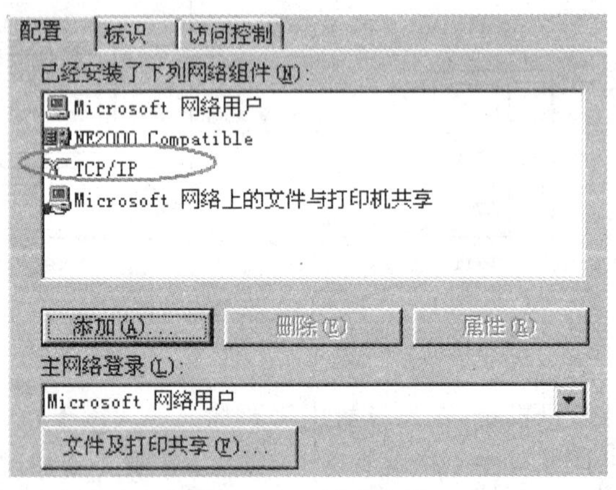

图 14-39 网卡配置

(2)下载和安装 PPPoE 虚拟拨号软件

首先请下载软件 EnterNet 500,然后安装些软件,步骤如下:

第一步:运行 EnterNet500V2.exe 文件。

第二步:选择快速安装或分步安装,在此选择了分步安装,如图 14-40 所示。

第三步:点击“Next>”继续,如图 14-41 所示。

第四步:点击“Yes”接受许可协议,如图 14-42 所示。

第五步:当出现如图 14-43 所示画面时,选择安装路径。

第六步：当出现如图 14-44 所示画面时，安装程序正在复制文件。

第七步：当出现如图 14-45 所示画面时，正在安装网络组建。

第八步：当出现如图 14-46 所示画面时，安装完成，点击“Finish”重新启动（Win2000 或更高版本可能不需重启）。

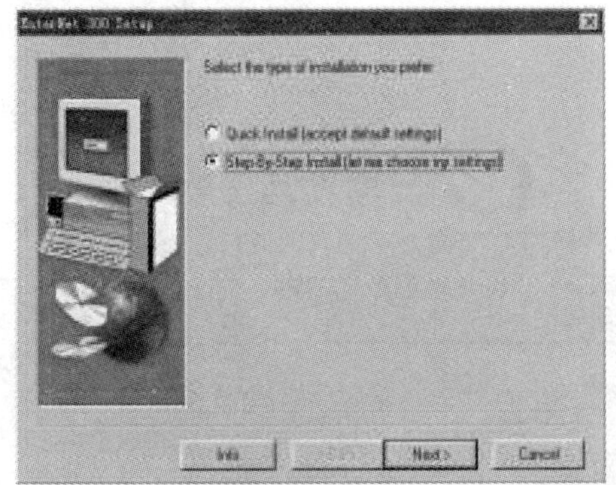

图 14-40　EnterNet 500 安装——步骤 2

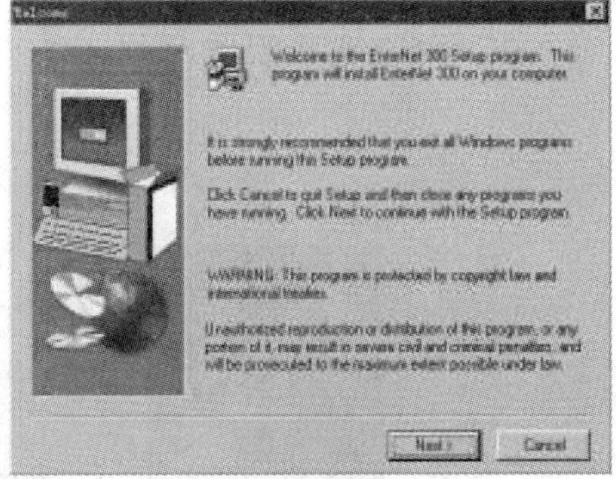

图 14-41　EnterNet 500 安装——步骤 3

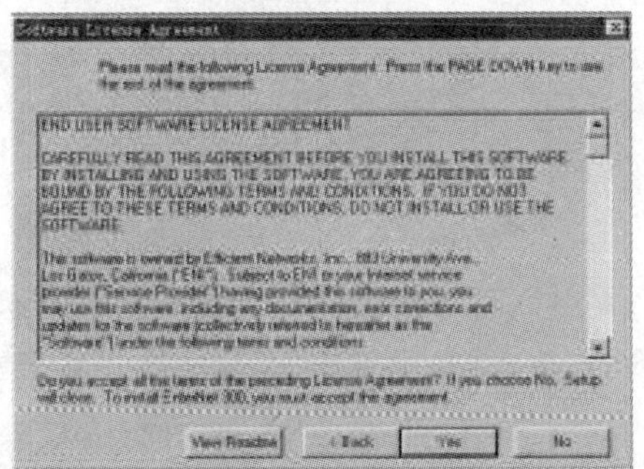

图 14-42　EnterNet 500 安装——步骤 4

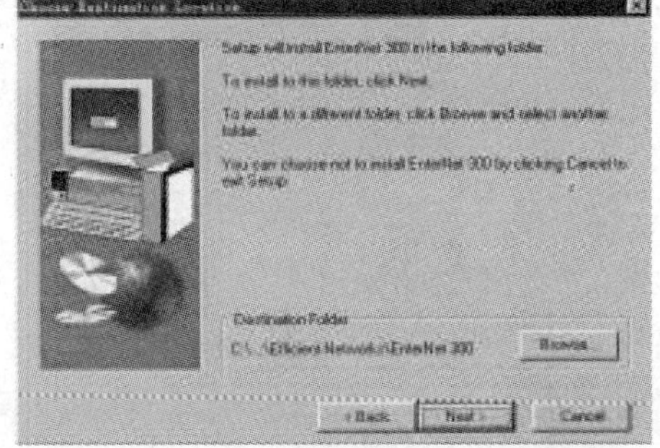

图 14-43　EnterNet 500 安装——步骤 5

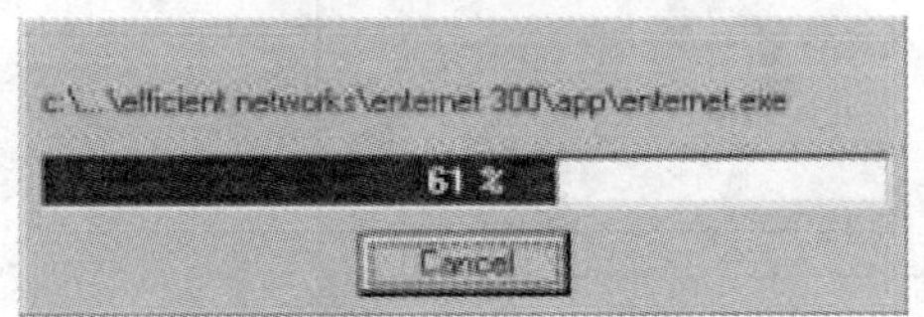

图 14-44　EnterNet 500 安装——步骤 6

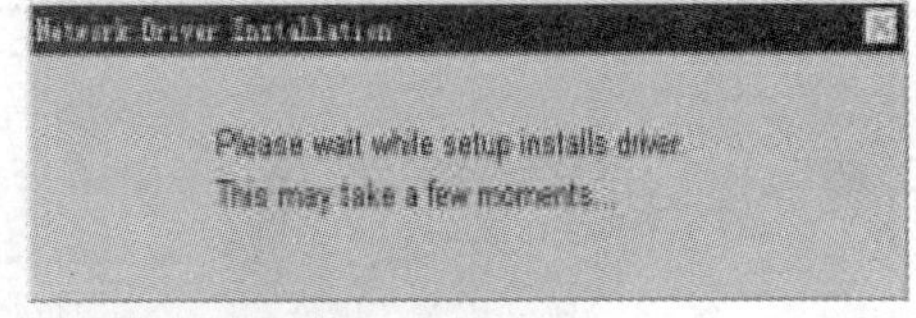

图 14-45　EnterNet 500 安装——步骤 7

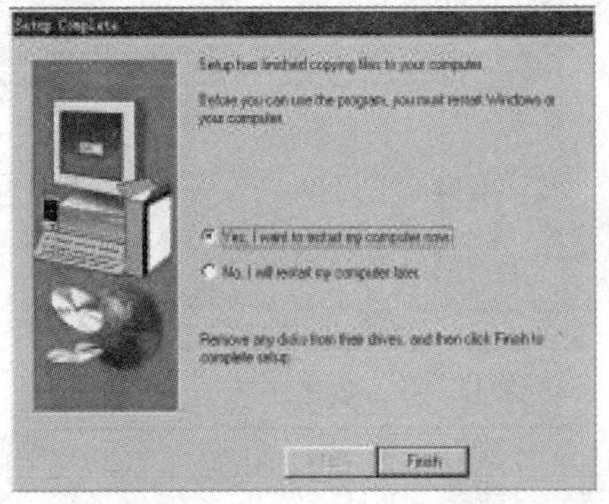

图 14-46　EnterNet 500 安装——步骤 8

(3)创建连接

双击桌面上 EnterNet 500 图标,打开配置文件夹窗口,双击“Create New Profile”图标

Create New Profile ,以创建一个虚拟拨号连接,步骤如下:

第一步:填写连接名称,如图 14－47 所示。

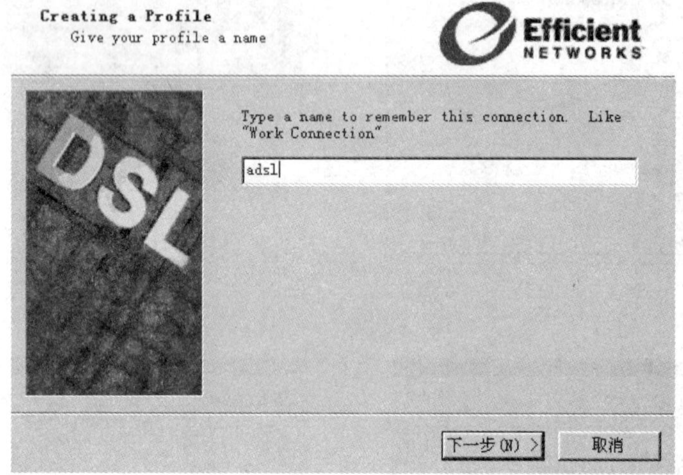

图 14－47　创建连接——步骤 1

第二步:出现如图 14－48 所示画面时,正确输入用户名与密码,填入用户在营业厅申请的宽带账号。如果用户没有办理,填入 cy########,其中########是承载宽带的电话号码。

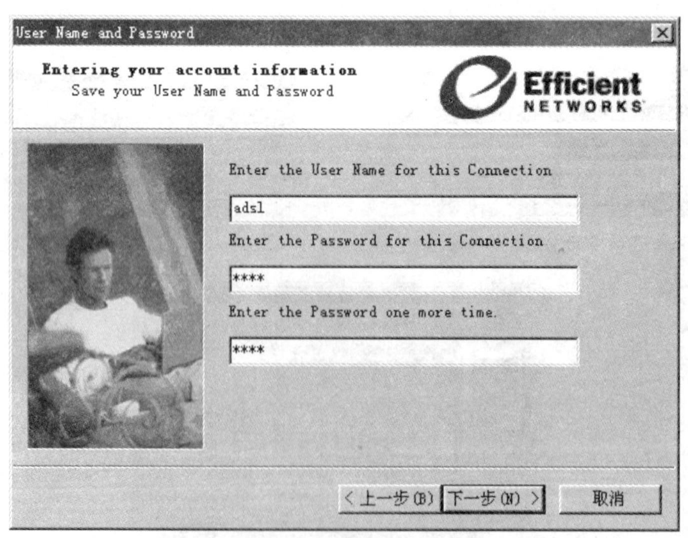

图 14－48　创建连接——步骤 2

第三步:出现如图 14－49 所示画面时,选择电脑上的以太网网卡。

第四步:出现如图 14－50 所示画面时,选择 PPPoE。

完成后出现建立的拨号连接——adsl，如图 14－51 所示。

第五步：选中拨号连接 adsl，并打开鼠标右键中的 Properties。

第六步：选中 services 项，可以看到＋rajie，单击 rajie，再单击 internet，并应用、确定，如图 14－52 所示。

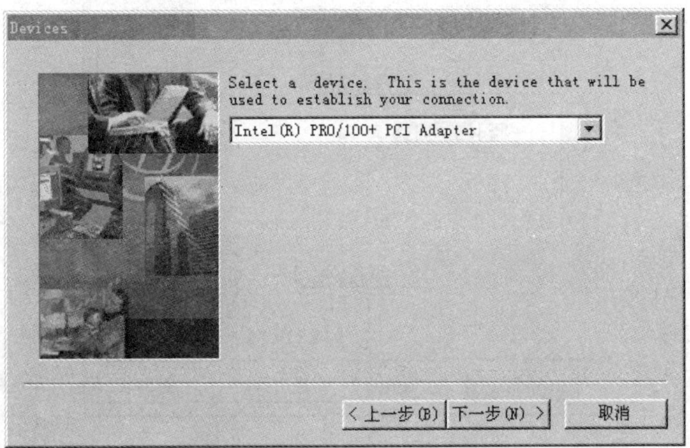

图 14－49　创建连接——步骤 3

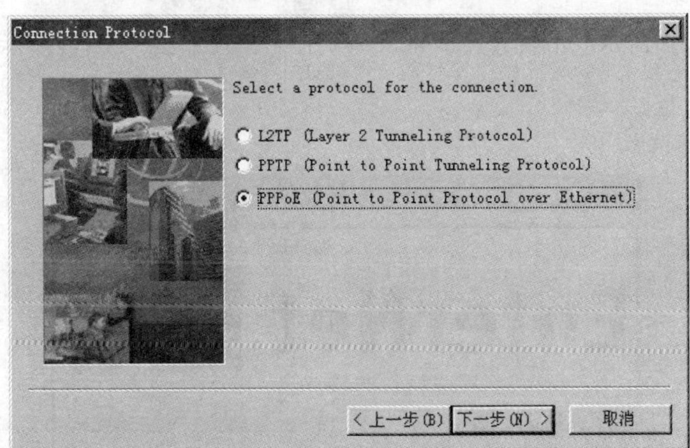

图 14－50　创建连接——步骤 4

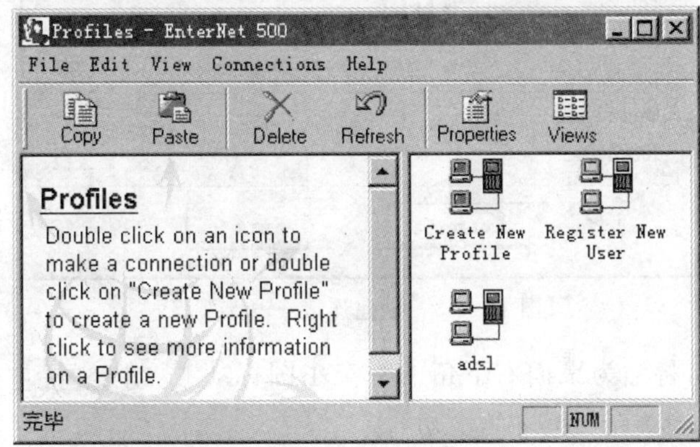

图 14－51　创建连接——步骤 5

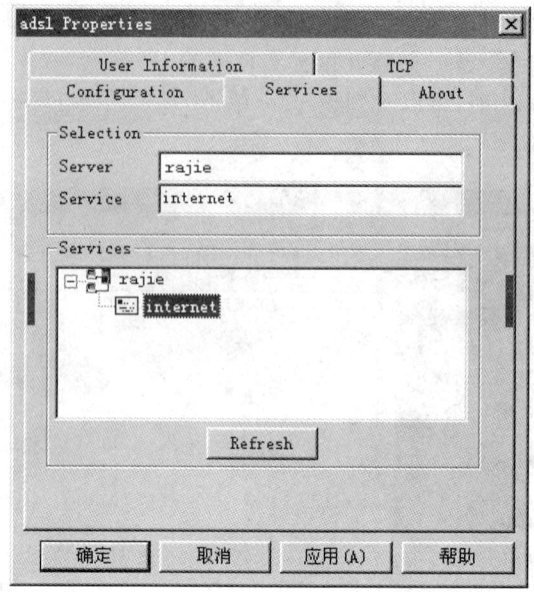

图 14 - 52　创建连接——步骤 6

第七步：如右图所示双击拨号连接 adsl adsl，出现如图 14 - 53 所示界面，单击 connect 连接。

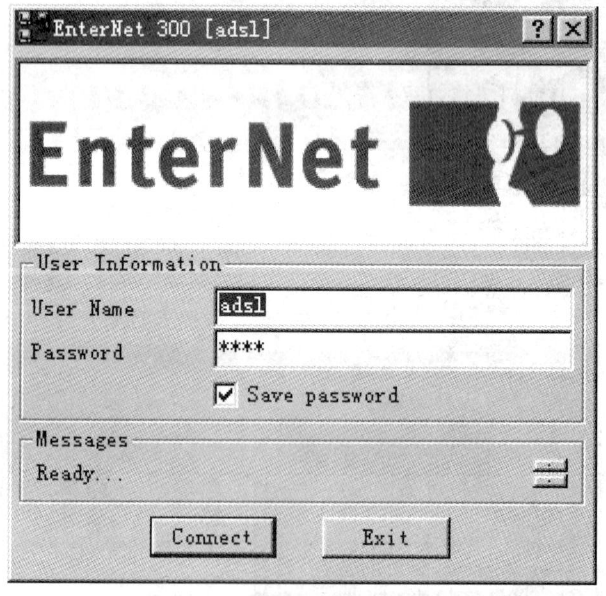

图 14 - 53　创建连接——步骤 7

该虚拟拨号窗口将缩为桌面右下角的一个小图标 11:16 并闪现如图 14 - 54 所示窗口，此时表示拨号连接成功。

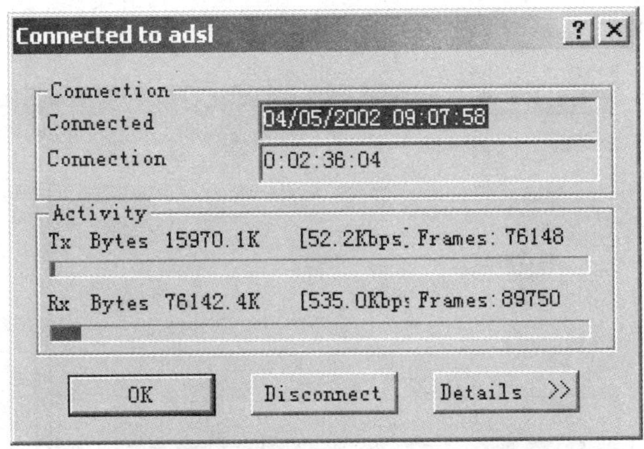

图 14 - 54　创建连接完成

14.4.2　通过网卡连接

随着网络的发展，宽带接入公司和家庭越来越普遍，这为我们连接网络提供了方便的途径，通过宽带接口我们只需要一块网卡和一条双绞线就可以连接网络，下面我们就来看看怎么样通过网卡来连接网络。

第一步：准备所需要的物理设备。通常包括一块网卡、一条已经做好的直通双绞线。

第二步：安装网卡。将准备好的网卡安装到主机内，如果网卡已经安装好或者主板已经集成网卡，则此步跳过。

第三步：安装网卡驱动。使用购买网卡时所提供的驱动盘，安装网卡驱动，如果系统能够识别网卡并且自动安装了网卡驱动则此步跳过。

第四步：连接网络。将准备的双绞线的一端接入网卡接口，另一端接入网络接口，如路由器接口、交换机接口或房间内的宽带接口。

第五步：设置网卡参数。如图 14 - 55 所示，右击桌面“网上邻居”，选择“属性”打开网络连接管理器。

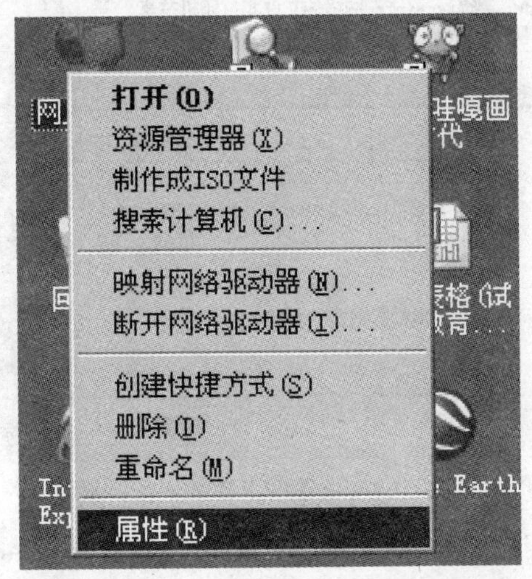

图 14 - 55　设置网卡参数——步骤 1

双击“本地连接”图标，打开“本地连接状态”面板，如图 14－56 所示。

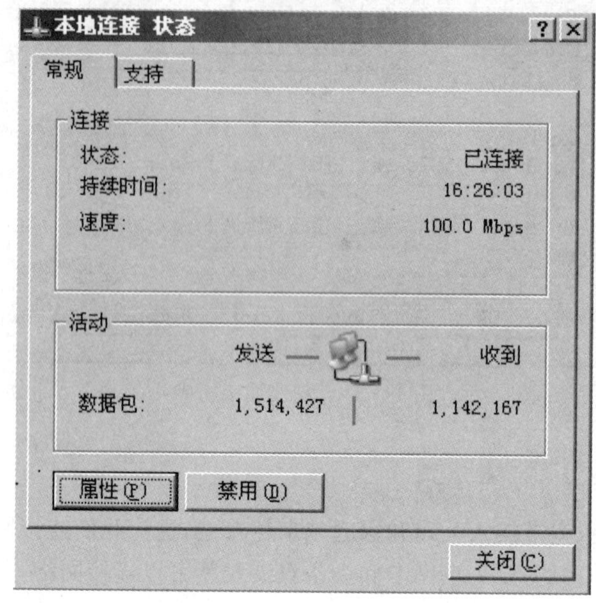

图 14－56　设置网卡参数——步骤 2

单击上图 14－56 所示“属性”按钮，打开“本地连接属性”设置对话框，如图 14－57 所示。

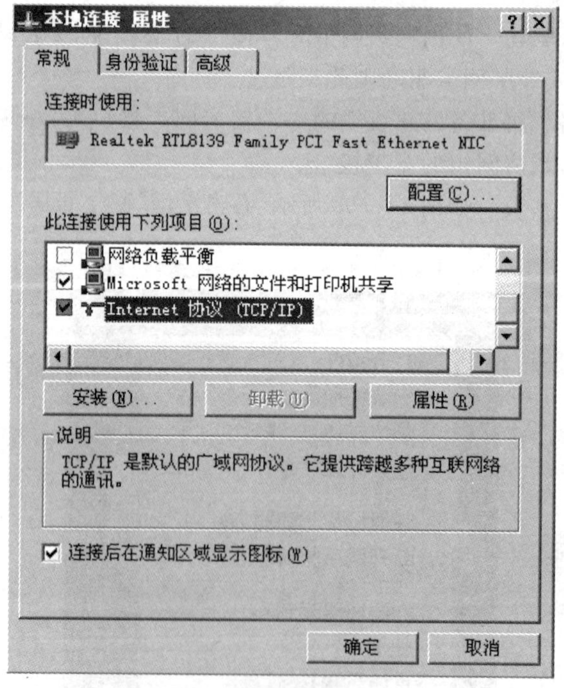

图 14－57　设置网卡参数——步骤 3

选择“Internet 协议(TCP/IP)”并打单击“属性”，打开“Internet 协议(TCP/IP)属性”设置面板，如图 14－58 所示。

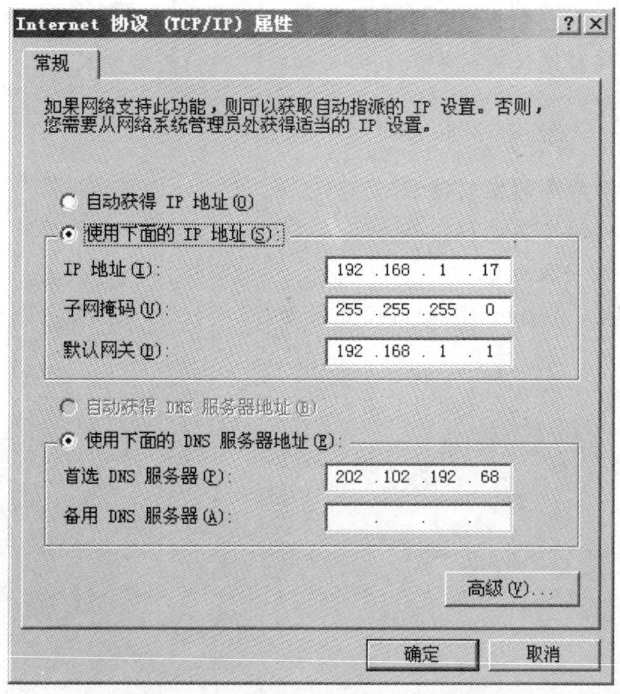

图 14-58　设置网卡参数——步骤 4

如果局域网内有 DHCP 服务器，我们可以选择“自动获得 IP 地址”和“自对获得 DNS 服务器地址”。

如果局域网内没有 DHCP 服务器，我们就需要从网络管理员或者服务提供商那里分配 IP 地址，并将所得地址正确填入相应位置。

设置完成后，通过网卡的连接即完成，可以自在地在网上冲浪了。

注意　常见的接入 Internet 的方式主要有：电话拨号、DDN 专线、ISDN、ADSL、电缆调制解调器、无线连接、宽带等。本书只介绍最常用的两种：ADSL 与宽带接入。

【新的任务】

通过本章的学习，掌握了操作系统、硬件驱动程序及应用软件的安装方法，分别通过举例的方式了解了软件的安装过程；掌握了常用两种接入 Internet 的方法及过程。现在新的任务是：学习并掌握计算机日常维护所必备的知识。

习题十四

一、填空题

1. 比较常见的接入 Internet 的方式主要有(　　　)、(　　　)、(　　　)、(　　　)和(　　　)5 种。

2. Windows XP 的安装方式有 3 种：(　　　)、(　　　)和(　　　)。

3. 需要安装驱动程序的设备通常有：(　　　)、(　　　)、(　　　)、(　　　)、网卡和打印机等。

4. 应用软件按用途可分为(　　　)和(　　　)两种。

5. 使用调制解调器连接网络有(　　　)和(　　　)两种方式。

二、简答题

1. 试述 Windows 安装方法。

2. 简述硬件驱动程序的安装过程。

3. 简述应用软件的安装过程。

4. 简述 ADSL 的安装过程。

5. 通过网卡连接 Internet 时,如何设置网卡?

第15章　计算机日常维护

经过前面知识的学习，大家已经学会了如何组装一台计算机，并知道如何将计算机连入Internet。和普通家用电器一样，计算机如果不能按正常的方法使用，也不进行维护和保养，在使用一段时间后，计算机就会出现问题。因此，如何对计算机进行日常维护是本章将要讨论的内容。本章的主要内容包括：计算机硬件的日常维护、硬盘的备份和注册表的使用。

通过本章的学习，要求了解计算机的使用环境，熟悉计算机日常维护的方法，掌握硬盘的备份和注册表的备份，了解注册表的应用。

15.1　计算机的日常维护

任务1：计算机的使用环境与日常维护

【任务的提出】

为了能够让计算机的寿命更长些，我们在使用计算机的同时要学会保护它，给它一个舒适的环境，它会工作的更开心。下面就来了解一下计算机对工作环境的要求和日常维护的方法。

本任务主要包括以下内容：

(1)了解计算机的工作环境；

(2)了解日常使用计算机的良好习惯；

(3)熟悉计算机的日常维护。

15.1.1　计算机使用的工作环境

计算机使用环境是指计算机对其工作的物理环境方面的要求。一般的微型计算机对工作环境没有特殊的要求，通常在家庭或办公室条件下就能使用。一些基本的要求如下：

(1)环境温度

计算机在室温15℃～35℃之间一般都能正常工作。若低于15℃，则软盘驱动器对软盘的读写容易出错；若高于35℃，则由于机器散热不好，会影响机器内各部件的正常工作。在条件允许的情况下，最好将计算机放置在有空调的房间内。

(2)环境湿度

在放置计算机的房间内，其相对湿度最高不能超过80%，否则会使计算机内的元器件受潮变质，甚至会发生短路损坏机器。相对湿度也不能低于20%，否则会由于过分干燥而产生静电干扰，引起计算机的错误动作。

(3)洁净要求

通常应保持计算机房洁净。如果机房内尘埃过多，灰尘附落在磁盘或磁头上，不仅会造成读写错误，而且也会缩短计算机的寿命。因此，在机房内一般应备有除尘设备。

(4)电源要求

微型计算机对电源有两个基本要求：一是电压要稳，二是在机器工作时供电不能间断。电压不稳不仅会造成磁盘驱动器运行不稳定而引起读写数据错误，而且对显示器和打印机也会有影响。为了获得稳定的电压，可以使用交流稳压电源。为防止突然断电对计算机工作的影响，最好装备不间断供电电源(UPS)，以便能使断电后继续工作一段时间，使操作人员能及时处理完计算工作或保存好数据。

(5)防止干扰

计算机的附近应避免磁场干扰，在计算机工作时，应避免附近存在强电设备的开关动作。因此，在机房内应尽量避免使用电炉、电视或其他强电设备。

15.1.2　要有良好的操作习惯

误操作是导致电脑故障的主要原因之一，要减少或避免误操作，必须有良好的操作习惯。

(1)要正确开关机。不要在驱动器灯亮时强行关机，也不要频繁地开关机，每次关、开机之间的时间间隔应不小于 30s。

正常开关机能减少对主机的损害，因为在主机通电的情况下，打开或关闭外设的瞬间对主机产生的冲击较大。频繁开机关机对各配件的冲击很大，尤其是对硬盘的损伤更为严重。机器正在读写数据时突然关机，很可能会损坏驱动器(硬盘、软驱等)；更不能在机器工作时搬动机器。当然，即使机器未工作时，也应尽量避免搬动机器，因为过大的振动会对硬盘一类的配件造成损坏。另外，关机时必须先关闭所有的程序，再按正常的顺序退出，否则有可能损坏程序。

(2)理想舒适的工作姿势因人而异，应根据自己的需要和工作性质，来安排位置和计算机的工作环境，舒适与否是最重要的。

(3)尽量避免各种光源的直接照射与反射，以免对眼睛造成损害。

放置显示器的位置，应避免来自各种光源的直接照射与反射。尽可能将显示器调整到与窗口及其他光源合适的角度。必要时，关闭电灯或使用低瓦数的灯泡，以减少光线的强度。因为室内光线在一天中会有所变化。因此，适当地调节显示器的亮度与对比度是必需的。另外，显示器镜面上的灰尘会影响亮度，要经常清洁。

(4)电源插座的位置以及与电源线和连接到显示器、打印机与其他位置的接线长度，都会影响计算机最后的摆放位置。

(5)将计算机放置在一个清洁干燥的环境中。湿气有可能使一些零配件短路，并引起危险的电击。

(6)不要将物体放置于显示器上方，也不要盖住显示器或计算机的通风口。这些通风口可使空气流通，使计算机和显示器不会因过热而造成故障或损坏零件。因此，通风孔周围需要保留约 5cm 以上的空间，才能通风良好。

(7)让食物和饮料远离计算机。食物碎屑与残渣可能会使键盘与鼠标变得黏黏的，且无法使用。

(8)要养成定期清洁计算机的好习惯。

(9)系统非正常退出或意外断电后，应尽快进行硬盘扫描，及时修复错误。因为，在这种情况下，硬盘的某些簇链接会丢失，给系统造成潜在的危险，如不及时修复，会导致某些程序紊乱，甚至危及系统的稳定运行。

15.1.3　基本硬件的日常维护

计算机维护是提高计算机使用效率和延长计算机使用寿命的重要措施。计算机硬件的维护主要有以下几点：

(1)任何时候都应保证电源线与信号线的连接牢固可靠；

(2)定期清洗软盘驱动器的磁头(如三个月、半年等)；

(3)计算机应经常处于运动状态，避免长期闲置不用；

(4)开机时应先给外部设备加电，后给主机加电；关机时应先关主机，后关各外部设备，开机后不能立即关机，关机后也不能立即开机，中间应间隔 10s 以上；

(5)软盘驱动器正在读写时，不能强行取出软盘，平时不要触摸裸露的盘面；

(6)在进行键盘操作时，击键不要用力过猛，否则会影响键盘的寿命；

(7)打印机的色带应及时更换，当色带颜色已很浅，特别是发现色带有破损时，应立即更换，以免杂质玷污打印机的针头，影响打印针动作的灵活性；

(8)经常注意清理机器内的灰尘及擦拭键盘与机箱表面，计算机不用时要盖上防尘罩；

(9)在加电情况下，不要随意搬动主机与其他外部设备。

15.1.4　软件的日常维护

软件故障在计算机故障中所占比例很大，特别是频繁地安装和卸载软件，对软件系统的影响很大，因此对软件要作经常性维护。

在 Windows 环境下对软件进行维护可按下述步骤进行：

(1)用干净的系统盘启动机器，选择新版本杀毒软件进行病毒检测，确保系统没有病毒。

(2)打开“控制面板”→“系统”→“硬件”→“设备管理器”，查看有无带黄色“!”或是红色“X”的设备选项。如果有，说明硬件设备有问题或冲突，一般可以先删除该设备，然后进行刷新，按照安装向导重新安装设备驱动程序或进行必要的驱动程序升级。

(3)打开“附件”→“系统工具”→“磁盘清理”程序，搜索并删除硬盘中的各类临时文件、中间文件、衍生文件以及无效文件。一般来说，每个硬盘分区的剩余空间不应小于该分区容量的 15%左右，对于 C:盘则越大越好。

(4)使用 CleanSwap 等工具软件对 Windows 的 DLL 动态链接库进行扫描，删除多余无用的库文件。

注意	在用工具软件进行扫描之间，应先进行注册表的备份，具体方法将在以后的章节中介绍。

(5)运行“附件”→“系统工具”→“磁盘碎片整理程序”命令可以对磁盘碎片空间进行整理，以提高磁盘的使用率。

(6)重新启动机器，注意观察运行速度是否有所提高。更重要的是，系统的稳定性是否进一步加强。

【新的任务】

通过本节的学习，了解了计算机日常使用环境及使用习惯，熟悉了计算机软件和硬件的日常维护方法。现在新的任务是：学习并掌握硬盘备份的方法。

15.2 硬盘的备份

任务 2：掌握硬盘的备份

【任务的提出】

数据是保存在计算机中的重要内容，一旦丢失，后果可能不堪设想。保护计算机中数据的最好方法是定期对数据进行备份。所以，对硬盘数据的备份就显得十分重要了。下面就来了解一下硬盘的备份方法。

本任务主要内容：

掌握硬盘数据备份的方法。

硬盘的主要作用是存储数据，但往往由于操作失误，病毒发作，软件使用不当等原因造成硬盘分区表及存储数据的丢失。如果数据不是很重要也就罢了，可以通过重新分区，格式化等手段将硬盘恢复，可是如果数据对用户很重要，比如辛辛苦苦搞了几个月才完成的图纸和文章，又或是一些财务账目，那又该怎么办呢？所以，在平时就养成经常备份的习惯，才是最重要的。

Windows 2000 自带了磁盘备份的工具，下面我们就来学习使用"备份"工具来备份磁盘数据。

第一步：打开"备份"工具

从开始菜单选择"程序"→"附件"→"系统工具"→"备份"，打开备份工具，如图 15 - 1 所示。

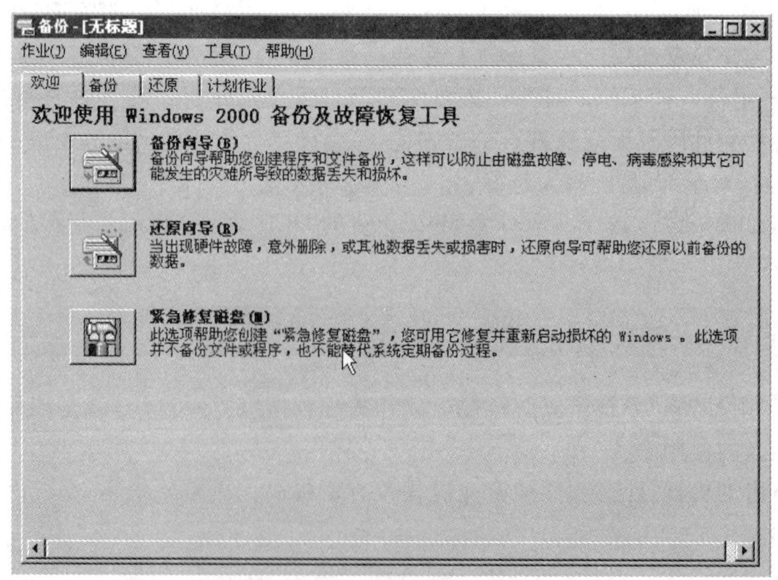

图 15 - 1 硬盘备份——步骤 1

第二步:选择备份数据。如图 15－2 所示,选择“备份”选项卡,并选择需要备份的数据。

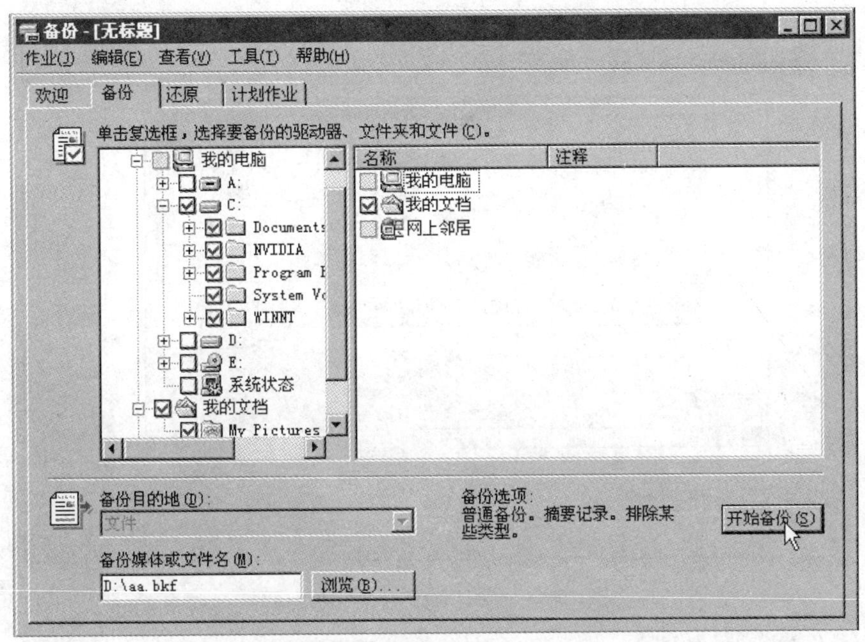

图 15－2　硬盘备份——步骤 2

第三步:确定备份文件路径和名称。如图 15－3 所示,单击“浏览”按钮,在打开的对话框中选择备份文件保存的路径并填写文件名称。

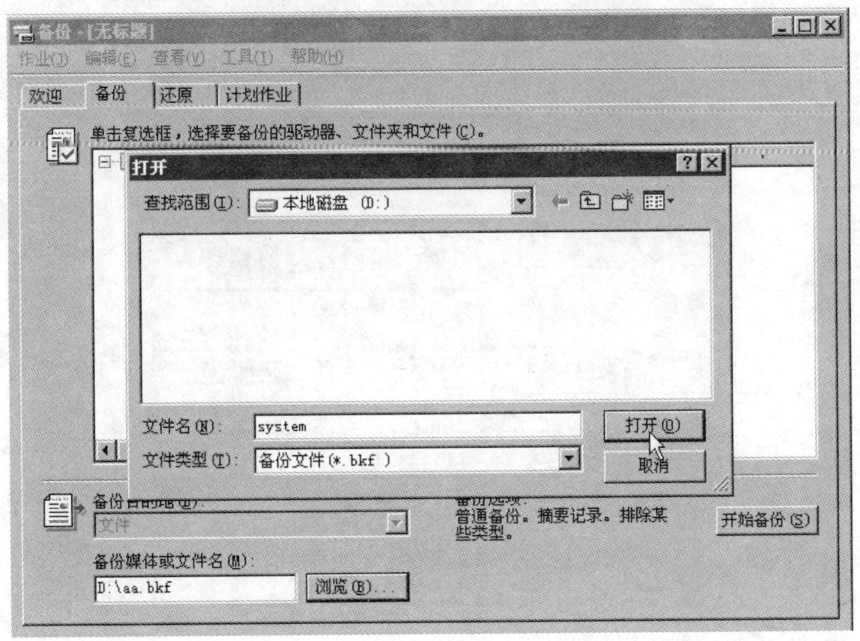

图 15－3　硬盘备份——步骤 3

第四步:开始备份。单击“开始备份”按钮打开“备份作业信息”对话框,再单击“开始备份”,如图 15－4 所示。

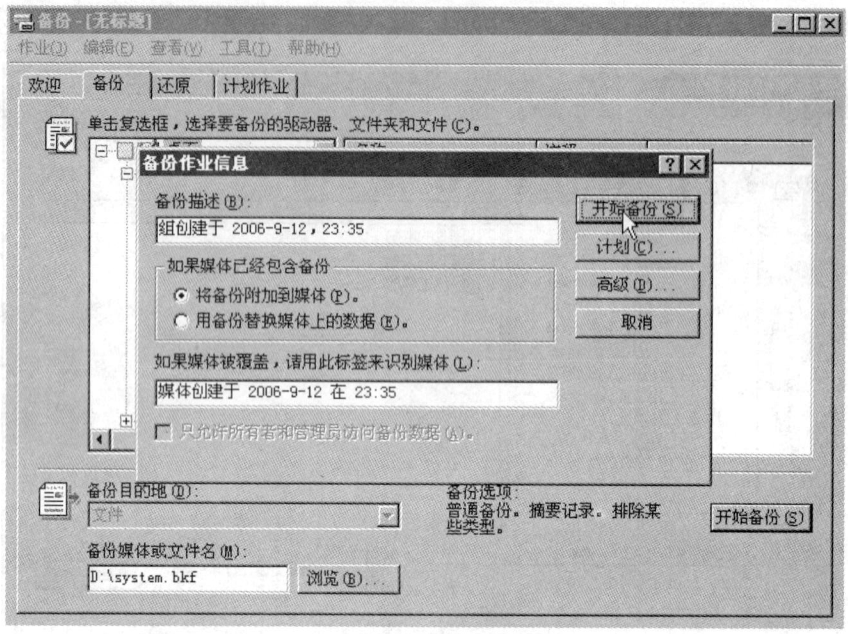

图 15-4 硬盘备份——步骤 4(1)

备份工作进行时，如图 15-5 所示会有备份进度提示。

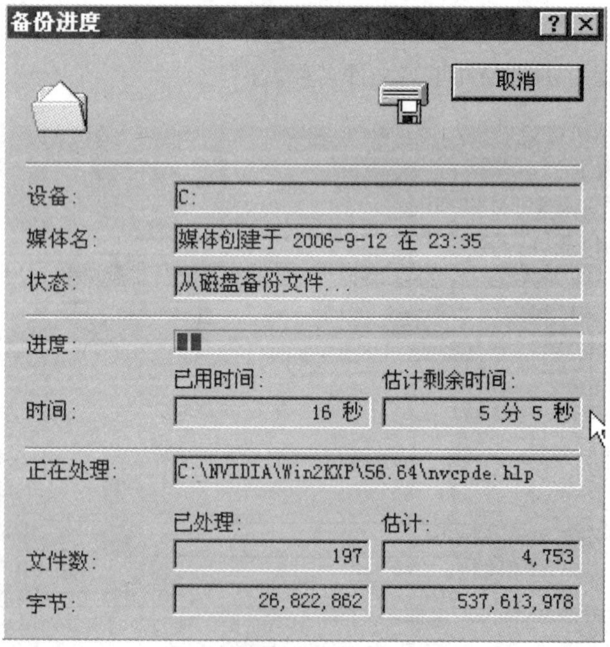

备份进度
取消
设备: C:
媒体名: 媒体创建于 2006-9-12 在 23:35
状态: 从磁盘备份文件...
进度:
已用时间: 估计剩余时间:
时间: 16 秒 5 分 5 秒
正在处理: C:\NVIDIA\Win2KXP\56.64\nvcpde.hlp
已处理: 估计:
文件数: 197 4,753
字节: 26,822,862 537,613,978

图 15-5 硬盘备份——步骤 4(2)

当出现如图 15-6 所示画面时，单击“关闭”，备份工作完成。

第五步：此时我们可以在指定的路径下找到备份文件，如图 15-7 所示。

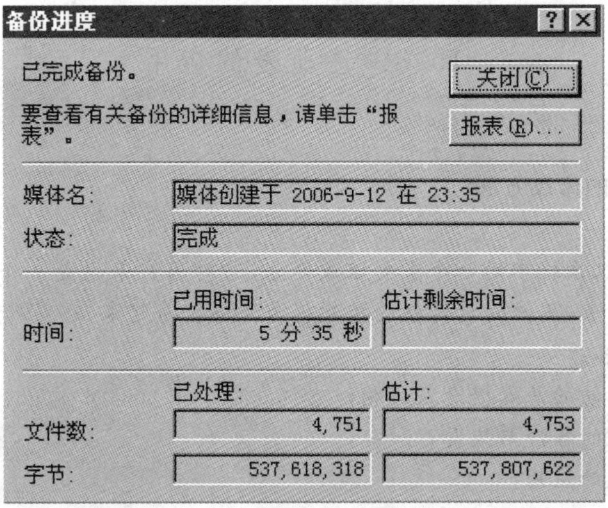

备份进度

已完成备份。

要查看有关备份的详细信息，请单击“报表”。

关闭(C)

报表(R)...

媒体名：媒体创建于 2006-9-12 在 23:35

状态：完成

	已用时间：	估计剩余时间：
时间：	5 分 35 秒	

	已处理：	估计：
文件数：	4,751	4,753
字节：	537,618,318	537,807,622

图 15-6　硬盘备份——步骤 4(3)

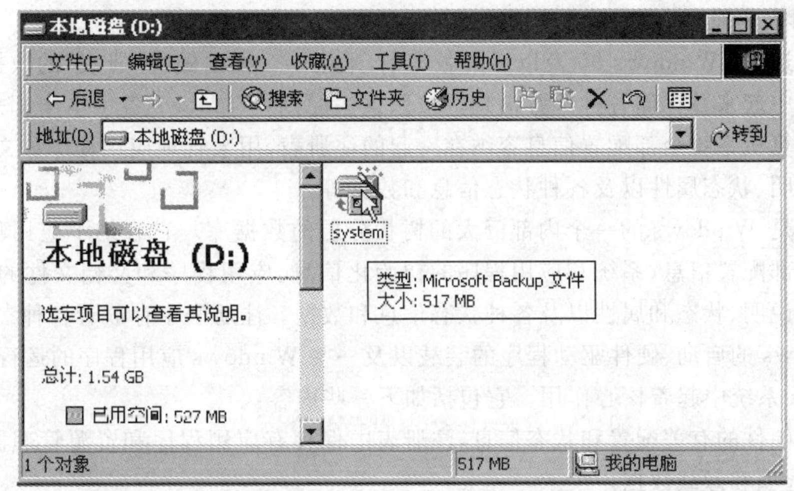

图 15-7　硬盘备份——步骤 5

注意	另外一种备份硬盘的常用方法是使用工具软件。其中，尤以 GHOST 软件最为常用。GHOST 是一套功能强大的备份软件，可进行两个硬盘的备份、进行两个分区的备份、制作硬盘映像文件、进行两台计算机之间的备份等。

【新的任务】

通过本节的学习，掌握了硬盘备份的方法。现在新的任务是：学习并掌握注册表的修改备份方法，了解注册表一些常见键值的意义及应用。

15.3 注册表的应用

任务3:掌握注册表的修改方法

【任务的提出】

注册表是计算机系统中的一个重要组成部分,它对用户来说是一个很神秘而又很重要的事物,了解了注册表,用户对计算机的控制将会变得容易起来。

本任务主要内容:

(1)掌握注册表的的基本概念及结构;

(2)掌握注册表的备份与恢复;

(3)了解注册表的应用。

15.3.1 注册表的概述

1. 注册表的概念

我们知道,在 Windows 95 及以后的版本中,采用了一种叫做"注册表"的数据库将各种信息资源集中起来并存储各种配置信息。按照这一原则,Windows 各版本中都采用了将应用程序和计算机系统全部配置信息容纳在一起的注册表,用来管理应用程序和文件的关联、硬件设备说明、状态属性以及各种状态信息和数据等。

注册表是 Windows 的一个内部巨大的树状分层的数据库。它容纳了应用程序和计算机系统的全部配置信息、系统和应用程序的初始化信息、应用程序和文档文件的关联关系、硬件设备的说明、状态和属性以及各种状态信息和数据。注册表中存放着各种参数,直接控制着 Windows 的启动、硬件驱动程序的装载以及一些 Windows 应用程序的运行,从而在整个 Windows 系统中起着核心作用。它包括如下一些内容:

(1)软、硬件的有关配置和状态信息,注册表中保存有应用程序和资源管理器外壳的初始条件、首选项和卸载数据。

(2)联网计算机的整个系统设置和各种许可、文件扩展名与应用程序的关联关系,硬件部件的描述、状态和属性。

(3)性能记录和其他底层的系统状态信息,以及其他一些数据。

2. 注册表编辑与结构

Windows 2000 配备两个注册表编辑器,一个是 16 位的 regedit. exe,另一个是 32 位的 regedit32. exe。注册表的编辑可通过运行这两个编辑器来完成。要运行注册表编辑器,在"开始"菜单中单击"运行",在弹出的对话框中键入"regedit"或"regedt32",在单击确定,即可打开注册表编辑器,如图 15-8 所示。我们可以发现,Win2000 注册表有 KEY_LOCAL_MACHINE、HKEY_CLASSES_ROOT、HKEY_CURRENT_CONFIG、HKEY_USERS、HKEY_CURRENT_USER 五个根键,下面将详细介绍每一根键的内容。

(1)KEY_LOCAL_MACHINE

HKEY_LOCAL_MACHINE 根键中存放的是用来控制系统和软件的设置。由于这些设置是针对那些使用 Windows 系统的用户而设置的,是一个公共配置信息,所以它与具体用户无关。该根键下面包含了五个子键：

① HARDWARE 子键

该子键包含了系统使用的浮点处理器、串口等有关信息。在它下面存放一些有关超文本终端、数字协处理器和串口等信息。HARDWARE 子键又包括三个子键：

DESCRIPTION：用于存放有关系统信息；

DEVICEMAP：用于存放设备映像；

RESOURCEMAP。

图 15 - 8　注册表编辑器

② SAM 子键

该子键已经被系统保护起来，我们不可能看到里面的内容。

③ SECURITY 子键

该子键位于 HKEY_LOCAL_MACHINE\Security 分支上，该分支只是为将来的高级功能而预留的。

④SOFTWARE 子键

该子键中保留的是所有已安装的 32 位应用程序的信息。各个程序的控制信息分别安装在相应的子键中。由于不同的机器安装的应用程序互不相同，因此这个子键下面的子键信息会有很大的差异。

⑤SYSTEM 子键

该子键存放的是启动时所使用的信息和修复系统时所需的信息，其中包括各个驱动程序的描述信息和配置信息等。System 子键下面有一个 Current Control Set 子键，系统在这个子键下保存了当前的驱动程序控制集的信息。

(2)HKEY_CLASSES_ROOT 根键

HKEY_CLASSES_ROOT 根键中记录的是 Windows 操作系统中所有数据文件的信息，主要记录不同文件的文件名后缀和与之对应的应用程序。当用户双击一个文档时，系统可以通过这些信息启动相应的应用程序。HKEY_CLASSES_ROOT 根键中存放的信息与

HKEY_LOCAL_MACHINE\Software\Classes 分支中存放的信息是一致的。

HKEY_CLASSES_ROOT 根键由多个子键组成，具体可分为两种：一种是已经注册的各类文件的扩展名，另一种是各种文件类型的有关信息。由于该根键包含的子键数目最多，下面就以 Avifile 子键为例简要介绍它下面的子键的含义：

①CLSID 子键

Avifile 子键下的第一个子键是“CLSID”，即“分类标识”，在选中它时可以看到其默认的键值。Windows 系统可用这个类标识号来识别相同类型的文件。在 HKEY_CLASSES_ROOT 主键下也有一个子键“CLSID”，其中包含了所有注册文件的类标识。

②Compressors 子键

该分支下面的两个子键 auds 和 vids 分别给出了音频和视频数据压缩程序的类标识，通过这些类标识可以找到相应的处理程序。

(a)auds 子键

该子键位于 HKEY_CLASSES_ROOT\avifile\Compressors\auds 分支上，用于设置音频数据压缩程序的类标识。

(b)vids 子键

该子键位于 HKEY_CLASSES_ROOT\avifile\Compressors\vids 分支上，用于设置视频数据压缩程序的类标识。

③DefaultIcon 子键

该子键用于设置 avifile 的缺省图标。

④RIFFHandlers 子键

该子键用于设置 RIFF 文件的句柄。在该子键下包含了 AVI 和 WAVE 两个文件的类标识。

(a)AVI 子键

该子键位于 HKEY_CLASSES_ROOT\avifile\RIFFHandlers\AVI 分支上，用于设置 AVI 文件的类标识。

(b)WAVE 子键

该子键位于 HKEY_CLASSES_ROOT\avifile\RIFFHandlers\WAVE 分支上，用于设置 WAVE 文件的类标识。

⑤protocol 子键

该分支下的子键中包含了执行程序和编辑程序的路径和文件名。

(a)StdExecute 子键

StdExecute 子键具有如下子键结构：

HKEY_CLASSES_ROOT\avifile\protocol\StdExecute\Server

它用于指定 avifile 的标准执行程序。

(b)StdFileEditing 子键

StdFileEditing 子键位于 HKEY_CLASSES_ROOT\avifile\protocol\StdFileEditing 分支上，用于设置标准文件编辑程序。在该子键下面有如下三个子键：

Server 子键

该子键位于 HKEY_CLASSES_ROOT\avifile\protocol\StdFileEditing\Server 分支

上,用于指定编辑程序。

PackageObjects 子键

该子键位于 HKEY_CLASSES_ROOT\avifile\protocol\StdFileEditing\ PackageObjects 分支上,用于指定打开 avifile 的包对象编辑程序。

verb 子键

该子键位于 HKEY_CLASSES_ROOT\avifile\protocol\StdFileEditing\verb 分支上,用于设置打开标准 avi 文件编辑程序时的工作状态。

另外,还有"Handler"和"Handlers"两个子键。

⑥Shell 子键

该子键位于 HKEY_CLASSES_ROOT\avifile\Shell 分支上,用于设置视频文件的外壳。

(a) Open 子键

该子键具有如下子键结构:

HKEY_CLASSES_ROOT\avifile\Shell\Open\Command

它用于设置"打开"avi 文件的程序。

(b) Play 子键

该子键具有如下子键结构:

HKEY_CLASSES_ROOT\avifile\Shell\Play\Command

它指定用于"播放"命令的程序。

⑦shellex 子键

该子键位于 HKEY_CLASSES_ROOT\avifile\shellex 分支上。该分支的子键中包含了视频文件的外壳扩展,在该子键下面有一个 PropertySheetHandlers 子键,用于设置"视频文件属性页"(Avi Page)的文件句柄。

在 PropertySheetHandlers 子键下面还有一个 AviPage 子键,用于设置 AviPage 的类标识。

(3)HKEY_CURRENT_CONFIG 根键

如果在 Windows 中设置了两套或者两套以上的硬件配置文件(Hardware Configuration file),则在系统启动时将会让用户选择使用哪套配置文件。而 HKEY_CURRENT_CONFIG 根键中存放的正是当前配置文件的所有信息。

(4)HKEY_USERS 根键

HKEY_USERS 根键中保存的是默认用户(.DEFAULT)、当前登录用户与软件(Software)的信息。它的下面有三个子键:

.DEFAULT 子键、S-1-5-21-1229272821-436374067-1060284298-1000 和 S-1-5-21-1229272821-436374069-1060284298-1000_Classes 三个子键,其中最重要的是.DEFAULT 子键。

.DEFAULT 子键的配置是针对未来将会被创建的新用户的。新用户根据默认用户的配置信息来生成自己的配置文件,该配置文件包括环境、屏幕、声音等多种信息。

.DEFAULT 下面有九个子键,下面介绍其中几个:

①AppEvents 子键

它包含了各种应用事件(包括事件名称、描述以及各种系统功能的声音)的列表。其下面又包含两个子键 EventLabels(按字母顺序列表)和 Schemes(按事件分类列表)。

②Control Panel 子键

它所包含的内容与桌面、光标、键盘和鼠标等设置有关。改变它们的键值就将改变对应的工作环境或参数。

③keyboard layout 子键

该子键位于 HKEY_USERS\.DEFAULT\keyboard layout 分支上,用于设置键盘的布局,如键盘语言的加载顺序等。该子键下面提供有如下三个子键:

(a)preload 子键

该子键位于 HKEY_USERS\.DEFAULT\keyboard layout\preload 分支上,用于设置键盘语言的加载次序。Preload 子键下面的子键个数与您在系统中所安装的键盘语言有关。

(b)Substitutes 子键

该子键位于 HKEY_USERS\.DEFAULT\keyboard layout\substitutes 分支,用于设置可替换的键盘语言布局。在通常情况下,此子键的设置是空的。

(c)Toggle 子键

该子键位于 HKEY_USERS\.DEFAULT\keyboard layout\toggle 分支上,用于选择键盘语言。

(5)HKEY_CURRENT_USER 根键

HKEY_CURRENT_USER 根键中保存的信息(当前用户的子键信息)与 HKEY_USERS\.Default 分支中所保存的信息是相同的。任何对 HKEY_CURRENT_USER 根键中信息的修改都会导致对 HKEY_USERS\.Default 中子键信息的修改,反之也是如此。

15.3.2 注册表的备份和恢复

注册表是 Widnows 系统管理所有软硬件的核心,其中包含了每个计算机用户的配置文件以及有关系统硬件、已安装程序和属性设置等重要信息。因此,注册表错误往往会导致系统崩溃,所以保持注册表的"健康"就显得尤为重要。那么,如何保证注册表的"健康"呢?常用备份和恢复注册表的方法有:Scanreg、导入导出法、覆盖还原法、工具软件法等。下面通过注册表编辑器导入导出法为例介绍注册表的备份与恢复。

1. 备份注册表

具体步骤如下:

(1)运行"regedit.exe"或者"regedit32.exe"命令,打开注册表编辑器;

(2)选择"注册表"——"导出注册表文件";

(3)打开"导出注册表文件"对话框后,选择备份文件存放目录,并为备份文件命名;

(4)单击"确定"按钮开始备份。

2. 恢复注册表

具体步骤如下:

(1)运行"regedit.exe"或者"regedit32.exe"命令,打开注册表编辑器;

(2)选择"注册表"——"导入注册表文件";

(3)打开"导入注册表文件"对话框后,选择以前备份的注册表备份文件;

(4)单击“确定”按钮开始恢复注册表。

 小技巧	注册表备份文件的命名通常可用当前日期来进行命名,这样在恢复时可以很容易恢复到某个正常时间的注册表。

15.3.3 注册表的应用举例

一般情况下,用户不需要与注册表打交道,但灵活运用注册表,能给用户带来许多方便。下面举几个例子来看看注册表的应用。注意在修改之前,最好先对注册表进行备份,以免意外情况发生。

1. 设立自动登录

每次登录 Windows 2000 时都要同时按下 Ctrl+Alt+Delete 组合键,然后才能输入用户名称和密码登录。如果用户希望更加快捷一些则可以设立自动登录,可以利用以下方法:

进入 HKEY_LOCAL_MACHINE\SOFTWARE\Microsoft\Windows NT\CurrentVersion\Winlogon 主键下,单击“编辑”菜单的“新建”命令添加新值,数值名称为“DefaultUserName”,数据类型为字串值。然后双击该键,当出现“字符串编辑器”对话框时,在“字符串”文本框中将键值改为“Administrator”或某超级用户。

同理再添加一个名称为“DefaultPassword”的字串值键,并将其值改为你的登录密码,最后再双击“AutoadminLogon”数值的名称,将这个数据类型为 REG_SZ 的键值改为 1(或其他非 0 的数值)。退出注册表编辑器,重新启动就可大功告成。

如果不想让系统自动以“Administrator”的身份登录的话,只要在启动时同时按住 Shift 键就可以了。

2. 禁止在桌面上显示图标

进入 HKEY_USERS\.DEFAULT\Software\Microsoft\Windows\CurrentVersion\Policies\Explorer 下,在右边的窗口中新建一个 DWORD 值:“NoDestop”,并设其值为“1”。

3. 禁止名称有“快捷方式”四个字

进入 HKEY_CURRENT_USER\Software\Microsoft\Windows\CurrentVersion\Explorer 下,在右边的窗口中新建一个二进制值“link”,并设其值为“00 00 00 00”。

4. 禁止“运行”菜单

进入 HKEY_CURRENT_USER\Software\Microsoft\Windows\CurrentVersion\Policies\Explorer 下,在右边的窗口中新建一个 DWORD 值“NoRun”,并设值为“1”。

5. 禁止“文档”菜单

进入 HKEY_CURRENT_USER\Software\Microsoft\Windows\CurrentVersion\Policies\Explorer 下,在右边的窗口中新建一个 DWORD 值“NoRecentDocsMenu”,并设值为“1”。

6. 禁止向“开始”中的“文档”保留历史记录

进入 HKEY_USERS\.DEFAULT\Software\Microsoft\Windows\CurrentVersion\Policies\Explorer 下,在右边窗口中创建 DWORD 值:“NoRecentDocsHistory”,并设其值为“1”。

7. 禁用控制面板的"显示"设置项

进入 HKEY_CURRENT_USER\Software\Microsoft\Windows\CurrentVersion\Policies\System 下在右边的窗口中新建一个 DWORD 值:"NoDispCPL",并设其值为"1"。

【新的任务】

通过本节的学习,掌握了注册表的修改方法,了解注册表一些常见键值的意义。现在新的任务是:学习并掌握计算机病毒的防治方法。

15.4　计算机病毒及防治

任务 4:掌握计算机病毒的防治

【任务的提出】

随着计算机技术的发展和互联网的扩大,计算机已成为人们生活和工作中所依赖的重要工具。但与此同时,计算机病毒对计算机及网络的攻击与日俱增,而且破坏性日益严重。一旦病毒发作,它能冲击内存,影响性能,修改数据或删除文件。可见,计算机病毒防治是一种保证信息安全的重要技术。

本任务主要包括以下内容:

(1)了解计算机病毒的概念及特点;

(2)了解计算机病毒的现象及危害;

(3)掌握病毒防治的基本方法。

15.4.1　计算机病毒及特点

计算机病毒是将自身纳入另外的程序或文件的一段小程序。广义的计算机病毒还包括逻辑炸弹、特洛伊木马和系统陷阱入口等等。计算机病毒虽是一个小小程序,但它和普通的计算机程序不同,具有以下特点:

(1)自我复制的能力

它可以隐藏在合法程序内部,随着人们的操作不断地进行自我复制。

(2)它具有潜在的破坏力

系统被病毒感染后,病毒一般不即时发作,而是潜藏在系统中,等条件成熟后,便会发作,给系统带来严重的破坏。

(3)它只能由人为编制而成

计算机病毒不可能随机自然产生,也不可能由编程失误造成。

(4)它只能破坏系统程序,不可能损坏硬件设备

(5)它具有可传染性,并借助非法拷贝进行这种传染

计算机病毒通常都附着在其他程序上,在病毒发作时,有一部分是自己复制自己,并在一定条件下传染给其他程序;另一部分则是在特定条件下执行某种行为。

15.4.2　计算机病毒的典型症状

计算机病毒和人体中病毒一样,它的发作也有自己的典型症状,主要有:

(1)屏幕异常滚动,和行同步无关;

(2)系统文件长度发生变化;

(3)出现异常信息、异常图形;

(4)运行速度减慢,系统引导、打印速度变慢;

(5)存储容量异常减少;

(6)系统不能由硬盘引导;

(7)系统出现异常死机;

(8)数据丢失;

(9)执行异常操作。

病毒本身各具特性,病毒的症状也是各种各样的。有的病毒表现欲极强。如有一种叫“杨基”的病毒,它进入内存后,于每天下午五点准时奏响“杨基”歌。有的病毒则偏爱沉默。如有一种叫“幽灵”的病毒,系统被它感染后,毫无症状,除了COM文件增加608个字节外,对系统不造成危害。在众多的病毒中,以恶作剧多。如“周日”病毒,它每个星期天发作,这时屏幕会显示:“今天是星期天,何必这么辛苦呢?”之后,就会捣毁FAT表摧毁全部硬盘数据。

虽然病毒形式多种多样,但它们发作的目的都是为了破坏程序的完整性,篡改文件的精确性,使系统及其所支持的数据和服务失去功效。其主要表现形式有:

(1)破坏文件分配表,使磁盘上的用户信息丢失;

(2)改变磁盘分配,造成数据的错误;

(3)删除磁盘上特定的文件,或破坏文件的数据;

(4)影响内存中的常驻程序;

(5)自我繁殖,侵占大量存储空间;

(6)改变正常运行程序;

(7)盗用用户的重要数据。

15.4.3 计算机网络病毒的特点及危害

计算机网络病毒是在计算机网络上传播扩散,专门攻击网络薄弱环节、破坏网络资源的计算机病毒。

计算机病毒攻击网络的途径主要是通过软盘拷贝、互联网上的文件传输、硬件设备中的固化病毒程序等等。病毒还可以利用网络的薄弱环节攻击计算机网络。在现有的各计算机系统中都存在着一定的缺陷,尤其是网络系统软件方面存在着漏洞。因此网络病毒利用软件的破绽和研制时因疏忽而留下的“后门”,大肆发起攻击。网络病毒可以突破网络的安全的防御,侵入到网络的主机上,导致计算机工作效率下降,资源遭到严重破坏,甚至造成网络系统的瘫痪。

计算机网络病毒破坏性极强。它不仅攻击程序,而且能破坏网络上的主机硬分区,造成主机无法启动,使整个网络无法工作。网络病毒有很强的繁殖或再生机制,一旦一个网络病毒深入到一个公共的实用工具或实用软件中,便会很快传播扩散到整个网络上。在传播扩散的同时,伪装隐蔽自己,不易被发现,其传播扩散的速度是单台计算机的几倍乃至几十倍。少则几个小时,多则一个星期,病毒就会充满整个网络。潜伏在网络中的病毒一旦等到触发条件成熟,便会立刻活跃起来,触发条件可以是用户名、内部时钟、网络的一次操作或是一次通讯对话等等。一种网络病毒并不针对、也不可能针对所有的计算机及网络主机进行攻击。限于操作系统的不同,一种网络病毒只有一种毒性,有的专门攻击微机 DOS 操作系统的计算机,有的专门攻击 UNIX 操作系统或 MACINTOSH 计算机。从以上这些特点来看,计算机网络病毒比单机病毒的危害更大,杀伤力也更强,必须采取措施加强防治。

15.4.4 计算机病毒的防治技术

1. 计算机病毒防治基本方法

目前,反病毒技术所采取的基本方法,同医学上对付生理病毒的方法极其相似即:发现病毒→提取标本→解剖病毒→研制疫苗。

所谓发现病毒,就是靠外观检查法和对比检查法来检测是否有病毒存在。如看看是否有异常画面,文件容量是否改变,A 盘引导扇区是否已经感染病毒等。一旦发现了新的病毒,反病毒专家就会设法提取病毒的样本,并对其进行解剖。

通过解剖,可以发现病毒的个体特征,即病毒本身所独有的特征字节串。这种特征字节串是从任意地方开始的、连续的、不长于 64 个字节的,并且是不含空格的。这种字节也被视为病毒的遗传基因。有了特征字节串就可以进一步建立病毒特征字节串的数据库,进而研制出反病毒软件,即病毒疫苗。

当用户使用反病毒软件时,实际上是反病毒软件在进行特征字节串扫描,以发现病毒数据库中的已知病毒。但这种反病毒软件也有缺点,就是它对新发现的病毒,只能采取改变程序的方法予以应付,而对未发现的病毒则无能为力。所以,用户只能通过不断升级反病毒软件版本,来对付新的病毒。采取解剖技术反病毒,只能视为“亡羊补牢”却不能“防患于未然”。

2. 计算机网络病毒的防治方法

计算机网络中最主要的软硬件实体就是服务器和工作站,所以防治计算机网络病毒应该首先考虑这两个部分,另外加强综合治理也很重要。

基于工作站的防治技术。工作站就像是计算机网络的大门,只有把好这道大门,才能有效防止病毒的侵入。工作站防治病毒的方法有三种:一是软件防治,即定期不定期地用反病毒软件检测工作站的病毒感染情况。软件防治可以不断提高防治能力,但需人为地经常去启动软盘防病毒软件,因而不仅给工作人员增加了负担,而且很有可能在病毒发作后才能检测到。二是在工作站上插防病毒卡。防病毒卡可以达到实时检测的目的,但防病毒卡的升级不方便,从实际应用的效果看,对工作站的运行速度有一定的影响。三是在网络接口卡上安装防病毒芯片。它将工作站存取控制与病毒防护合二为一,可以更加实时有效地保护工作站及通向服务器的桥梁。但这种方法同样也存在芯片上的软件版本升级不便的问题,而且对网络的传输速度也会产生一定的影响。

上述三种方法,都是防病毒的有效手段,应根据网络的规模、数据传输负荷等具体情况确定使用哪一种方法。

基于服务器的防治技术。网络服务器是计算机网络的中心,是网络的支柱。网络瘫痪的一个重要标志就是网络服务器瘫痪。网络服务器一旦被击垮,造成的损失是灾难性的、难以挽回和无法估量的。目前服务器防治病毒的方法大都采用防病毒可装载模块(NLM),以提供实时扫描病毒的能力。有时也结合利用在服务器上的插防毒卡等技术,目的在于保护服务器不受病毒的攻击，从而切断病毒进一步传播的途径。

加强计算机网络的管理。计算机网络病毒的防治，单纯依靠技术手段是不可能十分有效地杜绝和防止其蔓延的，只有把技术手段和管理机制紧密结合起来，提高人们的防范意识，才有可能从根本上保护网络系统的安全运行。目前在网络病毒防治技术方面，基本处于被动防御的地位，但管理上应该积极主动。首先应从硬件设备及软件系统的使用、维护、管理、服务等各个环节制定出严格的规章制度，对网络系统的管理员及用户加强法制教育和职业道德教育，规范工作程序和操作规程，严惩从事非法活动的集体和个人。其次，应有专人负责具体事务，及时检查系统中出现病毒的症状，汇报出现的新问题、新情况，在网络工作站上经常做好病毒检测的工作，把好网络的第一道大门。除在服务器主机上采用防病毒手段外，还要定期用查毒软件检查服务器的病毒情况。最重要的是，应制定严格的管理制度和网络使用制度，提高自身的防毒意识；应跟踪网络病毒防治技术的发展，尽可能采用行之有效的新技术、新手段，建立“防杀结合、以防为主、以杀为辅、软硬互补、标本兼治”的最佳网络病毒安全模式。

注意　病毒的防治通常是通过安装防病毒软件来实现的，目前市面上流行的防病毒软件有许多种，如 KV3000＋、瑞星、卡巴斯基等，它们对于病毒的防、杀都起到了一定的作用。

【新的任务】

通过本章的学习，了解了计算机日常维护的基本知识，掌握了硬盘的备份方法，了解注册表的概念及结构，掌握了注册表的备份与恢复，了解注册表的具体应用，了解计算机病毒的基础知识，掌握了计算机病毒的防治技术。现在新的任务是：学习并掌握计算机故障的诊断和维修。

习题十五

一、填空题

1. 计算机对工作环境有一定的要求，通常要求温度在（　　）～（　　）之间，湿度在（　　）～（　　）之间。

2. Windows2000 配备两个注册表编辑器，一个是 16 位的（　　），另一个是 32 位的（　　）。

3. 常用备份和恢复注册表的方法有：Scanreg、（　　）、覆盖还原法、（　　）等。

二、简答题

1. 计算机对工作环境的基本要求是什么？
2. 硬盘备份的基本方法有哪些？
3. 什么是注册表？它的主要内容是什么？
4. 如何备份与恢复注册表？
5. 什么是计算机病毒？它有哪些特点？
6. 计算机病毒的典型症状有哪些？
7. 如何防治计算机病毒？

第16章 计算机故障的诊断与维修

上一章学习了计算机软硬件维护、硬盘的备份、注册表应用及计算机病毒的防治等知识，知道了日常使用过程中如何对计算机进行日常维护与保养。但计算机在使用的过程中难免会碰到这样或那样的故障，如何有效且正确地排除故障并使计算机恢复正常就显得十分重要。本章将介绍计算机的故障诊断及排除方法。

通过学习要求了解计算机故障的基本概念，掌握计算机故障的诊断方法，了解计算机常见故障的排除方法。

16.1 计算机故障诊断

任务1:学会诊断计算机故障

【任务的提出】

使用计算机的过程中，出现各种的软、硬件故障是在所难免的事情，学会诊断故障产生的地方对用户来说是十分必要，这样就不必愁眉苦脸地面对着计算机叹息了。下面就来学习计算机故障诊断及排除的方法。

本任务主要包括以下内容：

(1)掌握计算机软、硬件故障的诊断；

(2)了解计算机中常见故障的排除方法。

16.1.1 故障概念及类型

计算机的故障有很多，根据故障的性质，大致可分为计算机软件故障和计算机硬件故障。软件的故障排除相对较容易，最坏的情况也不过是重装系统；硬件故障就较为麻烦。

1. 计算机软件故障

计算机软件故障的定义有很多，通俗地讲，计算机软件故障是指由计算机软件系统所引起的故障，主要包括操作系统故障、应用软件故障和软件冲突等。

(1)操作系统故障

操作系统故障主要指操作系统本身引起的故障。如对硬件中断分配不当引起的中断冲突、操作系统中部分相关文件的丢失以及文件的不匹配性等。

计算机由很多的器件组成，在操作系统中，为了方便管理，不同的器件有不同的中断号，当两个或两个以上的器件指定了相同的中断号后，就会引起中断冲突，造成器件无法正常工作，严重时还会出现无法进入操作系统或死机等故障，如常见的声卡与网卡的中断冲突。

操作系统在使用了一段时间后，会因为种种原因，造成部分相关文件的丢失，如删除应用软件时，会无意中删除系统相关文件。这主要是指动态链接库DLL文件。动态链接库是以资源共享的方式运行的，可以被多个软件或操作系统使用，从而节约磁盘空间。同时，由于误操作，也有可能删除与操作系统相关的文件。当系统文件丢失时，会造成系统运行不稳定、部分软件无法运行等故障，严重时同样无法进入操作系统。

文件的不匹配性主要指文件版本的不匹配。操作系统中的很多文件都有各自的版本号，新版本的文件加入了新的内容，但同时会造成系统的不稳定甚至死机等故障。如安装应用软件时，有时会提示用户当前系统文件较旧、是否备份等信息。

操作系统的故障还有很多，如磁盘剩余空间不足造成的故障，或操作系统本身的原因所引起的故障等。

(2)应用软件故障

应用软件故障主要指应用软件的设计缺陷，造成应用软件在使用过程中不稳定或非法退出等故障。

(3)软件冲突

软件冲突主要指一般情况下软件可以正常运行，当安装了其他软件、字体或程序后，软件就不能正常运行了。如在 Windows XP 操作系统中，没有安装文鼎 CS 系列字体时，CorelDRAW11 软件可正常运行，当安装了文鼎 CS 系列字体后，CorelDRAW11 软件启动时就会出错。

不知情的用户会认为是 CorelDRAW11 软件本身的问题，其实不然，当删除了文鼎 CS 系统字体后，再次运行 CorelDRAW11 软件又可恢复正常，由此可以证明文鼎 CS 系统字体与 CorelDRAW11 软件有冲突，而非软件本身的问题。

(4)其他故障

计算机软件的故障还有很多，除了上面所说的几种外，还有一些故障是人为制造的，如操作不当、系统设置错误、资源不足等。通过常规的操作方法可以排除这些故障。

2. 计算机硬件故障

计算机硬件故障是指计算机硬件系统使用不当或硬件物理损坏所造成的故障，比如硬件损坏、接触不良、灰尘、散热等因素都可能造成的故障。硬故障一般分“真”故障和“假”故障两种。

所谓“真”故障是指各种板卡、外设等出现电气故障或机械故障，属于硬件物理损坏。“真”故障主要是由外界环境、操作不当、硬件自然老化或产品质量低劣等原因所引起的。

所谓“假”故障是指计算机主机部件和外设均完好无损，但由于用户粗心或无知、日久自然形成的接触不良、CMOS 设置错误、负荷太大、电源的功率不足或 CPU 超频使用等原因导致整机不能正常运行或部分功能丧失的故障。“假”故障一般与硬件安装、设置不当或外界环境等因素有关。

常见的硬件故障主要有：

(1)硬件损坏

计算机硬件损坏可分为物理损坏和逻辑损坏，所谓的物理损坏是指硬件本身的损坏，CPU、主板、内存、显卡等到所有的计算机组件都可能出现硬件损坏。

逻辑损坏主要是指硬盘，即硬盘表现出了盘片损坏的特征，而实际上并没有损坏，这时可以通过相关的软件来修复。

(2)接触不良

由接触不良引起的计算机硬件故障屡见不鲜，如板卡的金手指与主板插槽间接触不良、数据线或电源线接触不良等。由接触不良所引起的故障看似像硬件损坏，实际上只要熟悉计算机的硬件，是完全可以将这些故障排除的。

(3)尘埃

不要小看了尘埃，有时计算机的故障就是由它引起的，尘埃可以划伤高速运转的硬盘盘片和光盘，同时也会对硬盘和光驱造成永久性的伤害。同时，尘埃还会造成主板、显卡等板卡的线路，并影响计算机的散热系统正常发挥。

(4)散热系统

计算机中可以产生热量的组件很多，如电源、CPU、显卡和硬盘等，其中必须使用散热系统的有电源、CPU和显卡。散热系统主要由散热片或风扇组成。当散热系统出现问题后，这些组件就会工作在高温的环境下，当自身产生的热量不能及时散开时，就会导致计算机运行不稳定，出现死机或频繁重新启动等现象。

高速旋转的硬盘盘片也会产生较大的热量，因此为了保障硬盘的稳定性，在有条件的情况下，可以为硬盘也安装一个风扇。

其实，用户平常所遇到的计算机故障大部分都是软故障或假故障，只要熟悉计算机部件的基本情况，熟悉所使用的操作系统和应用软件，遵循一定的原则和思路，不断积累经验，便能正确地判断出电脑故障的原因。

 注意

计算机的软、硬件故障并没有很明显的界限，很多硬故障是由于软件使用不当造成的；而很多软故障也是由于硬件不能正常工作引起的。因此，在实际分析处理故障时一定要全面，不能被表面现象所迷惑。

16.1.2 故障诊断的步骤和常用方法

计算机系统在出现了故障后，就需要检测故障出在哪里，这样才可以有针对性地解决故障。

1. 计算机故障诊断原则与步骤

检测计算机故障的顺序一般遵循先静后动、先软后硬、先外后内的原则。先静后动是指先分析考虑问题可能出在哪，然后再动手操作；先软后硬是指先从软件着手，然后检测硬件；先外后内是指先检查计算机外部电源、设备、线路等，然后再开机箱。

检测软件的方法较简单，可以重新安装软件或操作系统、根据提示安装相应的文件如动态DLL文件等。检测计算机的故障可按下图16－1所示的步骤进行。从图中可明显看出该步骤是遵循了先软后硬的原则。

2. 常用的故障检测办法

计算机维修的级别分为板级维修和芯片级维修两类。目前，计算机系统软硬件维修主要是指板卡级维修。也就是说，只要找出有故障的板卡，更换成好的板卡，就可以排除计算机系统硬故障。因此，计算机系统硬故障的排除重点在于故障的定位，只要找出故障点，更换成好的部件，就可以排除故障，使计算机恢复正常。而芯片级维修需要将板卡上的损坏元器件找出来并更换，这级维修需要较深的专业知识和丰富的维修经验，一般用户很难进行。对于板卡级维修，常用的硬件故障检测方法有：

(1)电自检法

所谓的电自检法，就是指计算机在开机启动后，会检测硬件的状态，当硬件出现问题或

信息与 BIOS 中的信息不一致时，会用不同的报警声告知用户。如更换硬盘后，现在的硬盘参数 BIOS 中的参数不一致，这样在自检时就会提示用户重新设置。

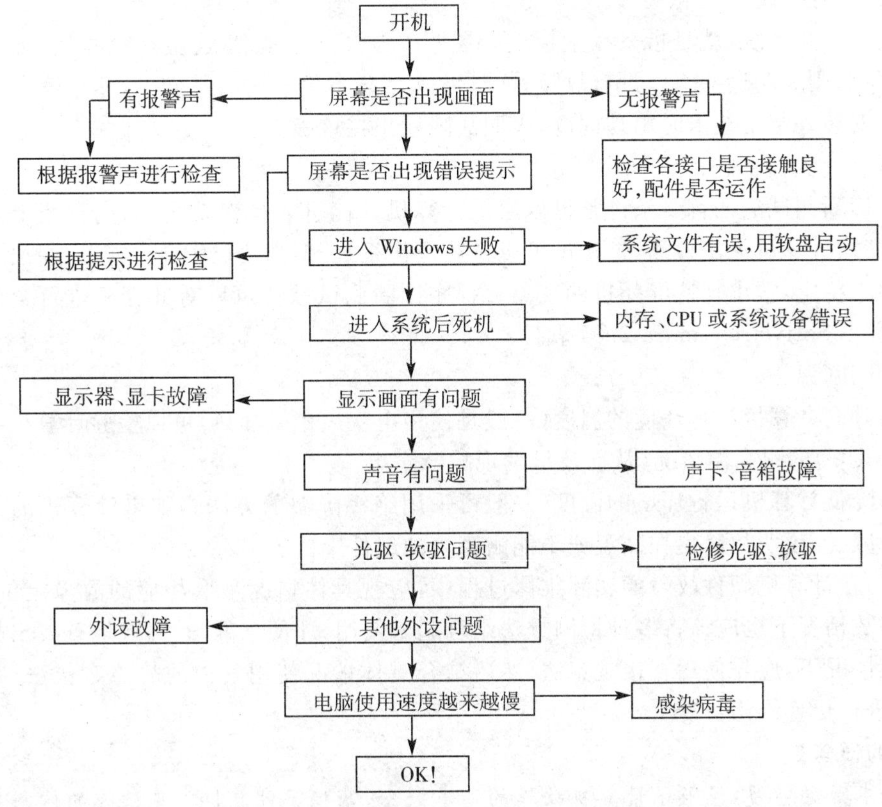

图 16－1　检测计算机的故障步骤示意图

(2)观察法

观察法主要分为“听”、“看”、“摸”、“闻”等 4 类。

①系统发生短路故障时常常伴随着异常声响，这时就可以用“听”，即监听电源风扇、软/硬盘电机或寻道机构、显示器变压器等设备的工作声音是否正常。监听还可以及时发现一些故障隐患，在故障发生前，及时采取相应的措施。

②“看”即观察系统板卡的插头、插座是否歪斜，电阻、电容引脚是否相碰，表面是否有烧焦的痕迹，芯片表面是否开裂，主板上的铜箔是否烧断。还要查看是否有异物掉进主板或其他板卡的元器件之间造成短路，也可以看看板卡上是否有烧焦变色的情况，印刷电路板上的走线(铜箔)是否断裂等。

③“摸”即用手按压管座的活动芯片，看芯片是否松动或接触不良。另外，在系统运行时用手触摸或靠近 CPU、显示器、硬盘等设备的(可接触)外壳，根据其温度可以判断设备运行是否正常；用手轻摸散热风扇的表面，如果转速较慢，说明风扇的散热性能不佳，应进行维修或更换。

④“闻”即辨闻主机、板卡中是否有烧焦的气味，便于发现故障和确定短路所在的位置。

(3)替换法

如果无法启动计算机，同时通过观察法无法找到有故障的硬件，就可以采用替换法。替换法是指用完好的显卡、内存或 CPU 逐个替换故障计算机相应的组件，如使用完好的显卡替换现在显卡。当替换后一切正常时，则表明原有的显卡有问题。

(4)最小化系统

所谓最小化系统，就是指只在主板上安装 CPU、内存和显卡，连接显示器后，如果可以点亮计算机，则表明这些组件没有故障，这时可以在最小化系统的基础上，逐个安装其他的板卡。当安装好某个板卡时出现问题，表明故障就出在该板卡上。

(5)程序诊断测试法

程序诊断测试法的首要条件是可以启动计算机并能进入操作系统，如内存条上的内存颗粒损坏时，计算机无法检测，这样虽可以进入操作系统，但当读取大文件或其他操作时，会使系统很不稳定，常出现蓝屏死机的现象。程序诊断测试软件可以对计算机进行全面的诊断测试，如 SiSoftware Sandra 2004 软件。

(6)升、降温法

人为升高计算机运行环境的温度(一般是使用电吹风稍微加热)可以检验计算机各组件(尤其是 CPU)的耐高温情况，从而及早发现故障隐患。

人为降低计算机运行环境的温度(一般可采用绝缘降温的方法)，如果计算机的故障出现率大为减少，说明故障出在高温或不能耐高温的组件中。

总之，在计算机硬件故障的实际维修过程中，应视具体情况采取相应的故障定位方法，而且大多数情况下也应该将多种检测方法结合起来使用，才便于准确、高效地查找出故障部件。一般情况下，应先使用直接观察法，然后结合具体情况使用其他的故障定位法，查出故障部件，进行更换维修。

【新的任务】

通过本节的学习，了解了计算机故障的基本概念，掌握了计算机常见故障的诊断原则及方法。现在新的任务是：学习并了解计算机中的常见故障排除方法。

16.2 常见故障及排除

任务 2：常见计算机故障的排除

【任务的提出】

使用计算机的过程中，出现各种的软、硬件故障是在所难免的事情，当诊断出故障之后还应该知道一些常见故障的排除方法。

本任务主要包括以下内容：

(1)掌握计算机硬件常见故障的排除方法；

(2)掌握计算机软件常见故障的排除方法；

(3)掌握网络常见故障的排除方法。

16.2.1 常见硬件故障及排除

硬件故障种类较多，一般按硬件划分可分为 CPU 故障、内存故障、主板故障、显卡故障、硬盘故障、光驱故障、显示器故障等。

1. CPU 故障

CPU 是整个计算机系统的灵魂所在，它的集成度非常高，发热量巨大，必须使用散热片和风扇进行散热。CPU 出现故障的几率较小，下面介绍 CPU 的常见故障及其排除方法。

(1)超频导致系统不稳定

一台计算机在运行时不稳定，频繁重新启动。

本着先软后硬的方法查看软件设置，没有发现问题，在重新安装操作系统时死机。证明操作系统没有问题，重新启动进入 BIOS 设置，发现该 CPU 被超频，将 CPU 的工作频率降为额定工作频率，再次安装操作系统，一切正常。

(2)CPU 风扇不转引起死机

一台计算机在启动时，突然弹出“系统错误，除数为零或溢出错误”的提示信息，然后死机，重新启动出现同样的提示信息。

经反复检查，排除了软件故障的可能，关闭计算机，打开机箱检查硬件，重新插拔板卡后启动计算机时发现 CPU 的风扇不转。经仔细检查后发现连接 CPU 的电源线中有一根线松动。将松动的线插紧后启动，风扇转动正常，再次启动时故障消失。

(3)超频导致声卡不正常

一台计算机的 CPU 在超频后可正常进入 Windows 2000，但是声卡不能发出声音。

从故障现象来看，是主板上集成的声卡不能够工作在非标准的外频下面。查看设备管理器，发现声卡没有设备冲突，但是有一个黄色的惊叹号。恢复 CPU 的额定工作频率，声卡恢复正常。

2. 内存故障

内存是计算机的重要组件之一，内存的大小与性能好坏直接影响计算机性能的发挥和性能的稳定。

(1)内存引起的系统不稳定

计算机配置为：P4 2。4G 的 CPU，技嘉主板，ATI9200SE 显卡，杂牌 128MB 内存，西部数据 80G 硬盘，在 Windows 98 系统中只要打开程序就提示“非法操作”，然后提示“系统内部出错，请重新安装系统”，重新启动后故障依旧。

经检查后，排除了软件故障的可能，于是使用替换法对组件进行逐个替换。当换了其他品牌的内存条后，进入系统一切正常。

(2)内存条接触不良引起死机

一台计算机将两条 64M 内存条升级为两条 128MB 内存条后，启动时不能点亮显示器，扬声器发出警报声。

根据计算机发出的警报声的长短和次数，判断故障是由内存条引起的。关机后检查内存条安装情况，发现其中一根内存条的插孔未与插槽的引脚完全接触，有单侧悬空的现象。重新将内存条安装好后开机，故障即被排除。

(3)内存条混插出错

计算机原有 1 条 DDR128MB 的内存条，后增加一条 DDR128MB 内存条，开机一切正常，但在 Windows 98 系统下经常出现死机的现象。

出现此问题一般情况是出在内存的混用上。拆开机箱，查看两条内存条，发现两根内存条的品牌和速度都不一样。更换了相同品牌相同速度的内存条后，计算机使用恢复正常。

3. 主板故障

主板是连接计算机各组件最重要的设备之一，当主板出现问题后，计算机将不能正常工作。

(1)主板插槽故障

计算机使用一切正常，在新增了一条128MB的内存后无法点亮计算机，没有任何警报声。取下内存条后，又恢复正常。

根据故障现象，初步怀疑新增的内存有问题，但将其安装在其他计算机上却无任何问题。于是将该内存条换插在另一根内存插槽内，开机恢复正常，表明内存插槽被损坏。

(2)PCI插槽弹片短路

计算机启动时，软驱灯长亮不熄，同时扬声器发出警报声。

打开机箱查看软驱连接正确。由此判断故障可能是由于主板的局部短路所造成。经过仔细检查后发现，主板上一个PCI插槽内的弹片变形相连。用镊子把弹片分开并将其恢复原状后，重新启动计算机，故障消失。

(3)计算机工作一段时间后死机

计算机开机连续工作几个小时后，计算机突然黑屏没有任何反应，重新启动后，故障依旧。如果自然冷却一段时间后再开机，又可以工作一段时间。

打开机箱并按下电源开关后仔细检查，发现组件运行一切正常。说明计算机的电源供给没有问题。仔细检查主板，发现其稳压电路的降压功率管的3只引脚中有两只的焊点已经发暗，用万用表的电阻挡测试，发现已经短路。用相同型号的降压功率管替换后打开电源，一切恢复正常。

4. 显卡故障

显卡出现了故障后，就会出现显示不正常及计算机不能启动等现象。下面列出关于显卡的常见故障及排除方法。

(1)显卡散热不良

计算机在使用一段时间后出现字符混乱，显示图形则出现花屏。

出现该种现象后，首先怀疑是病毒所引起的，使用杀毒软件杀毒后没有发现病毒。接着怀疑是显卡的原因，用另外一款相同型号的显卡替换后显示正常。所以此花屏现象的原因是该显卡自身的问题。重新换回原来的显卡，开始一切正常，一段时间后故障再次出现，用手触摸显卡的显示芯片，发现显卡芯片过烫，更换一个质量不错的风扇后，重新启动计算机，显示一切正常。

(2)显卡接触不良

计算机启动后，扬声器发出警报声，之前使用一切正常。

打开机箱，查看相关组件的状态，发现显卡的一端轻微上翘，将显卡与机箱的固定螺丝拧松一些，再插紧显卡，重新启动后一切正常。

5. 显示器故障

显示器是重要的输出设备之一，显示器故障有时是因设置不当造成的，有时是由硬件问题造成的。由于显示器内部有高压，因此非专业人士最好不要自己维修显示器。

设置不当主要指显示器的分辨率设置不当，当设置了高于显示器支持的显示分辨率后，显示器会黑屏，解决的方法是重新启动计算机，在自检后按 F8 键，选择“安全模式”，在“安全模式”下重新设置好显示器的分辨率后，重新启动计算机即可。

 小技巧	显示器“黑屏”的故障比较常见，造成的原因很多，不仅仅是由显示器造成的。也可能是：主板没有供电；显卡接触不良或损坏；CPU 接触不良；内存条接触不良；机器感染 CIH 病毒，BIOS 被破坏性刷新等。

6. 光驱故障

光驱是计算机中使用寿命较短的外部存储器，一般的光驱在使用半年后，读盘能力就开始下降，并出现跳盘的现象，这是由于光驱内的激光头老化所致，解决的方法是将激光头的功率适当调大即可。

16.2.2　常见软件故障及排除

计算机在使用的过程中最易出故障的就是软件，软件故障种类繁多，表现形式也多种多样，按软件类型区分大致可将软件故障分系统软件故障、应用软件故障、驱动程序故障。

1. 系统软件故障

系统软件也就是我们所说的操作系统。操作系统会因为人为的误操作、病毒的破坏而出现问题。

(1)系统文件丢失或损坏

如果系统在启动时总在某一个位置停止或者在使用过程中提示读取某一文件失败，那么这就可能是系统文件丢失或者被破坏了。

系统文件丢失或者被破坏引起系统运行时得不到需要的文件从而导致系统不能正常工作。此时我们可以从使用同样操作系统的机器内拷贝一份丢失的文件或者使用安装光盘修复丢失、受损的文件即可解决问题。

(2)系统文件被替换

系统在运行时提示“系统文件××被替换成不可识别的版本”，此时说明××文件已经被病毒改写了，系统文件一旦被改写系统的运行就会受到影响而导致系统不稳定。

解决方法就是使用安装盘来修复受损的文件。

2. 应用程序故障

因为应用程序在不运行的时候是不受操作系统保护的，所以应用程序的源文件经常会被误删或者被替换。

当某一应用程序不能被运行或者在运行的过程中突然关闭，而运行其他应用程序时却一切正常，那么此时问题应该就出现在应用程序本身。解决办法是将应用程序卸载后重新安装，问题可得到解决。

如果某一应用程序开始的时候运行一切正常，当安装另外一个应用软件后就不能正常工作了，那么这就可能是两个软件之间存在冲突，这时候就只能选择其中的一个软件安装了。

3. 驱动程序故障

当我们为机器添加了一个新的设备后，系统出现了蓝屏，那么说明这个新添加的设备和我们的系统是不兼容的，这时候我们就只能禁用这个新的设备。

如果某个硬件以前工作正常，现在不能正常工作了，检测得知硬件本身没有问题并且连接也没有问题，那么问题就应该是出现在驱动上了，解决方法就是重新安装驱动程序。

16.2.3 常见网络故障及排除

由于网络协议和网络设备的复杂性，许多故障解决起来绝非像解决计算机故障那么简单，只需要简单地拔插和板卡置换就能搞定。网络故障的定位和排除，既需要长期的知识和经验积累，对网络协议的理解，也需要一系列的软件和硬件工具，更需要智慧。因此多学习，掌握一定的知识，才能顺利地排除网络故障。下面我们就来学习常见的网络故障的排除方法。

1. 检查连接设备

(1)网卡

打开设备管理器，查看网络适配器状态，如果没有发现网卡或者网卡上有个黄色惊叹号或问号，说明网卡没有被正确安装或者网卡驱动没有被正确安装，解决方法是重新插拔网卡、重新安装网卡驱动程序。

(2)网线

查看网络连接状态，如果连接状态有个红色 X 状标志，说明网线连接不正常，线路不通。

此时先将网线两端重新插拔，如果问题依旧，查看网线两端的水晶头是否松动和脱离，如果有松动和脱离重新做两端的水晶头。

如果网线没有问题，那么就查看网线另一端的设备是否正常工作，如果另一端设备停止工作，那就重新启动。

(3)接口

首先查看网卡接口，如果水晶头插入网卡接口里后，水晶头活动的厉害说明网卡接口接触不良，需要更换网卡。

如果网卡接口正常，那么就查看网线另一端的接口，如果接口接触不良，更换接口。

2. 检查本地设置

(1)IP 地址设置

IP 地址设置有误的话，虽然我们看网络连接像是正常，但实际网络是不通的。所以要检查 IP 地址是否设置正常。可以询问网络管理员或者对比其他网络连接正常的机器的 IP 地址。

(2)协议安装

协议是网络连接的基础，如果协议没有正确安装网络也将不能通信。在排除网络故障的时候可以将网络协议卸载后重新安装一次。

(3)防火墙设置

防火墙能够关闭对外通信的端口，能够阻止数据包的发送和接收，所以我们可以将本机的防火墙关闭判断是否是防火墙阻止了我们对网络的访问。

3. 病毒破坏

病毒也是阻止我们访问网络的祸首之一，当病毒攻击本地机器时，机器访问网络将会受到影响，所以要确保机器没有被病毒感染，同时也判断网域网内有没有感染病毒的机器在攻击本地机器。

4. 检查服务器设置

当本地没有问题时，就要询问网络管理员是否限制了用户对网络的访问，如果是的话就需要网络管理员为用户设置允许上网的权限。

计算机是一种配件组装设备，出点故障在所难免。因此，对于一般用户来说，掌握一些故障诊断及排除的方法十分必要。大家可根据本章介绍的计算机故障诊断知识去解决计算机中出现的问题，也可通过本章的例子，举一反三，学会故障检测的总体思路，掌握检测技巧。

习题十六

一、填空题

1. 计算机的故障有很多，根据故障的性质，大致可分为(　　　)和(　　　)。

2. 检测计算机故障的顺序一般遵循(　　　)、(　　　)、(　　　)的原则。

3. 计算机维修的级别分为(　　　)和(　　　)两类。

4. 所谓最小化系统，就是指只在主板上安装(　　　)、(　　　)和(　　　)，连接(　　　)后，如果可以点亮计算机，则表明这些组件没有故障，这时可以在最小化系统的基础上，逐个安装其他的板卡。

二、简答题

1. 什么是硬故障？什么是软故障？

2. 计算机故障的检测方法有哪些？

3. 计算机故障的检测原则有哪些？

4. 显示器出现黑屏后应怎样处理？

5. 计算机故障的检测步骤是什么？

6. 常见的硬件故障有哪些？

7. 常见的软件故障有哪些？

8. 常见的网络故障有哪些？

参考文献

[1] 侯昭汀主编．硬件技术工程师标准教程．北京:北京动力时代资讯有限公司
[2] 戴梅萼编著．微型计算机技术及应用．北京:清华大学出版社,2004
[3] 孟兆宏等编．电脑组装与维修教程(第4版)．北京:电子工业出版社,2005
[4] 计算机培训联盟主编．计算机组装与维修基础教程．北京:清华大学出版社,2005
[5] 马群生等编著．微计算机技术(第2版)．北京:清华大学出版社,2005
[6] 刘瑞新．计算机组装与维护．北京:机械工业出版社,2006
[7] 曹烈斌．微机组装与维护．重庆:重庆大学出版社,2004
[8] 赵龙．电脑组装与维护．北京:清华大学出版社,2005
[9] 刘文硕,胡志蒙,卢飞．计算机安装与维护．北京:人民邮电出版社,2004
[10] 王岿炼等编著．硬件工程师岗位技能培训教程．北京:科学出版社,2005
[11] 刘小伟等编著．计算机组装维护与维修教程．北京:中国铁道出版社,2003
[12] http://www.yzcc.com/中国计算机教学网
[13] http://www.hongen.com/洪恩在线
[14] http://www.it168.com